专用于国家职业技能鉴定

国家职业资格培训教程

核燃料元件生产工

（组装焊接初级技能　中级技能　高级技能
技师技能　高级技师技能）

中国核工业集团有限公司人力资源部
中国原子能工业有限公司　组织编写

中国原子能出版社

图书在版编目(CIP)数据

核燃料元件生产工:组装焊接初级技能 中级技能 高级技能 技师技能 高级技师技能 / 中国核工业集团有限公司人力资源部,中国原子能工业有限公司组织编写. —北京:中国原子能出版社,2019.12

国家职业资格培训教程

ISBN 978-7-5022-7019-3

Ⅰ. ①核… Ⅱ. ①中… ②中… Ⅲ. ①燃料元件—制造—技术培训—教材 Ⅳ. ①TL352.2

中国版本图书馆 CIP 数据核字(2016)第 002150 号

核燃料元件生产工(组装焊接初级技能 中级技能 高级技能 技师技能 高级技师技能)

出版发行 中国原子能出版社(北京市海淀区阜成路 43 号 100048)
责任编辑 刘 岩
装帧设计 赵 杰
责任校对 冯莲凤
责任印制 潘玉玲
印 刷 保定市中画美凯印刷有限公司
经 销 全国新华书店
开 本 787 mm×1092 mm 1/16
印 张 20.25
字 数 505 千字
版 次 2019 年 12 月第 1 版 2019 年 12 月第 1 次印刷
书 号 ISBN 978-7-5022-7019-3 **定 价 91.00 元**

网址:http://www.aep.com.cn **E-mail:atomep123@126.com**
发行电话:010-68452845

国家职业资格培训教程

核燃料元件生产工(组装焊接初级技能 中级技能 高级技能 技师技能 高级技师技能)

编审委员会

主　任　余剑锋

副主任　祖　斌

委　员　王安民　赵积柱　刘春胜　辛　锋
霍颖颖　陈璐璐　周　伟　金　玲
牛　宁　任宇洪　彭海青　李卫东
郧勤武　黎斌光　邱黎明　任菊燕
郑绪华　张　涵　张士军　刘玉山
何　石

主　编　陈红伟

编　者　钟福波　杨通高　李　峰　尤　勇
布仁扎力根　辛秀广　蔡振方

主　审　杜维谊

审　者　盛建中　杨通高　郭吉龙

前　言

为推动核行业特有职业技能培训和职业技能鉴定工作的开展，在核行业特有职业从业人员中推行国家职业资格证书制度，在国家人力资源和社会保障部的指导下，中国核工业集团有限公司组织有关专家编写了《国家职业资格培训教程——核燃料元件生产工》（以下简称《教程》）。

《教程》以国家职业标准为依据，内容上力求体现“以职业活动为导向，以职业技能为核心”的指导思想，紧密结合实际工作需要，注重突出职业培训特色；结构上针对本职业活动的领域，按照模块化的方式，分初级、中级、高级、技师、高级技师等五个等级进行编写。本教程的章对应于《国家职业标准》的“职业功能”，节对应于《国家职业标准》的“工作内容”；每节包括“学习目标”“相关知识”“操作步骤”及“注意事项”等单元，涵盖了《国家职业标准》中的“技能要求”和“相关知识”的基本内容。此外，针对职业标准中的“基本要求”，还专门编写了《核燃料元件生产工（基础知识）》一书，内容涉及：职业道德；相关法律法规知识；专业基础知识；辐射防护知识；安全文明生产与环境保护知识；质量管理知识。

本《教程》适用于核燃料元件生产工（组装焊接）初级、中级、高级、技师、高级技师培训，是核燃料元件生产工（组装焊接）职业技能鉴定的指定辅导用书。

本《教程》由陈红伟、钟福波、杨通高、李峰、尤勇、布仁扎力根、辛秀广、蔡振方等编写，杜维谊、盛建中、杨通高、郭吉龙审核。中核建中核燃料元件有限公司承担了本《教程》的组织编写。

由于编者水平有限、时间仓促，加之科学技术的发展，教材中不足之处难免，欢迎读者提出宝贵意见和建议。

中国核工业集团有限公司人力资源部

中国原子能工业有限公司

目　录

第一部分　核燃料元件生产工初级技能

第二部分　核燃料元件生产工中级技能

第三部分　核燃料元件生产工高级技能

第四部分　核燃料元件生产工技师技能

第五部分　核燃料元件生产工高级技师技能

第一部分　核燃料元件生产工初级技能

第一章　专业理论知识

学习目标：掌握常见焊接方法的原理及应用；掌握常用量具的使用方法；掌握记录的作用、填写规范；掌握工装使用原则、班组工装的管理方法。

第一节　焊接方法的特点及应用范围

学习目标：掌握常见焊接方法的原理及应用。

一、电阻焊及应用

1. 电阻焊

电阻焊是发展较早的一种焊接方法，焊件组合后通过电极施加压力，利用电流流过产生的电阻热进行焊接，称为电阻焊。由于加热时间短（甚至达到毫秒级），空气对焊缝的影响程度非常微弱。1958 年加拿大开始采用此法生产 CANDU 堆燃料棒，而后西德（1967 年）和俄罗斯（1979 年）等发展了这种方法，并取代 TIG 焊和 EB 焊成功地应用于大型核电厂燃料棒的焊接。国内目前主要应用于定位格架、燃料组件骨架及燃料棒的焊接。

（1）电阻点焊基本原理及其优点

电阻焊在焊接过程中产生的热量，可用焦耳-楞次定律计算：

$$Q=I^2Rt$$

式中，Q——产生的总热量，J；

R——总电阻，Ω；

I——焊接电流强度，A；

t——焊接时间，s。

由于电阻焊时总电阻很小，焊接时间极短，焊接电压很低，所以焊接电流很大，可达几千甚至上万安培。

与其他焊接方法比较，电阻焊具有生产率高，焊接变形小，焊工劳动条件好，不需要添加焊接材料，易于自动化等优点；能在不同气氛、不同压力下进行焊接；焊接时间短，有效确保焊缝没有沾污;焊缝为热锻造组织,晶粒细,几乎没有热影响区,一般不会出现气孔缺陷;可采用在线检测技术,监控焊接参数;生产率高,能适应重复大生产要求。

(2) 电阻焊分类

常见的电阻焊有电阻点焊、接触对焊和闪光对焊等。电阻焊种类及特征见表1-1。

表1-1　电阻焊种类及特征

种类	示　图	接头剖面	基本时序
电阻对焊	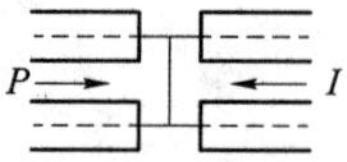	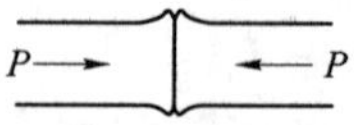	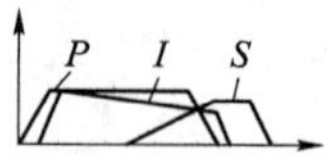
闪光对焊	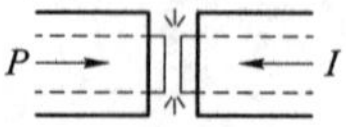	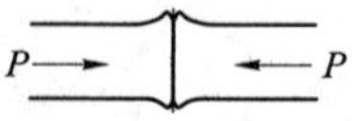	
缝焊	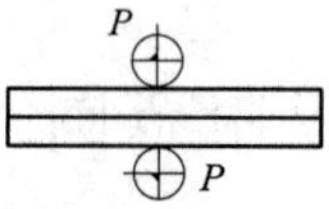		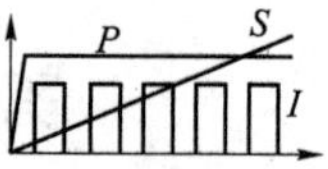
凸焊	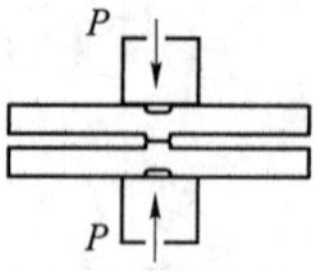	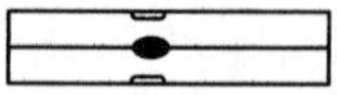	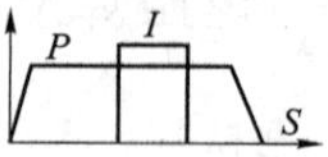
点焊	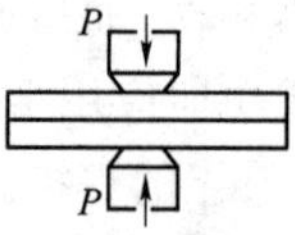	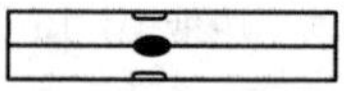	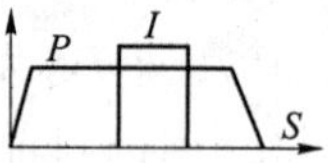

注:P—压力;I—电流;S—位移。

(3) 电阻焊参数对焊点质量的影响

焊点强度主要决定于熔核大小及熔核本身的热影响及金属晶粒和组织,与采用的焊接工艺参数密切相关。

1) 预压参数

预压力:通电前的电极压力叫预压力,预压力应保证不产生初期喷射。当焊件材料的强度越高,厚度越大,焊接加热时间越短时,预压力应越大,反之亦然。

预压时间:预压力的作用时间叫预压时间。它的长短应使电极压力达到规定的预压力。预压力过短,没有达到应有预压力而接通焊接电流,则产生喷射,预压时间过长,生产率降低。

2）加热参数

通电时间：通电时间是加热阶段的主要参数之一，由焦耳-楞次定律可知，通电时间长，则熔化金属热量就多。通电时间过长，会引起金属组织的过热和溢出并产生喷射，使焊件表面压坑增大；通电时间过短，则引起未熔合或焊点过小，降低剪切强度。

焊接电流：焊接电流也是加热阶段的主要参数之一，增加焊接电流，熔核直径，焊透率增加，其规律同通电时间。

电极尺寸：电极尺寸如电极直径的大小不仅影响加热，而且影响单位电极压力，也就是影响到接头塑性变形。电极直径增大时，则焊件本身电阻降低，焊接电流密度降低，而电极导热增强，单位面积电极压力降低。电极尺寸的大小对焊点的抗腐蚀性能有极其重要的影响：电极尺寸越大，焊点的散热效果越好，焊点的抗腐蚀性能越强，反之亦然。

电极压力：电极压力影响接头的加热和塑性变形。电极压力增加，焊件总电阻下降，接触面积增加，电流密度减小，使焊件加热缓慢，在其余参数不变条件下，熔核尺寸和焊点强度都要减小。

3）冷却参数

锻压力：焊接电流切断以后，熔化金属开始结晶，为了防止液体金属结晶时产生缩孔、裂缝及气泡等缺陷，需要在结晶的同时施加锻压力。锻压力的大小同样决定于焊件材料，焊件厚度及通电时间，其规律同预压力一样。

锻压时间：锻压时间要足以使熔核结晶完成。当焊件厚度较大时，容易产生裂纹、缩孔等缺陷，最好采用增大锻压力的措施。

2. 电阻焊应用

目前在核燃料组件的制造中，电阻焊主要应用于格架、骨架以及燃料棒焊接等。

二、钨极惰性气体保护焊及应用

1. 钨极惰性气体保护焊（简称 TIG）

（1）钨极惰性气体保护焊的基本原理及其优点

TIG 焊是利用惰性气体作为保护介质的一种电弧焊方法，它是利用燃烧于非熔化电极（常用 W 及其合金如 W-Ce）和焊件之间的电弧作为焊接热源，用 Ar 或 He 等惰性气体在电弧周围形成局部气体保护层，以防止空气对电极、电弧区和金属熔池的侵入，保证焊接过程稳定性，从而获得高质量的焊缝。见图 1-1。常用于有色金属的焊接，一般采用直流正接。它有气流保护（焊炬）和气氛保护（焊接小室）两种。

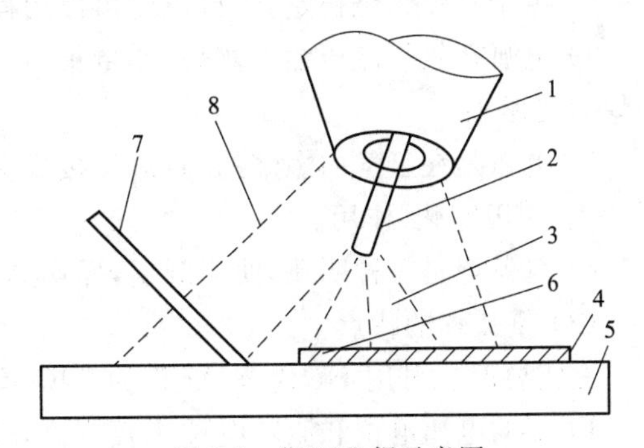

图 1-1 “TIG”焊示意图

1—喷嘴；2—钨极；3—电弧；4—焊缝；5—工件；6—熔池；7—填充焊丝；8—惰性气流

TIG 焊电流种类及特征见表 1-2。

（2）氩弧焊的特点

1）氩气是惰性气体，它既隔绝了空气对

焊缝金属的有害作用，它本身又不与焊缝金属起化学反应，也不溶于焊缝之中，因此其保护效果好。

表 1-2　TIG 焊电流种类及特征

项　目	种　类				
	直　流			交　流	
	接　法　或　波　形				
	正接	反接	脉冲	正弦波	方波
电流波形	+, 0, −, t	+, 0, −, t	+, T, i_n, i_b, 0, t	+, 0, −, t	+, 0, −, t
钨电极受热	约 30%UI	约 70%UI	约$\frac{30\%}{T}$	$>30\%$ $<70\%$	$>30\%$ $<70\%$
引弧方式	非接触式或短路式	非接触式或短路式	非接触式或短路式	非接触式	非接触式
稳弧措施	不需要	不需要	不需要	需要	不需要
消除直流分量装置	不需要	不需要	不需要	需要	不需要
去除氧化膜能力	不能	能	不能	能	能
被焊金属	除铝、镁及其合金外的各种金属及其合金	能焊接铝、镁及其合金	除铝、镁及其合金外的各种金属及其合金	适宜于焊接铝、镁及其合金	适宜于焊接铝、镁及其合金

2）由于氩气的电离势较高，氩弧焊引弧较困难，常采用高频振荡器产生高频高压引弧，但氩气的散热能力较低，氩弧一经引燃后，就能较稳定地燃烧。

3）由于氩弧燃烧稳定，焊接电流可以用得很小。

4）电弧在氩气流压缩下燃烧，热量集中，熔池较小，所以焊接速度快，热影响区较窄，工件焊后变形小。

5）电弧是在氩气内燃烧的，直流反接或交流焊接时，阴离子便以较高的速度冲向阳极，可产生“阴极雾化”作用。

6）氩弧焊是一种明弧，便于观察，操作灵活，适宜于进行各种空间位置的焊接。

（3）氦弧焊的特点

在需要时也可用 He 代替 Ar 作为 TIG 焊的保护气体，He 弧焊的特点是：

1）氦的电离电位和激励电位比氩气高，故在相同弧长时氦弧电弧电压要高，因而氦弧焊对设备的引弧性能要求比较高。

2）氦的热传导率很大，对电弧冷却作用较大。

（4）脉冲 TIG 焊

脉冲 TIG 焊接方法是直流钨极气体保护焊的一种形式，它的特点就在于电弧电流周期性地从基值电流（维弧电流）水平跃增至脉冲电流水平，见图 1-2。每个脉冲形成一个焊点，相互重叠的焊点构成焊缝，因此可以通过调整输入热量和熔池的冷却速度来达到调整焊缝的成形，包括焊缝宽度，熔深深度，热影响区宽度及焊缝金相组织。它特别适用于薄壁管的环缝焊，因为在直流焊时，随着焊缝的延续，持续的电流导致热量积累，而脉冲焊时，热量在本阶段中扩散开，使环焊过程中，熔深保持均匀。

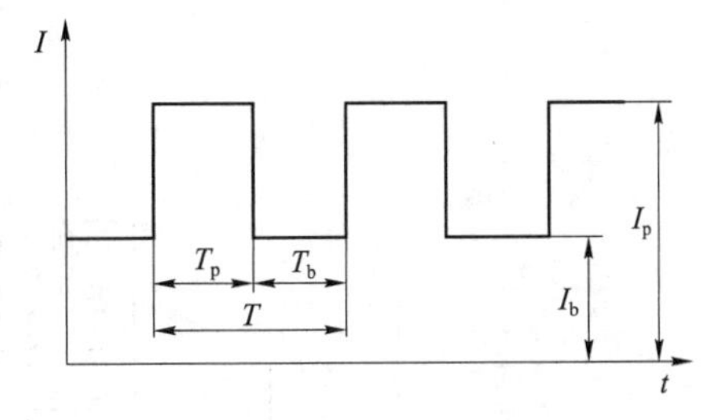

图 1-2　脉冲 TIG 焊脉冲电流曲线

I_b—脉冲基值电流；I_P—脉冲峰值电流；T_p—脉冲峰值电流时间；T—脉冲周期；T_b—脉冲基值电流时间

由图 1-2 可见脉冲 TIG 焊在每个周期内可调节 4 个基本因素，即：

脉冲峰值电流 I_p：输入高热量，母材熔化；

脉冲基值电流 I_b：输入低热量，母材冷却，维持电弧燃烧；

脉冲频率 f：脉冲重复次数；

脉冲占空比 K：脉冲峰值电流持续时间 T_P 占总周期 T 的百分数（T_P/T）。

脉冲峰值电流是决定焊缝成形尺寸的主要参数，一般随着脉冲电流的增大，焊缝的熔深和熔宽都增大，因此可以看做是母材熔化周期，它的选择主要取决于焊件材料性质（尤其是导热系数）与厚度。为了充分发挥脉冲焊的特点通常选用的基值电流都较小（一般根据脉冲峰值电流选定，其比值为 2∶1～8∶1），其选择原则主要是根据材料的焊接特性，为避免其典型缺陷的出现而选择合适的比例。但是在其他参数不变的情况下，改变基值电流可调节焊件预热及熔池的冷却速度，还可以改变焊缝下凹深度，因此可以看做是母材的冷却周期。脉冲占空比的大小反映了脉冲焊特征的强弱，它的选定对焊缝产生咬边的倾向明显，$K=T_p/T$，当 K 过小将影响电弧的稳定性，K 过大则接近直流，失去了脉冲焊特征，一般选用 $K=50\%$，即熔化周期等于冷却周期。频率是每秒脉冲重复次数，因此脉冲焊可看作是由连续的单个焊点搭接而成，频率高低反映焊点间距的大小，如果频率超过某一极限，脉冲作用就会随之消失。

脉冲钨极保护气体焊的优点是：

1）可以精确控制对工件的热输入和熔池尺寸，易获得均匀的熔深。

2）每个焊点加热和冷却迅速，焊接过程中熔池冷却快，高温停留时间短。

3）脉冲电流对点状熔池有较强搅拌作用，所以焊缝组织树枝状组织不明显。

4）脉冲电流可用较低的热输入而获得较大的熔深，故在同样条件可以减少焊接热影响区和焊接变形。

(5) TIG 焊焊接设备

较完善的 TIG 焊机由焊接电源、焊炬、供气系统、焊接控制装置等组成，见图 1-3。

1）焊接电源

焊接电源是电弧的电源，具有陡降外特性或垂直外特性，目的是为了在电弧长度发生变化时尽量减小对焊接电流的影响，按电流波形可分为直流和脉冲两种。

2）高频振荡器

高频振荡器用以引燃电弧，一般 TIG 均采用不接触引弧，加之氦、氩的电离势较高，因

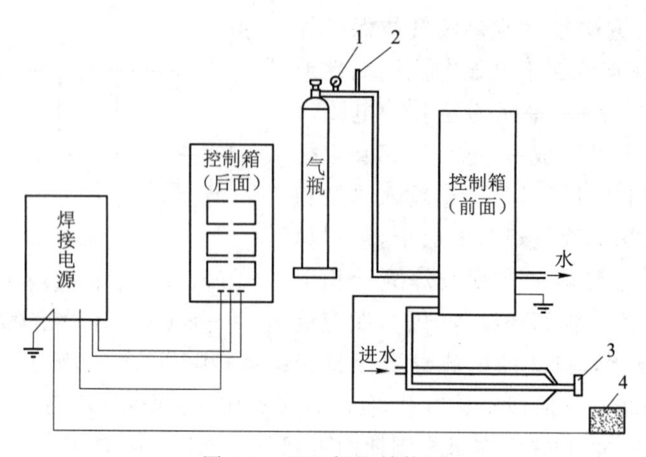

图 1-3 TIG 焊机结构图

1—减压表;2—流量计;3—焊炬;4—工件

此采用高频高压引弧。

3) 焊炬

焊炬主要作用是夹持电极,导通电流,输送保护气体,它在焊机中占有很重要的地位,其性能好坏直接影响焊接过程的进行和焊接质量的优劣。焊炬按气流保护方式可分为单气流和双气流保护两种。

4) 供气系统

供气系统包括氩气瓶、减压阀、流量计及电磁阀等。

5) 焊接控制装置

焊接控制装置用于 TIG 焊焊接过程的控制,它的功能是:

① 提前送气和滞后停气,以保护钨极及引弧和熄弧处的焊缝。

② 自动控制引弧器的动作和切除。

③ 自动接通和切断焊接电源。

④ 焊接电流自动衰减,尤其是焊接环形焊缝。

2. 钨极惰性气体保护焊的应用

目前在核燃料组件的制造中,钨极惰性气体保护焊广泛应用于管座及其部件、相关组件、燃料棒、燃料组件等的焊接生产中。

三、激光焊及应用

1. 激光焊(LBW)

(1) 激光的产生及其特性

某些具有亚稳定态能级结构的物质,在一定外来光子能量激发的条件下,会吸收光能,使处在较高能级(亚稳态)的原子,或粒子数目大于处于低能级(基态)的原子数目,这种现象称为粒子"数反转"。在粒子数反转的状态下,如果有一束光子照射该物体,而光子的能量恰好等于这两个能级相对应的能级差,这时就能产生受激辐射,输出大量的光能。

例如人工晶体红宝石,基本成分是氧化铝,其中掺有 0.05%的氧化铬,铬离子镶嵌在氧化铝的晶体中，发射激光的正是铬离子。当脉冲氙灯照射红宝石时，这处于基态 E_1 的铬离子大量激发到 E_2 状态，由于 E_1 寿命很短，E_1 状态的铬离子又很快地跳到寿命较长的亚稳态 E_2。如果照射光足够强，这能在千分之三秒时间内，把半数以上的原子激发到高能级 E_n 并转移到 E_2。从而在 E_2 和 E_1 之间实现了粒子数反转。这时当有频率为 $\gamma=(E_2-E_1)/h$ 的光子去“刺激”它时，就可以产生从能级 E_2 到 E_1 的受激辐射跃迁，发生频率为 $\gamma=(E_2-E_1)/h$ 的光子(h -普朗克常数)而这些光子又继续“刺激”别的亚稳态原子发出光来，这样互为因果，链锁反应，在极短的时间内可以把受激原子的能量以同一频率 $\gamma=(E_2-E_1)/h$ 的单色光辐射出来，可以达到很高的能量密度，这就是激光。激光形成过程见图 1-4。

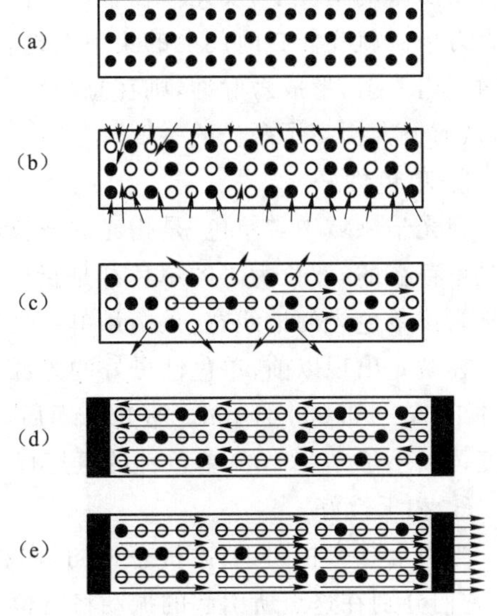

图 1-4　激光形成过程

激光也是一种光，它具有光的共性(如光的反射、折射、绕射以及光的干涉等)也有它的特性。普通光源的发光是以自发辐射为主，因而发光物质中大量的发光中心基本上是无序的，相互独立地产生光发射的，各个发光中心发出的光波无论方向，位相或者偏振状态都是不同的，亦即在全部发光过程中，发光中心的相互独立的个体行为占主导地位。而激光则不同，它的光发射是以受激辐射为主，因而发光物质中大量的发光中心基本上是有组织的，相互关联地产生发光的，各个发光中心发出的光波具有相同频率、方向、偏振态和严格的位相关系。激光形成过程的说明：

1）激光工作物质中的原子都处在低能级(用圆点表示)。

2）用特定的方法激励这些原子(用箭头表示)，绝大部分原子被激发到高能级，实现了粒子反转分布(用圆圈表示)。

3）处在高能级上的原子，有少数开始自发辐射，这些自发辐射的光子在前进中将引起受激辐射，但不沿工作物质轴向的受激辐射光很快失去作用，只有沿着轴线方向的受激辐射才能得到显著的加强。

4）光在谐振腔中振荡放大。

5）受激发射光经过振荡达到最强，其中一部分从透过的反射镜中输出成为激光束，一部分返回工作物质继续放大。

中心的相互关联的集体行为占主导地位。正是这些质的区别才导致激光具有不同于普通光的一些基本特性，即强度高，单色性好，相干性好和方向性好，下面分别进行讨论：

① 强度高

光的强度通常是指单位时间内通过单位面积的光能量，光强度用 W/cm^2 作单位。光源的亮度通常是指在光源表面的单位面积上，在垂直于表面的方向，单位时间在单位立体角内发射的光能，用 $W/(cm^2 \cdot rad)$ 作单位。

一台红宝石脉冲激光器的亮度要比高压脉冲氙灯高三百七十亿倍，比太阳表面的亮度也要高二百多亿倍，所以激光的亮度和强度特别高。激光的强度和亮度之所以如此高，原因在于激光可以实现光能在空间上和时间上的高度集中。就光能在空间上的集中而论,如果能将分散在180°立体角范围内的光能全部压缩到0.18°立体角范围内发射,则在不必增加总发射功率的情况下,发光体在单位立体角内的发射功率就可提高一百万倍,并且亮度提高一百万倍。就光能在时间上的集中而论,如果一秒钟时间内所发出的光压缩到毫秒数量级的时间内发射,形成短脉冲,则在总功率不变的情况下,瞬时脉冲功率又可以提高几个数量级,从而大大提高了激光的亮度。

② 单色性好

在光学领域中,"单色"是指光的波长(或者频率)为一个确定的数值,实际上严格的单色光是不存在的,波长为 λ 的单色都是指中心波长为 λ_0,其谱线宽为 $\Delta\lambda$ 的一个光谱范围,也就称为该单色光的谱线宽,是衡量单色性好坏的尺度,$\Delta\lambda$ 越小,单色性能就越好。

在激光出现以前,单色性最好的光源要算氪灯,它发出单色光:$\lambda_0 = 605.7$ nm。在低温条件下,$\Delta\lambda = 0.000\ 47$ nm。激光出现后,单色性有了很大的飞跃,单色恒稳频激光的谱线宽度可以小于 10^{-8} nm,单色性的氪灯提高了上万倍。

③ 相干性好

当两个频率相同,偏振状态相同,周相相同的光源所发出的光波在空间某点相遇叠加时,它们分别在这点所引起的振动将有恒定的周相差,而且这一周相差是逐点不同的,于是各点的振动就有可能比叠加前始终加强或减弱(甚至完全抵消),呈现出稳定的明暗条纹。这种现象称之为光的干涉现象,相应的光源称为相干光源。

在普通光源中,不同分子或原子所发出的光是相互独立的,它不是相干光源,而在激光中,原子或分子所发出的光波是相互关联的,所以是相干光。光源的相干性可以用相干时间或相干长度来度量。相干时间是指光源先后发出的两束光能够产生干涉现象的最大时间间隔。在这个最大的时间间隔内光所走的路程(光程)就是相干长度,它与光源的单色性有密切关系,即

$$L = \lambda_0^2 / \Delta\lambda$$

式中,L——相干长度;

λ_0——光的中心波长;

$\Delta\lambda$——光源的谱线宽度。

④ 方向性好

光束的方向性是用光束的发散角来表征的。普通光源由于各个发光中心是独立发光的,而且各具有不同的方向,所以发射的光束是很发散的。即使是加上聚光系统,要使光束的发散角小于0.1 Sr,仍是十分困难的。激光则不同,它的各个发光中心是互相关联地定向发射,所以可以把激光束压缩在很小的立体角内,发散角甚至可以小到 1×10^{-4} Sr左右,由于激光的方向性好,故可使光束会聚到很小的面积(焦点光斑直径可小于0.01 mm)。

(2) 激光焊焊接机理及其优点

由于激光的强度高,单色性好可通过一系列的光学系统,把激光束聚焦成一个极小的光斑(直径仅几微米到几十微米)获得 $10^7 \sim 10^9$ W/cm^2(或更高)的能量密度。因此当能量密度极高的激光照射在被加工表面时,光能被加工表面吸收并转换成热能,使照射斑点的局部区域迅速熔化以致气化蒸发,并形成小凹坑,同时也开始热扩散,结果使斑点周围的金属熔化,形成熔池,冷却后即成焊缝,根据激光束能量密度的不同,焊接过程可有两种方式:

1）传热熔化焊接

当激光束直接照射到材料表面上时，材料吸收光能而加热熔化。材料表面层的热以传导方式继续向材料深处传递，直至将两个待焊件的接触面互熔并焊接在一起为止。

2）深入熔化焊接

产生较大蒸气压力，在蒸气压力的作用下，熔化金属被挤在周围，使照射处（熔池）呈现出一个凹坑，随着激光束继续照射，凹坑越来越深，激光停止照射后，被排挤在凹坑周围的熔化金属重新流回到凹坑里，凝固后形成焊缝（点）。

这两种激光焊接机理，与功率密度、作用时间、材料性质、焊接方式等因素有关。当功率密度较低，作用时间较长而焊件较薄时，常以传热熔化机理为主，反之则以深入熔化机理进行焊接。图 1-5 为不同功率密度的熔化过程。

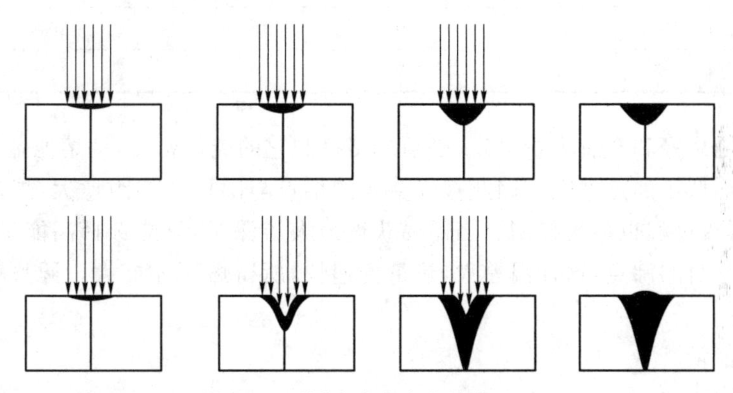

图 1-5 不同功率密度的熔化过程

激光焊接与其他焊接方法相比，具有以下一些优点：

因为热源是光束，故不要求与焊缝区直接接触，可通过玻璃或其他透明物体对处在特定气氛中的工件进行焊接。

激光束在大气中损耗特别小，可以通过光学方法（例如光导纤维、各种偏转棱镜等）偏转激光，能对难以接近的部位进行焊接。

在单位焊缝长度上，激光焊接输入能量仅为电弧焊十分之一，其熔深与电子束焊相当，而且激光焊接单位时间熔化面积大，不需要填充金属，不需要真空室和真空系统。不会产生 X 射线伤害，所以激光焊接是一种高效焊接方法。

激光不受电磁场的影响。

激光束具有方向性强和单色性好的特点，可以通过聚焦使之聚成能量密度很高（可达 $10^7 \sim 10^9$ W/cm^{2}或更高）的极小光斑（6 μm～0.5 mm），能进行高速焊接，并获得焊缝和热影响区都很窄的焊接接头，焊件变形极小。

激光束易控，便于传输，可以对形状复杂的零件进行精密焊接，还可对高、低熔点材料，异种金属和几何尺寸相差较大的焊件进行焊接，激光焊具有广阔的适应性。

（3）激光焊的工艺参数及其影响因素

1）激光能源特点

激光焊接是将光能转变成热能而进行焊接的，因此光和热两方面的性质在焊接时都要考虑。激光是高能密度热源，见表 1-3。

表 1-3　热源的特性表(粗略)

热　源	最小加热面积/cm^2	最大功率密度/(W/cm^2)
乙炔火焰	10^{-2}	2×10^3
金属极电弧	10^{-3}	10^4
钨极氩弧	10^{-3}	1.5×10^4
埋弧自动焊	10^{-3}	2×10^4
电渣焊	10^{-3}	10^4
熔化极氩弧	10^{-4}	$10^4\sim10^5$
CO_2 保护焊	10^{-4}	$10^4\sim10^5$
等离子弧	10^{-5}	1.5×10^5
电子束	10^{-7}	$10^7\sim10^9$
激光束	10^{-8}	$10^7\sim10^9$

为避免焊缝烧穿和金属大量蒸发,必须严格控制它的能量密度,使熔池金属温度始终保持在高于熔点而低于沸点之间。因此被焊金属的熔点与沸点的差距愈大,焊接规范的调节范围就愈宽,焊接过程也愈易控制。当需要获得最大熔深时,只能选择高能量密度,使熔池温度接近被焊材料的沸点,这样温差大,热量传递快,所得熔深才能大。调整输入能量密度的主要方法有:

调整输入能量。

调整光斑大小。

改变光斑中的能量分布。

改变脉冲宽度的衰减波陡度。

反射率是金属材料激光焊的又一重要性质,它说明一种波长的光有多少能量为母材吸收,有多少能量被反射而损失,因此反射率是决定焊接该种金属所需能量的很重要的因素,影响材料对激光束吸收的因素有:

① 温度

焊接时,一般选用近沸点的功率密度,因为这样不仅可以提高焊接速度,而且可解决焊接过程中光反射的问题。

② 激光束的波长

反射率随波长的增加而增加,但一旦金属熔化,不同波长的影响就相同了。

③ 材料的直流电阻率

一些材料吸收率与材料直流电阻、激光束波长有关,其关系如下式所示:

$$\alpha=0.365\sqrt{\rho_0/\lambda}$$

式中,α——材料的吸收率;

ρ_0——材料的直流电阻率;

λ——激光束的波长。

④ 材料表面状态

表面状态对反射率影响很大,为此要选用衰减波的脉冲波形,选用光斑中心能量较高的模式,改变材料的表面条件来提高对激光束的吸收率。

⑤ 激光束入射角

激光束垂直于金属表面照射时(入射角为0°),金属的吸收率最大。

脉冲激光焊时,激光束本身对金属直接穿入深度是有限的,仅微米级。因此传热熔化方式激光焊焊接的焊点最大穿透是由金属表面层吸收光能后转化为热能,以热传导方式进一步加热金属,而穿入深度主要决定于材料导温系数。同一种金属,其深入深度决定于脉冲宽度,脉冲宽度越大,穿入深度也越大。

激光束的一个重要性质是它的传播方向能够成为非常狭的一束,如果已知透镜焦距和发射角就可以按下式计算光斑直径,见图1-6。

$$d=f\theta$$

式中,f——透镜的焦距,cm;

θ——光斑的发散角,rad;

d——光斑直径,cm。

⑥ 离焦量

离焦量是激光束焦点离开工件表面的距离。激光焦点上的光斑最小,能量密度最大。一般把激光焦点超过工件表面定为负离焦,反之叫正离焦。调整离焦量是调整能量密度的方法之一。见图1-7。

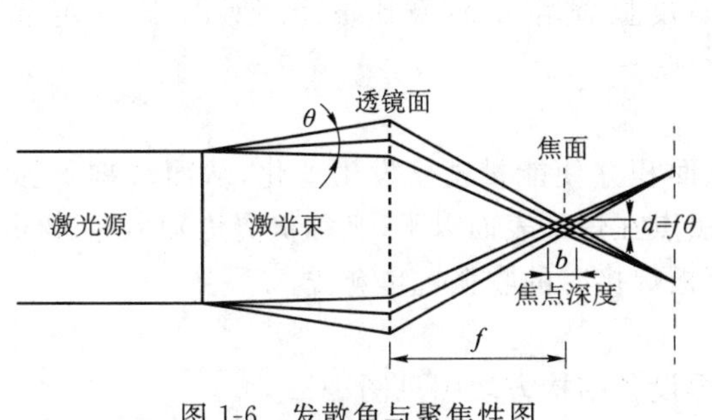

图1-6 发散角与聚焦性图

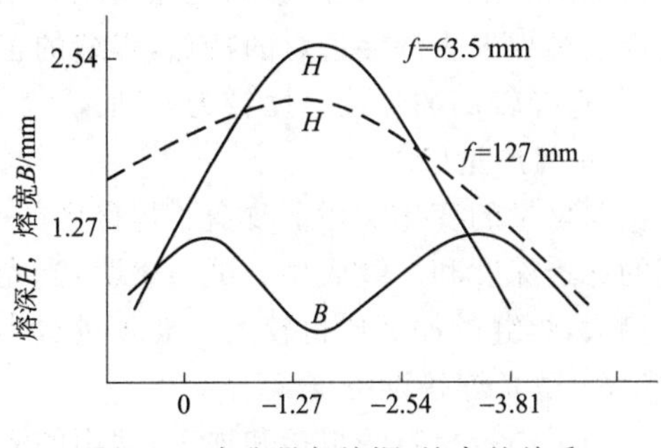

图1-7 离焦量与熔深、缝宽的关系

2)激光焊主要参数

一般认为,影响激光焊焊接的主要参数有:激光入射功率P,光束模式TEM,光斑直径D,材料吸收率A,焊接速度V,离(入)焦量Δ等。其他影响因数包括:最佳聚焦长度、激光等离子体的控制能力、喷嘴结构、气体流量及其加入方式等等。所有这些因数对激光焊缝的形状尺寸、背面温度等焊缝质量参数有较大影响。普遍的观点是:

① 入射功率(P)

入射功率P是影响焊缝熔深最直接的因素。对一定光斑直径,熔深随入射功率的增加而增加,二者之间存在有近似的线性关系。有研究表明,在一定实验条件下,最大熔深(H)与激光输入功率(P)的0.7次方成比例。即$H=KP^{0.7}$(K为系数)。

② 光斑直径(D)

在入射功率一定时,光斑直径决定了激光束的功率密度,因而对焊接过程有明显影响。众所周知,当已知聚焦镜焦距f和光束发散角θ后,光斑直径$D=f\theta$。而且不难发现,在发散角相同时,采用短焦距透镜可以获得较小的光斑直径。但在窄间隙填充丝厚板激光焊时,为避免坡口边角熔化,必须选长焦距($f>1$ m)聚光镜。长焦距聚光镜的光斑直径虽然较大($D\approx0.5$ mm),但可射入窄间隙的底部。因此,光斑直径应根据不同的焊接条件选取。

③ 吸收率(A)

激光焊接吸收率取决于焊接材料或焊接区对光能的吸收。金属对光能的吸收主要依靠自由电子的能量传递,即光能吸收率A,是材料电阻率ρ的函数:

$$A=1.21\sqrt{\rho}$$

此外,焊件的接头形式和焊接时的状况(小孔和等离子体等)对光能的吸收影响更大。因为金属靠自由电子传递的光能十分有限,一般不超过15%,而焊件的间隙或焊接时的针孔,却有“绝对黑体”的类似作用,它和激光等离子云一样,对光能的吸收几乎为100%。因此,如何利用激光焊接过程中小孔效应和实现焊接区等离子云的控制,是提高激光功率吸收率的有效措施。

④ 焊接速度(V)

激光焊接的理论最高速度是60 m/min。但从控制单位长度焊缝的能量输入方面考虑,激光焊接的实际速度应有一定的范围。研究表明:当激光输入功率一定时,焊接熔深、熔宽随焊接速度的上升而下降,焊件端头缺口深度(缺陷)也呈下降趋势。为增加熔深可以减低速度,但速度太低使焊缝加热时间过长,金属过量蒸发使工件上方的等离子云大量生成,对入射光的屏蔽作用增加,影响光能吸收。同时,过量的熔化使熔池增大,液态金属填充小孔,使焊接过程失去深穿透焊的特点,焊缝的正面宽度显著增加,深宽比下降。所以,在一定条件下,选择较高的焊接速度较为有利。

⑤ 离焦量(Δ)

离焦量的变化实际上改变了焊接区的受热面积并使能量密度发生变化,从而影响到焊接的穿透深度和焊缝成型。试验表明:当光束焦点在焊件表面以下(又称负离焦)时,穿透深度最大,焊缝的深宽比也较大。离焦量愈小,薄板焊接时的收弧坑也愈浅。

3) 激光焊接设备

为了进行材料的焊接和加工,常用的激光焊设备结构方块图见图1-8。

激光器是设备注的核心部件,它基本上由以下三部分组成,即工作物质、泵浦源和谐振腔(见图1-9)。

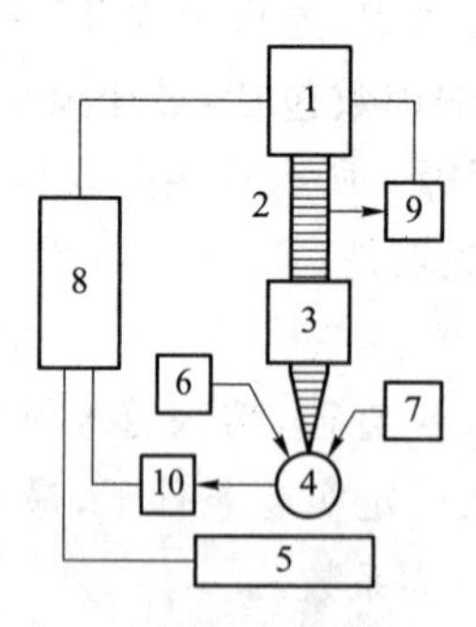

图1-8　激光焊接设备的结构方块图

1—激光器;2—激光束;3—光学系统;4—工件;5—转胎;6—观察瞄准系统;7—辅助电源;8—程控设备;9、10—信号器

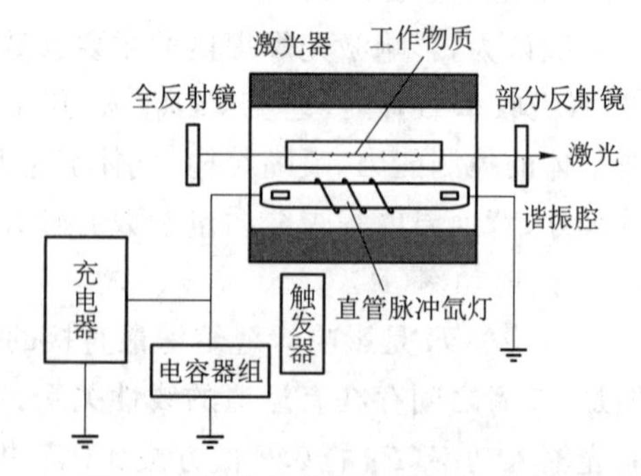

图1-9　脉冲固体激光器结构示意图

工作物质是激光器的核心，是用来产生光的受激辐射的，即发射激光的材料，其功能和普通光源中的发光材料（比如气体电光源中的气体，白炽灯中的钨丝）相同，从原则上说，任何光学透明的固、气、液体都可以作激光器的工作物质，不过如果所用的材料其原子能级结构满足一些要求，会使激光器获得更好的性能，比如能量转换效率高，输出的激光功率高，可以脉冲泵浦输出激光，也可以连续泵浦输出激光，输出的激光波长可以连续变化等。常用的工作物有红宝石、钕玻璃和钇铝石榴石（YAG），其性能见表 1-4。

表 1-4　激光物质

激光物质	作用	脉冲长度/ms	脉冲能量/J	峰值功率/kW	最大焊接厚度（不锈钢）/mm
红宝石（CRT）	脉冲	3～10	20～50	1～5	0.13～0.50
钕玻璃	脉冲	3～10	20～50	1～5	0.13～0.50
钇铝石榴石	脉冲	3～10	10～100	1～10	0.13～0.60
CO_2	脉冲	5～20	0.1～10	1	0.13
钕钇铝石榴石	连续波			1	3.81
CO_2	连续波			20	0.6

泵浦源，这是向工作物质输入能量，把原子从基态泵浦至高能级以获得粒子反转分布的能源，常用的泵浦源有普通光源（如氙灯、氪灯）、气体放电（利用气体放电产生的电子碰撞气体原子，把它泵浦至高能级）、电子束、化学反应能（化学激光器就是利用化学反应后能量泵浦产物的原子）等。

谐振腔一般是放置在工作物质两端的两块互相平行的多层介质平面镜组成，其中一块反射镜反射率接近 100%，另一块有适量的透过率，激光是从这块反射镜输出来。谐振腔的作用有两个方面，一是让工作物质产生的受激辐射来回多次通过工作物质，增强受激辐射强度。最后达到激光振荡，另一个是有选择地只让沿工作物质光轴附近传播的、波长在原子谱线中心附近的受激辐射不断地受到工作物质放大，达到激光振荡。显然这有助于改善激光的方向性和单色性。

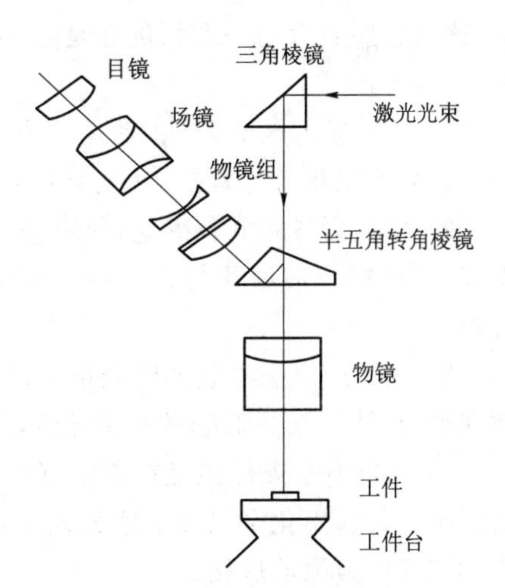

图 1-10　带有观察定位的聚焦系统

由谐振腔输出的激光，虽然是方向性极好的平行光束，且具有较高的能量密度，但还不能直接用来焊接，必须通过如图 1-10 所示的光学聚焦系统进行聚焦，使能量密度进一步提高，方能作为焊接的热源。

2. 激光焊的应用

激光焊是 1964 年开始发展起来的一种新的高能束焊接方法，1994 年法国 FBFC 厂开始用它焊接燃料棒。目前在国内核燃料组件的制造中，激光焊主要应用于格架的焊接生产中。

四、电子束焊接及应用

1. 电子束焊(EBW)

(1) 电子束焊接原理

电子束焊接所需要的热能来自于一束密集的高速电子的动能。当电子束直接撞击到工件的待焊表面时,电子的动能大部转变为焊接所需的热能,热能高度集中在被焊金属表面,并且足以克服邻近材料吸收热量,于是接触处两边的材料局部面积被加热到熔点以上,使材料发生熔化及气化,形成锥形小孔(熔池),随后聚合成一体,而形成焊缝。具体过程为灯丝加热以后由于热发射效应,其表面发射电子,电子在电场作用下,沿着电场强度的反方向运动。所以如果在灯丝和被焊材料之间加上一个电位差(称为加速电压,通常灯丝接负),则发射电子就会连续不断地加速飞向工件,从而形成电子束流,该束流在静电和电磁系统(即电子光学系统)作用下使束流会聚,提高能量密度,达到熔化焊接的目的。另外在电磁系统下面还有偏转系统,用以调节电子束焦点在工件上的位置,原理见图1-11。

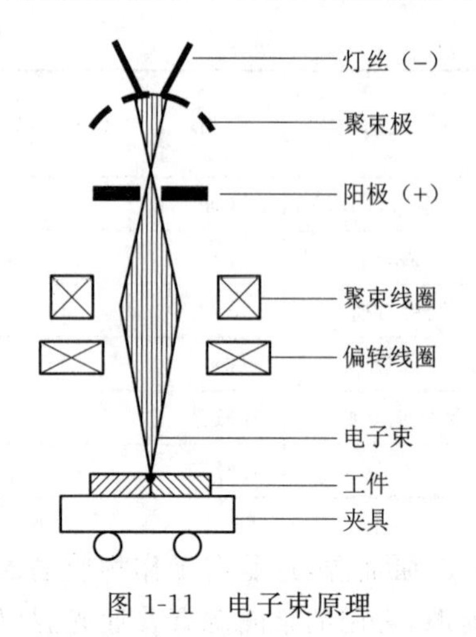

图 1-11　电子束原理

(2) 电子束焊接的特点

电子束焊接是一种高能量密度的焊接方法,它的迅速发展并为现代各工业领域广泛应用,这同它所具有的一系列优点是分不开的。电子束焊接与其他方式的熔化焊比较,有下列优点:

1) 高能量的电子束,束流直径小,能形成一个深而窄的穿透焊缝,焊缝深宽比可高达20∶1,如果采用脉冲焊接,甚至可达50∶1。

2) 高度聚焦的电子束流,所需输入能量较低。但功率密度极高。因此加热集中,热效率高,可焊接一般熔化焊方法难于焊接的特种难熔金属,热敏感性强的金属以及异种金属材料。

3) 电子束焊接参数能够被精确控制,焊接时参数的重复性及稳定性好。因此焊缝的穿透深度、尺寸及特征都能被严格控制,提高了产品焊接质量稳定性。

4) 真空电子束焊接是在真空室中进行的,排除了大气中有害气体(氮和氧)对熔化金属的影响,因此,熔化金属化学成分纯净,提高了焊缝质量,十分有利于活性金属材料和真空熔炼的高纯度金属的焊接。

5) 电子束焊接过程中,电子束的能量可以调节。被焊金属的厚度可以从薄至0.05 mm到厚至300 mm,不开坡口,一次焊成,这是其他焊接方法无法达到的。

6) 比其他熔化焊方法有更高的焊接速度,因此焊接效率高,有较高的生产率。

7) 电子束焊接时束流的功率密度极高,焊接速度快,焊缝的深宽比大,因而工件产生的变形极小,焊缝热影响区很窄。

但电子束焊接本身还存在某些缺点,因而在使用上受到一些限制,这些缺点是:

1) 电子束焊机由于结构复杂,控制设备精度高,因此成套设备价格很高。

2）电子束焊接的焊缝接头需进行专门设计和制作加工，接头间隙需严格控制。

3）由于电子束焦点直径很小，焊缝宽度很窄，因此电子束与工件接缝的对准稍有偏差就可能使焊缝偏离工件接缝。

4）在真空电子束焊接中，工件的大小受真空室尺寸的限制，工件的焊接因每次装卸都要求工作室重新抽真空，影响焊接生产效率和焊接费用。

5）由于电子束易受磁场的干扰，因此焊接工装夹具的制作不能使用磁性材料。

(3) 电子束焊接的主要参数

控制电子束焊的主要参数有：

1）加速电压

提高加速电压，可以增加焊缝穿透深度。这是由于增加加速电压，除了增加电子束功率，进而提高功率密度外，还由于电子枪的电子光学系统的聚焦性能有了改善，进一步提高了电子束焦点的功率密度。见图 1-12 和图 1-13。

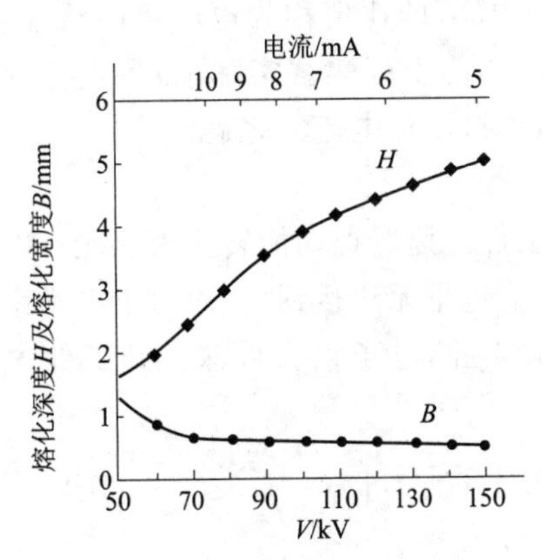

图 1-12　加速电压对焊缝的影响(功率不变)

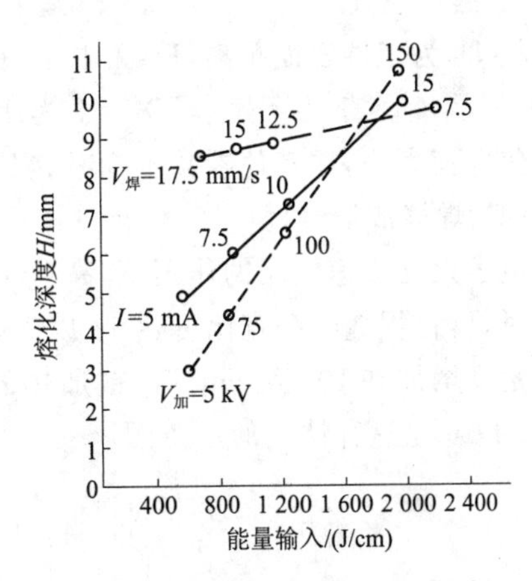

图 1-13　规范参数对焊缝的影响

2）电子束电流

增加电子束电流，也使电子束的功率密度提高，从而增加焊缝熔深。但是电子束电流增加到一定程度时，由于空间电荷效应和热扰动加剧，使电子光学系统的聚焦性能变坏，而减小熔深。因此由图 1-13 可见，熔深的增加斜率较小。一般地说，增加束流之后，聚焦也要作相应的调整。

3）焊接速度

在不改变其他规范参数的情况下，增加焊接速度，减少单位时间的输入热量，焊缝熔深基本上按比例减少。图 1-14 表示在束功率为 9 kW 的条件下，以不同焊接速度焊铝和钢，熔深随焊接速度增加而减少的情况。

4）工作距离

所谓工作距离是指电子枪的工作距离。通常电子枪底到工件的距离作为工作距离，工作距离变化之后，为了获得最佳聚焦条件，必须调节聚焦磁透镜的聚焦电流。当工作距离增大后，在其他规范参数不变的前提下，聚焦电流减少，则磁透镜的放大倍数增大，因而束斑点增大，从而使功率密度减少，焊缝熔深相应地也要减少。反之，则熔深相应增加，见图 1-15 。

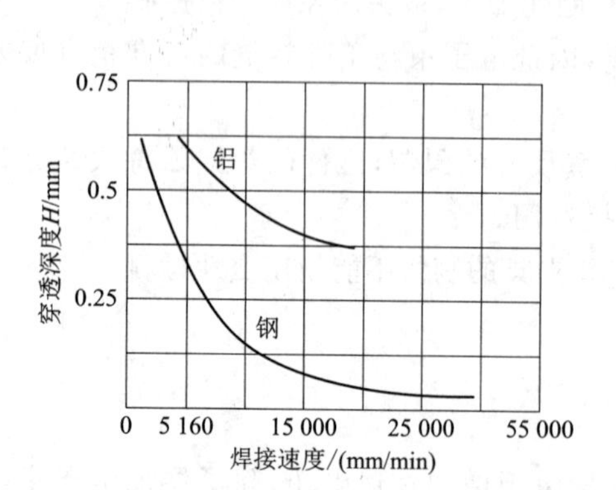

图 1-14　焊接速度对穿透深度的影响

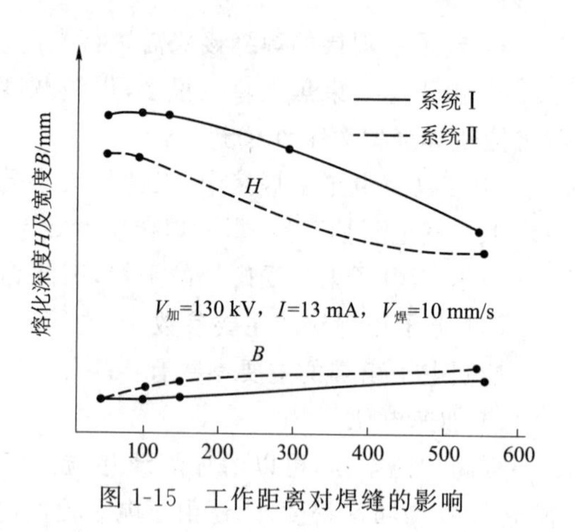

图 1-15　工作距离对焊缝的影响

5）焦点位置

设 D_0 为工件表面距离，D_F 为电子束焦点距离，D_0/D_F 的比值称为电子束的活性参数，以 Q_b 表示，$Q_b<1$ 为下聚焦，$Q_b=1$ 为表面聚焦，$Q_b>1$ 为上聚焦。实际上，焦点位置反映了聚焦电流大小，在其他参数不变时，当工作距离一定时，聚焦电流随之确定。

(4) 焊缝成形过程

电子束在加速电压的作用下，高速飞向工件，与工件碰撞后把动能转化为热能。电子束焊接时，熔化焊缝的深宽比可达 10 以上，单靠热传导熔化是无法达到的，而由于电子束焦点功率密度增加到 10^5 W/cm^{2}后，被加热的工件处形成空腔，电子束直接深入到工件内部所致，图 1-16 是这种情况的示意图。

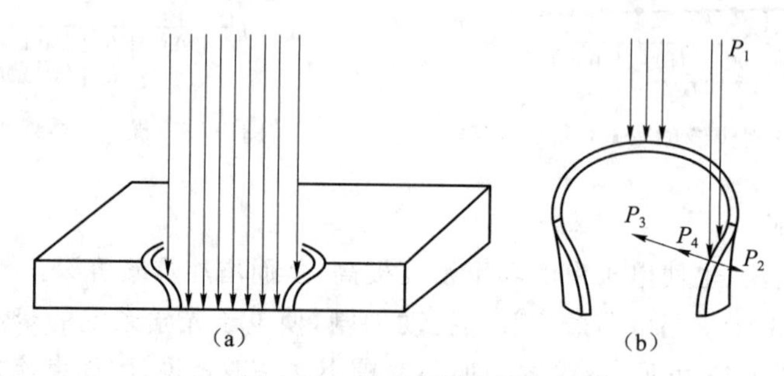

图 1-16　焊缝金属的熔化

(a) 空腔的形成；(b) 受力分析

如图 1-16 所示，当空腔出现后，熔化了的金属被排斥在空腔壁的四周。这时作用在熔池金属上的力必须大于熔池属的表面张力 p_3 和静压力 p_4。作用在熔池金属上的力有电子束的撞击压力 p_1 和金属蒸发的反作用压力 p_2。由于电子质量小，p_1 一般不到 98 Pa，而 p_2 随着金属蒸发速度的增加呈直线上升，使 p_2 与 p_1 的比值可达到 $10^4\sim10^5$。因 p_1 很小可略去不计，则根据力的平衡条件可得出 $p_2\geqslant p_3+p_4$。因此要使金属熔化处造成空腔，提高焊缝的深宽比，就必须增加熔化金属的蒸发速度以提高压力 p_2 数值。实践证明，当电子束焦点的功率密度超过 10^5 W/cm^2 时，熔化金属产生强烈的蒸发，熔池下凹形成空腔，熔化金属被排斥在电子束前进方向的后方。随着电子束向前移动，熔化金属就凝固形成焊缝，我们称这样的焊缝成形为小孔式成形或深穿入式成形。当电子束焊接所选用的焦点功率密度低于

10^5 W/cm^{2}时，由于熔化金属不产生显著蒸发现象，电子束的能量在工件较浅表面转化为热能。这时电子束穿透金属的深度很小，焊缝金属的熔化以热传导方式来完成，我们称这样的焊缝成形为熔化式成形。

(5) 电子束焊接设备

一台典型的电子束焊机主要包括：主机、控制箱、高压电源、真空系统等四大部分。主机由电子枪、真空室、工件传动系统和操作台组成；高压电源包括阳极高压主电源、阴极加热电源以及束流控制用高压电源系统；控制箱包括高压电源控制装置、电子枪阴极加热电源的控制系统、束流控制装置、聚焦电源控制装置以及束流偏转系统等；真空系统包括电子枪抽气系统、工作室抽气系统以及真空控制系统(阀门监视仪表等)。

电子束焊接的原理是利用电子枪产生的电子束聚焦在工件上，使电子的大部分动能转化为热能，进行焊接。可见电子枪是真空电子束焊机中关键部件之一，其主要作用有：

1) 从阴极发射电子；

2) 使电子在阳极到阴极间得到加速，并形成束流；

3) 用磁聚焦线圈将电子束聚焦；

4) 用偏转线圈使束流产生偏转。

因此电子束焊机中的电子枪是发射、形成和会聚电子束的装置，图 1-17 表示电子枪基本结构。

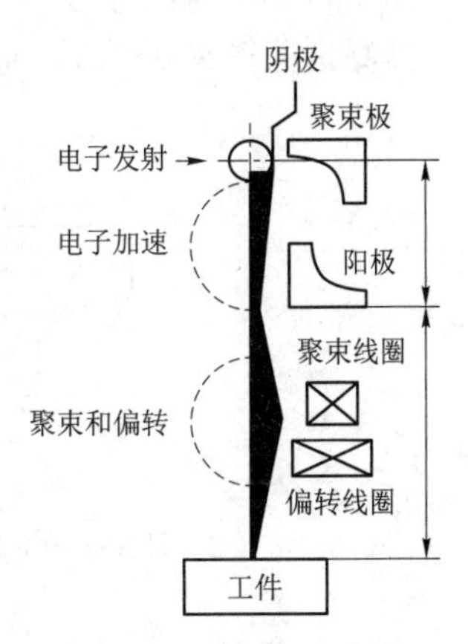

图 1-17　电子枪基本结构图

阴极材料一般用纯钨或纯钽，因为它们具有较高发射电子的能力，并具有较高的熔点。阴极形状一般采用碗形、带状和柱状等。见图 1-18。

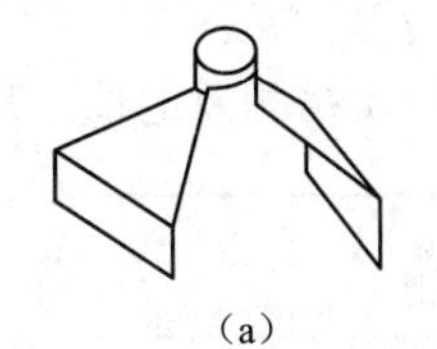

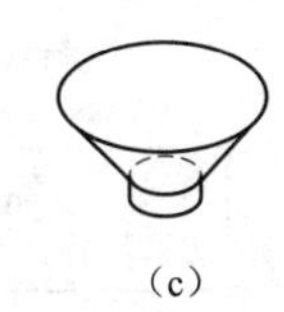

(a)　(b)　(c)

图 1-18　阴极形状简图

(a) 碗形；(b) 带状；(c) 柱状

电子束焊机按加速电压可分为低压(30 kV 以下)、中压(30～60 kV)和高压(60～150 kV)。

按真空度可分为高真空、低真空和非真空。

按电子枪可分为固定枪和动枪。

按真空室分可分为整体式、局部密封式和滑动式。

2. 电子束焊的应用

电子束焊接是 20 世纪 50 年代发展起来的一种新颖、能量密度高的熔化焊接方法，德国、法国、瑞典、美国、俄罗斯以及中国等都曾经或正在采用它来焊接核燃料元件。

第二节 常用量具的使用方法

学习目标:掌握游标卡尺的结构和使用方法;千分尺的结构和使用方法;百分表的结构和使用方法;塞尺的使用方法。

一、游标卡尺的结构和使用方法

1. 结构

图1-19所示是分度值为0.02 mm的游标卡尺,它由刀口形的内、外量爪和深度尺组成。其测量范围在0～125 mm。

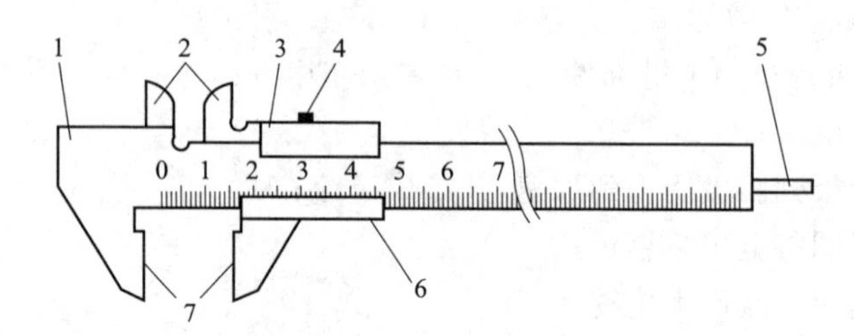

图1-19 0.02 mm游标卡尺

1—尺身;2—内量爪;3—尺框;4—紧固螺钉;5—深度尺;6—游标;7—外量爪

2. 刻线原理

图1-20中,尺身1格为1 mm,当两测量爪并拢时,尺身上的49 mm正好对准游标上的50格,则:

游标每1格的值=49÷50=0.98 mm;尺身与游标每1格相差的值=1−0.98=0.02 mm。

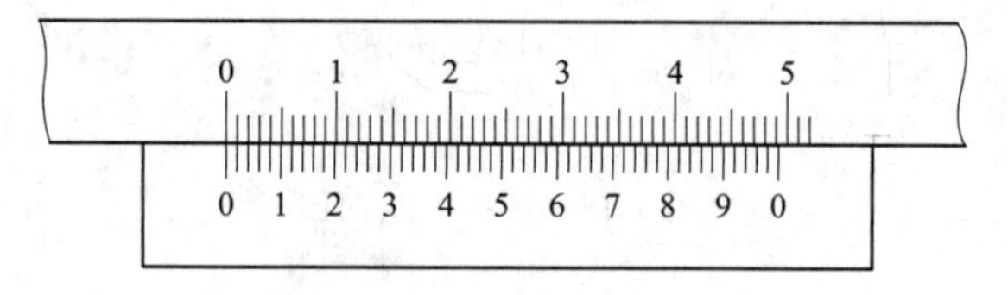

图1-20 0.02 mm游标卡尺刻线原理

3. 使用方法

(1) 测量前应将卡尺擦干净,两量爪贴合后,游标和尺身零线应对齐。

(2) 测量时,测力以使两量爪刚好接触零件表面为宜。

(3) 测量时,防止卡尺歪斜。

(4) 在游标上读数时,避免视线歪斜产生读数误差。

二、千分尺的结构和使用方法

1. 结构

图1-21所示是测量范围为0～25 mm的千分尺,它由尺架、测微螺杆及测力装置等

组成。

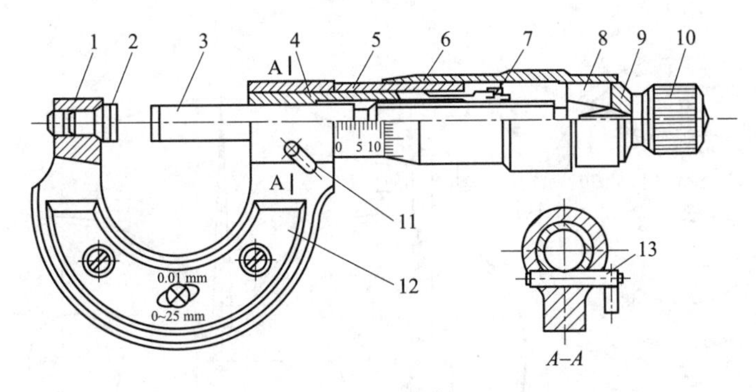

图 1-21　千分尺

1—尺架；2—测砧；3—测微螺杆；4—螺纹轴套；5—固定套筒；6—微分筒；7—调节螺母；8—接头；9—垫片；10—测力装置；11—锁紧机构；12—绝热片；13—锁紧轴

2. 刻线原理

千分尺测微螺杆上的螺纹，其螺距为 0.5 mm。当微分筒 6 转一周时，测微螺杆 3 沿轴向移动 0.5 mm。固定筒 5 刻有间隔为 0.5 mm 的刻线，微分筒圆周上均匀刻有 50 格。因此当微分筒每转一格时，测微螺杆就移进：0.5÷50＝0.01 mm。

3. 使用方法

(1) 测量前，转动千分尺的测量装置，使两个测砧面靠合，并检查是否密合；同时看微分筒与固定套筒的零线是否对齐，如有偏差应调固定套筒对零。

(2) 测量时，用手转动测量装置，控制测力，不允许用冲力转动微分筒。千分尺测微螺杆轴线应与零件表面垂直。

(3) 读数时，最好不取下千分尺进行读数，如需取下读数，应先锁紧测微螺杆，然后轻轻取下千分尺，防止尺寸变动。读数要细心，看清刻度，不要错读 0.5 mm。

三、百分表的结构和使用方法

1. 结构与传动原理

如图 1-22 所示，百分表的传动系统是由齿轮、齿条等组成的。测量时，当带有齿条的测量杆上升，带动小齿轮 Z_2 转动，与 Z_2 同轴的大齿轮 Z_3 及小指针也跟着转动，而 Z_3 又带动小齿轮 Z_1 及其轴上的大指针偏转。游丝的作用是迫使所有齿轮作单向啮合，以消除由于齿侧间隙而引起的测量误差。弹簧是用来控制测量力的。

2. 刻线原理

测量杆移动 1 mm 时，大指针正好回转一圈。而在百分表的表盘上沿圆周刻有 100 等分格，其刻度值为 1/100＝0.01 mm。测量时当大指针转过 1 格刻度时，表示零件尺寸变化 0.01 mm。

3. 使用方法

(1) 百分表在使用时要装在专用表架上，表架应放在平整位置上。百分表在表架上的上下、前后可以调节，并可调整角度。有的表架底座有磁性，可牢固地吸附在钢铁制件平

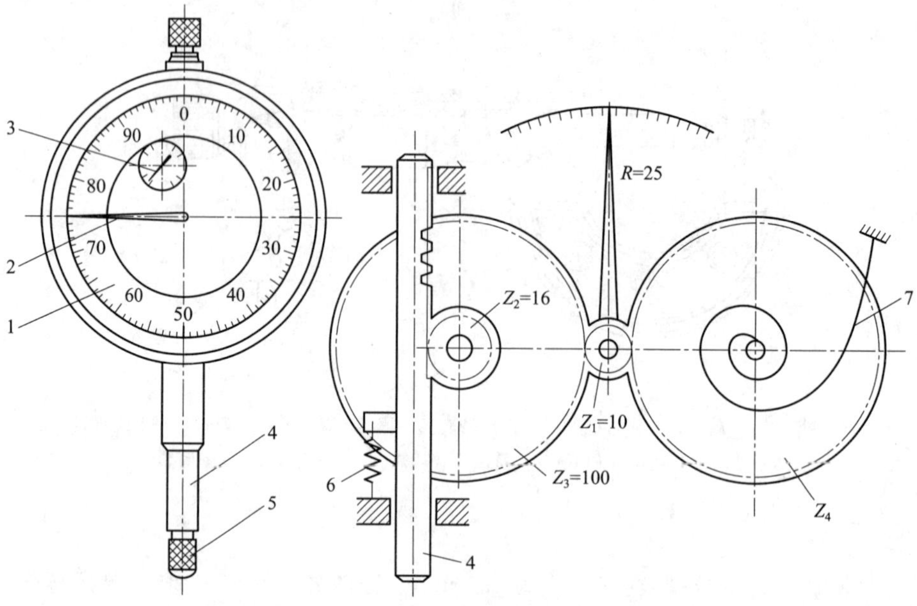

图 1-22 百分表

1—表盘;2—大指针;3—小指针;4—测量杆;5—测量头;6—弹簧;7—游丝

面上。

(2) 测量前,检查表盘和指针有无松动现象;检查指针的稳定性。

(3) 测量时,测量杆应垂直零件表面;测圆柱时,测量杆应对准圆柱中心。测量头与被测表面接触时,测量杆应预先有 0.3～1 mm 的压缩量。要保持一定的初始测力,以免负偏差测不出来。

四、塞尺

塞尺(又名厚薄规,如图 1-23 所示)是用来检验两个结合面之间间隙大小的片状量规。塞尺有两个平行的测量平面,其长度制成 50 mm、100 mm 或 200 mm,由若干片叠合在夹板里。厚度为 0.02～0.1 mm 组的,每片间隔 0.01 mm。厚度在 0.1～1 mm 组的,每片间隔 0.05 mm。

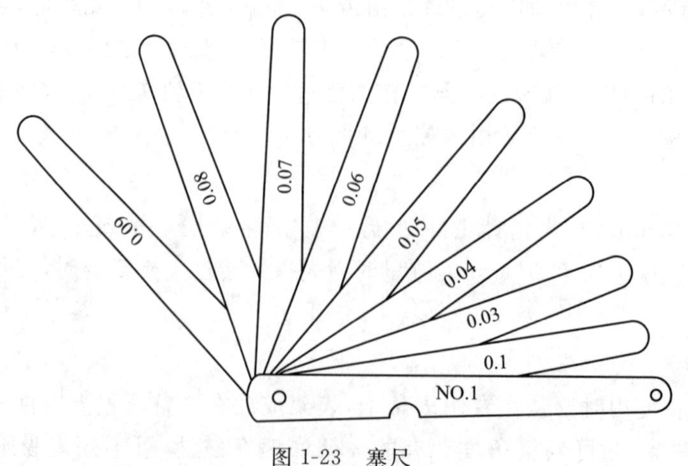

图 1-23 塞尺

使用塞尺时,根据间隙的大小,可用一片或数片重叠在一起插入间隙内。例如用 0.2 mm 的间隙片可以插入工件的缝隙,而 0.25 mm 的间隙片就插不进去,说明零件的缝隙在 0.2~0.25 mm 之间。塞尺的间隙片很薄,容易弯曲和折断,测量时不能用力太大。不能测量温度较高的工件。用完后要擦拭干净,及时合到夹板中。

第三节 记录填写规范和要求

学习目标:掌握记录的定义、作用、填写规范及保存要求。

一、记录的定义

记录:是指阐明所取得的结果或提供所完成活动的证据的文件。

对质量有影响的各项活动应按规定要求做好记录。记录不限于书面的,还可以是构成客观记录的录像、磁带、照片、见证件或其他方式存储的资料。

二、记录的作用

记录的作用是提供证据,表明产品、过程和质量管理体系符合要求和质量管理体系得到有效运行,对其进行分析可作为采取纠正措施和预防措施的依据,可为完善质量管理体系提供信息。

三、记录的填写规范和要求

组织应对记录的标识、储存、检索、保护、保存期限和处理进行控制,并制定相应的文件。为证明产品符合要求和质量管理体系有效运行所必需的记录如:培训记录、工艺鉴定记录、投产记录、管理评审记录、产品要求的评审记录、设计和开发评审、验证、确认结果及跟踪措施的记录、设计和开发更改记录、供方评价记录、产品标识记录、产品测量和监控记录、校准结果记录等。

经过几十年的发展,核燃料元件生产厂家已经建立起对记录控制的规范管理。

1. 记录的填写

汉字的填写采用第一次公布的简化字,书写字体要求工整,笔划清楚、间隔均匀、排列整齐。字母与数字参照 GB/T 1491《中华人民共和国国家标准技术制图字体》中的直体字。书写一律使用碳素墨水或蓝黑墨水,使用复写纸时允许使用圆珠笔,签名时允许使用黑色签字笔。

当记录需要修改时,应在原错误内容上画一条横线,并在其上签注修改人姓名、日期,在附近空白处重新填写正确的内容,原错误内容应能辨认。每一页记录最多允许修改 3 处;不允许使用涂改液或挖补、纸贴的方式修改数据。

2. 记录的保存

记录分为永久性记录和非永久性记录,永久性记录保管期限为 50 年以上,非永久性记录的保管期限分长期保管和短期保管,长期保管期限为 16 年以上至 50 年,短期保管期限为 15 年以下。核燃料元件生产厂家的岗位记录一般属于短期保管记录,要求至少保存到所属燃料组件寿期终止。

记录保存时,应对记录进行标识,应能分清是何种产品、生产日期、保存期限等内容。记录的储存必须确保记录不变质,记录应装订成册或装入文件夹,放置在铁皮文件柜中。一些特殊记录应特殊保存,如X射线底片,其保存要求密闭、干燥、温度变化小。定期对记录进行检查,一般记录一年检查一次,对重要的记录或与环境条件密切相关的记录,应缩短检查周期。如X射线底片可以采取半年检查一次。检查内容主要包括:记录完好无损、无短缺;储存柜完好,保存条件符合要求。

第四节　设备维护保养

学习目标:了解设备维护保养的重要性、设备使用维护管理的主要内容;掌握工装使用原则、班组工装的管理方法。

一、设备的维护保养

设备管理是一个系统的工程,依照设备综合管理的理论,企业应实行设备全过程的管理,也就是实行从设备的规划工作起直至报废的整个过程的管理。这个过程一般可分为前期管理和使用期管理两个阶段。设备前期管理的主要内容有设备规划、选型与购置、自制设备的设计与制造、设备的安装调试与验收,设备使用期管理的主要内容包括设备的使用与维护、设备的润滑以及设备的故障管理等。

1. 设备维护保养的重要性

设备在负荷下运转并发挥其规定功能的过程,即为使用过程。设备使用寿命的长短,效率的高低,主要取决于设备结构、性能,制造精度,但也受到工作环境、操作人员的素质、使用的方法、负荷大小、工作持续时间长短及维护保养的好坏等因素的影响,可能使设备的技术状态发生变化而降低工作性能和效率。特别是高精尖设备,设备的工作性能和效率与设备使用者和维护人员密切相关。核燃料元件生产涉及许多极精尖的设备,而且许多设备是从国外进口的,国内唯一的设备。如果我们正确合理地使用设备,就可以更好地发挥设备的技术性能,保持良好状态,防止非正常磨损,避免突发性故障,延长设备的使用寿命,提高工作效率;而精心维护设备,则可对设备起“保健”作用,改善设备的技术状态,延缓劣化进程,及时发现和消灭故障隐患于萌芽状态,从而保障安全运行,保证企业的经济效益。因此,对设备的正确使用与精心维护是贯彻设备管理以“预防为主”的重要环节,必须十分重视,这就要求我们明确使用者及使用维护者的职责与工作内容,建立必要的规章制度,以确保设备使用维护等各项措施的贯彻执行。

2. 设备使用维护管理的主要内容

设备使用维护管理的主要内容包括:设备操作、维修工人的培训;制定设备操作卡,设备安全规程及维护保养规程;监督设备的正确使用,搞好设备润滑,进行日常维护和定期维护;实行设备点检,定期检查,区域维修责任制;设备的状态监测、诊断及故障修理;设备使用维护的检查评比,设备事故处理等。

通过以上的工作我们可以掌握设备的技术状态信息,为设备的修理、改进和提高管理工作水平奠定良好的基础。

二、工装的维护保养

企业在生产制造活动中，经常使用成千上万件工艺装备（工装），它们的品种繁多，规格复杂，体积大小不一，数量很大，容易混淆、丢失和积压。据调查：机加单位机床上使用的工装费用，占机床设备价值的25%～30%；产品成本中，工装费用一般要占5%～10%。在燃料元件组装生产中，工装费用也占相当大的份额。同时，工装应用量大面广，是实现工艺规程所不可缺少的重要物质手段；特别是作为核燃料元件组装，为确保生产中所制造的产品质量满足规定要求，工装的精度及使用在很大程度上决定了产品的组装质量。工装的使用贯穿了燃料元件生产的整个过程，许多工装需要进行专门的设计制造，可以说，没有工装就不可能制造出高质量、高成品率的产品。在核燃料元件组装过程中，工装具有举足轻重的地位。因此，必须及时做好工装的准备工作，合理地组织工装的供应及使用，以保证工艺过程的顺利实施，改善产品质量，降低生产成本。

1. 工装的使用原则

要努力节约使用工装和降低工装消耗，具体办法是：

(1) 车间所有员工应积极参加工装管理，树立并提高车间员工爱护工装的主人翁责任感。认真管好、用好工装，不积压、不丢失工装。

(2) 在使用工装和操作过程中，严格按工艺规程进行，防止工装过度磨损和损坏，并推广先进经验，改进工装的使用方法。

(3) 加强工装的维护、保管、刃磨、回收、翻新、修复工作。对工装要经常进行维护，在使用过程中用钝了的工装，要重新磨刃。为了保证工装的质量并不致因为自己磨刃而降低设备利用率，应尽可能组织集中磨刃。

(4) 工装要“以旧换新”进行回收、修复、翻新后再继续使用。

(5) 不断提高自制工装的质量，延长工装的使用寿命。工装的质量好，耐磨、耐用、使用时间长，就可降低工装消耗，达到节约目的。

2. 班组工装的管理

班组工装管理，是对班组使用的工装、辅助工装和检验、测试用具等进行领用、使用、保管、修复而进行的有关组织管理工作。

(1) 班组工装管理的任务

班组工装管理的基本任务是：及时地申请领用生产中所必需的工装，做好工装的成套性工作，并合理使用和保管，在保证生产正常进行的条件下，延长工装使用寿命，搞好工装的修复、回收工作，使消耗降低。

(2) 班组工装管理的内容

1) 建立健全工装领用制度

班组应有工装使用保管卡片，记录操作人员领用工装的型号、数量、名称、规格、日期。应根据工艺文件的规定，不得多领，也不能少领。对于共用工装也应建卡管理，个人使用时办借用手续，进行登记，用后及时归还。

2）合理使用工装

工装的使用应按工艺要求，在工装强度、性能允许的范围内使用，严禁违规代用(如螺丝刀代凿子、钳子代锤子)。不容许专用工装代替通用工装，精具粗用的现象应坚决禁止，并在使用中注意保持精度和使用的条件。

3）妥善保管工装

工装应放在固定场所，有精度要求的工装应按规定进行支撑、垫靠；工装箱要整齐、清洁，定位摆放，做到开箱知数，账物相符；无关物品，特别是私人用品不允许放在工装箱内，使用完毕后的工装应进行油封或粉封，防止生锈变形。长期不用的工装应交班组或车间统一保管。

4）做好工装的清点和校验工作

由于工装使用的频繁性和场所变更，容易遗忘在工作场所或互相误认收管，因此应经常进行账物核对，以保持工装账物相符。

贵重和精密工装要特殊对待，切实做好使用保管、定期清洁、校验精度和轻拿轻放等事项。量具要做好周期检查鉴定工作，保持经常处于良好的技术状态。

5）做好工装的修复报废工作

工装都有一定的使用寿命，正常磨损和消耗不可避免，但凡能修复的应及时采取措施，恢复其原来的性能，如刀具的刃磨、量具的修理等。对于不能修复的工装，在定额范围内可按手续报废并以旧换新，对于节约工装和爱护工装的员工应给予表扬。

班组还应协助做好专用工装的试验(如试模)工作，对专用工装提出修改意见。对于违反操作卡造成工装、夹具、刃具报废等情况，要查明原因，追究责任。个人遗失工装要填写“工装遗失单”，根据情况执行赔偿处理。

第二章　组装焊接定位格架

学习目标：掌握定位格架组装焊接技术要求；了解格架相关材料的基本知识；了解定位格架的结构和主要功能；掌握定位格架的制造工艺流程；了解定位格架组装焊接中常见的缺陷。掌握定位格架的标识规则；掌握定位格架的条带种类；掌握定位格架组装工艺要点。

第一节　定位格架组装焊接要求

学习目标：掌握15×15、17×17、TVS-2M型定位格架组装焊接技术要求。

一、15×15型定位格架组装焊接技术要求

1. 格架的组装

格架的组装采用手工方法，借助于专用工具将内条带与外条带相互交叉穿插而成，为了使组装后残余应力和变形尽可能小，要求组装时选用无严重变形的条带，模具设计制造时严格控制条带装配细槽的公差尺寸，满足格架图纸技术要求。

2. 格架的焊接

(1) 点焊主要设计技术要求

焊点直径1 mm左右；

不允许焊穿，焊点坑深度小于0.1 mm，焊点表面和热影响区光亮平滑，无明显氧化现象，焊点飞溅等允许修整；

每个焊点剪切力大于490 N。

(2) 钎焊缝要求

钎焊缝外观质量要求，圆角光滑、成形均匀、湿润性好、无明显氧化、组织致密，钎焊接头无可见裂纹、无气孔、气泡、缩孔、夹渣等缺陷。允许几个钎焊缝在条带定位刚凸处有1～2 mm未焊到现象。

不允许漏焊，允许少量补焊一次。

随炉见证件焊缝长36 mm，总破断力不小于4 500 N。

随炉见证件的金相试样不允许出现溶蚀，晶间渗入不大于0.035 mm。

二、17×17型定位格架组装焊接技术要求

1. 格架组装

格架中焊接接头型式有以下几种，见表2-1。

表 2-1 AFA 格架焊缝结构

焊缝名称	A 和 A' 焊缝	CC' 焊缝	E 焊缝
连接部位	内条带与内条带交叉处	内条带端部与外条带榫接处	两片外条带与一片内条带的端部对接处
焊缝位置	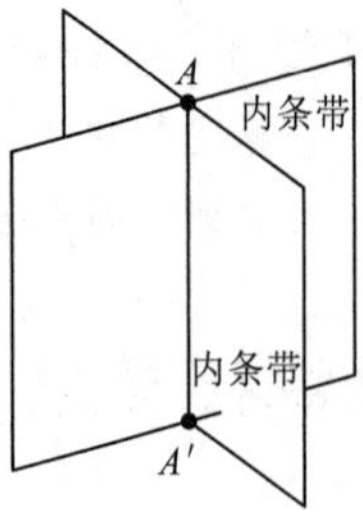	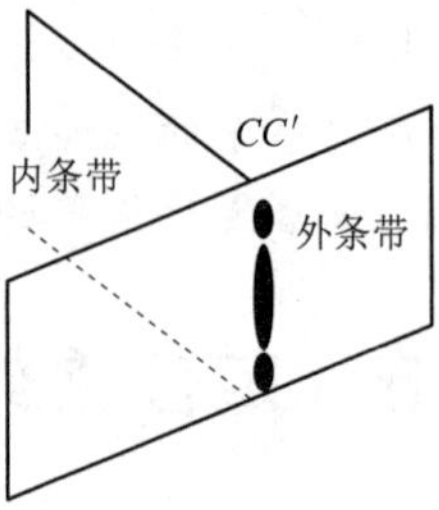	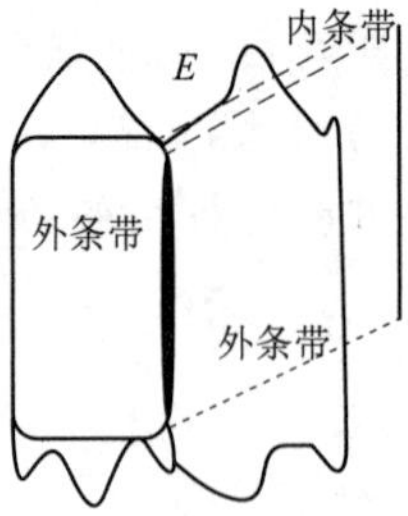
每只格架的焊缝数量	2×256 点	60 条	4 条

2. 格架焊接

(1) 弹簧电阻点焊

格架的弹簧分两种,一种是单弹簧,另一种是双弹簧,每只格架共有双弹簧 244 个,单弹簧 40 个,分布在 28 片内条带上,另外 4 片内条带无弹簧。每个弹簧上下端各点焊一点,共有焊点 568 个。

主要设计技术要求:

焊点应在图纸规定的焊区内;

熔核外溢不超外观标样;

表面无裂纹;

电极压痕小于适用的外观标样,若焊接设备处于电流控制的条件下;

若焊点表面出现氧化色,飞溅等超过适用标样,则可用细纱布或不锈钢刮刀去除;

撕裂试验:可见孔洞或焊接金属区直径>0.55 mm。

(2) 条带的焊接(电子束焊、激光焊等)

焊接夹具定期喷砂处理,去除异物。格架装入焊接夹具,并固定。注意防止条带的错位、变形;调整 E 焊缝处的两条外条带与一条内条带之间的间隙,并使其保持在同一平面(中间搅混格架需要拧掉全部扭转蝶舌)。把格架连同夹具放在焊室中。按焊接参数表核实焊接参数后启动焊接程序开始焊接。

3. 格架的测量与检验

对成品格架应测量以下项目:搅混翼/导向翼弯曲高度、刚凸垂直度(G 因子)、弹簧/刚凸间距、格架外形尺寸、弹簧夹持力、格架栅元垂直度等。

弹簧片焊点试样的检查包括如下两项。

1) 金相检查

焊点的金相检验面为垂直于焊接平面并通过焊点中心的平面,将试样沿焊点中心切开,放入镶样模具中,保持检验面平行于模具底面,镶嵌后试样的焊点应清晰可见。用 150 号金相水砂纸将试样磨至接近检验面，然后用细金相水砂纸磨至检验面。用抛光织物及抛光磨料对试样进行机械抛光，直至检验面光亮无磨痕，最后对试样进行蚀刻以显示熔核。焊点的内部缺陷检测主要包括裂纹、孔洞等。检测的内容包括缺陷的类型、形状、位置及尺寸。注明孔洞等缺陷相对于 $0.85D\times0.5(E_1+E_2)$ 区域（如图 2-1 所示）的位置，即缺陷是位于该区域内还是该区域外。如果某一缺陷有一部分位于 $0.85D\times0.5(E_1+E_2)$ 区域外，应判定为位于该区域外的缺陷。用显微镜放大 100 倍测量最大孔洞的尺寸 d 和最长裂纹的长度 L。

将经过蚀刻显示的试样置于金相显微镜下，如图 2-2 所示，测量焊点的下列尺寸。

① 应避开焊接的影响测量弹簧片的厚度 E_1、E_2。

② 测量弹簧片的焊接熔深 P_1、P_2，测量 0.8D 处的熔深值 P_{1m}、P_{2m}。对于每一片弹簧片来说，在 0.8D 处可以测得两个熔深值，应取其中最小的一个值作为该弹簧片 0.8D 处的熔深。

③ 沿着弹簧片的贴合线方向测量熔核的直径 D。

④ 测量焊接凹陷深度 T_1、T_2，测量焊点相对于弹簧片原始表面的最大凹陷值，即为弹簧片的凹陷深度。

⑤ 检查熔核周围是否存在未熔金属区。

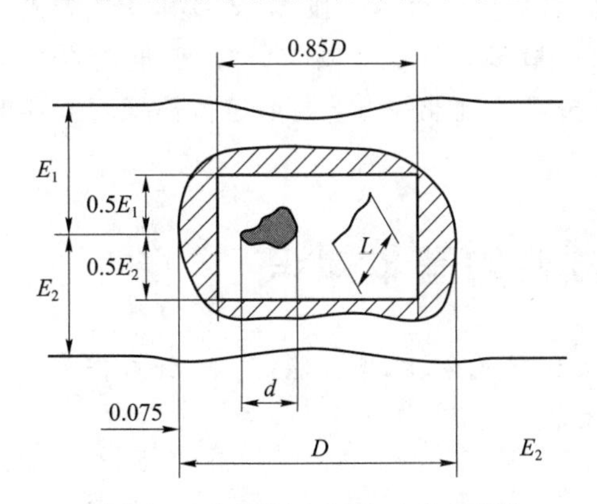

图 2-1　$0.85D\times0.5(E_1+E_2)$ 区域

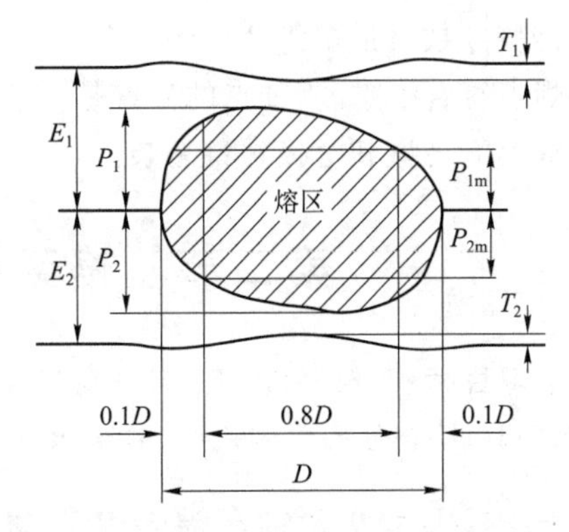

图 2-2　焊点熔核需测量的参数

2）弹簧焊点的机械强度检查

弹簧焊点的机械强度撕裂试验在焊接批中取样进行。先将弹簧片切断，然后用两把钳子将焊点撕开直至断开为止。如果在撕开处能看到一个可见的孔或焊接金属区的平均直径大于 0.55 mm，则认为焊点的机械强度是合格的。在更换电极前、后分别进行三次撕裂试验，另外每个生产日在 3 个弹簧上进行撕裂试验。如果焊点强度试验结果有一个不合格，则应加倍取样（取 2×3＝6 个弹簧），如果两组复验结果符合试验要求，则认为复验是合格的。

三、TVS一定位格架组装焊接技术要求

1. 栅元管

异边栅元与均布栅元冲制后对边尺寸（3 处）平均值为（12.71±0.01）mm，标准偏差不超过 0.018；内切圆三弯处不能有裂纹、刀痕、划伤等机械伤，其余部件机械伤深度不大于 0.04 mm。

2. 栅元饼与1/3围板的组装焊接

异边栅元与均布栅元组装点焊，然后与在外围套上3块1/3围板，点焊成一支TVS-2M格架。

3. 栅元饼、格架焊接

在每班开始产品焊接前、焊接结束后或更换电极前都分别需要焊接一个代表类型的试样，进行撕裂试验，合格后方能继续进行生产，如班中只焊接其中的一种焊缝，可只焊对应的一种试样。

修磨或更换电极后，设备经过维修调整后需焊接两个试样进行撕裂试验，合格后方能继续生产。

检查焊点的外观，在工艺样品上出现以下可见缺陷是不允许的：裂纹和其他不符合技术要求的项目(烧穿、凹坑、电极材料残留在焊点表面超过外观标样、焊点氧化色超过外观控制标样)、无电极压痕。外观检查合格后，用钳子将焊点撕开，锆片上应留有熔核，检查熔核的最大值，均布栅元焊接留下的不小0.5 mm，异边栅元焊点留下的不小于0.8 mm。

定位格架焊后，焊点应无烧穿、凹坑、无焊点、焊点排列不符合图纸要求，烧伤、电极残留超过外观标样是不允许的，栅元内表面上，与燃料棒接触的地方不允许有金属飞溅的烧痕。

如果焊点区域出现氧化色、凹坑、无焊点痕迹，必须进行重新焊接，对2号和3号焊缝各自允许烧穿数量最多为2个和6个。每个栅元面上最多允许三个附加的焊点，同时至少有两个焊点符合要求，附加点的位置是任意的，允许按经过批准的工艺打磨定位格架表面和电极压痕上的飞溅和电极材料夹杂。

第二节 格架相关材料的基本知识

学习目标：了解GH4169耐蚀高温合金带材的化学成分、机械性能；了解Zr-4合金、M5合金、3110锆合金的化学成分、机械性能及腐蚀性能。

一、GH4169耐蚀高温合金带材

GH4169耐蚀高温合金是以镍-铬-铁三元素为基体，以铌、钼、钛、钴作主要合金元素，以碳、氮、硅、硫、磷、钴、铜、硼、钼等为杂质元素，这些杂质元素是在冶炼过程中以不可避免的形式而存在。

1. 化学成分(见表2-2)

表2-2 GH4169A带材化学成分(质量) %

元素	碳	锰	硅	硫	磷	铬	镍	钼
含量	≤0.08	≤0.35	≤0.35	≤0.015	≤0.015	17.0～21.0	50.0～55.0	2.8～3.3
元素	铝	钛	铌	硼	铜	钴	钽	铁
含量	0.20～0.80	0.65～1.15	4.75～5.50	≤0.002	≤0.10	≤0.10	≤0.10	余量

2. 机械性能(见表 2-3)

表 2-3　GH4169 带材机械性能

Rm/MPa	HV	$Rp_{0.2}$(MPa,350 ℃)	A(%,350 ℃)
≤840	≤220	≥785	≥20(0.3) ≥20(0.4)

3. 微观组织的完好性能

材料应是完全再结晶的,平均晶粒度 6 级或更细。

4. 冲压成形性能

弯曲因子等于 1,弯曲轴平行轧制方向;对于厚度小于 5 mm 的板材,弯曲因子等于 2,弯曲轴应垂直于轧制方向。

5. 表面质量检验

国产料,表面粗糙度 Ra≤1.60 μm,用 5 倍放大镜目测。

进口料,表面粗糙度 Ra≤0.80 μm,用 10 倍放大镜目测。

二、再结晶 Zr-4 合金带材

1. 化学成分

化学成分符合表 2-4 的要求,杂质成分符合表 2-5 的要求。

表 2-4　再结晶 Zr-4 合金带材元素

元素	符号	质量%(最小)	质量%(最大)
锡	Sn	1.2	1.5
铁	Fe	0.18	0.24
铬	Cr	0.07	0.13
铁+铬	Fe+ Cr	0.28	0.37
氧	O	900 ppm	1 600 ppm
碳	C	80 ppm	200 ppm
硅	Si	50 ppm	120 ppm
锆	Zr	余量	余量

注:1 ppm=10^{-6}。

表 2-5　再结晶 Zr-4 合金带材杂质

元素	符号	ppm(最大)	元素	符号	ppm(最大)
铝	Al	75	氯	Cl	20
氮	N	80	钴	Co	10
硼	B	0.5	铜	Cu	50
镉	Cd	0.5	铪	Hf	100
钙	Ca	30	氢	H	25

续表

元素	符号	ppm(最大)	元素	符号	ppm(最大)
铅	Pb	130	磷	P	20
镁	Mg	20	钠	Na	20
锰	Mn	50	钽	Ta	100
钼	Mo	50	钛	Ti	50
镍	Ni	70	钨	W	100
铌	Nb	100	铀总量	U	3.5
氮	N	80	矾	V	50

2. 机械性能

(1) 极限拉伸强度≥400 MPa;

(2) 0.2%屈服强度 $Rp_{0.2}$≥310 MPa;

(3) 横向均匀延伸率 A_r≥7%;

(4) 总延伸率 A_t(大于 50 mm)≥25%。

3. 腐蚀性能

腐蚀试验应按照 ASTM G2 不酸洗的相关规定进行。试样应放置在(400±3)℃、(10.3±0.7)MPa 的蒸汽中腐蚀 72_{0}^{+8} h。

完成上述腐蚀试验后,测量增重精确到 0.1 mg,计算每单位表面积增重应小于 22 mg/dm^2。

腐蚀试验后,试样两个面都应是灰黑色氧化膜,不得有与设计部门批准的标样不一致的棕色或白色腐蚀产物。

三、M5 合金带材

1. 化学成分

M5 合金带材合金化学成分应符合表 2-6 的要求,其杂质成分应符合表 2-7 的要求。

2. 机械性能

同再结晶 Zr-4 合金带材。

3. 腐蚀性能

同再结晶 Zr-4 合金带材。

表 2-6 M5 合金带材合金元素

元素	符号	质量%(最小)	质量%(最大)
铌	Nb	0.8	1.2
氧	O	0.11	0.17
硫	S	0.001 0	0.003 5
锆	Zr	余量	余量

表 2-7　M5 合金带材杂质

元素	符号	ppm(最大)	元素	符号	ppm(最大)
铝	Al	75	镁	Mg	20
氮	N	80	锰	Mn	50
硼	B	0.5	钼	Mo	50
镉	Cd	0.5	镍	Ni	70
钙	Ca	30	磷	P	20[1)]
碳	C	100	铅	Pb	130
氯	Cl	20[1)]	硅	Si	120
铬	Cr	150	钠	Na	20[1)]
钴	Co	10	钽	Ta	100
铜	Cu	50	钛	Ti	50
锡	Sn	100	钨	W	100
铁	Fe	500	铀总量	U	3.5
铪	Hf	100	钒	V	50
氢	H	25			

注:1) 由铸锭制造厂保证,但并非对所有铸锭料进行系统测试。

四、3110 锆合金

引进的 VVER1000 及 TVS-2M 燃料组件定位格架采用 3110 锆合金管材冲制而成,材料性能与 M5 合金极几乎一致,这里不再赘述。

第三节　定位格架的结构和用途

学习目标:了解 15×15、17×17、TVS-2M 型定位格架的结构和用途。

定位格架的主要功能是,夹持燃料棒为其提供轴向和横向支撑;保持燃料棒处于定位格架栅元中心位置和燃料棒间正常间距;使导向管和仪表管受到横向支撑和定位;增加冷却剂搅混和改进燃料棒传热;易于进行燃料组件装卸操作和不致发生钩挂现象;易于装卸燃料棒而不损伤定位格架的完整性等。

一、15×15 定位格架结构和用途

15×15 定位格架是由 28 条规则排列的内条带和 4 条外条带组装钎焊而成的有 225 个栅元的方形结构(见图 2-3)。内条带有 7 种,靠装配细槽和定位凸起相互装配定位,并采用钎焊把每个交叉部位焊在一起。格架中 204 个栅元是容纳燃料棒的。在这些栅元中,每一

个栅元都为燃料棒提供了6个接触点:2个弹性点和4个刚性点,弹性点是在内条带或外条带上冲出的三弯弹簧上形成的。刚性点是在内条带上冲出的刚凸上形成的。在格架中,有21个对称分布的特殊栅元,它们内部没有三弯弹簧和刚凸。每个栅元上有两对点焊舌,其功能是通过点焊舌点焊到20根导向管和1根中子通量管(仪表管)上。这种格架使用的因科镍材料与锆合金相比中子吸收截面大,在压水堆燃料组件中已很少采用。

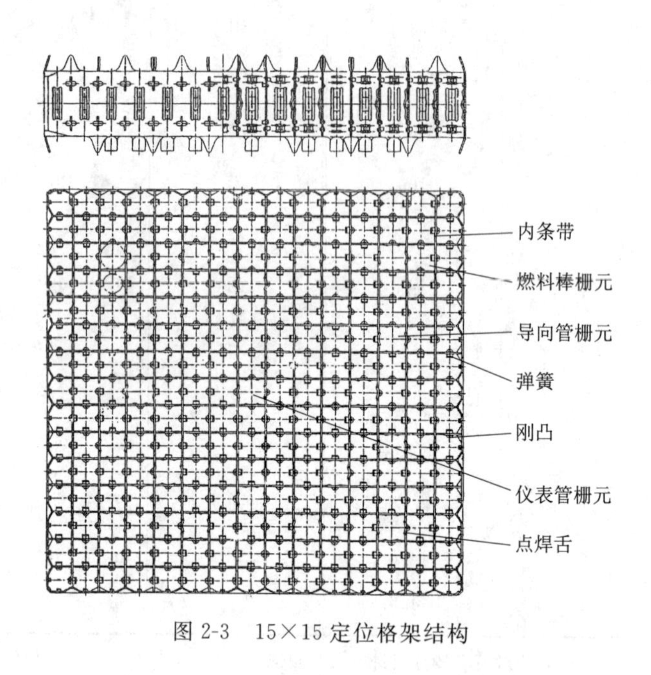

图2-3　15×15定位格架结构

二、17×17定位格架结构和用途

燃料组件中,燃料棒沿长度方向由多层格架夹住定位,这种定位使棒的间距在组件的设计寿期内得以保持。格架有端部格架、搅混格架、中间搅混格架(也称半跨距搅混翼格架)等等。

17×17定位格架是双金属定位格架,是由36条规则排列的锆合金条带(其中32支内条带和4支外条带)形成一个有289个栅元的方形结构(见图2-4)。内条带有16种,条带相互之间靠装配细槽和装配凸起装配定位,并用把每个交叉线的端部焊在一起。格架中有2种类型的因科镍718弹簧:单弹簧和双弹簧。它在格架栅元中与对面条带上的刚凸一起固定燃料棒。在格架中有25个对称分布的特殊栅元,它们内部没有弹簧和刚凸,每个栅元有四个点焊舌,供导向管和中子通量管插入并焊接的栅元。

三、TVS-2M定位格架结构和用途

TVS-2M定位格架是由33个异边栅元、279个均布栅元、3块1/3围板组装点焊而成的正六边形的蜂窝状结构格架,其中燃料棒栅元311个,仪表管栅元1个。整个内部栅元由两种模具就可以冲制而成,简化了冲制条带的工艺流程(见图2-5)。

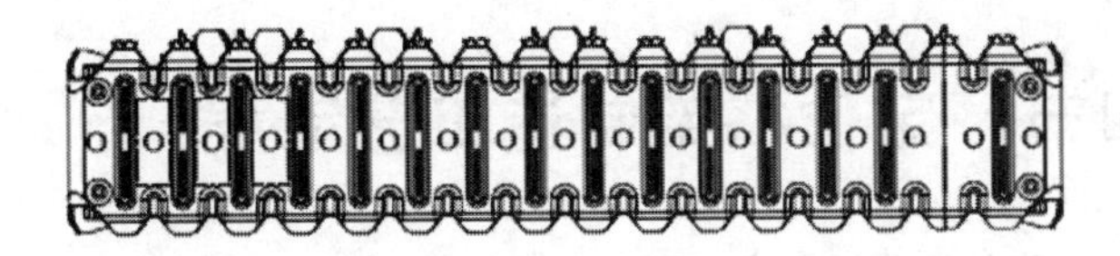

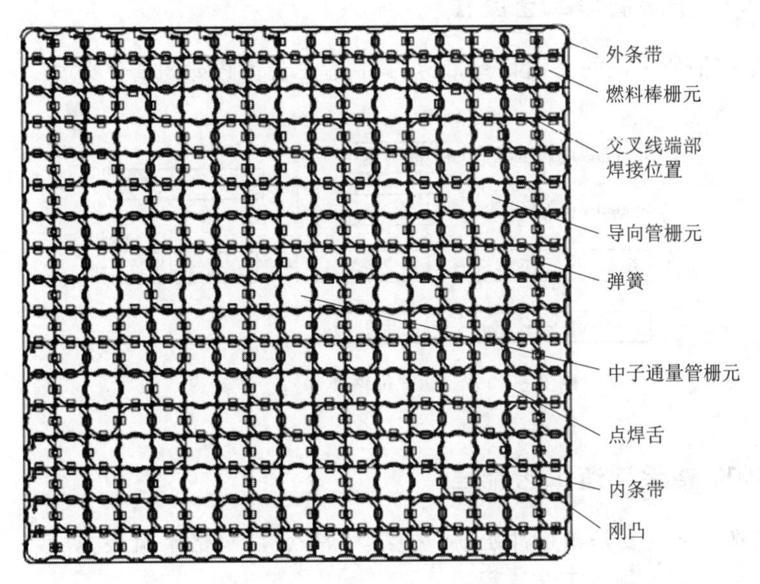

图 2-4　17×17 定位格架结构

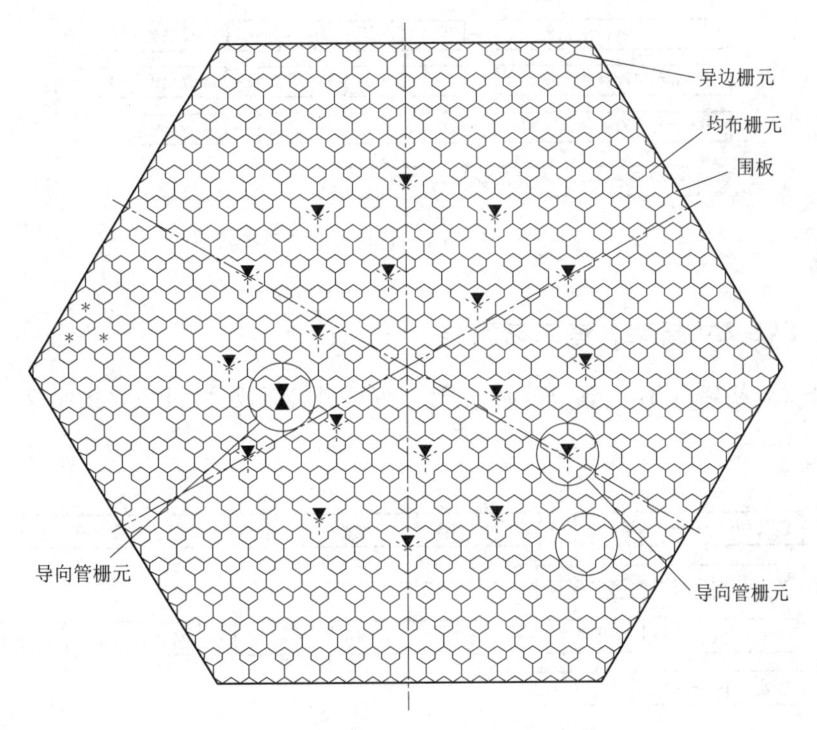

图 2-5　TVS-2M 定位格架结构

第四节 定位格架制造工艺流程

学习目标:掌握15×15、17×17、TVS-2M型定位格架的制造工艺流程。

一、15×15 格架制造工艺流程

15×15结构格架采用的是因科镍带材,其制造工艺流程如图2-6所示。

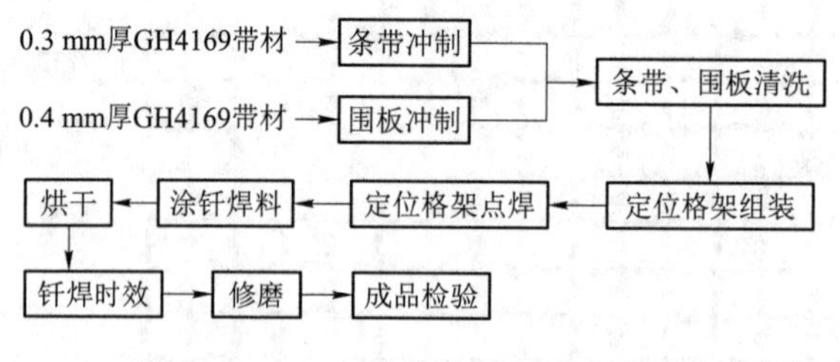

图2-6 15×15定位格架制造工艺流程

二、17×17 格架制造工艺流程

格架的制造工艺主要是条带冲压、弹簧点焊、焊点检查、格架组装、焊接、格架检验。图2-7给出了17×17格架制造工艺流程。

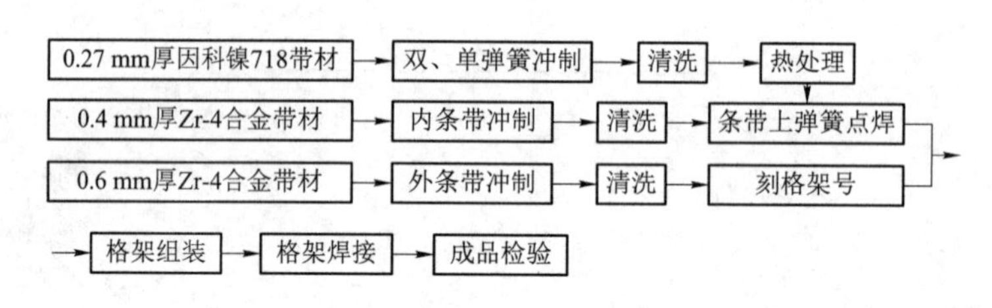

图2-7 17×17定位格架制造工艺流程

三、TVS-2M 格架制造工艺流程

TVS-2M格架由3110管材冲制成栅元、带材制成围板,再组装焊接而成。其工艺流程如图2-8所示。

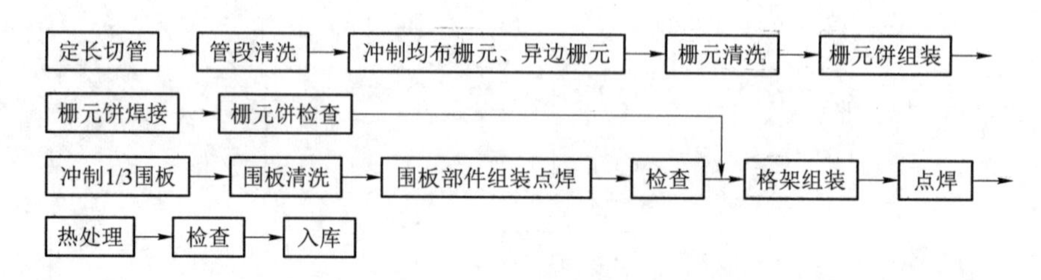

图2-8 TVS-2M定位格架制造工艺流程

第五节　定位格架制造中常见的缺陷

学习目标:了解15×15、17×17型定位格架制造中的常见缺陷。

一、15×15格架缺陷

格架钎焊及时效后，格架表面应成银灰色，钎焊缝成型均匀，无氧化色，表面无气孔、夹渣等缺陷，格架无明显的扭曲变形。

溶蚀:母材表面被熔化的钎料过度溶解而形成的凹陷。

晶间渗入:钎焊时，熔化钎料或它的某些成分集中地沿钎焊的母材晶界扩散的现象，严重时导致晶界变粗变脆。

未钎透:熔化的焊缝未能填满钎焊间隙所形成的一种钎焊缺陷。

二、17×17格架缺陷

缩孔:熔化金属在凝固过程中因收缩而产生的，残留在熔核中的空穴。

电极粘损:点焊、凸焊和缝焊时，电极工作表面被焊件表面金属和氧化皮黏附污损的现象。

未熔合:熔焊时，焊道与母材之间或焊道与焊道之间，未完全熔化结合的部分，电阻点焊时指母材与母材之间未完全熔化结合的部分。

裂纹:在焊接应力及其他致脆因素共同作用下，材料的原子结合遭到破坏，形成新界面而产生的缝隙称为裂纹。它具有尖锐的缺口和长宽比大的特征。

三、TVS-2M格架缺陷

裂纹:同上。

无焊点:焊接过程中没有电流输出、焊接电流过小、工件与电极没有形成电流回路、设备或人的误动作导致电极没有到达预定的焊接位置等都会造成无焊点。

撕裂试样不合格:在经过工艺鉴定的参数下焊点的撕裂不合格，可以排除焊接参数的影响。电极开关变化、设备故障等都可以引起撕裂试样不合格。

烧穿:焊点位置由于点焊时引起的孔洞。焊接电流过大、电极压力不够、被焊接工件贴合不好等容易引起烧穿。

飞溅:焊接电流过大、电极压力不够、被焊接工件贴合不好等容易引起烧穿飞溅。

凹坑:焊点下凹。电极压力过大，焊接输入能量过高等都可能引起焊点凹坑。在电阻焊过程中焊点凹坑很难避免，凹坑过深，就会减薄焊点位置材料，影响焊点的强度，不允许超过标样的焊接凹坑。

电极材料残留:点焊过程中由于电极与焊点摩擦、电极材料耐热不够、焊接热输入能量过高等因素造成电极材料沾污焊点。

焊点氧化色:焊接热输入能量过高、焊接时间过长、电极与工件贴合不好等造成焊点及热影响区域氧化色，不允许超过标样。

第六节　定位格架标识

学习目标:掌握定位格架的标识规则。

一、15×15 定位格架标识

15×15 型定位格架的标识如下:

04SG×××××　04 为工程号,SG 代表格架,×××××为格架序号

06SG×××××　06 为工程号,SG 代表格架,×××××为格架序号

二、17×17 定位格架标识

1. M5 合金格架

07T×××××　07 为工程号,T 代表端部格架,×××××为格架序号。

07P×××××　07 为工程号,P 代表中间搅混翼格架,×××××为格架序号。

07R×××××　07 为工程号,R 代表搅混翼格架,×××××为格架序号。

2. Zr-4 合金格架

07A×××××　07 为工程号,A 代表端部格架,×××××为格架序号。

07K×××××　07 为工程号,K 代表中间搅混翼格架,×××××为格架序号。

07D×××××　07 为工程号,D 代表搅混翼格架,×××××为格架序号。

三、TVS-2M 定位格架标识

08W×××××,其中×××××为数字,表示格架序号。

第七节　条带种类

学习目标:掌握定位格架的条带种类及其结构特点。

一、15×15 定位格架条带种类

1. 内条带

15×15 定位格架共有 7 种内条带,图纸编号 1～7 号。它们的共同点是:每种条带上有 14 条 0.3 mm 细槽,细槽端部呈三角形;14 对装配凸起;条带的每端有装配小榫头及小弯脚各 2 个;每种条带上有不同数量的三弯弹簧、刚凸、点焊舌。

根据三弯弹簧、刚凸、点焊舌的数量,位置不同,可以区别不同编号的条带。

1 号条带:无点焊舌,15 个三弯弹簧和 15 对刚凸,二者方向相反。

2 号条带:11 个三弯弹簧,15 对刚凸,4 个点焊舌。

3 号条带:14 个三弯弹簧,11 对刚凸,5 个点焊舌。

4 号条带:13 个三弯弹簧,14 对刚凸,3 个点焊舌。

5 号条带:13 个三弯弹簧,13 对刚凸,4 个点焊舌。

6 号条带;15 个三弯弹簧,13 对刚凸,2 个点焊舌。

7 号条带:6 个三弯弹簧,点焊舌 3 个,有 9 对刚凸,6 对双刚凸。

2. 围板

围板上有三弯弹簧 15 个,榫槽 14 对,凹坑 14 对,无刚凸,两端有 45°弯边,上、下各有 8 个和 6 个导向翼。

二、17×17 定位格架条带种类

17×17 定位格架有三类,即搅混格架、端部格架、中间搅混格架。每类格架都有 16 种 32 片内条带和 1 种 4 片外条带。其中搅混格架和端部格架的内条带,除了有无搅混翼的区别外,其他相同,它们的外条带则完全相同,而中间搅混格架则完全不同。

1. 搅混格架和端部格架内条带(即 CT 格架内条带)

每只 CT 格架上有 8 种 16 片(01～08 号)细槽向下的内条带和 8 种 16 片(11～18 号)细槽向上的内条带,搅混格架的每片条带上方均有形状不同、数量不等的搅混翼,而端部格架的条带上,无搅混翼。在 CT 格架内条带上的相同之处是:每片内条带上有 16 条 0.46 mm 的细槽,16 对装配凸起,条带两端有装配榫头。不同的是:每片条带上刚凸、弹簧的类型、数量、位置不一样。

1 号、11 号条带上均有 17 个双弹簧,1 个半搅混翼,7 个双搅混翼,无刚凸,条带上有 10 个限位凸起。

02 号、12 号内条带有 2 个单弹簧,12 对双刚凸,5 对单刚凸,3 个点焊舌,有 5 个双搅混翼和 3 个半搅混翼。

03 号、13 号内条带有 12 个双弹簧,5 对单刚凸,5 个点焊舌,3 个双搅混翼和 5 个半搅混翼。

04 号、14 号内条带有 2 个单弹簧,3 个双弹簧,10 对双刚凸,4 对单刚凸,2 个点焊舌,6 个双搅混翼和 2 个半搅混翼。

05 号、15 号内条带上有 12 个双弹簧,5 对单刚凸,5 个点焊舌,3 个双搅混翼,5 个半搅混翼。

06 号、16 号内条带上有 12 对双刚凸,5 对单刚凸,5 个点焊舌,3 个双搅混翼,5 个半搅混翼,无弹簧。

07 号、17 号内条带上有 17 个双弹簧,无刚凸,8 个双搅混翼。

08 号、18 号内条带上有 6 个单弹簧,11 对单刚凸,6 对双刚凸,5 个点焊舌,3 个双搅混翼,5 个半搅混翼。

2. CT 格架外条带

CT 格架外条带呈 L 型,在外条带上有椭圆纽扣型刚凸 17 对,无弹簧,有 15 对 0.46 mm 榫槽,外条带上方有 14 个完整导向翼,下方有 14 个完整导向翼。外条带两端有装配 E 缝用小凸台。

3. CP 格架内条带和外条带

CP 格架的内条带从 01～08 号为 0.4 mm 细槽向下,11～18 号为 0.4 mm 细槽向上,每片内条带上仅有刚凸而无弹簧,无装配凸起,每片的区别主要是点焊舌、搅混翼、双刚凸、单刚凸的数量、位置不同。

01号、11号内条带上有17个双刚凸,7个双搅混翼,1个半搅混翼,靠半搅混翼处榫头外有2个小碟舌,条带上方左右端各有1个高于上平面的加固部位。

02号、12号内条带上有14个双刚凸,3个单刚凸,5个双搅混翼,3个半搅混翼,3个点焊舌,有1处高加固部位,1处低加固部位,靠高加固部位端榫头处有2个小碟舌。

03号、13号内条带上有12个双刚凸,5个单刚凸,5个点焊舌,3个双搅混翼,5个半搅混翼,1处高加固部位和1处低加固部位。靠高加固部位端榫头处有2个小碟舌。

04号、14号内条带上有15个双刚凸,2个单刚凸,2个点焊舌,6个双搅混翼,2个半搅混翼,1处高加固部位,1处低加固部位。

05号、15号内条带上有12个双刚凸,5个单刚凸,5个点焊舌,3个双搅混翼,5个半搅混翼,高加固部位和低加固部位各1处。在靠低加固部位端部榫舌处有2个小碟舌。

06号、16号内条带上有12个双刚凸,5个单刚凸,5个焊舌,3个双搅混翼,5个半搅混翼,1处高加固部位,1处低加固部位,在靠低加固部位端部榫舌处有2个小碟舌。

07号、17号内条带上有17个双刚凸,有8个双搅混翼,高加固部位和低加固部位各1处,无点焊舌。

08号、18号内条带上有12个双刚凸,5个单刚凸,5个点焊舌,3个双搅混翼,5个半搅混翼。高加固部位和低加固部位各1处,在高加固部位侧榫头处有2个小碟舌。

CP格架的外条带呈L型,外条带上有0.4 mm榫槽30条,上有圆形刚凸17对,无弹簧。外条带上方有10个完整导向翼,下方有16个完整导向翼和2个半导向翼,两端有装配E焊缝的小凸台。

三、TVS-2M定位格架栅元与围板种类

TVS-2M定位格架有33个异边栅元、279个均布栅元、3块1/3围板。

异边栅元与均布栅元内外均分别冲有3个凸起,内凸起之间的内切圆尺寸决定与燃料棒的夹持力,外凸起之间的外接圆尺寸决定格架的栅元部件外形尺寸,对格架的最终尺寸起着非常重要的作用。

第八节 组装焊接定位格架

学习目标:掌握定位格架组装焊接工艺要点。

一、15×15定位格架组装焊接

钎焊前准备包括如下内容。

1. 格架清洗

格架组装前条带、围板已作过酸洗处理,在涂料前还需在丙酮里浸泡一下,取出烘干或用电吹风吹干。

2. 钎焊料的配置及涂钎焊料

首先将粉末状钎料和冷杉树脂、醋酸丁酯按规定的比例混合好,然后用涂料勺将其放置

到需钎焊的各个部位，即围板与围板的搭接处，条带与条带的十字接缝处，条带与围板的丁字接缝处。为防止格架变形，涂料前将格架放入钎焊夹具内，并置于涂料三角架上，这样便于涂料操作。

每只格架的涂料量约为 85 g，若过多造成钎焊在钎缝下端堆积；若过少，可能填不满钎缝，因每只格架需涂位置近 500 处，操作者应严格控制各处的涂料量。

涂料时，中间栅元只涂两对角，另外两对角处可借助于毛细作用将钎料吸过去填满钎焊缝，四周栅元只涂丁字接缝的一边即可，四角栅元和四周栅元处，由于结构的特殊性，钎料量应略多些。但整个涂料工作是手工操作，因此需要提高人员的操作熟练程度来保证涂料质量。

在涂料过程中，应注意不让钎料掉入其他非焊接部位。涂料完毕必须清理钎焊缝以外区域及格架的四周，不应沾有钎料。还应仔细检查，谨防漏涂。

为了减少格架入炉后升温过程中的放气量，涂完钎料的格架进炉前需在低温烘箱中烘干。烘干温度为 80～90 ℃，时间为 1 小时。

3. 随炉见证件的制备

为了解格架钎焊后钎焊缝的机械性能、金相状况，需制备随炉见证件，然后用此作拉伸试验和金相检测。目前生产中，随炉见证件制备与格架生产同步进行，每只格架应同时准备三个随炉见证件，其中一个作拉伸，另一个作金相，第三个为备用件，其编号与格架编号相对应。

对随炉见证件的基本要求如下：

(1) 随炉见证件用的 0.3 mm 厚 GH4169 带材、钎焊料与制造定位格架用的带材和钎焊料是同一炉批号的合格品；

(2) 随炉见证件的型式同条带与条带十字交叉处的连接，其尺寸与格架相同。随炉见证件示意图见图 2-9；

(3) 随炉见证件的酸洗、涂料、钎焊工艺与格架相同，且与格架同炉钎焊，在钎焊炉中位置也一致。

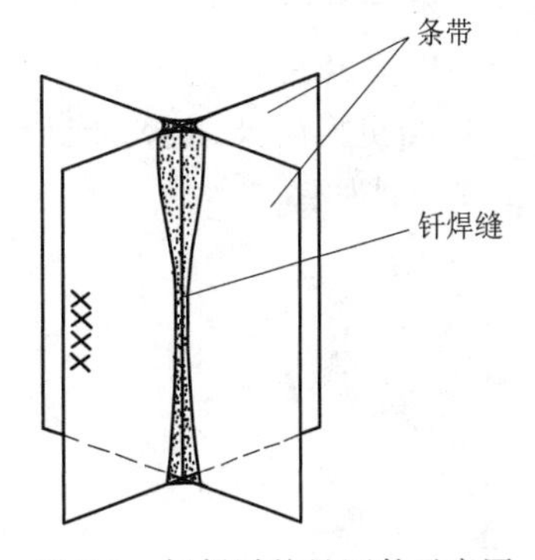

图 2-9 钎焊随炉见证件示意图

钎焊后的随炉见证件与格架一样需作外观检查，若外观检查合格，则可进行随炉见证件的拉伸试验和金相检测；若格架需补焊，则随炉见证件不论其外观检查结果合格与否，均要随格架同时进行补焊，拉伸试验和金相检测均应在补焊后随炉见证件上进行。

二、17×17 定位格架组装焊接

17×17 定位格架组装焊接过程及要求如下：

1. 焊前准备。

2. 焊接需要夹具定期喷丸处理。

3. 将组装好的格架装入焊接夹具，并固定。注意防止条带的错位、变形。

4. 调整 E 焊缝处两条外条带与一条内条带之间的间隙，使该内条带的端面与两条外条带的表面处在同一平面上。

5. 对于中间搅混格架，拧掉全部扭转蝶舌，并自检。

6. 把格架连同夹具水平放置在气压过渡舱中。

7. 按焊接参数表核实焊接参数及选择焊接程序。如日常拉伸试样焊接程序、CT 格架焊接程序、CP 格架焊接程序等。

三、TVS-2M 定位格架组装焊接

TVS-2M 定位格架组装焊接过程及要求如下：

1. 组装焊接前准备，检查栅元组装、栅元饼焊接等夹具清洁度，夹具移动是否灵活。

2. 将栅元按要求装入夹具，组装成栅元饼。

3. 按要求将围板两两相连，焊接围板部件。

4. 将栅元饼放入栅元饼焊接夹具，并固定。调整参数、焊接试样，试样撕裂合格后，选择焊接程序进行栅元饼的焊接。

5. 栅元饼焊接完成后，检查尺寸合格后，套上围板部件，形成未焊接格架。

6. 将未焊接格架放入围板与栅元部件焊接夹具，调整参数、焊接试样，试样撕裂合格后，选择焊接程序进行格架的焊接。

四、焊接工艺要点

1. 按规定的焊接程序和参数进行焊接。

2. 日常生产中，每天焊格架前，首先焊一个拉伸试样或撕裂试样。拉伸试样是由 2 片特殊内条带组装而成，每片条带上仅有细槽和装配凸起而无刚凸，焊接时试样需装入焊接夹具中的指定位置。

3. 当更换阴极(电极)或设备、焊接夹具进行维修后，也需要焊接 1 个拉伸试样拉伸试样或撕裂试样。

第三章 组装焊接燃料棒

学习目标：掌握燃料棒组装、焊接的技术要求；了解燃料棒相关材料的基本知识；掌握燃料棒的结构；掌握燃料棒制造工艺流程；了解燃料棒常见缺陷；掌握燃料棒的标识规则；掌握燃料棒组装工艺的要点。

第一节 燃料棒组装焊接技术要求

学习目标：掌握燃料棒装配、焊接的技术要求。

一、燃料棒与端塞装配技术要求

对于燃料棒的压塞，其主要指标是压塞力，不同的设备，其压塞力不同。可以通过工艺试验来确定最佳的压塞力：端塞压入包壳管时，应保证端塞与包壳管紧密接触；其次，要求端塞压入时与包壳管位于同一轴线上，力求偏差尽可能小，包壳管夹持部位与包壳管弧度一致，压塞后不影响包壳管的直线度、椭圆度和表面状况。

在压塞过程中应经常检查包壳管端面与端塞的间隙和包壳管表面状况。一般情况下，压塞后，不允许在包壳管端面与端塞之间出现肉眼可见的间隙，该间隙越大，越容易出现焊接翻边等缺陷。至少每个工作班在压塞之前应校核压塞力，并将校核结果记入岗位记录中。

二、燃料棒环焊缝技术要求

1. 15×15 型燃料棒

（1）焊接前对包壳管和端塞的焊接表面进行清洗、检查，待焊接表面不应有氧化物、锈皮、油垢、油漆、湿气和其他异物存在，确保焊接待焊部分的清洁度。待焊接表面缺陷的去除应不对最终的焊缝产生不良影响。

（2）焊缝要窄小，表面光滑平整，凸出包壳管表面高度小于 0.05 mm，环焊缝凸出部分允许打磨修整，但在生产前需进行工艺合格性鉴定。环焊区咬边使管壁厚度减薄不得超过 0.04 mm。

（3）焊缝表面应避免氧化，经高压腐蚀试验后，焊缝及其热影响区要求无白色或褐色腐蚀产物，焊缝及其热影响区表面应形成黑色致密的氧化膜。

（4）环焊缝及热影响区不得有裂缝和其他缺陷，焊缝内仅允许存在直径不大于 0.30 mm 的分散气孔，在整条环焊缝内的可见气孔数应不超过 2 个。焊缝内部的未焊透、气孔、气胀等缺陷不能使包壳管剩余壁厚小于管子最小理论壁厚的 90%。

（5）燃料棒压紧弹簧在焊接时不得熔入上端塞。

（6）燃料棒环焊缝检查不合格允许进行切头重焊，每一根棒只允许在一个端头切头重焊一次。重焊时管子切除量应控制在 2.5～3.5 mm 范围内，生产中切头重焊返修和堵孔点焊补焊应进行合格性鉴定。

2. 17×17 型燃料棒

(1) 环焊缝能自由通过规定要求的环规。

(2) 焊区氧化色不超标(按经批准的氧化色标样检查)。

(3) 燃料棒环焊缝熔深≥管子最小理论壁厚的 90%。

(4) 无使管壁有效厚度减少到<管子最小理论壁厚 90%的表面凹陷(或咬边)、内部气胀、气孔或夹杂(焊缝管子侧)等缺陷。

(5) 无位于焊缝端塞侧的长度或直径>0.25 mm 的夹杂或气孔。

(6) 无裂纹。

3. TVS-2M 型燃料棒

(1) 焊缝密实区长度不小于 1.3 mm(内部加严 1.7 mm,俄方甚至内控加严到 2 mm)。

(2) 从焊接端管口处 0～5 mm 范围外径,不小于 8.98 mm,5～12 mm 范围外径,不小于 9.00 mm,其余管口到 290 mm 范围内为(9.10±0.05)mm,采用外径规进行 100%自检。

(3) 燃料棒电阻焊接后,外观不允许有以下缺陷:

端塞有 1.2 mm 以上未压入管口;

有裂纹或不连续的焊接接头;

从夹具上取下后,包壳管尺寸超标;

熔化金属粘连端塞或包壳管;

从管口往管方向(290+100)mm 范围内超过 0.05 mm 的刮擦、飞边、划痕、标记;

金属粘连;

横截面金相缺陷之和大于周长的 10%;

不允许试样的端塞和管表面焊接处过热;但接头处的金属挤出物有白色腐蚀产物是正常的,试样做合格处理。

(4) 焊接区域(包括金属挤出)未超过氧化标样的氧化色和金属挤出物是允许的。

三、燃料棒装管技术要求

1. 燃料棒 UO_2 芯块填装技术要求

(1) 15×15 型燃料棒

1) 装管前除芯块以外的其他零部件需经过清洗,去除油污及其他脏物,并保持干燥。

2) 燃料芯块、隔热块在装管前须充分烘干,以确保燃料芯块装管时的总氢当量含量≤1.2 μg/gU(总氢指标包括氢和水在内的所有氢源)。

3) 装管时要严格控制环境的温度(25 ℃±10 ℃)和相对湿度(≤70%),要严格防止氢气,有机物质及任何杂物进入包壳管内,并要尽量缩短燃料芯块烘干后到装管密封时间间隔(工艺保证在 96 小时内装管)。

4) 要尽量避免燃料棒芯块碎块掉入管内,不允许芯块卡管。

5) 每根燃料棒中的燃料芯块总重量为 $1\,649^{+10}_{-20}$ g(参考值)。燃料棒芯块填装高度(活性区高度)为(2 900±5.5)mm。芯块称重按半个燃料组件即 102 支棒进行,102 支棒的 UO_2 芯块重量为(162±1)kg,上限不作考核指标,但下限作为考核指标。

6) 对一根棒,沿燃料芯块柱轴向的累计间隙不得超过 4 mm,不允许存在大于 1.3 mm

的间隙。

7) 下端装填 10 mm Al_2O_3 隔热块，上端 Al_2O_3 隔热块可用 5 mm、10 mm 两种高度进行选配，以保证弹簧在自由状态下伸出包壳管管口高度为(30.8±4.5)mm。

(2) 17×17 型燃料棒

装管前应对每盘料仔细检查，防止异物装入管内。

不允许在一支棒内装填三个以上批次的芯块(含 B 级芯块)。

若需要装填 B 级芯块，无论是一批料还是两批料，B 级芯块总数不能超过 10 块，且应装在燃料棒的下端。

调整芯块应装填在燃料棒的上端，不能超过 5 块。

烘干后的 UO_2 芯块，应在 96 小时内全部装完，否则应重新烘干。

对于采用不同工艺生产的芯块，如干法芯块、湿法芯块与返料芯块等应分别装管，不允许在同一支燃料棒内同时存在上述两种(或三种)芯块。对于调整块，允许与不同工艺来源的芯块混装。

芯块柱名义高度为 3 657.60 mm，空腔长度应为(180.9±8)mm。

(3) TVS-2M 型燃料棒

除了要注意控制装入包壳管内芯块的总氢含量、水当量含量、管口的清洁度外，TVS-2M 型燃料棒在管的两端分别装入不同长度的反射芯块。下端长度为(113±6)mm，上端约为 7 mm，芯块柱总长度为(3 680±7)mm。

2. *装弹簧技术要求*

用沾有丙酮的棉签清洗管内壁至少 2 次以上，再用干棉签清擦管内壁至少 1 次以上，且每次清擦管内壁部至少 6 mm；用沾有丙酮的棉签清洗距端部至少 40 mm 的管外壁及管口端部。在每一支包壳管内装填一支芯块压紧弹簧。

四、燃料棒密封点焊技术要求

1. *15×15 型燃料棒*

(1) 焊接前对燃料棒上端塞待焊接表面进行擦洗，待焊接表面不应有氧化物、锈皮、油垢、油漆、湿气和其他异物存在，确保焊接待焊部分的清洁度。待焊接表面缺陷的去除应不对最终的焊缝产生不良影响。

(2) 燃料棒内充氦气，压力为(1.96±0.05)MPa，氦气纯度不低于 99.99%。

(3) 焊点表面为光滑圆弧状，表面无气孔、裂缝、划伤和氧化等缺陷。

(4) 燃料棒充氦密封焊点仅允许存在直径不大于 0.30 mm 的分散的气孔，在整个焊点内的可见气孔数应不超过 2 个。60 倍以上金相检查焊点厚度应大于 0.70 mm，焊点内无气孔、夹渣等缺陷。

(5) 焊点表面应避免氧化。

(6) 焊点经高压腐蚀试验后，焊点及其热影响区内要求表面形成黑色致密的氧化膜。

(7) 工艺鉴定中采用高压油的内压试验法进行焊点机械强度的破坏性检查(爆破检查)。

(8) 焊点检查不合格允许补焊一次(补焊工艺应进行合格性鉴定)，但其补焊率和环缝切头重焊率合计应控制在8%以下。

2. 17×17型燃料棒

(1) 燃料棒内充氦气,压力为(2.0±0.07)MPa,纯度不低于99.995%。

(2) 焊点表面光亮,熔区延伸至端塞的整个过渡面。

(3) 焊点熔深≥0.51 mm;焊点端部凹陷的深度≤0.5 mm。

(4) 无裂纹。

(5) 在焊点最小熔深区内不允许有任何尺寸大于0.25 mm的缺陷(如气孔、钨或非金属夹杂等)。

3. TVS-2M型燃料棒

TVS-2M型燃料棒装管完成,压入弹簧后,抽真空,充入2.0 MPa的氦气,采用压力电阻焊直接密封,不是常见的密封堵孔焊接。

第二节 燃料棒相关材料的基本知识

学习目标:了解弹簧、端塞、包壳管、焊接填充气体的基本要求。

一、弹簧

1. 15×15型燃料棒弹簧

15×15型燃料棒弹簧的化学成分应满足表3-1的要求。

表3-1 15×15型燃料棒弹簧的化学成分(质量分数) %

元素	C	Mn	P	S	Si
含量	≤0.12	≤2.00	≤0.045	≤0.030	≤1.00
元素	Cr	Ni	N	Co	Hg
含量	17.0～19.0	8.0～9.5	≤0.10	≤0.12	≤0.001 2

弹簧丝材的机械性能应按ASTM A13/A313M的规定进行,并满足以下要求:

拉伸试验:室温拉伸极限强度应在1 800～1 990 MPa范围内;

弯曲试验:弯曲次数不少于7次;

缠绕试验:以与丝材等直径的钢丝为芯轴对丝材进行缠绕试验,试验后丝材不得断裂或产生裂纹;

均匀性试验:在直径为ϕ6.4 mm的芯轴上将丝材缠绕制成紧密圈弹簧,然后将弹簧拉伸至4倍紧密圈长度,使其产生永久变形,试验后要求弹簧节距保持均匀;

投掷试验:从丝材上剪下一圈或一环,将其掷在地上,丝材应躺平,不得发生波状挠曲。

2. 17×17型燃料棒弹簧

弹簧的化学成分应符合ASTM A313中302型钢材的规定。且钴含量不得超过0.12%,氢含量不得超过12 ppm(1 ppm=10^{-6})。

3. TVS-2M 型燃料棒弹簧

采用俄罗斯标准的 12X18H10T 型抗腐蚀钢丝，应按照俄罗斯标准 6032 采用 AMY 法进行抗晶间腐蚀的检测。

二、包壳管及端塞

1. 15×15 型锆-4 合金管

15×15 型锆-4 合金管的化学成分应满足表 3-2、表 3-3 要求。

表 3-2 15×15 型锆-4 合金管的化学成分

元素	Sn	Fe	Cr	Fe+Cr
含量	1.2～1.5	0.18～0.24	0.07～0.13	0.28～0.37
元素	O	Si	Zr	
含量	0.09～0.16	0.007～0.012	其余	

表 3-3 15×15 型锆-4 合金管杂质元素最大含量(质量分数) %

元素	Al	B	Cd	C	Cl	Co	Cu
含量	0.007 5	0.000 05	0.000 05	0.027	0.003	0.002	0.005
元素	Hf	Mo	H	Pb	Mg	Mn	Ni
含量	0.010	0.005	0.002 5	0.013	0.002	0.005	0.007
元素	N	Ti	W	V	U 总量		
含量	0.008	0.005	0.010	0.005	0.000 35		

拉伸性能应满足表 3-4 的要求。

表 3-4 15×15 型锆-4 合金管拉伸性能

温度	R_m/MPa	$R_{p0.2}$/MPa	$A_{50\ mm}$/%
室温	≥425	≥260	≥18
383 ℃	≥225	≥140	≥23

2. 15×15 型锆-4 合金棒

锆-4 合金棒的化学成分应满足表 3-5、表 3-6 要求。

表 3-5 15×15 型锆-4 合金棒化学成分

元素	Sn	Fe	Cr	Fe+Cr	O	Zr
含量	1.2～1.5	0.18～0.24	0.07～0.13	0.28～0.37	0.09～0.16	其余

表 3-6 15×15 型锆-4 合金棒杂质元素最大含量(质量分数) %

元素	Al	B	Cd	Co	Cu	H	Mg
含量	0.007 5	0.000 05	0.000 05	0.002	0.005	0.002 5	0.002
元素	Mn	N	Si	Ti	Cl	C	Hf
含量	0.005	0.008	0.012	0.005	0.003	0.027	0.010

续表

元素	W	Mo	Ni	U	V	Pb	
含量	0.010	0.005	0.007	0.000 35	0.005	0.013	

拉伸性能应满足表 3-7 的要求：

表 3-7 15×15 型锆-4 合金棒拉伸性能

温度	R_m/MPa	$R_{p0.2}$/MPa	A/%
室温	≥415	≥240	≥15
383 ℃	≥215	≥105	≥24

3. 17×17 型 M5 合金包壳管及 M5 合金棒

M5 合金棒材及包壳管的化学成分应满足表 3-8、表 3-9 要求。

表 3-8 M5 合金元素

元素	最小(质量分数)	最大(质量分数)
Nb	0.8%	1.2%
O	1 100 ppm	1 700 ppm
S	10 ppm	35 ppm
Zr	其余	

表 3-9 M5 合金杂质元素最大含量 ppm

元素	Al	N	B	Cd	Ca	C
含量	75	80	0.5	0.5	30	100
元素	Cl	Cr	Co	Cu	Sn	Fe
含量	20	150	10	50	100	500
元素	Hf	H	Mg	Mn	Mo	Ni
含量	100	25	20	50	50	70
元素	P	Pb	Si	Na	Ta	Ti
含量	20	130	120	20	100	50
元素	W	U	V			
含量	100	3.5	50			

机械性能:棒材的机械性能应满足表 3-10 的要求,包壳管的机械性能应满足表 3-11 的要求。

表 3-10 M5 合金棒材的机械性

温度	R_m/MPa	$R_{p0.2}$/MPa	$A_{50\ mm}$/%
室温	≥415	≥240	≥14

表 3-11　M5 合金包壳管机械性能

温度	R_m/MPa	$R_{p0.2}$/MPa	$A_{50\,mm}$/%
室温	≥400	≥250	≥25

4. TVS-2M 型 3110 锆合金包壳管及棒

3110 锆合金包壳管及棒与 M5 极为相似，这里不再叙述。

三、氦气

氦气杂质含量应符合表 3-12 的要求，不得含有油类或毒性杂质，在标准温度和压力下，每升气体中的水分含量应少于 0.02 mg，或露点应≤−50 ℃。

表 3-12　氦气成分

项　目	指　标	项　目	指　标
氦气纯度/10^{-2}	99.995	一氧化碳含量/10^{-6}	1
氢含量/10^{-6}	3	二氧化碳含量/10^{-6}	1
氧含量/10^{-6}	3	甲烷含量/10^{-6}	1
氮含量/10^{-6}	5	水分含量/10^{-6}	10
氖含量/10^{-6}	15		

第三节　燃料棒结构和用途

学习目标：掌握燃料棒的结构；了解燃料棒各组成部分的用途。

燃料棒的结构是随着反应堆运行经验的不断积累，以及人们对于燃料棒的燃料芯块和包壳材料的性能等有了全面而深入的研究之后而不断改进和发展的。在反应堆内，燃料芯块是不能直接暴露在水或空气之中的，因为这样一来将导致铀燃料的迅速氧化或者腐蚀。如果把铀燃料直接暴露在惰性热交换介质之中也是不可能的，因为来自铀燃料的裂变产物将会进入冷却剂的回路中，从而使冷却剂系统具有高度的放射性。因此在反应堆中，铀燃料在反应堆中是以燃料棒（板）的形式存在。

燃料棒（板）目前有以下几种形式：

块状——用于生产堆；

管状——用于试验堆；

板状——用于船用动力堆；

棒状——用于压水堆、沸水堆。

压水堆燃料棒大都采用棒状结构形式，这是因为棒状结构的燃料棒具有刚性好，容易加工制造，散热性能好，破损率低，能够达到预定燃耗深度以及它的卸料、贮存和后处理操作比较简单等优点。17×17 型燃料棒结构示意图见图 3-1，由燃料芯块、包壳管、压紧弹簧及上下端塞等组成。15×15 型燃料棒结构示意图见图 3-2，由燃料芯块、包壳管、压紧弹簧、隔热块及上下端塞等组成。TVS-2M 型燃料棒结构示意图见图 3-3，由燃料芯块、包壳管、压紧弹簧、反射芯块及上下端塞等组成。燃料棒内部充有氦气。

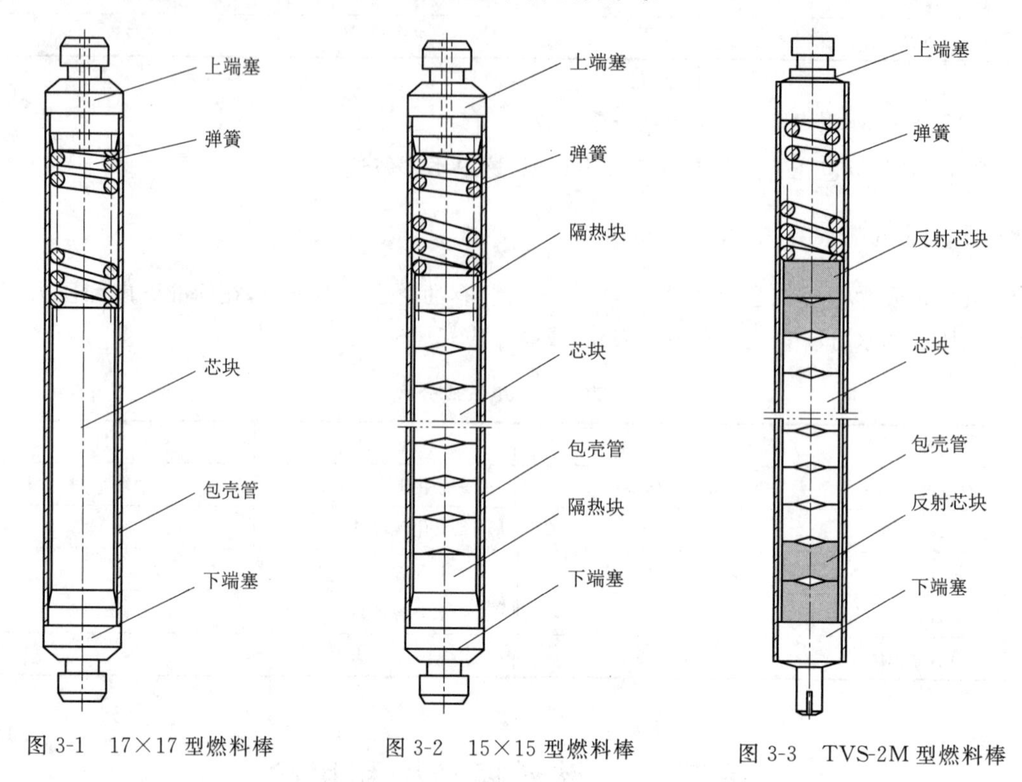

图 3-1 17×17 型燃料棒

图 3-2 15×15 型燃料棒

图 3-3 TVS-2M 型燃料棒

一、燃料棒端塞

燃料棒端塞的材料与包壳管的材料相同，端塞是用来密封燃料棒并起吊耳或支承作用。

此外，为了降低反应堆运行过程中包壳管的内外压差，防止包壳管的蠕变塌陷和改善燃料棒的传热性能，现代的燃料棒设计都采用预充压技术，即在燃料棒密封焊(堵孔焊)时，在包壳管内充有 2 MPa 左右的纯度在 99.9%以上的氦气。当元件工作到接近寿期终了时，包壳管内氦气加上裂变气体的总压力应同包壳管外面的冷却剂工作压力值接近。

在设计燃料元件时芯块与包壳管间应留有径向和轴向间隙。径向间隙用来补偿燃料芯块的热肿胀和芯块与包壳管间由于温差而引起的热膨胀。轴向间隙除了上述补偿作用外，还用于贮存燃料释放出来的裂变气体，如氪气、氙气。

为了方便装卸燃料棒的，在端塞上设计出一个可以单根抓取燃料棒的沟槽，为了使燃料棒芯块释放气体尽快到达空腔，有些设计者把燃料棒内的空腔分别设置在上下两端，下端采用 Zr-4 合金支撑管或弹簧支撑芯块柱，上端仍采用螺旋式的不锈钢压紧弹簧压紧燃料芯块柱，这种燃料棒的主要优点是增加了上下部的中子反射层，而且又改善了下端塞的温度应力。也有在活性区两端增加天然 UO_2芯块或低富集度 $U0_2$芯块作反射层。

二、燃料棒包壳管

以前的包壳管主要采用 Zr-4 合金冷轧而成，并经适当的回火处理。随着技术的进步和对反应堆效率的更高要求，要求提高燃料棒的燃耗并延长燃料棒在堆内的运行时间，加长循环周期。为防止高燃耗下包壳管的蠕变塌陷，包壳管的壁厚略有增加，以提高包壳管的强度。为提高耐水侧腐蚀的能力，降低氢化和辐照生长，新的包壳管材料又研制成功并进行了堆内考验，如：法国法码通公司研制的改进型 Zr-4 合金（M5 合金）、俄国的 Zr-1%Nb 合金、美国西屋公司的 ZIRLO 合金、德国西门子公司的复合包壳（外层超低锡高耐腐蚀锆基合金，内层标准 Zr-4）。

包壳管在堆内的主要功能是：

(1) 保证燃料棒形状和尺寸稳定性。

(2) 容纳裂变气体。

(3) 防止燃料芯块与高温水直接接触。

(4) 抑制辐照肿胀。

三、隔热片(块)

芯块柱两端的 Al_2O_3 陶瓷块称为隔热片(块)，它用来减小芯块的轴向传热，从而减小端塞的热应力。但也有些设计者不采用隔热片，为改善中子利用效率，有的在芯块柱两端装贫 UO_2 芯块或低富集度 UO_2 芯块，称作轴向反射芯块。

四、燃料芯块

目前核电厂用的燃料几乎都是 UO_2 陶瓷烧结块，其富集度为 1.9%～5%，芯块直径一般为 6～9 mm 范围内。燃料芯块的高度不宜过大，高/径比一般在 1.5 范围内为宜。这样可以限制芯块过大而引起收缩变形，芯块两端做成凹蝶形，以便补偿中心部位较大的热膨胀和减少包壳可能产生的轴向变形。也有将芯块设计成开孔型的，可以补偿芯块在径向方向上向外的热膨胀，利于热量的散发，还可以贮存燃料释放出来的裂变气体。

五、压紧弹簧

它有三个作用：第一，保证芯块柱的连续性，因为芯块之间的空隙将引起中子场的扰动及芯块的极度过热，并导致包壳管的过热和加速腐蚀等；第二，提供贮存气体的自由空腔或称作气腔，该空腔是为降低燃料棒内压所必需的；第三，在燃料棒(包括装成组件以后)装卸过程中避免芯块窜动造成破碎。压紧弹簧一般用不锈钢丝制成。它们有等节距、变节距及同一直径弹簧和变径弹簧等形式。

第四节　燃料棒制造工艺流程

学习目标：掌握 15×15、17×17 型燃料棒的制造工艺流程。

一、15×15 型燃料棒制造工艺流程

1. 正常生产

零部件清洗→压下端塞→包壳管与下端塞环缝焊接→下环焊缝 X 射线检查→装管(隔热块、芯块、弹簧)→压上端塞→包壳管与上端塞环缝焊接→充氦密封点焊→下环焊缝及密

封焊点X射线检查→氦质谱检漏→富集度及间隙检查→外观及尺寸检查。

2. 返修

对于15×15型燃料棒,只能返修一次。

(1) 下端返修

下端塞切除→零部件清洗→压下端塞→包壳管与下端塞环缝焊接→下环焊缝X射线检查→装管(隔热块、芯块、弹簧)→压上端塞→包壳管与上端塞环缝焊接→充氦密封点焊→上环焊缝及密封焊点X射线检查→氦质谱检漏→富集度及间隙检查→外观及尺寸检查。

(2) 上端返修

上端塞切除→弹簧更换→芯块检查→装管(隔热块、芯块、弹簧)→压上端塞→包壳管与上端塞环缝焊接→充氦密封点焊→上环焊缝及密封焊点X射线检查→氦质谱检漏→富集度及间隙检查→外观及尺寸检查。

二、17×17型燃料棒制造工艺流程

1. 正常生产

零部件清洗→压下端塞→包壳管与下端塞环缝焊接→下环焊缝X射线检查→装管(芯块、配块、弹簧)→压上端塞→包壳管与上端塞环缝焊接→充氦密封点焊→上环焊缝及密封焊点X射线检查→氦质谱检漏→富集度及间隙检查→外观及尺寸检查。

2. 返修

(1) 未焊上端塞前的下端返修

下端塞切除→零部件清洗→压下端塞→包壳管与下端塞环缝焊接→下环焊缝X射线检查→装管(芯块、配块、弹簧)→压上端塞→包壳管与上端塞环缝焊接→充氦密封点焊→上环焊缝及密封焊点X射线检查→氦质谱检漏→富集度及间隙检查→外观及尺寸检查。

(2) 已焊上端塞的下端返修

上端塞切除→下端塞切除→弹簧及芯块倒出→芯块检查、标识→零部件清洗→压下端塞→包壳管与下端塞环缝焊接→下环焊缝X射线检查→装管(已标识芯块、配块、弹簧)→压上端塞→包壳管与上端塞环缝焊接→充氦密封点焊→上环焊缝及密封焊点X射线检查→氦质谱检漏→富集度及间隙检查→外观及尺寸检查。

(3) 上端返修

上端塞切除→弹簧更换→芯块检查→装管(芯块、配块、弹簧)→压上端塞→包壳管与上端塞环缝焊接→充氦密封点焊→上环焊缝及密封焊点X射线检查→氦质谱检漏→富集度及间隙检查→外观及尺寸检查。

第五节　燃料棒制造中常见的缺陷

学习目标:了解燃料棒组装焊接过程中常见的缺陷。

一、未熔合

熔焊时,焊道与母材之间或焊道与焊道之间,未完全熔化结合的部分,电阻点焊时指母

材与母材之间未完全熔化结合的部分。

该缺陷主要出现在燃料棒的 TIG 和压力电阻焊工艺中。

二、凹坑

在工件、原材料和焊缝表面形成的点状低洼缺陷。该缺陷主要出现在电子束及 TIG 焊接工艺中。

三、压痕

点焊和缝焊后，由于通电加压，在焊件表面上所产生的，与电极端头形状相似的凹痕。或者是在外力作用下金属等硬物与工件表面相接触，而使工件表面产生的凹痕。在燃料棒的焊接工艺中，几乎受有的焊接方法都有可能出现该缺陷。

四、弧坑

熔化焊时，由于断弧或收弧，在焊道末端形成的低洼部分。

五、飞溅

在熔焊或压焊过程中，熔化的金属颗粒和熔渣向周围飞散的现象，这种飞散出的金属颗粒习惯上也叫“飞溅”。

六、气孔

焊接时，熔池中的气体在金属凝固以前未来得及逸出，而在焊缝金属中(内部或表面)残留下来所形成的孔穴。

七、缩孔

熔化金属在凝固过程中因收缩而产生的空穴。

八、未焊透

焊接时，接头根部未完全熔透的现象，对对接焊缝也指焊缝深度未达到设计要求的现象。

九、咬边

由于焊接参数选择不正确，或操作方法不正确，沿焊缝表面或根部与母材交接处产生的沟槽或凹陷。

十、夹钨

钨极惰性气体保护焊时，钨极微粒混入焊缝金属的现象。

十一、擦伤(划伤)

在摩擦表面(如包壳表面)的滑动方向上产生的细而浅的犁痕式伤痕。

十二、气胀

燃料棒环缝焊接过程中,温度急剧升高导致局部气体快速膨胀,使得焊缝根部附近受热软化的管壁减薄,与咬边很相似,一般难以分辨,俗称气胀。

第六节 燃料棒标识

学习目标:掌握燃料棒的标识规则。

燃料棒的标识规则一般由工程代号(1～2 位数字表示)、用户代号(或堆型代号)(1～2 位字母表示)、富集度代号(1～2 位字母表示)、顺序号(4～8 位数字表示)构成。

燃料棒的标识方法分三种,一种是直接标识法,将燃料棒的顺序号直接刻在燃料棒端塞上,该方法的优点是燃料棒的顺序号自始至终都保留在燃料棒上面;缺点是效率低,不便于识别,对一些探伤(如超声检测)可能存在影响。另一种是条形码标识法,将燃料棒的顺序号打印在纸上,将该识别码塑封包裹在燃料棒包壳管上,该方法的优点是燃料棒的顺序号便于识别,各岗位便于读取顺序号,效率高,易于识别;缺点是必须去除该条形码。还有一种采用激光刻号的方式进行标识,具有条形码标识的所有优点而不具有其缺点。

第七节 组装焊接燃料棒

学习目标:掌握燃料棒组装、焊接的工艺操作要点。

一、压下端塞

零部件清洗后进行压塞,其时间不应超过 5 天。压塞前应检查端塞的清洁度,将端塞放入烘箱内,在 80～100 ℃,烘烤 10～15 分钟,凉至室温后用于压塞。

同一压塞机对不同的产品的压塞力不一定相同。应通过工艺鉴定或工艺压塞试验来确定最佳的压塞力。具体的压塞步骤如下:

(1) 压塞前检查压塞机是否在有效期内,其显示仪表是否在有效期内;正确选取对应产品的塞座,检查塞座与夹紧装置是否在同一轴线上,对压塞平台、塞座料仓、压头、夹具及上料装置及压塞通道进行清洁。

(2) 调节压塞力,使其达到相应产品需要的压塞力范围内,并校核压塞力。至少每个工作班在压塞之前应校核压塞力,并将校核结果记入岗位记录中。

(3) 启动压塞机进行压塞,在压塞过程中应保证包壳管与端塞紧密接触,同时在压塞过程中应经常检查包壳管端面与端塞的间隙和包壳管表面状况。确保其后的焊缝质量和包壳管表面质量。

(4) 每个班前 5 支包壳管压塞后应检查端塞焊接台阶与包壳管端口的周向距离是否一致。如不一致,说明塞座孔与夹紧装置孔不在同一轴线上,应对其进行调整。同时检查端塞受力面及包壳管受力面是否存在划伤,如存在划伤,立即停止压塞,根据划伤位置检查与其接触部位是否存在积瘤、碎屑并去除,用砂纸打磨使其光滑。

(5) 下端塞压塞后，按燃料棒标识号顺序以 25 支为一组，装入贮存盒。

二、下端塞与包壳管环焊

燃料棒焊接方式有 TIG、电子束焊、压力电阻焊等。以电子束为例进行介绍：

(1) 打开电子束焊机，使焊机进入工作状态。

(2) 安装试样和燃料棒(空管或实管)：

1) 安装参数调整试样；

2) 安装生产见证试样；

3) 安装测长见证试样(仅适用于上端环缝焊接)；

4) 按顺序(流通卡卡号顺序和卡上棒号顺序)安装燃料棒(安装数量不能超过设备正常焊接的允许数量)。

(3) 检查燃料棒的夹持和进出状况，确保焊接夹具工作正常。

(4) 将转鼓及焊接夹具推入焊机容器内，抽电子枪和容器真空。

(5) 焊前检查电子枪、容器真空度是否达到现行鉴定参数要求；焊接参数是否与现行鉴定参数卡一致。

(6) 焊接试样和燃料棒。焊接过程中要随时监控电子枪、容器真空及焊接状况，确保焊缝质量。

(7) 放气并拉出转鼓及焊接夹具。

(8) 卸下试样和燃料棒。

(9) 试样和燃料棒焊缝自检(氧化色、焊缝直径和表面缺陷状况等)。

(10) 试样标识、送检，燃料棒转下道工序。

三、芯块装填

以 17×17 燃料棒组装为例进行介绍：

1. UO_2芯块烘干

检查芯块料盘上是否附有随盘标识签；检查料盘上芯块的整体清洁状况及有无附着物或异物。在过料工作台上目视检查芯块外观并用芯块工艺控制过规抽检芯块外径情况，将芯块(含调整芯块)放入烘箱，打开排风。将所有 B 级芯块同料盘一起放在料舟上，打开炉门，将料舟推入烘箱内，关闭炉门。核准加热温度，开始升温，烘箱内温度升至规定温度后，开始计算恒温烘干时间，恒温保持规定时间后。打开排风系统进行冷却，将芯块冷却至规定温度后，将装有芯块的料盘取出放置在规定房间内，按 A 级、B 级批次分开存放，由质保部门取样进行分析，并要明确注明取样时间。

如芯块取样分析结果出现异常，应按上述操作重新烘干，并须按质保文件规定重新取样分析。

2. UO_2芯块装填

在每个工作日生产前用棉布或绸布擦拭 V 形槽、导向模板，确保 V 形槽和导向模板清洁度；并且在每个工作日生产前检查包壳管夹紧装置和导向模板配合状况是否良好，防止在装管过程中出现包壳管表面划伤现象。

(1) 将已焊下端塞的包壳管放在装管工作台上，顶入导向过规内，紧固包壳管，检查包壳管在导向过规和工作台上的位置。

(2) 将每行至多 10 块 B 级芯块的料盘放置在预装料台阶板上，移动料盘将 B 级芯块推到预装台内。

(3) 将第一盘 A 级芯块放置在预装料台板上，移动料盘，将该盘 A 级芯块推到预装料盘相应槽沟内。

(4) 如此将第 2 盘、第 3 盘等推到预装料工作台 V 形槽内至规定长度，将 B 级芯块和 A 级芯块按顺序顶进包壳管内。当其中一盘芯块批料编号不同时，应记录。

(5) 将工作台转至规定倾斜角度(或采用振动方式)将芯块装入管子内。

(6) A 级芯块装填完毕后，使芯块柱高度满足图纸规定要求。在装填过程中如出现芯块卡管，应及时处理。

(7) 将燃料棒逐支从导向过规拉出，松开紧固装置，并将燃料棒转移至空腔测量岗位。

(8) 用空腔长度测量规及芯块调整规逐支检查，调整燃料棒空腔长度，必要时可用调整芯块进行调节。空腔长度应严格按规定要求进行控制。

(9) 将燃料棒转移至管口清洗、装弹簧岗位。

四、装弹簧

1. 包壳管上端部清洗

(1) 用吸尘装置将芯块碎屑吸出。

(2) 用沾有丙酮的棉签清洗距端部至少 40 mm 的管外壁及管口端部，确保管口及焊缝区干净。

(3) 用沾有丙酮的棉签擦拭管内壁至少 2 次以上，每次清擦管内壁部至少深入管口 6 mm 以上。

(4) 用干棉签清擦管内壁至少 1 次以上，每次清擦管内壁部至少深入管口 6 mm 以上。

2. 装弹簧

检查来料弹簧的包装是否完好，弹簧是否已经清洗。如包装破损，应检查清洗日期，经过清洗的弹簧裸露在空气中不能超过 5 天；否则，应重新进行清洗。检查来料弹簧是否具有放行单，放行数量是否与实物相一致。

将弹簧装入管内，测量弹簧伸出管口的高度。弹簧在自由状态下伸出包壳管管口的高度应根据图纸规定要求进行测算。

五、压上端塞

压上端塞操作参见本节的压下端塞操作。

六、上端环焊

上端环焊操作见本节的下端环焊操作。

七、密封点焊

工艺流程如下。

(1) 开启焊机,使其进入焊前状态。

(2) 用现行鉴定规范检查工作系统的调节情况,看调节是否恰当。

(3) 检查并确保真空系统工作正常。

(4) 每天第一个班焊接前、清洗焊室后、根据需要更换密封圈、更换电极或其他影响焊室真空的部件时,岗位操作人员应手动将一定长度的试样管送入焊室,密封抽真空,当真空抽至优于规定要求时关"抽真空阀",测量30秒后的真空(真空优于220 Pa),反复测量检查3次;打开"充氦阀"充氦气,使焊室氦压在(2.0±0.07)MPa范围内保持30秒(氦压无泄漏趋势),反复测量检查3次,并做好相应的岗位记录。3次测量检查均合格,证明焊室真空系统正常;如果测量检查不满足要求,应及时通知相关人员。

(5) 检查和校验氦气压力:至少每班检查一次。观察焊机上的压力表显示的氦气压力,并参照规范要求,记录压力表上的读数。

(6) 焊接调整试样,检查各参数是否与工艺合格性鉴定确定的参数一致。

(7) 取出调整试样,检查焊缝的颜色(按经批准的氧化色标样检查)。继续焊接调整试样直至获得优于经批准的氧化色标样的外观。

(8) 当上述调整和检查都合格以后,方能焊接生产试样。

(9) 生产试样焊接:(密封焊点试样可与上端环焊缝试样共用,试样制作方式应与产品一致;产品焊接采用自动方式,则试样焊制应采用自动方式。)

1) 将试样送入焊室并密封。

2) 调节电极相对于燃料棒充气孔的位置。

3) 抽焊室真空。

4) 充氦并保压。

5) 焊接。

6) 冷却后排气。

7) 检查焊点颜色:应优于经批准的氧化色标样的外观。

8) 检查焊点熔区是否延伸至端塞的整个过渡面。

9) 检查焊接参数是否与现行的鉴定参数一致。

10) 在流通卡上记录试样的编号,注明试样焊接后的第一支燃料棒编号。

11) 进行产品焊接,操作同试样的焊接。

12) 产品及制造流通卡转移到下道工序。

第四章　组装焊接骨架

学习目标：掌握骨架组装、焊接的技术要求；了解骨架相关材料的基本知识；掌握骨架的结构；掌握骨架棒制造工艺流程；了解骨架常见缺陷。掌握骨架的标识规则；掌握骨架组装工艺的要点。

第一节　骨架组装焊接技术要求

学习目标：掌握骨架组装、焊接的技术要求。

一、15×15 骨架组装焊接技术要求

1. 组装要求

(1) 焊接试样

目视(或用 3 倍放大镜)检查，必要时对比标样，焊点直径＞2 mm，压坑深度≤0.07 mm 为合格。撕裂焊接试样的焊舌，焊点不从管子上脱落为合格。

(2) 下管座部件

下管座与喇叭管焊缝通过目视(或用 3 倍放大镜检查)，焊缝应无裂纹、气孔、未焊透、夹钨、未熔合等缺陷，喇叭管口光滑；用刀口尺检查焊逢表面光滑平整无毛刺；管壁内侧应光滑，不允许焊穿、起皱和发毛；焊缝允许补焊一次。装配焊接后的喇叭管内径，用一根导向管(规)检查内径，当导向管插入时为合格。管口变形允许少量修整，但不影响焊缝质量。喇叭管应去除毛刺，保证管口光滑。喇叭管与下管座的垂直度≤0.10 mm。

(3) 下管座定位

下管座管底面与下管座支座定位基面间隙≤0.05 mm。可以通过在管座脚平面与支座基准面之间垫塞尺或等方式来进行调整。下管座应被夹紧，紧固。

(4) 格架定位

第一层格架 21 个导向管栅元位置精度应择优选用(位置精度应＜0.14 mm)核查全部定位格架的编号面处于同一侧面，且编号字头朝向上管座方向为合格。核查定位格架都用力矩扳手(力矩值为 4.5～5.5 N·m)拧紧，且在夹紧过程中，格架条带无塑性变形为合格。且 0.05 mm 塞尺检查格架定位板与夹具侧面的间隙≤0.05 mm 为合格。

(5) 导向管部件、通量管部件定位

在导向管部件和中子通量管部件插入过程中格架无任何损伤。导向管部件在插入格架后，其导向管螺栓应正确卡在下管座防转槽中，且其端面与下管座上平面紧密贴合，导向管表面划伤或压痕≤0.05 mm。工艺螺母拧紧力矩约为 7 N·m。通量管部件和导向管部件管口距第 8 层格架的距离均大于 57 mm；且中子通量管部件管口距第 8 层格架的距离为：57 mm 加上管座上栅格板的厚度。用深度卡尺核查 20 支导向管最短的那支导向管端面距第 8 层格架的距离必须大于或等于中子通量管端面距第 8 层格架的距离。若不能满足，则

应检查连接螺栓是否与下管座贴合，必要时另换上一根较长的导向管。

2. 骨架组装完成后的要求

15×15 型骨架组装完成后应满足下列要求：

(1) 文件：流通卡已全部正确填写。

(2) 焊点外观检查：

1) 焊点表面直径：>2 mm。

2) 焊点表面无裂纹、烧穿、凸起和压坑(但允许焊点有≤0.07 mm 压痕)。

3) 焊点表面应无明显的氧化痕迹；可采用经设计认可的标样进行对比检查。

4) 焊点基本上位于焊舌中心，不允许偏出焊舌。

5) 焊点沾铜、金属挤出引起的轻微凸起和飞溅允许按照规定的方法修磨去除，但修磨时不影响焊点质量，修磨后应将杂物去除干净，导向管无变形。

① 骨架平面度≤0.4 mm；

② 下管座端面垂直度≤0.15 mm；

③ 用工作长度至少为 50 mm，直径 ϕ(10.21±0.003)mm 的内径规逐根检查 20 支导向管缩颈段内径和中子通量管内径，能自由通过。

6) 整体清洁度用白绸布检查为 A 级，表面不得有油污和其他异物，定位格架导向翼无变形，刚凸和弹簧无损伤。

二、17×17 骨架组装焊接技术要求

1. 组装焊接过程中的要求

对于 17×17 骨架组装焊接过程中，应满足表 4-1 的要求：

表 4-1　17×17 骨架组装焊接过程中的要求

项　目	技术要求
文件	零部件经过放行，文件填写正确、完整
零部件清洁度	用于骨架装配的零部件全部已清洗干净，并保持了它们的清洁度
导向管部件检查	导向管部件应该是取自同一批材料；或者一个骨架由两个来自不同材料批的导向管组成，但相同材料批的导向管应相对中心位置对称排列
试样	薄壁导向管试样：ϕ11.3 mm，工作长度为 20 mm 过规自由通过。 厚壁导向管试样：ϕ10.03 mm，工作长度为 20 mm 过规自由通过
格架与格架轴向挡板之间的间隙	≤0.05 mm
Y 标识角	在格架夹紧框架同一角线上
装配状况	导向管、中子通量管插入格架栅元的过程中无扭弯现象，端头无损伤，并且不能损伤格架栅元
格架外观	格架的翼没有扭曲或变形，格架外条带没有变形
导向管定位	导向管端塞锥形面与下管座的锥形孔紧密接触
通量管定位	通量管必须接触下管座锪孔的倒角

续表

项　目	技术要求
轴肩螺钉拧紧力矩	4.5～5.5 N·m
焊前导向管、中子通量管内径	ϕ11.3 mm、长度 20 mm 的过规应轻松顺利通过中子通量管的整个长度和导向管长度的"L"部分。中子通量管检查后,检查其定位情况
焊点	对于每个焊点,保证其焊接电流应该在鉴定的范围之内。 电极之间的压力在鉴定范围之内。 焊点应无裂纹和电极沾污(沾铜)。 焊点的焊接位置、氧化色,均应符合图纸及技术文件要求
胀接试样	工艺见证试样:无裂纹。工艺鉴定试样:无裂纹,胀接变形尺寸见图 4-2(Zr-4 型)、图 4-3(M5 型)
套管涂润滑剂	套管螺纹部分涂有专用润滑油,螺钉非润滑区（膨胀成型内外部位)不准涂有润滑剂,见示意图 4-4
产品胀接	胀接的轴向变形尺寸见图 4-1;胀接的径向变形尺寸见图 4-2(Zr-4 型)、图 4-3(M5 型)

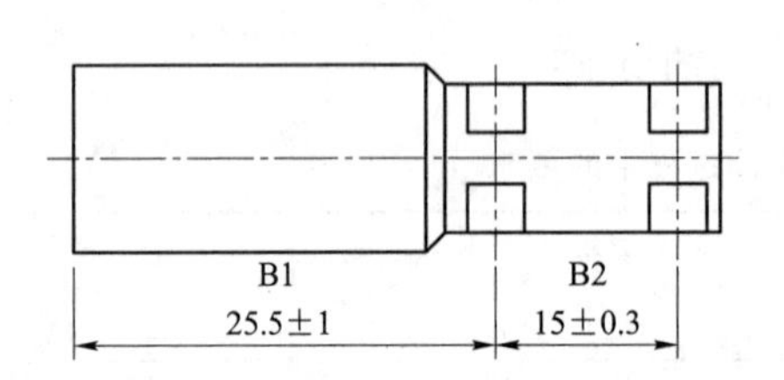

图 4-1　胀接的轴向变形尺寸

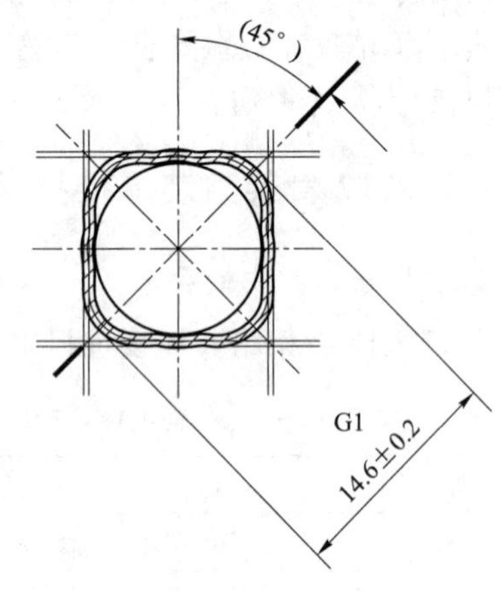

图 4-2　胀接的径向变形尺寸

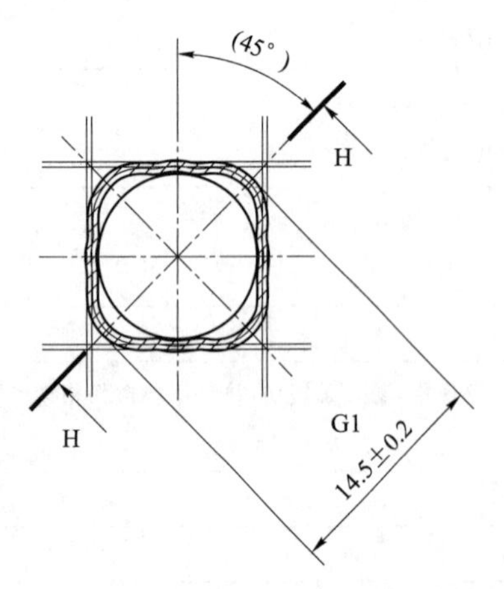

图 4-3　胀接的径向变形尺寸

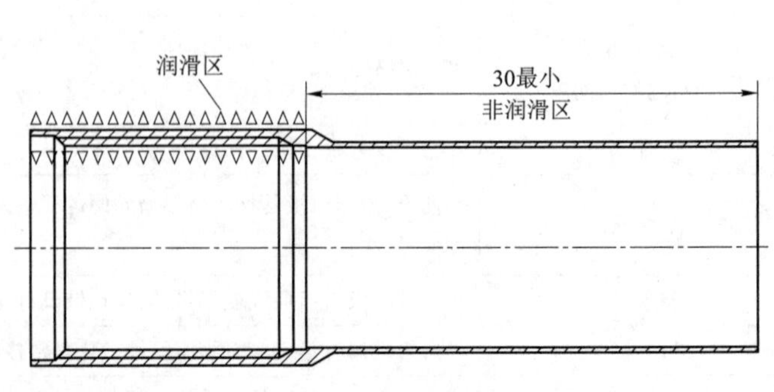

图 4-4　套管涂润滑剂

2. 组装焊接完成后的技术要求

17×17 骨架组装焊接完成后，应满足表 4-2 的要求。

表 4-2　17×17 骨架组装焊接完成后的要求

项　目	技术要求
文件	文件填写正确、完整
清洁度	白绸布擦拭骨架表面，保持本色
零部件方位	管座及格架的 Y 标识角处于同一角线上
R_b值	≤0.25 mm
胀接变形	胀接变形区域无裂纹
平面度	胀接平面度≤0.15 mm，若大于此值，套管与上管座的综合平面度≤0.25 mm
胀接特性	B1、G1、B2
导向管和通量管内径	ϕ11.3 mm，长度 20 mm 的过规应轻松顺利通过中子通量管的整个长度和导向管长度的“L”部分
导向管缩颈	ϕ10 mm、工作长度至少为 20 mm 的过规应能自由通过导向管缩颈段
格架外观	格架无损伤，导向翼无变形，外条带无变形，搅混翼无变形
骨架长度	Zr-4 型：(3 973.3±1)mm；M5 型：(3 975.9±1)mm
格架与骨架轴线垂直度	<0.5 mm

三、TVS-2M 骨架组装焊接技术要求

TVS-2M 骨架组装焊接完成后，应满足以下要求：

1. 检查定位格架和外围导向管表面，表面应无金属斑点和由焊接工具接触的痕迹，100%检查。

一旦检查到金属斑点和焊接工具接触产生的痕迹，去除它们。

定位格架边缘粗糙度优于 Ra2.5，导向管表面粗糙度优于 Ra6.3。

一旦从 DTC 操作返回，应按当前操作的 P.1 重新修磨和检查。

工艺卡中作记录，记录重新修磨和检查。

2. 肉眼检查定位格架边缘、下格板、导向管、中心管和 ICID 管外表面的外观，100%检查。

从上管座数起的第 1 层格架到离上管座一侧的端部，沿长度方向在可能的地方检查导向管、中心管和仪表管外观。

定位格架、下格板、导向管、中心管和 ICID 管机械损伤(印痕、斑点、划痕、孔和切割痕)的深度不超过下列数值：

定位格架边缘外表面上：0.2 mm；

下格板外表面上：0.4 mm；

导向管、中心管和 ICID 管外表面上：0.1 mm。

3. 尺寸检查。

从下管座方向数：

第一层定位格架靠下管座一侧，距离下格板靠上管座一侧 100 mm；
第一层定位格架靠下管座一侧，距离第二层定位格架靠下管座一侧 250 mm；
第二层定位格架～第十一层定位格架之间相邻两定位格架间距为 340 mm；
第十一层与十二层定位格架之间间距为 255 mm；
第十二层与十三层定位格架之间间距为 260 mm。

第二节　骨架相关材料的基本知识

学习目标：了解骨架相关零部件材料的基本知识。

骨架一般由定位格架、下管座、导向管部件、中子通量管部件(或称仪表管部件)及下管座固定连接件-轴肩螺钉或锁紧螺母(锁紧螺母一般采用工艺螺母代替便于拆卸)。定位格架的材料前面已进行介绍，下面分别介绍下管座及导向管部件或通量管部件材料的主要成分。

一、下管座

板材的化学成分：管材的化学成分应满足表 4-3 的要求；拉伸性能应满足表 4-4 的要求。

表 4-3　下管座板材的化学成分(质量分数)　%

元素	C	Mn	Si	Cr	Ni
含量	≤0.08	≤2.00	≤1.00	17.0～19.0	9.0～12.0
元素	P	S	Ti	Co	
含量	≤0.035	≤0.030	≥5C	≤0.05	

表 4-4　下管座板材的拉伸性能

温度	R_m/MPa	$R_{p0.2}$/MPa	A/%
室温	≥540	≥225	≥40
320 ℃	≥390	≥195	≥30

二、导向管部件及中子通量管部件

1. 不锈钢导向管

化学成分：管材的化学成分以满足表 4-5 的要求。拉伸性能应满足表 4-6 的要求。

表 4-5　导向管化学成分(质量分数)　%

元素	C	Mn	Si	Cr	Ni
含量	≤0.08	≤2.00	≤1.00	17.0～19.0	9.0～12.0
元素	P	S	Ti	Co	
含量	≤0.035	≤0.030	≥5C	≤0.05	

表 4-6　导向管管材的拉伸性能

温度	R_m/MPa	$R_{p0.2}$/MPa	A/%
室温	≥540	≥225	≥40
320 ℃	≥390	≥195	≥30

2. 不锈钢棒(端塞)

化学成分:钢棒的化学成分应满足表 4-7 的要求;机械性能应满足表 4-8 的要求。

表 4-7　导向管化学成分(质量分数)　%

元素	C	Mn	Si	Cr	Ni
含量	≤0.08	≤2.00	≤1.00	17.0～19.0	9.0～12.0
元素	P	S	Ti	Co	
含量	≤0.035	≤0.030	≥5C	≤0.05	

表 4-8　导向管端塞材料的拉伸性能

温度	R_m/MPa	$R_{p0.2}$/MPa	A/%	Z/%
室温	≥520	≥205	≥40	≥50
350 ℃	≥330	≥135	≥30	

3. 17×17 型锆合金棒

棒材的化学成分应满足表 4-9、表 4-10 要求。机械性能应满足表 4-11 的要求。

表 4-9　17×17 型锆合金棒合金元素　%

元素	Sn	Fe	Cr	Fe+Cr	O	Zr
含量	1.2～1.7	0.18～0.24	0.07～0.13	0.28～0.37	0.09～0.16	其余

表 4-10　17×17 型锆合金棒杂质元素最大含量　ppm

元素	Al	B	Cd	Ca	C	Cl
含量	75	0.5	0.5	30	270	20
元素	Cu	Hf	H	Pb	Mg	Mn
含量	50	100	25	130	20	50
元素	Ni	N	P	Si	Na	Ta
含量	70	80	20	120	20	100
元素	W	U	V	Co	Mo	Ti
含量	100	3.5	50	10	50	50

表 4-11　17×17 型锆合金棒机械性能

温度	R_m/MPa	$R_{p0.2}$/MPa	$A_{50\ mm}$/%
室温	≥415	≥240	≥14

4. 17×17 型 Zr-4 合金管

合金管的机械性能应满足表 4-12 的要求。化学成分应满足表 4-13、表 4-14 要求。

表 4-12　17×17 型 Zr-4 合金管机械性能

温度	R_m/MPa	$R_{p0.2}$/MPa	$A_{50\ mm}$/%
室温	≥450	≥310	≥25

表 4-13　17×17 型 Zr-4 合金管合金元素　　%

元素	最小重量	最大重量
Sn	1.2	1.5
Fe	0.18	0.24
Cr	0.07	0.13
Fe+Cr	0.28	0.37
O	900 ppm	1 600 ppm
C	80 ppm	200 ppm
Si	50 ppm	120 ppm
S	10 ppm	35 ppm
Zr	其余	

表 4-14　17×17 型 Zr-4 合金管杂质元素最大含量　　ppm

元素	Al	N	B	Cd	Ca	Cl
含量	75	80	0.5	0.5	30	20
元素	Co	Cu	Hf	H	Mg	Mn
含量	10	50	100	25	20	50
元素	Mo	Ni	Nb	P	Pb	Na
含量	50	70	100	20	130	20
元素	Ta	Ti	W	U	V	
含量	100	50	100	3.5	50	

第三节　骨架结构和用途

学习目标：掌握骨架的结构特点，了解其各部分的用途。

骨架是燃料组件的承载构件，它除了支承燃料棒外，还要受到堆内冷却剂水流冲击，相关组件落棒以及其他一些力的作用，如堆内装卸，上格栅压紧。骨架是反应堆的核心部件，其质量好坏直接影响整个反应堆的安全性和可靠性。它的尺寸和质量直接影响和决定着燃料组件的尺寸和质量。骨架由导向管、仪表管(中子通量管)、定位格架(包括中间搅混翼格架)和下管座等组成，见图 4-5。

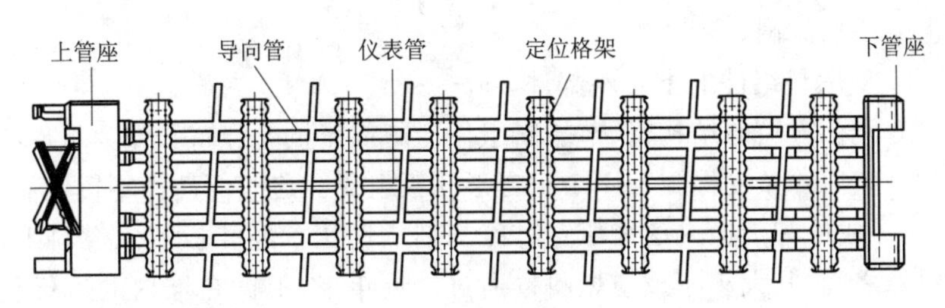

图 4-5　骨架基本结构

压水堆燃料组件骨架的管座材料为不锈钢，导向管和通量测量管的材质有不锈钢和锆合金两种，目前有几种形式定位格架：由镍基合金组成的格架、由锆合金条带与镍基合金弹簧组成双金属格架、由锆合金栅元管和外围板组成的格架等。

15×15 燃料组件骨架所采用的导向管、通量管是不锈钢的，定位格架的材质为镍基合金的；17×17 燃料组件骨架的导向管和通量测量管是锆合金的，定位格架是双金属格架。TVS-2M 燃料组件骨架的导向管和通量测量管是锆合金的，定位格架是锆合金栅元管和外围板组成的格架。

一、下管座部件

下管座是燃料组件的底部构件，在燃料组件的下部入口处形成一个空腔，冷却剂通过下管座流入，以冷却燃料棒。

1. 下管座的主要功能

(1) 燃料组件骨架的底部构件

在燃料组件的骨架底部是由下管座的格板与导向管通过机械联接件构成组件的底部支承结构，作用在组件上的轴向载荷和燃料组件的自重均通过下管座传递和分布到堆芯的下栅格板上。

(2) 燃料组件的底部定位构件

燃料组件工作时竖立在堆芯的下栅格板上，为了保持组件在堆内的准确位置，在堆芯下栅格板的对应位置上均有定位销或定位孔，而在燃料组件的下管座上则有与之相配合的定位孔(也叫 S 孔)或定位销。这两个孔和堆芯下栅格板上的两个定位销相配(或定位销与堆芯下栅格板上的定位孔相配)，作用在燃料组件上的水平载荷同样通过定位销传送到堆芯支承结构上。

(3) 控制燃料组件冷却剂的流量

冷却剂通过下管座格板上的流水孔而流入组件。因此通过对下格板流水孔的开孔面积的孔径大小的选择以调整流过燃料组件的冷却剂流量的大小。

2. 下管座的结构

下管座是一个方形箱式结构，它由正方形的下格板和若干个定位支撑脚组成，支撑脚上有定位销孔，并与正方形下格板焊在一起，构成一个冷却剂水腔。

(1) 17×17 型燃料组件的下管座部件

下管座由 4 个支撑脚和 1 块方形孔板组成，都用不锈钢制造。方形孔板上的孔布置成既起冷却剂流量分配的作用，又使燃料棒不能通过孔板。为了防止异物进入燃料组件，在下管座连接板上有一块滤网。

(2) 15×15 型燃料组件的下管座部件

下管座具有类似方箱的结构,调节燃料组件冷却剂流量的分布和作为组件的下部构件,正方形截面的管座由 4 条支撑腿和 1 个正方形孔板组成。这些部件为不锈钢制成。支撑腿与孔板相焊接,形成冷却剂通入的增压室。冷却剂从增压室经孔板流入燃料组件。孔板上的孔位于燃料棒之间,其大小不致使燃料棒通过。近年来,根据在堆内的运行经验,在下管座上增加了一片滤网防止异物进入燃料组件,提高燃料组件在堆内的安全性。

(3) TVS-2M 型燃料组件的下管座部件

TVS-2M 型下管座部件由下管座、筋板、连接杆及下管座销子这几种零件组成六方形的结构。

二、导向管及仪表管

燃料组件在某些燃料棒位置上设置导向管和仪表管作为燃料组件的中间结构。

1. 导向管和仪表管功能

(1) 燃料组件骨架的中间构件

燃料组件利用导向管和仪表管与定位格架连接组成燃料组件骨架的中间结构,它的上下端分别与上下管座连接,整个燃料组件依靠骨架在堆内承受各种载荷(水力冲击、压紧和控制棒快速插入时产生的冲击等)的作用。

(2) 控制棒束的导向

燃料组件中的导向管均匀对称地分布在组件中,管内充满冷却水,起控制棒在堆内上下抽插时导向作用。在不带控制棒的燃料组件中,导向管内孔可插入固体可燃毒物、阻力塞或中子源等组件,仪表管内供插入堆芯中子通量的测量探头或温度测量探头,以监测反应堆在运行过程中中子通量分布或温度变化等作用。

(3) 控制棒快速插入时起水力缓冲作用

导向管是由不锈钢或中子俘获截面较小的锆合金制成,长约为 4 m 的导向管上、下内径不同。下端内径缩小构成水力缓冲段,在接近缓冲段的上部开有若干流水小孔。在正常运行时,有一部分冷却水由此流入冷却控制棒。在紧急停堆控制棒快速下插时,有一部分缓冲段中的水也由此流出。

2. 导向管和仪表管结构

(1) 17×17 型燃料组件的导向管和仪表管

导向管由一整根 Zr-4 合金管制成,为等外径,变内径结构,其下段在第一和第二格架之间内径缩小,在紧急停堆时,当控制棒在导向管内接近行程底部时,它将起缓冲作用,缓冲段的过渡区呈锥形以免管径过快变化,在过渡区上方开有流水孔,在正常运行时有一定冷却水流入管内进行冷却,而在紧急停堆时水能部分地从管内流出,以保证控制棒的冲击速度被限制在棒束控制组件最大的允许速度之内。

法国已开发的新一代 M5 合金导向管,具有低吸氢、低热蠕变和低辐照生长的特点。

(2) 15×15 型燃料组件的导向管与仪表管(或称中子通量管)

导向管与仪表管均由 0Cr18Ni10Ti 不锈钢制成,每根导向管下部设有 1 处内径尺寸不同的缩径段，当反应堆停堆时，对控制棒起缓冲作用，缓冲部分过渡区为圆锥形。流水孔刚好设置在缓冲段之上，当反应堆正常运行时，冷却水可进入，停堆时冷却水部分地从管内流出。

第四节　骨架制造工艺流程

学习目标：掌握骨架组装焊接的工艺流程。

一、15×15型骨架

1. 下管座装配、焊接

下管座及喇叭管来料检查→喇叭管装入下管座→下管座与喇叭管焊接→焊缝打磨、清洗→检查→入库。

2. 骨架装配、焊接

零部件检查→安装下管座→插入中子通量管、定位、焊接→插入导向管、定位、焊接→插入2支角导向管、定位、焊接→骨架翻身→焊接剩余焊点→插入2支角导向管、定位、焊接→骨架检查→入库。

二、17×17型骨架

零部件检查→安装下管座→插入中子通量管、定位→插入导向管、定位→检查→点焊→骨架检查→入库。

三、TVS-2M型骨架

零部件检查→下格板、定位格架组装→中心管、仪表管、导向管预排→中心管、仪表管、导向管清洗→推入中心管→顺序推入内圈6支导向管→焊接7个NO.1焊缝→顺序焊接内圈靠上管座侧的6支导向管→在另一平台上顺序焊接内圈靠下管座侧的6支导向管→顺序推入外圈12支导向管→焊接12个NO.1焊缝→在另一平台上顺序焊接外圈12支导向管→推入仪表管→焊接1个NO.1焊缝→骨架检查。

第五节　骨架制造中常见的缺陷

学习目标：了解骨架组装焊接中常见的缺陷。

在骨架部件的焊接中，常见的缺陷有：未熔合、压痕深度过大、飞溅、焊点沾铜及焊点位置偏离焊舌。

在不锈钢导向管部件的生产中，可能会出现下列缺陷：

裂纹：在应力及其他致脆因素共同作用下，材料的原子结合遭到破坏，形成新界面而产生的缝隙，它具有尖锐的缺口和长宽比大的特征。

按不同的分类方式，有以下几种裂纹：

穿晶裂纹:在焊缝或热影响区形成的穿过晶粒的裂纹。

焊根裂纹:沿应力集中的焊缝根部所形成的焊接冷裂纹,也称根部裂纹。

晶间裂纹:在金属或合金中(包括焊缝或热影响区),沿晶粒边界产生或扩展的裂纹。

冷裂纹:焊接接头冷却到较低温度下(对于钢来说在 Ms 温度以下)时产生的焊接裂纹。

热裂纹:在凝固温度范围内近于固相线温度附近因收缩受阻而形成的裂纹。

显微裂纹:亦称微观裂纹。需用 50 倍以上的光学显微镜放大之后才能检查出来的微小裂纹。

第六节 骨架标识

学习目标:掌握骨架的编号规则。

骨架编号作为一种中间过渡编号,其标识规则比较简单,一般由工程代号(2 位数字表示)、用户代号(或堆型代号)(2 位字母表示)、顺序号(5～6 位数字表示)构成。骨架的标识方法一般采用电刻笔直接在下管座手工刻号的方法进行标识即可。

第七节 组装焊接骨架

学习目标:掌握骨架、组装焊接的工艺要点。

以 15×15 型骨架为例进行介绍。

一、来料检查

检查各零部件是否有放行单,并符合质量要求。检查各零部件的清洁度及表面状况,若需要可用浸有丙酮的白绸布擦拭,使之符合要求。

二、零部件预排

将零部件预排列在骨架检查平台上。核查各零部件方位、标识是否符合技术要求,并在跟踪卡等文件中认真填写记录。

三、装下管座

在下管座“Y”角处的内侧面上用电刻笔刻写出即将制造的骨架编号。

把下管座固定在下管座支架内,其“Y”角位置与格架“Y”角位置相对应。

用 0.05 mm 塞尺检查下管座与下管座支架基准面的贴紧情况和固定情况,并检查标识位置。

四、格架安装定位

1. 格架安装

打开组装点焊工作台的夹紧框架可动臂,把第一个端部格架(即紧靠下管座端的格架,亦称第一层格架，依次向上数为第二层……第十一层)放在相应夹紧框架内，并固定在格架端面定位框板内，调整合拢可动臂，并用 3.0～4.0 N·m 力矩扳手拧紧。

注意：格架上的焊舌朝向上管座端。

2. 检查第一个格架的标识位置和夹紧情况

定位框板与格架的间隙不大于 0.05 mm。若格架安装定位不好，则必须重新进行安装、定位。依次将搅混翼格架、中间搅混翼格架和另一个端部格架定位、夹紧，并检查。

五、装中子通量测量管

(1) 用浸有丙酮的白绸布擦拭中子通量测量管。

(2) 在通量管的下端管口装上一个导向头从骨架上端插入，使通量管依次通过每个格架的相应栅元。

(3) 当通量管插到第二层和第一层格架之间时取下导向头，并小心地使通量管通过第一层格架相应栅元。

(4) 将通量管插到下管座内，并用胀销使其与下管座贴紧。

(5) 检查通量管装配是否正确。

(6) 在通量管与格架焊舌点焊之后，卸掉胀销。

六、装导向管

(1) 导向管装入前应用浸有丙酮的白绸布擦拭。

(2) 先装除四角位置以外的 20 支导向管。

(3) 从预排架上取一支导向管，在其下端装一个导向头，然后按预排架上标定的位置从骨架上端插入骨架相应位置。

(4) 检查导向管位置是否与通量管对称。

(5) 将导向管装入下管座的相应位置座孔内。

(6) 目视检查管子位置是否正确到位。

(7) 将轴肩螺钉装入下管座端的导向管内，手工微拧紧。

(8) 依次将余下的 19 支导向管逐一插入骨架。

(9) 将 20 支导向管的轴肩螺钉用(0.5±0.05)daN·m 力矩扳手拧紧。

七、焊接

启动焊接设备，进行骨架焊接，并检查是否所有导向管上该焊的点均已焊完，并符合要求。

八、装角导向管

装骨架上面的两角处的导向管，操作方法同“六”。

九、角导向管点焊

进行角导向管的点焊，并检查焊接的情况。

十、骨架翻转及装配焊接

(1) 打开格架夹紧框架。

(2) 打开下管座夹紧支架。

(3) 骨架翻转 180°。

(4) 检查骨架在组装点焊工作台上的位置是否正确。

(5) 将下管座夹紧。

(6) 将格架依次定位夹紧。

(7) 检查骨架位置及夹紧情况。

(8) 装剩下角导向管。

(9) 角导向管点焊。

十一、骨架转移

打开格架及管座支架,使骨架处于自由状态。由两人双手将骨架抬起,并将其小心地放在检查平台上,等候最终检查。将骨架组装平台等恢复原状,清洁组装平台。

第五章　组装焊接燃料组件或部件

学习目标：掌握燃料组件或部件组装、焊接的技术要求；了解燃料组件或部件相关材料的基本知识；掌握燃料组件或部件的结构；掌握燃料组件或部件棒制造工艺流程；了解燃料组件或部件常见缺陷。

第一节　燃料组件或部件组装焊接要求

学习目标：掌握上下管座组装、焊接的技术要求；掌握燃料组件组装、焊接的技术要求。

一、管座组装焊接要求

1. 15×15 型上下管座组装焊接要求

(1) 试样的检验

1) 拉伸性能试验：每个试样的抗拉强度值应不低于母材规定的下限值；

2) 弯曲试验：弯曲试样在被弯后的拉伸面上，在焊缝和热影响区不允许有超过 3 mm 的任何方向的开口缺陷；

3) 晶间腐蚀试验：应无晶间腐蚀倾向；

4) 宏观检验：无裂纹、气孔、未熔合和夹钨等缺陷存在。

5) 熔敷金属铁素体含量应在焊好后热处理前进行，验收标准为 5%～12%。

(2) 产品的检验

1) 外观检验：对焊缝外观进行目视检查，必要时可使用 3～5 倍放大镜进行检查：焊缝表面应平整、光洁、两侧应平缓过渡，焊缝表面机加后的外形几何尺寸应能符合图纸要求；焊缝表面不得有裂纹、气孔、未熔合、咬边和焊瘤等缺陷。

2) 液体渗透检验：所有焊缝按技术条件要求进行液体渗透检验。

3) X 线检验：焊缝 X 线检验按技术条件要求进行。

2. 17×17 型上下管座组装焊接要求

(1) 点焊要求

1) 用最适合于工件类型的放大倍数 3～5 倍之间进行 100%外观检查。检查是否符合规定的要求。

2) 对每一焊区进行 100%金相检查：

① 放大 30 倍检查完整性：无裂纹和未焊透。如有疑点，应放大 100 倍进行检查。

② 放大 5～30 倍测量熔深。熔深应符合规定的标准。

(2) 焊缝要求

1) 外观：用样板或者通过在工件上做标记的方法（只适用于不加焊丝和无焊角半径的焊缝）验证焊缝位置是否正确。

所有焊缝都放大3倍做外观检验。不允许焊缝有裂纹、未熔合或未焊透。如果有怀疑，放大10倍检查。如果仍有怀疑，则按照技术条件或图纸的要求增加液体渗透检查。

2）拉伸试样：试样采用与管座零部件的相同技术条件采购的材料制作，并在相同的条件下焊接。

每完成60个工件的焊接后，对每种焊缝制作一个代表性的拉伸试样。

如果生产中断超过3个月，在制造恢复之前需要做一个拉伸试样。

① 放大3倍做外观检查(如果有怀疑放大10倍检查)；无裂纹、未熔合、未焊透。

② 拉伸试验：必须满足规定的熔深相应值，试样拉伸强度应大于适用材料技术条件规定的断裂强度。

二、燃料组件组装焊接技术要求

1. 15×15型燃料组件

(1) 上管座压帽与销钉装配焊接

1）弹簧压杆伸出上管座高度应满足(25±0.6)mm要求。

2）当弹簧压缩到97 mm时，压力在510～560 N范围内。

3）压杆、压帽与销子对称点焊两点，焊点直径尽量小，焊点直径2～4 mm。每个焊点外观需用放大镜检查，放大倍数为5～15倍。焊点不应有未熔合、裂纹和锐边存在，焊点应去除氧化色，并用丙酮或酒精擦洗干净。

4）上管座部件表面无沾污、无损伤，上管座压缩弹簧无变形和卡阻现象。

(2) 燃料棒与燃料棒的间距应≥3.1 mm，燃料棒与导向管的间距应≥1.5 mm。

(3) 外形尺寸

1）上下管座固定时测量，要求8层格架和上下管座测点的直线度要求：第1、8层：±0.40 mm；第2、3、6、7层：±0.50 mm；第4、5层：±0.70 mm。

2）组件上下端面的平行度最大偏差应不大于0.3 mm。

3）下管座固定上管座自由时测量，要求沿整个3 500 mm长度上，由于倾斜和扭转造成的组件外形尺寸的最大偏差为±2.5 mm，其中扭转偏差不大于0.4 mm。

4）对于少数倾斜和扭转超差的组件，允许通过修磨下管座进行校正，修磨量不得大于0.4 mm。

5）15×15工程燃料组件长度：(3 500±0.8)mm。

(4) 组件表面清洁度为A级。燃料组件包括零部件内外表面应保持清洁，无锈蚀，无灰尘，无金属碎屑，无油污，无湿气，无放射性物质污染，无卤化物及其他有机物和溶剂等。燃料棒表面划伤深度≤0.03 mm，格架无损伤，上、下管座表面允许存在少量深度不超过0.4 mm的撞痕和擦痕，且在整个管座上的缺陷总面积不超过30 mm^2，缺陷的底部应清洁无异物，缺陷不能超越所影响的表面，但在导向管孔和压紧杆孔处不允许存在上述可见缺陷。下管座连接螺栓无松动现象。格架导向翼弯角无异常；锁紧螺母全部锁紧、夹扁；燃料棒富集度标识正确；压紧弹簧压杆活动自如；如带有滤网，应检查下管座滤网的铆钉不松动，过滤网结构未受损。

(5) 控制棒组件对燃料组件的抽插力应<59 N。

(6) 用擦拭法在燃料组件每个侧面的3个不同位置，每个位置至少4根棒上进行铀沾污检查。铀沾污检测不超过 0.4 Bq/dm²。

2. 17×17 型燃料组件

(1) 燃料组件的直线度应符合表 5-1 的规定。

表 5-1　燃料组件的直线度规定　　mm

燃料组件完全直立时的允许偏差								
位置	格架 1	格架 2	格架 3	格架 4	格架 5	格架 6	格架 7	格架 8
偏差	±0.4	±1	±1.3	±1.5	±1.5	±1.3	. ±1	±0.4

(2) 相邻格架的误差应符合表 5-2 的规定。

表 5-2　燃料组件相邻格架的误差规定　　mm

燃料组件完全直立时格架之间的偏差		
2 个相邻格架之间最大	3 个相邻格架之间最大	4 个相邻格架之间最大
0.7	1	1.2

(3) 上、下管座轴线的垂直度≤3 mm，格架每一个检测位置的相同面上的三个探头测量值之间的差别不超过 1.30 mm。

(4) 上部格架(即第 11 层格架)对上管座的扭转偏差应≤0.15°。

(5) 燃料组件长度应满足(3 970±1.00)mm(Zr-4 型)、(3 972.5±1.00)mm(M5 型)。燃料组件四个侧面上的长度之差值，即 $L_{max}-L_{min}$≤0.40 mm。

(6) 燃料组件的垂直度超差时，允许对下管座局部管脚修磨，但修磨后，下管座的总高度≥60.9 mm。

(7) 燃料组件外观和清洁度

1) 目视(必要时用 3 倍放大镜及标样)检查燃料组件外观清洁度，无棉线、油、油脂或所有润滑油的痕迹，无毛毡、锉屑、非粘固的碎屑、锈迹、氧化痕迹、焊缝附近金属非正常的氧化色及超过设计批准允许缺陷标准的飞溅或划痕。

2) 燃料棒上由于装预装盒前使用丙酮清洗干燥后所留下的局部痕迹是可以接受的(可通过外观标样来确定可接受的界限)。

3) 燃料棒上的撞痕或变形的痕迹不可接受的。

(8) 标准控制棒组件、阻力塞组件插入力不大于规定值。

(9) 其他要求见表 5-3。

表 5-3　燃料组件检验要求

项　目	内　容
燃料棒端部与下管座间距	应在 16～20 mm
导向管与下管座间隙	≤0.04 mm
格架外观	格架外条带应无变形；格架上应无金属屑；导向翼和搅混翼不能与燃料棒接触。采用一个示意图来记录所存在的可接受缺陷

续表

项　目	内　容
上、下管座外观	对于可见的缺陷如压痕、撞痕、锉痕、刻痕等，只要不超过下列要求，即认为是合格的： —在所有点上的最大深度为 0.4 mm； —每个管座的缺陷总面积最大为 30 mm^2； —缺陷底部应是清洁的，无异物存在；缺陷不能凸出表面，对于超过标准的缺陷应记录其部位和位置； —采用一个示意图来记录所存在的可接受的缺陷
燃料棒外观	同(3)
零部件的取向和标识	管座和格架 Y 角对准一致，燃料棒定位方向一致，上下管座标识符合要求
燃料组件表面沾污	≤0.4 Bq/dm^2
导向管内异物	无任何外来异物
文件与实物	应一致

3. TVS-2M 型燃料组件(见表 5-4)

表 5-4　TVS-2M 燃料组件最终检验项目

检验项目	检验方法
上管座耳板间距	100％检查尺寸(200±0.5)mm
上管座耳板宽度	100％检查尺寸($22^{-0.07}_{-0.21}$)mm
上管座筒体外径	100％检查尺寸 D=(170－0.4)mm，离顶部金属箍端部最小 10 mm 间距处检查尺寸
下管座外径	100％检查尺寸 D=($195^{-0.15}_{-0.45}$)mm 沿整个带长，检查两垂直方向
下管座定位销外径	100％检查尺寸($21^{-0.70}_{-0.45}$)mm
综合过规检查组件	FA-2M 在重力作用下垂直进入综合过规，下管座定位销进入过规定位槽内，FA-2M 重量变化不应超过 147 N(15 kgf)
检查 FA-2M 中导向管通过性	自重作用下检查装置应引入 FA-2M 导向管全长(导向管内无阻塞)； 电动悬挂测力计移动 CPS AR/BAR 棒束。产品上升高度应小于 3 m。产品在 FA-2M 导向管中的移动应无阻塞。从 FA-2M 导向管中提升或抽出时，产品实际重量的变化应不高于±19.6 N(±2 kgf)。测量精度高于±5 N(±0.5 kgf)
装箱时导向管内异物检查	检查 18 支导向管内有无异物
燃料组件上管座通过性检查	模拟器自由装入上管座，自由取出上管座
毒物棒、控制棒组件检查	模拟器自由装入毒物棒、控制棒组件上部，自由从毒物棒、控制棒组件上部取出
仪表管、导向管通过性检查	规应自由进入中心管和供 IRDA 的管
组件称重(燃料质量)	(503.8±4.5)kg
组件(没有 CPS AR/BAR 棒束)	738^{+5}_{-15} kg
CPS AR 质量	(18.5－11)kg

续表

检验项目	检验方法
U元素占总燃料质量的百分数/%	87.9、83.1
FA-2M外观检查	(1) 机械缺陷(痕迹、刮痕、凹坑、切口)深度应小于： 定位格架(以下简称-SG)外围条带上：0.2 mm； 导向管、中心管以及供G3013IRDA的管上：0.1 mm。 (2) 允许元件表面：深度小于0.05 mm的间隔的凹痕、擦痕、凹坑。如有疑问，根据TИ25003.90022-A.CN用铸模方式检查损伤深度。 (3) 清洗定位格架外条带表面、NO.2焊缝，最终粗糙度优于Ra2.5。 (4) NO.1焊缝和NO.4焊缝外观
FA-2M清洁度和清洗质量	用一块白色棉布擦一次来检查。棉布没有任何明显污物
检查最大尺寸235.1	检查每个定位格架三对面检查不少于10%
棒间距	检验规在自身重力下能自由通过棒与棒的间隙，能通过为合格

第二节　燃料组件或部件结构和用途

学习目标：掌握燃料组件的结构，了解燃料组件各组成部分的用途。

一、燃料组件结构及功能

1. 燃料组件的结构

燃料组件是在骨架的基础上，拉入燃料棒并装上上管座，相对骨架而言，增加了燃料棒、上管座(套筒螺钉)等零部件。

燃料组件是通过拉棒装置(或推棒装置)将燃料棒拉(或推)入骨架，将骨架导向管与上管座进行连接固定形成的。

2. 燃料组件的功能

燃料组件是堆内的主要构件，其功能除了骨架所具有的功能外，还具有相关组件插入导向作用，为堆内链式反应提供裂变材料，堆内的定位以及防止燃料组件在堆内移动等功能。

二、上管座部件

上管座为燃料组件的上部结构。在组件的顶部出口处形成一个空腔，冷却剂经过堆芯集中在上管座水腔后流向反应堆出口水腔。

1. 上管座的主要功能

(1) 燃料组件骨架的顶部构件

燃料组件的上管座通过其格板与导向管相连接，此格板又与管座箱体连接以形成组件的顶部构件。管座上有吊装构件，便于燃料组件换料过程中吊装运输。

(2) 燃料组件的上部定位构件

为了保持燃料组件在堆芯中的准确位置，防止燃料组件在水力冲击下发生摇晃或窜动，燃料组件的上管座上设有定位元件。通过堆芯上栅板上对应的定位元件，将燃料组件准确地固定在堆芯内。

(3) 调节燃料组件冷却剂的流动阻力和进行冷却剂的混合

被加热的冷却剂通过上管座中的格板流水孔,汇集在上管座水腔中混合流出组件。通过格板开孔结构的设计,可以调整流过组件的流动阻力和改善冷却剂的混合。

2. 上管座的结构

根据目前国内外压水堆几种典型燃料组件的结构,上管座的结构大致可分为框架式和支架式两类,它们均由一个上框架,四周侧面围板,一块上格板和几个压紧弹簧等零件组成。其整体呈箱形结构。两种结构基本相似,所不同的是压紧弹簧的结构,围板形状和高度略有差异。

(1) 17×17 型燃料组件的上管座部件

上管座是一个箱式结构,它起着燃料组件上部构件的作用,并构成了一个水腔,加热了的冷却剂由燃料组件上管座流向堆芯上栅格板的流水孔,上管座是燃料组件的相关部件的保护罩。上管座由上连接板、围板、上框板、四个板弹簧和相配的零件组成。除了板弹簧和它们的压紧螺栓用因科镍 718 制造外,上管座的所有零件均采用 304 型不锈钢制造。

上连接板呈正方形,它上面加工了许多长孔让冷却剂流经此板,加工成的圆形孔与导向管相连,上连接板起燃料组件上格板作用,既使燃料棒保持一定的栅距,又能防止燃料棒从组件中向上弹出。

管座的围板是正方形薄壁式壳体,它组成了管座的水腔。上框板是正方形中心带孔的方板,以便控制棒束通过管座插入燃料组件的导向管,并使冷却剂从燃料组件导入上部堆内构件区域。上框板的对角线上有两个带直通孔的凸台,它们使燃料组件顶部定位和对中。与下管座相似,上管座上框板上的定位孔与堆芯上栅格板的定位销相合。

四组板弹簧通过弹簧螺钉固定在上框板上,弹簧的形状为向上弯曲凸出燃料组件,而自由端弯曲朝下插入上框板的键槽内,当堆内构件入堆时,堆芯上栅格板将板弹簧压下引起弹簧挠曲而产生的压紧力将足以抵消冷却剂的水流冲力,板弹簧的设计及其与上管座上框板键槽的配合使得在弹簧断裂这种概率很小的事故情况下,既可防止零件松脱掉入堆内,又能防止弹簧的任何一端卡入控制棒的通道,这就避免了棒束控制组件正常运动中可能发生阻碍的危险。当燃料组件在制造厂内搬运和运往使用现场的运输过程中,上管座也为燃料组件的相关部件提供保护作用。

(2) 15×15 型燃料组件的上管座部件

上管座为一类似方箱的结构,由一个孔板、顶围板和 8 个压紧弹簧组成,除弹簧外,其余零件均由 0Crl8Ni10Ti 不锈钢制成。上管座具有燃料组件上部构件功能并形成一种增压空间,使受热后的反应堆冷却剂在此搅混,然后流向堆芯上格板。孔板截面为正方形,其上加工有狭槽,以便冷却剂通过。狭槽间留有孔带,以防止燃料棒从组件上部顶出,上格板 4 个角上的 4 个孔用于燃料组件的定位和顶部对中。上管座内的 8 个螺旋压紧弹簧,容许承受堆内足够的压紧力,以抗衡冷却剂的水力推力。每个弹簧用一根压杆和一个压帽压紧。

(3) TVS-2M 型燃料组件的上管座部件

上管座部件主要由四个部件构成:筒体部件、上格板部件、支撑板部件、上管座中心管部件。

1）筒体部件

筒体部件主要由上筒体和下筒体两个筒体焊接起来；耳板也是焊接结构；ϕ158 mm、ϕ154 mm 的尺寸要求要很准确，直接与反应堆内的尺寸相关；上管座边上的圆孔，便于反应堆冷却剂流出；连接管护管现为压进式结构（以前为焊接），中间内径分别为 $\phi 15^{+0.2}$ mm 和 $\phi 14.8^{+0.2}$ mm，护管有四种规格，两个起支撑，两个起维修，外径分别为 ϕ19 mm 和 ϕ19.2 mm，长度为 60 mm 和 50mm；材料为硬质合金，需进行热处理，保证两种材料要有硬度差；在堆内夹紧时，随着堆内温度的升高，导向连接管伸入护管，避免摩擦和变形；加工工艺过程如下：筒体、筒体连接板→焊接→加工→加工 、焊接耳板→加工 170 mm 的尺寸→再加工耳板附近的尺寸→组装耳板（以前耳板和销子分别加工，从内部进行焊接）→焊接。

2）上格板部件

上格板现为 10 mm，在上格板加工时，做出筋板的槽，板上孔的大小、尺寸，要避免燃料棒穿过。筋板放入槽内，上、下都焊接，焊接时，允许熔化的金属流入孔内，焊后再加工，要保证内部配合尺寸；与下筒体的内径要加工，外径不用加工，保证中心孔的同轴度，在加工两个孔 ϕ9.8 mm，对称度为 0.1。

3）支撑板部件

支撑板部件由三个部分组成，支撑板可以整个板加工出来，也可以允许两个板焊接后加工出来；中心管护管及孔的位置 ，对组装、装配有很大的影响；ϕ30 mm 为连接管护管让位，三个大孔的位置，供组件工作时弹簧压缩，中心的圆台，供控制棒组件的支撑，控制组件下落时，不起作用，只有内部的 9＋6 根起作用。

4）上管座中心管部件

上管座中心管部件中 ϕ18.1 mm 的尺寸放弹簧；弹簧座，$\phi 20^{-0.05}_{-0.10}$ mm 尺寸，要求精密，倒角 0.6 mm，内径 ϕ16 mm 要求准确；导向连接管，组件在吊运过程中，组件的重量主要承受在导向连接管上，开四槽；弹簧，由 ϕ5.6 mm 的直径为 ϕ5.1 mm；仪表引导管上面的喇叭口便于进出，中间的开孔，便于冷却液的流出；双头螺栓，长度 283 mm，起一个组装作用，当工装使用；上管座销子，上、下槽的孔配合、装配，在组件组装前，要保证衬套不挨在一起，保证导向管与导向连接管之间没有间隙，是一个钢性连接；中心管与上格板之间也不允许有间隙；仪表管可以允许有间隙；双头螺栓与格板、螺母、销子都要焊接；放置导向连接管要焊一圈，不允许有缝隙，焊完后，内孔的 ϕ12.5 mm 还要保证。

弹簧总的压力为（15 000±1 500）N，以保证组件在堆内的稳定运行。管子与管子的配合、连接管与护管的配合、上筒体与下筒体的配合，如果中间有哪一部分配合不好，总的力就会增加，这些部分就会相互摩擦，产生金属屑，对反应堆的运行不利。

上管座有三道焊缝须注意，连接管与连接管护管的焊缝，除了工装保证外，必须每个班都要做金相；其他两道焊缝用工装保证；支撑板、连接管、弹簧之间的连接要靠销钉、双头螺栓；要保证下格板的移动距离最小为 23 mm，要保证能够张开，上管座移动量越大，导向管张开就越多；上管座连接管移动到位，上面有一个装置，能够保证连接管不能后退。

第三节　燃料组件或部件制造工艺流程

学习目标：掌握上下管座组装、焊接的工艺流程。

一、15×15 型燃料组件

1. 上管座装配、焊接

零部件来料检查→压帽与压杆配钻→零部件清洗→压杆、压帽、销钉、弹簧装配→焊接→焊点打磨、去氧化色→弹簧力测量→焊点及表面检查→入库。

2. 燃料组件装配、焊接

零部件来料检查→骨架就位→卸下管座→安装假管座→燃料棒装盒涂膜→燃料棒就位→拉棒→检查→装上、下管座→锁紧螺母夹扁→检查→管板焊→检查→平台翻转、安装吊具→燃料组件吊离组装平台→燃料组件脱膜清洗→燃料组件最终检查→燃料组件放行储存。

二、17×17 型燃料组件

零部件来料检查→骨架就位→卸下管座→安装假管座→燃料棒装盒→燃料棒就位→拉棒→检查→装上、下管座→轴肩螺钉胀形→检查→套筒螺钉胀形→检查→平台翻转、安装吊具→燃料组件吊离组装平台→燃料组件清洗→燃料组件最终检查→燃料组件放行储存。

三、TVS-2M 型燃料组件

零部件来料检查→骨架就位→排棒→推棒→装焊下管座→装上管座→螺母焊接→组件测长→组件清洗→终检。

第四节 燃料组件或部件制造中常见的缺陷

学习目标:了解燃料组件或部件组装、焊接中常见的缺陷。掌握缺陷的处理方法。

一、套筒螺钉毛刺

套筒螺钉毛刺是燃料组件装配过程中极易出现的问题,容易导致套筒螺钉的咬死。一般采用金刚锉小心打磨套筒螺钉螺纹上的毛刺,直到套筒螺钉螺纹上的毛刺去除。然后用金相砂纸打磨去毛刺的部位,使其光滑。最后用绸布蘸丙酮擦洗套筒螺钉整个螺纹部分或先进行超声清洗,然后用丙酮浸泡清洗。

二、上管座导向管孔毛刺

上管座导向管孔的毛刺将影响上管座的装配。其处理方法是用绸布或白纸将板弹簧裹住,以防返修下的毛刺掉入板弹簧缝隙中;将铰刀置于弹簧夹头中,铰除待修孔壁上的毛刺,应小心操作,注意保护孔的形状精度;用压缩空气对管座孔进行喷吹,清除毛刺碎屑,并用绸布蘸丙酮清洗修整部位;最后用上管座导向管孔过规、止规进行检查。

三、下管座 S 孔毛刺

该毛刺的存在将影响燃料组件在堆内的精确定位,其处理方法是:将下管座返修部位以外的部分用绸布或白纸遮住，以防返修下的碎屑掉入下管座缝隙中；用金钢锉小心打磨S孔有毛刺处，直到毛刺全部去除。返修时应小心操作，注意保护孔的形状精度。用压缩空气对管座孔进行喷吹，清除毛刺碎屑，并用绸布蘸丙酮清洗修整部位。用S孔过规、止规进行检查。

四、燃料棒与管座间距不符合要求

在燃料组件拉棒过程中，经常会出现燃料棒到下管座的间距不符合要求的情况出现，燃料棒与管座间距的调整分为以下四种情况：

1. 燃料棒上端塞已穿过燃料组件第11层格架

(1) 将拉棒机调整到手动状态。

(2) 短拉杆、拉夹头、塑料垫片(包壳管装箱用)等工器具准备。

(3) 使用短拉杆、拉夹头等工器具手动将燃料棒从骨架中拉出。

(4) 在燃料棒拉出的同时，在燃料棒的下面垫上塑料垫片，防止燃料棒与拉杆支撑平台接触，造成燃料棒沾污。

(5) 对拉出的燃料棒进行外观划伤及沾污检查，必要时使用绸布蘸丙酮擦拭燃料棒。

(6) 检查合格后由至少两人将该燃料棒送入预装盒相应位置。此时极易将燃料棒装窜位置，应认真检查燃料棒的位置是否正确。

(7) 将拉棒机调整到手动或自动状态。

(8) 换上长拉杆、将该燃料棒重新拉入骨架并到位。

2. 燃料棒上端塞未穿过燃料组件第1层格架

(1) 将拉棒机调整到手动状态。

(2) 选择相应位置的长拉杆。

(3) 采用手动方式将燃料棒拉到位。

3. 燃料棒已穿过燃料组件第1层格架但与下管座的间距偏大

(1) 调整螺杆和拉夹头等工具准备。

(2) 将调整螺杆和拉夹头组装并穿过未到位燃料棒在假下管座上的对应孔位。

(3) 用拉夹头抓住燃料棒下端塞将燃料棒拉到位。

4. 燃料棒上端塞未穿过燃料组件第11层格架但与下管座的间距偏小

(1) 调整螺杆和拉夹头等工具准备。

(2) 将调整螺杆和拉夹头组装并穿过未到位燃料棒在假上管座上的对应孔位。

(3) 用拉夹头抓住燃料棒上端塞将燃料棒拉到位。

五、燃料组件弯曲

燃料组件弯曲是指燃料组件的直线度不符合要求，需要进行校直。其方法是：将燃料组件吊置于组件检查仪上，启动组件检查仪，使组件处于定中心测量状态；使组件检查仪托架升至被测的组件定位格架高度，使1～12号探头前进至格架处；检查1～12号探头值，确定组件弯曲所在的格架位置；双手缓慢轻推弯曲超差的格架，严禁推燃料棒，着力点只能在格架上。使组件弯曲度符合图纸及技术条件的要求；不得多次多方向地推拉组件。

第五节 上管座及燃料组件标识

学习目标:掌握上管座标识规则;掌握燃料组件的标识规则。

一、上管座标识

1. 上管座序列号

上管座序列号的组成:每一个上管座用一个序列号来标识,这些序列号应按照时间顺序排列,由数字组成,符合反应堆组件和堆芯控制部件标识清单的规定。

刻号要求:高度 3～4 mm;深度 0.4 mm,刻号深度必须保证有好的识别性。

2. 面的标识

为便于工厂检查受过辐照的组件,上管座的每个侧面都要用同心圆环槽进行标识,面 1 有一个圆环槽,面 2 有两个圆环槽,面 3 有三个圆环槽,面 4 有四个圆环槽。每组圆环沿垂直轴两侧分布。

圆环尺寸要求:直径 7～8 mm,深度 0.4～0.8 mm。

二、燃料组件标识

1. 标识组成

标识由 6 位阿拉伯数字和大写字母无间断从左到右水平排列而成,为了在操作环境下易于辨认,燃料组件标记使用的字符如下:

数字字符:数字 0～9,除 7 和 8 以外。

字母字符:除 B、I、O、Q、S、U 和 Y 以外的字母。

表示由两部分构成:第一部分由 2 个字母组成,第二部分由 4 个字母或数字组成,形成一个独有的序列号,不考虑组件的类型和富集度或生产地。

2. 刻制要求

刻号尺寸要求:高度 3～4 mm,深度 0.4 mm。刻号深度必须保证有好的识别性。

第六节 组装焊接上管座

学习目标:掌握上管座组装焊接工艺流程,掌握上管座焊接技术要求。

一、上管座组装焊接工艺流程

零部件准备→弹簧压杆与压帽配钻→去毛刺、清洗→上管座在装配胎具内定位→装压紧弹簧并压紧→装压帽→插入压杆→松开弹簧→装销子→检查→TIG 点焊→去氧化色、清洗→取出管座→自检→补焊(必要时)→检查。

二、上管座组装焊接要求

(1) 弹簧压杆与压帽配钻、装销子按图纸要求,应注意保证压帽上端距压杆上端的尺寸。

(2) 压帽与销子配合处须点焊，点焊及补焊工艺应通过合格性鉴定。两焊点对称分布，焊点熔深为0.5～1.4 mm，焊点直径2～4 mm。焊点不应有裂纹、锐边、气孔等缺陷存在，焊点应去除氧化色，并用丙酮或酒精擦洗干净。少量不合格焊点允许补焊一次，焊点质量要求与一次焊点相同。装配后应严格控制压杆伸出上管座的距离，该值对于燃料组件在堆内的定位有关。

(3) 上管座的每支压紧弹簧的弹簧力，当压缩到97 mm时，其工作压力应满足技术条件及图纸规定要求。压紧弹簧受力后，压杆应能上下移动自如，不得卡死。

第七节　组装焊接燃料组件

学习目标：掌握燃料组件组装焊接的基本操作要求；掌握燃料组件吊运技术要求。

燃料组件的组装焊接以15×15型燃料组件为例进行介绍。

一、组装准备

(1) 组件组装工作台夹紧框架固定情况良好；
(2) 所有相关文件齐全有效(放行单、跟踪卡、流通卡)；
(3) 燃料组件棒位排列图经质量员、质量主管领导签字认可；
(4) 组件制造适用文件正确；
(5) 组件零部件经清洗、包装完好。

二、上管座组装焊接

1. 压杆与压帽配钻

(1) 将配钻钻床擦拭干净。
(2) 钻头安装、固定，钻头直径略大于销钉直径。
(3) 弹簧压杆与压冒配合、固定。
(4) 启动设备，转动摇柄，使钻头向下移动进行配钻。
(5) 根据切屑量的多少来决定是否退出钻头以清除切屑。
(6) 摇动摇柄，直到钻头钻穿为止。
(7) 退出钻头，取出工件，清理碎屑。

2. 去毛刺

(1) 将已经配钻的压杆与压帽固定在虎钳上，有毛刺端朝上。
(2) 用金刚锉刀轻轻打磨毛刺，注意不要伤及其余部位。
(3) 用金相砂纸打磨配钻孔口，使其光滑。
(4) 用丙酮清洗，晾干。

3. 装压紧弹簧并压紧

(1) 清洁装配胎具，将上管座在装配胎具内固定。

(2) 装入压紧弹簧并压紧。

(3) 装压帽、插入压杆。

(4) 松开弹簧、装销子。

(5) 检查销子及弹簧是否能伸缩自如。

4. 点焊

(1) 启动 TIG 焊机,检查焊接参数是否与参数卡一致。

(2) 焊接点焊试样,去除氧化色、清洗。

(3) 进行产品焊接,去除氧化色、清洗。

(4) 检查,焊点有不合格者,进行补焊。

(5) 检查并测弹簧压紧力:上管座的每支压紧弹簧的弹簧力,当压缩到 97 mm 时,其工作压力应为 510~560 N。压紧弹簧受力后,压杆上下移动自如,不得卡死。

三、燃料棒预装

1. 准备及检查

(1) 清理预装盒内部,确保无异物。用浸有丙酮或酒精的纱布擦拭,并用氮气或无油、干燥的压缩空气喷吹预装盒内壁及角落,清除各种微粒、灰尘。

(2) 将干净的预装盒吊放在装盒装置上,并调整定位。

(3) 每个班次,用浸有丙酮或酒精的纱布擦拭台面,保证其清洁、干燥。

(4) 核对燃料棒放行单号。

(5) 核对燃料棒放行单所列贮槽号是否与燃料棒贮槽号一致。

(6) 刨刀调整后,应使用废品燃料棒进行试刨,以验证对燃料棒没有划伤后才能在产品上进行。

2. 燃料棒及钆棒装盒

(1) 钆棒装盒

1) 核实将要装盒的钆棒排列类型,并安放相应的钆棒定位板。

2) 将钆棒从燃料棒贮存槽中取出放在平台上,并使钆棒堵孔端朝向预装盒。

3) 用浸有丙酮或酒精的绸布从钆棒的堵孔端塞处开始向无孔端塞方向擦拭整个棒。

4) 将钆棒插入预装盒相应的栅元中。

钆棒的插入从下向上分层进行,每一层均从左向右逐一插入。即从预装盒的最下层的左边开始逐一向右方插入,直至本层全部插满。然后,再往上一层插棒仍从左边开始,向右进行。从下向上全部插满为止。

注意应按有关规定选用相应的棒位图。

规定:钆棒首次装盒时预装盒的左下角(从下管座方向仰视)定为“Y”角。

5) 钆棒向预装盒栅元中推进的同时应继续用浸有丙酮或酒精的绸布擦拭棒。

6) 如果采用条码识读器进行标签识读,则按照以下步骤进行:

① 当预装盒的一层全部插满钆棒后,进行标签识读。

② 每一层识读均从左边开始,分棒进行。

③ 在识读标签之前,先检查钆棒在预装盒中的位置是否正确。正确后读出钆棒序号,同时核查跟踪卡及放行(出库)单上的棒号,应相互一致。

④ 识读标签,每支钆棒连续识读2次。注意观察屏幕显示和声响。

⑤ 标签识读完之后,从计算机屏幕上读出所显示的棒号,并同时与原棒标签号、人工记录棒号和跟踪卡及放行(出库)单上的棒号核对,应相互一致。

⑥ 用刨刀去掉钆棒的标签,并将其放进污物桶内,并在记录卡上记录下用于本组件的钆棒号。

⑦ 继续进行棒的擦拭,并将棒完全插入到预装盒中。

⑧ 按上述步骤逐一插入其他的钆棒,直到预装盒的相应栅元全都有钆棒插入为止。

7) 如果不采用条形码识读方式,则按照下列步骤进行操作:

① 当预装盒的一层全部插满钆棒后,人工键盘输入两次对原棒号进行跟踪。

② 规定每一层输入均从左边开始,分别进行。

③ 在人工键盘输入之前,先检查钆棒在预装盒中的位置是否正确。正确后读出钆棒序号,并记录,同时核查跟踪卡及放行(出库)单上的棒号,应相互一致。

④ 键盘输入结束之后,从计算机屏幕上读出所显示的棒号,并同时与原棒标签号、人工记录棒号和跟踪卡及放行(出库)单上的棒号核对,应相互一致。

⑤ 本层棒号核对无误后,再按照本小节①至④的步骤输入其他层的棒号,直至所有棒号全部正确输入。

8) 在钆棒预装完毕后,去掉钆棒定位板,检查记录,应全部无误。

(2) 燃料棒的预装

燃料棒的预装操作要求同钆棒预装,但应将钆棒定位板更换成燃料棒定位板。

四、组件拉棒

1. 设备及工装准备

组件组装工作平台、拉棒机、预装盒及定位平台、自动管板氩弧焊机、插销式机头定位模板、力矩扳手、导向板、定位板、螺母夹扁及修形专用工具。

2. 清洁组件组装平台。

3. 骨架在组装工作平台上就位

(1) 将框架打开,将骨架抬上组件组装工作平台。

(2) 核查骨架的位置,合上框架并用力矩扳手拧紧,力矩值为:4.0 N·m。

(3) 拧下工艺螺母,卸掉下管座部件。

(4) 安装导向板。

4. 预装盒就位

(1) 将预装盒吊放在支撑平台上,并固定。

(2) 根据棒位图,随机抽取燃料棒进行核对,核对数量3～5支。

(3) 检查棒位图经车间质量员及质量负责人签字确认。

5. 拉棒

拉棒顺序见图5-1。图中1、2、3、4表示同一层栅元拉棒顺序,同一层的多个相同数字表示一次同时拉棒。如有 4 个 2,表示该层第二次拉棒时在标有“2”的 4 个栅元同时拉 4 支燃料棒,(1)(2)表示同一格架各层栅元拉棒顺序。

1	4	2	3	1	2	3	4	3	2	1	3	2	4	1	(4)
1	4	2	3	1	2	3	4	3	2	1	3	2	4	1	(3)
1	3	●	2	1	●	2	3	2	●	1	2	●	3	1	(2)
1	4	2	3	1	2	3	●	3	2	1	3	2	4	1	(1)
4	3	3	2	●	2	1	1	1	2	●	2	3	3	4	(15)
1	3	●	4	1	2	3	4	3	2	1	4	●	3	1	(14)
1	4	2	3	1	2	3	4	3	2	1	3	2	4	1	(13)
1	3	2	●	1	3	2	●	2	3	1	●	2	3	1	(12)
1	4	2	3	1	2	3	4	3	2	1	3	2	4	1	(11)
1	3	●	4	1	2	3	4	3	2	1	4	●	3	1	(10)
1	3	2	4	●	2	4	3	4	2	●	4	2	3	1	(9)
1	4	2	3	1	2	3	●	3	2	1	3	2	4	1	(8)
1	3	●	2	1	●	2	3	2	●	1	2	●	3	1	(7)
1	4	2	3	1	2	3	4	3	2	1	3	2	4	1	(6)
1	4	2	3	1	2	3	4	3	2	1	3	2	4	1	(5)

图 5-1　拉棒顺序示意图(从下管座方向看)

6. 卸掉导向板

7. 装定位板,调整棒位

将定位板固定在燃料棒的下端,并拧紧固定螺钉,注意检查定位板不能倾斜。然后用专用顶头在上管座方向依次推燃料棒,使每支燃料棒与定位板相接触。然后取下定位板。

8. 支架复位,装下管座部件

将支架复位后,装下管座部件,拧上锁紧螺母,下管座与导向管连接的锁紧螺母拧紧力矩(7±0.5)N·m。拧紧后必须将薄壁段夹扁锁紧,然后用修形专用工具进行修整。

9. 装上管座部件

将支架推入定位,装上管座部件,以中子通量管的管口端面与上管座底板平齐进行定位。用绞刀去除导向管伸出上管座底板面的部分,清洗管口;用不锈钢扩管工具微扩导向管管口,使导向管管口与上管座对应孔贴合。

五、管板焊

打开焊机电源,焊接试样,待管口晾干或吹干后进行管板焊,首先焊接中子通量管,然后采用对称焊接的方式进行导向管的焊接。用不锈钢丝刷去除氧化色,清洁焊缝。

六、燃料组件吊运

(1) 将燃料组件组装工作台向上翻转使燃料组件处于直立状态。

(2) 选择适用吊具挂在行车上。

(3) 行车移到燃料组件正上方，放下吊具使吊具与组件上管座接配好后，使钢丝绳微拉紧。

(4) 松开格架和管座的夹紧框架(从下向上进行)。

(5) 用行车将燃料组件吊运到下一道工序，并将组装工作台复位、清洁。

第二部分　核燃料元件生产工中级技能

第六章　专业理论知识

学习目标：了解常见焊接电源的基本知识；掌握常见焊接方法的原理及特点；了解常用元素与元素符号的对应关系；了解锆合金的性能及特点；掌握锆合金的焊接性能，掌握奥氏体不锈钢的焊接特点，了解耐蚀合金的特点；了解焊接破坏性检验基本知识；理解设备修理的必要性，了解设备改造的选择，掌握设备的分类，掌握设备的装配与拆卸方法，掌握电阻焊机的维护保养；掌握几种常见焊接方法的参数选择原则；掌握钨极材料要求及电流容量的影响因素，了解电阻焊电极材料的性能及分类；了解焊接保护气体分类，掌握常见焊接保护气体的特点。

第一节　焊接电源

学习目标：了解常见焊接电源的基本知识；掌握钨极氩弧焊原理及特点；掌握电阻焊的优点；了解电子束焊接原理。

一、弧焊电源

弧焊电源是为电弧负载提供电能并保证焊接工艺过程稳定的装置。它除了具有一般电力电源特点外，还需具有与各种焊接工艺方法相适应的特性。常用的电弧焊如手工电弧焊(SMAW)、熔化极气体保护焊(GMAW)、钨极氩弧焊(GTAW)、等离子弧焊(PAW)、埋弧焊(SAW)等对电源都有不同的要求。

我国的工业电网采用三相四线制交流供电，频率为50 Hz，相电压为220 V，线电压为380 V。而电弧负载的基本特性由电弧的伏安特性曲线可知，在常用的电弧焊的区段上，电压约为20～40 V，电流在几十至上千安，因此在工业电网与焊接电弧负载之间必须有一种能量传输与变换装置，这就是弧焊电源。工业电网的电压远高于一般电弧焊的需要，而且威胁焊接操作者的人身安全，因此将电网电压降低到适合电弧工作的电压是弧焊电源的首要功能。通常的弧焊电源输出电压在20～80 V。降压的基本方法是采用基于电磁感应原理的变压器。由于在弧焊电源中使用的变压器都是降压变压器，根据变压器工作原理，降压变压器在降低电压的同时提供大的输出电流，这也恰好满足焊接电弧大电流特性的要求，一般焊接电源的输出电流在 30～1 500 A。所以低电压、大电流是弧焊电源与其电弧特性相适应的基本电特性之一。变压器的另一个重要作用就是它的阻抗变换作用，大大降低了负载短路时对电网的冲击，因为在电弧焊中，电弧短路是不可避免的，甚至是一种焊接工艺上的特殊需要。

弧焊电源中的变压器有两种基本形式。一种是直接将工业电网电压降低的变压器，也称为工频变压器，这是传统弧焊电源的主要组成部分。在工频变压器中，独立作为交流电源使用的采用单相变压器，为直流电源配套的则多为三相变压器。另一种是工作在 20 kHz 的中频变压器。这种变压器必须借助专用的逆变电路才能工作，这就是所谓逆变电源。同等功率的 20 kHz 中频的体积和重量仅为工频变压器的十几分之一。

1. 弧焊电源性能

(1) 弧焊电源的静特性

特性是指在规定范围内，弧焊电源稳态输出电流与输出电压的关系，又称为电源的外特性。为了能够稳定向焊接电弧提供能量，首先要求电源的静特性曲线必须与电弧的静特性曲线有稳定交点，因此静特性是电源的一个非常重要的基本特性。尤其是弧焊电源的负载-焊接电弧导电特性不同于一般线性电阻，而且还受焊丝及工件熔化的影响，在不同的焊接过程中有很大的差异，因此对弧焊电源外特性提出不同的要求。因为弧焊电源为适应不同的弧焊方法的要求，将有不同的外特性。弧焊电源按其外特性不同分为下降特性电源和平特性电源两大类。

下降特性是指当电弧长度等变化因素引起电弧电压变化时，焊接电流只有很小的变化。根据变化的程度不同，下降特性又分为缓降特性、陡降特性以及垂降特性三种。其中垂降特性又称之为恒流特性恒定的伏安特性。下降特性的弧焊电源适合于非熔化极及焊丝熔化速度较慢的熔化极焊接方法，如钨极氩弧焊、手工电弧焊和埋弧焊等。

平特性是指电弧长度等变化因素引起焊接电流变化时，电弧电压保持恒定。平特性的弧焊电源适合于焊丝熔化速度较快的熔化极焊接方法，如 MIG、MAG 和 CO_2气体保护焊等。

无论下降还是平特性的弧焊电源，都要求输出电流或输出电压有一定的调节范围，对于恒流特性电源，要求输出电流调节范围不小于额定输出值的 20%～100%。对于恒压特性电源，要求输出电压调节范围在 10～40 V。

(2) 弧焊电源的动特性

弧焊电源的动特性是指当负载状态发生瞬时变化时，电源的输出电流与输出电压的关系，用以表征电源对负载瞬变的反应能力。动特性表现在以下两个方面。一是对负载变化的响应。如在利用自身调节作用的 GMAW 焊接过程中，要求弧长变化能够引起电流的迅速变化：当焊丝与焊接熔池短路时要求有合适短路电流上升速度等。二是对控制信号输入的响应，如脉冲焊电源及波形控制电源，都要求电源对控制信号的输入有足够快的响应速度。在逆变电源广泛使用以前，由于电源对控制信号输入响应慢，通常只能采用在电源输出端串联电感的方法调节对负载变化的响应，但是不能达到对焊接过程的最佳控制效果。如果电源对控制信号具有足够高的响应速度，则可通过对反馈及给定量的控制。在其响应速度的范围内获得任意的动态响应特性，许多在传统电源上的被视为改善焊接工艺特性的控制难题迎刃而解，这也正是逆变式弧焊电源应用日益广泛的主要原因。

(3) 负载持续率 FC

电焊机在断续工作方式及断续周期工作方式中,负载工作的持续时间与整个周期时间的比值的百分比称为负载持续率 FC,整个工作周期包括负载持续时间与休息时间。GB/T 8118 规定工作周期为 10 分钟、连续。负载持续率是设计焊机时以表明某种服务类型的重要参数,介于 0 与 1 之间,用百分数表示。按 GB/T 8118 规定,额定负载持续率为 20%、35%、60%、80%、100%。

弧焊电源的额定电流就是该负载持续率条件下允许的最大输出电流。实际工作时间与工作周期之比称为实际负载持续率。

(4) 焊接电流的调节范围

弧焊电源在工作电压符合规定负载特性的条件下,通过调节能够获得的焊接电流范围。

(5) 额定电流与额定电流等级

在约定焊接工作制,约定负载电压下,焊接电流最大值称为额定电流。按一定规律将焊接电源设备的额定电流分成一定的等级,按我国 GB/T 8118 规定,100 A 以上按 R5 优先数系分等,2 000 A 以上由制造厂与用户商议。其额定电流分档如下(A):10、16、25、40、63、100、125、160、200、250、315、400、500、630、800、1 000、1 250、1 600、2 000。

2. 钨极气体保护焊

气体保护焊是利用外加气体作为保护介质的一种电弧焊方法,其优点是电弧和熔池可见性好,操作方便;没有熔渣或很少熔渣,无须焊后清渣,适应于各种位置的焊接。但在室外作业时需采取专门的防风措施。

根据保护气体的活性程度,气体保护焊可以分为惰性气体保护焊(在核品生产中采用该方式焊接)和活性气体保护焊。钨极氩气保护焊是典型的惰性气体保护焊。它是在氩气(Ar)的保护下,利用钨电极与工件间产生的电弧热熔化母材和填充焊丝(如果使用填充焊丝)的一种焊接方法。通常我们用英文简称 TIG(Tungsten Inert Gas Welding)焊表示。

3. 钨极氩弧焊原理、分类及特点

(1) 原理

钨极氩弧焊是用钨棒作为电极加上氩气进行保护的焊接方法。焊接时氩气从焊枪的喷嘴中连续喷出,在电弧周围形成气体保护层隔绝空气,以防止其对钨极、熔池及邻近热影响区的有害影响,从而获得优质的焊缝。焊接过程根据工件的具体要求可以加或者不加填充焊丝。

(2) 特点

这种焊接方法由于电弧是在氩气中进行燃烧。因此具有如下优缺点:

1) 氩气具有极好的保护作用,能有效地隔绝周围空气;它本身既不与金属起化学反应,也不溶于金属,使得焊接过程中熔池的冶金反应简单易控制,因此为获得高质量的焊缝提供了良好条件。

2) 钨极电弧非常稳定,即使在很小的电流情况下(<10 A)仍可稳定燃烧,特别适合薄板材料焊接。

3) 热源和填充焊丝可分别控制。因而热输入容易调整,所以这种焊接方法可进行全位置焊接,也是实现单面焊双面成形的理想方法。

4）由于填充焊丝不通过电流，故不会产生飞溅，焊缝成形美观。

5）交流氩弧在焊接过程中能够自动清除工件表面的氧化膜作用，因此，可成功地焊接一些化学活泼性强的有色金属。

6）钨极承载电流能力较差，过大的电流会引起钨极的熔化和蒸发，其微粒有可能进入熔池而引起夹钨。因此，熔敷速度小，熔深浅、生产率低。

7）氩弧受周围气流影响较大，不适宜室外工作。

（3）氩弧焊电流种类及极性选择

不同的金属材料，在进行钨极氩弧焊时要求不同的电流种类及极性。

1）直流钨极氩弧焊

直流钨极氩弧焊时采用直流电流，没有极性变化，因此电弧燃烧非常稳定。然而它有正、负极性之分。工件接电源正极，钨极接电源负极称为正接法。反之，则称为反接法。

2）交流钨极氩弧焊

交流电流的极性在周期性地变换，相当于在每个周期里半波为直流正接，半波为直流反接。正接的半波期间钨极可以发射足够的电子而又不至于过热，有利于电弧的稳定。反接的半波期间工件表面生成的氧化膜很容易被清理掉而获得表面光亮美观、成形良好的焊缝。这样，同时兼顾了阴极清理作用和钨极烧损少、电弧稳定性好的效果。

3）交流矩形波氩弧焊

这是一种新型的交流氩弧焊，它能很好地改善交流电弧的稳定性，又能合理地分配钨极和工件之间的热量，在满足阴极清理的条件下，最大限度地减少钨极烧损和大的熔透深度。

4）脉冲氩弧焊

脉冲氩弧焊是采用可控的脉冲电流来加热工件。当每一次脉冲电流通过时，工件被加热熔化形成一个点状熔池，基值电流通过时使熔池冷凝结晶，同时维持电弧燃烧。因此焊接过程是一个断续的加热过程，焊缝是由一个一个点状熔池叠加而成。电弧是脉动的，有明亮和暗淡的闪烁现象。由于采用了脉冲电流，故可以减少焊接电流平均值(交流是有效值)，降低焊件的热输入。通过脉冲电流、脉冲时间和基值电流、基值时间的调节能够方便地调整热输入量大小。这在核燃料元件的焊接中普遍采用。

脉冲氩弧焊具有以下几个特点：

① 焊接过程是脉冲式加热，熔池金属高温停留时间短。金属冷凝快，可减少热敏感材料产生裂纹的倾向性；

② 焊件热输入少，电弧能量集中且挺度高，有利于薄板、超薄板焊接；接头热影响区变形小，可以焊接 0.1 mm 厚不锈钢薄片；

③ 可以精确地控制热输入和熔池尺寸，得到均匀的熔深，适合于单面焊双面成型和全位置管道焊接。

4. 氩弧焊设备

钨极氩弧焊设备通常由焊接电源、引弧及稳弧装置、焊枪、供气系统、水冷系统和焊接程序控制装置等部分组成。对于自动氩弧焊还应包括焊接小车行走机构及送丝装置。

（1）电源的外特性

钨极氩弧焊要求采用陡降外特性的电源，如图 6-1(a)所示，以减少或排除因弧长变化而引起的焊接电流波动，通常外特性曲线工作部分斜率最大，为 7 V/100 A，越大越好。有些电源为了减少接触引弧时钨棒烧损,采用图 6-1(b)所示的电源外特性,取得了良好的效果。

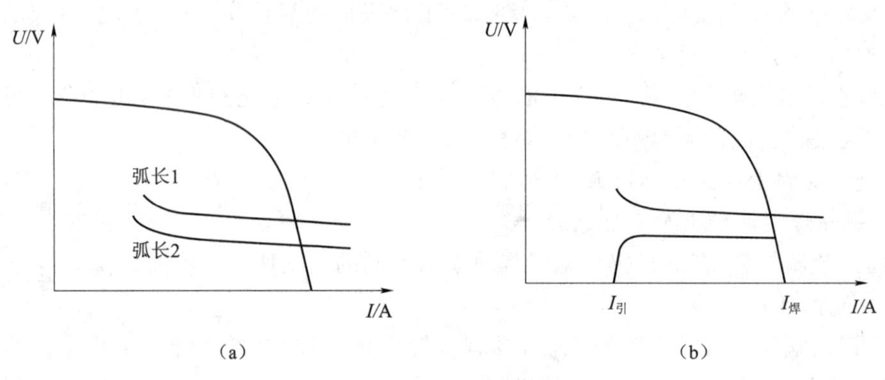

图 6-1 电源的外特性

(2) 电源种类

作为钨极氩弧焊的电源,有直流电源、交流电源、交直流两用电源及脉冲电源。这些电源从结构与要求上和一般焊条电弧焊并无多大差别,原则上可以通用,只是外特性要求更陡些。

二、电阻焊

1. 电阻焊

电阻焊是将被焊工件压紧于两电极之间,并通以电流,利用电流流经工件接触面及邻近区域产生的电阻热将其加热到熔化或塑性状态,使之形成金属结合的一种方法。

电阻焊方法主要有 4 种。即点焊、缝焊、凸焊、对焊。在核品的生产中,点焊及对焊使用较多。在燃料组件骨架生产中,采用点焊的焊接方式;在燃料棒生产中,采用对焊的焊接方式。

点焊时,工件只在有限的接触面上,即所谓"点"上被焊接起来,并形成扁球形的熔核。点焊又可分为单点焊和多点焊。多点焊时,使用两对以上的电极,一次焊接可以形成多个熔核。

对焊时,两工件端面相接触,经过电阻加热和加压沿整个接触面被焊接起来。

电阻焊有下列优点:

(1) 熔核形成时,始终被塑性环包围,熔化金属与空气隔绝,冶金过程简单。

(2) 加热时间短、热量集中,故热影响区小,变形与应力也小,通常在焊后不必安排校正和热处理工序。

(3) 不需要焊丝、焊条等填充金属。以及氧、乙炔、氩等焊接材料,焊接成本低。

(4) 操作简单,易于实现机械化和自动化,改善了劳动条件。

(5) 生产率高,且无噪声及有害气体,在大批量生产中,可以和其他制造工序一起编到组装线上。

电阻焊缺点:

设备功率大,机械化、自动化程度较高,使设备成本较高、维修较困难,并且常用的大功率单相交流焊机不利于电网的正常运行。

2. 焊接热的产生及影响产热的因素

电阻点焊的热量：　　　　　　　　$Q=I^2Rt$

式中，Q——产生的热量，J；

I——焊接电流，A；

R——电极间电阻，Ω；

t——焊接时间，s。

(1) 电阻 R 及影响 R 的因素

上式中的电极间电阻包括工件本身电阻、两工件间接触电阻、电极与工件间接触电阻。当工件和电极已定时，工件的电阻取决于它的电阻率。因此，电阻率是被焊材料的重要性能。电阻率高的金属其导热性差。电阻率低的金属其导热性好。

电阻率不仅取决于金属种类，还与金属的热处理状态和加工方式有关。通常金属中含合金元素越多，电阻率就越高。淬火状态的又比退火状态的高。金属经冷作加工后，其电阻率也增高。

各种金属的电阻率还与温度有关，随着温度的升高电阻率增高，并且金属熔化时的电阻率比熔化前高1～2倍。随着温度升高，除电阻率增高使工件电阻增高外，同时金属的压溃强度降低。使工件与工件、工件与电极间的接触面增大，因而引起工件电阻减小。

(2) 电阻对焊的电阻和加热

和点焊一样，电阻对焊时的接触电阻取决于接触面的表面状态、温度及压力。当接触端面有明显的氧化物或其他脏物时，接触电阻就大。温度或压力的增高，都会因实际接触面积的增大而使接触电阻减小。焊接刚开始时，接触点上的电流密度很大，端面温度迅速升高后，接触电阻急剧减小。加热到一定温度时，接触电阻完全消失。

和点焊一样，对焊时的热源也是由焊接区电阻产生的电阻热。电阻对焊时，接触电阻存在的时间极短，产生的热量小于总热量的10%～15%，但因为这部分热量是在接触面附近很窄的区域内产生的，所以会使这一区域的温度迅速升高，内部电阻迅速增大，即使接触电阻完全消失，该区域的产热强度仍比其他部位高。所采用的焊接条件越强(即电流越大和通电时间越短)，工件的压紧力越小，接触电阻对加热的影响越明显。

三、电子束焊接电源

电子束焊接电源一般称为电子束供电电源，供电电源是指电子枪所需要的供电系统，通常包括主高压电源和次级电源。这些电源装在充油的箱体中，称为高压组件。纯净的变压器油既可作为绝缘介质，又可作为传热介质将热量从电器元件传送到箱体外壁。电器元件都装在框架上，该框架又固定在油箱的盖板上，以便维修和调试。

第二节　焊接冶金知识

学习目标：了解物质的组成，了解常用元素与元素符号的对应关系。

一、化学元素符号

1. 元素

自然界是由物质构成的,一切物质都在不停地运动着。构成物质的微粒有分子、原子、离子等。有些物质是由分子构成的,有些物质是由原子构成的,还有些物质是由离子构成的。

从宏观的角度看,物质又是由不同的元素组成的。由一种元素单独组成物质时,即以单质形态存在的元素叫做元素的游离态。由多种元素共同组成物质时,即以化合物形态存在的,叫做元素的化合态。元素本身没有"三态"(气、液、固)之分,只有当元素组成具体的物质时,才有固态、液态和气态的区别。例如,氧元素以游离态存在时组成氧气,氧元素以化合态存在时可以和其他元素一起组成水、氧化钙、二氧化碳等不同物质。氧在通常情况下是气态的,决不能错误理解成氧元素是气态的。

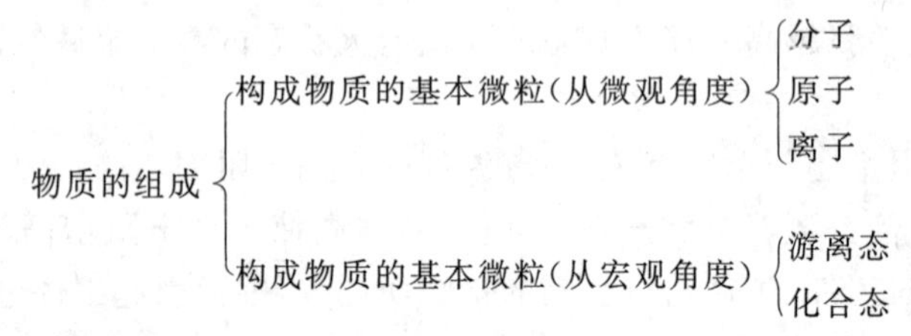

所谓元素是指具有相同核电荷数(即质子数)的同一类原子的总称。元素与原子的区别见表 6-1。

表 6-1　元素和原子的比较

	元素	原子
区别	物质是由元素组成的	原子是构成物质的一种微粒
	具有相同核电荷的一类原子的总称	是化学反应中的最小微粒
	是一种宏观的概念,只有种类之分,没有数量和大小之分	是一种微观的粒子,有种类之分,也有数量、大小,质量的含义
联系	具有相同核电荷数的一类原子总称为元素,原子是体现元素性质的最小微粒	

从元素和原子的比较中可知,水是一种宏观的物质,因此可以说水是由氢元素和氧元素组成的,而不能说水是由两个氢元素和一个氧元素组成,只能说水分子由两个氢原子和一个氧原子组成。

自然界的物质有上千万种,但目前只发现了 109 种元素,其中金属元素 87 种,非金属元素 22 种。

地壳里分布最广的是氧元素,占地壳质量的 48.6%;其次是硅,占 26.3%;以后的顺序是铅、铁、钙、钠、钾、镁、氢;其他元素总共只占 1.2%。

2. 元素符号

元素符号与分子式和化学方程式等一样,是用来表示物质的组成及变化的化学用语。

在国际上,各种元素都用不同的符号来表示,表示元素的化学符号叫做元素符号。

元素符号通常用元素的拉丁文名称的第一个字母(大写)来表示,如用"C"表示碳元素。如果几种元素的拉丁文名称的第一个字母相同,就在第一个字母后面加上元素名称中另一个字母(小写)以示区别,例如用“Ca”表示钙元素等。元素符号在国际上是通用的。

(1) 元素符号具有种类和数量两方面的含义。例如,Ca 的含义有三层:表示钙元素;表示一个钙原子;表示钙元素的相对原子质量为 40。

除此之外,大多数固态的单质也常用元素符号来表示。例如,C、Si、Ca、Fe 依次分别表示碳、硅、钙、铁的单质。

(2) 在元素符号旁附加上数字或标记时,可表示各种意义。现以氯的元素符号 Cl 为例说明:

1) Cl,表示氯元素或一个氯原子。

2) 2Cl,表示两个氯原子。

3) Cl_2,氯的分子式,氯气分子由两个氯原子构成。

4) $_{17}Cl$,氯元素的核电荷数是 17。

5) ^{35}Cl,氯原子的质量数为 35。

6) Cl^-,氯离子带有一个单位负电荷。

二、原子序数

为了方便,人们把所有元素按其核电荷数由小到大的顺序给元素编号,这种序号叫做该元素的原子序数。

显然,原子序数在数值上与这种原子的核电荷数相等,也等于该原子的原子核内质量数和核外电子数。

常用的元素和元素符号见表 6-2。

表 6-2　常用元素和元素符号对照

序数	名称	符号	序数	名称	符号	序数	名称	符号
1	氢	H	19	钾	K	40	锆	Zr
2	氦	He	20	钙	Ca	41	铌	Nb
3	锂	Li	21	钪	Sc	42	钼	Mo
4	铍	Be	22	钛	Ti	47	银	Ag
5	硼	B	23	钒	V	48	镉	Cd
6	碳	C	24	铬	Cr	50	锡	Sn
7	氮	N	25	锰	Mn	51	锑	Sb
8	氧	0	26	铁	Fe	53	碘	I
9	氟	F	27	钴	Co	58	铈	Ce
10	氖	Ne	28	镍	Ni	74	钨	W
11	钠	Na	29	铜	Cu	78	铂	Pt
12	镁	Mg	30	锌	Zn	79	金	Au
13	铝	Al	31	镓	Ga	80	汞	Hg
14	硅	Si	32	锗	Ge	82	铅	Pb
15	磷	P	33	砷	As	83	铋	Bi
16	硫	S	34	硒	Se	88	镭	Ra
17	氯	Cl	35	溴	Br	90	钍	Th
18	氩	Ar	36	氪	Kr	92	铀	U

第三节 金属材料焊接特性

学习目标:了解锆合金的性能及特点;掌握锆合金的焊接性能;了解不锈钢的特性;掌握奥氏体不锈钢的焊接特点,了解耐蚀合金的特点。

一、锆合金

1. Zr-2、Zr-4 合金

西屋公司、西门子公司、法玛通公司压水堆燃料棒的包壳材料均曾采用锆锡合金,这是因为纯锆虽塑性高,但强度低,而且少量 C、N、Ti、Al、Si 和其他杂质都会不同程度降低其抗腐蚀性能,为了提高在堆内辐照条件下锆材的耐蚀性能和必要的塑性,人们发展了各种锆锡合金。锆合金化的目的在于抑制 N 和其他杂质的有害作用,根据合金腐蚀机理,人们选择 Sn 作为合金元素,因为 Sn 可抵消 N 对 Zr 的有害作用,而改善其高温水和蒸气中抗腐蚀性能,另一方面 Sn 也是强化锆合金的有效添加元素。早期采用 Zr-2 合金,其成分除 Sn 外又加入 Fe,Cr,Ni 等。由于 Zr-2 在水中有良好的耐腐蚀性,被广泛用于反应堆中,早期也用于压水堆,后来仅限于沸水堆中。为改善锆合金的吸氢性能,所以又逐步发展了 Zr-4 合金,Zr-4 合金与 Zr-2 合金相比减少 Ni 含量,相应增加 Fe 含量。Zr-2 与 Zr-4 腐蚀特性十分相近,但 Zr-4 的吸氢量大大低于 Zr-2,因此 Zr-4 合金已广泛用于压水堆中。

2. 低锡 Zr-4 合金—改进型 Zr-4(或优化 Zr-4)

近年来为改善 Zr-4 合金的耐水侧腐蚀,目的是提高冷却剂温度和增加棒的线功率,将 Zr-4 合金中 Sn 含量由原来 1.2%~1.7%,限制在 1.2%~1.5%,由于仍处在 Zr-4 合金范围内故称之为低 Sn 锆-4 合金,亦称改进型 Zr-4 合金,或优化 Zr-4 合金。该合金的特征是:

(1) 控制锡在 Zr-4 合金中的范围的下限,使含 Sn 量范围变窄;

(2) 控制合金中杂质元素 Si 的含量;

(3) 将氧碳元素作为合金主要成分。

该合金主要成分(质量分数/%)如下:

Sn:1.20~1.50;Fe:0.18~0.24;Cr:0.07~0.13;Fe+Cr:0.28(最低);

C:0.008 0~0.020;O:0.09~0.16;杂质 Si≤120 ppm。

(4) 优良的金相组织,合金通过调整最终再结晶,使析出金属沉淀相长大,以改善该合金的耐水侧腐蚀性能。

3. 锆铌合金

前苏联在堆用锆合金研制过程中发展了两种锆铌合金:Zr-1%Nb 和 Zr-2.5%Nb,Zr-1%Nb 已广泛用作 TVS-2M 等反应堆燃料棒的包壳管,因为它们在具体运行条件下,其耐腐蚀性仅略次于 Zr-2 合金,而在吸氢方面,Zr-1%Nb 合金比锆锡合金小,即 Zr-1%Nb 合金所吸收的氢量(在锆与水的氧化反应中释出的全部氢中的份额)为锆锡合金的 1/5~1/10。采用铌作为锆的合金元素是因为铌具有如下有益性能:

(1) 铌的吸收截面很小(1.1 b),添加量可达百分之几而对合金的吸收截面无显著影响;

(2) 铌可稳定非合金锆的耐腐蚀性，即消除少量的一些杂质如碳、铝、钛(它们常存在纯锆中)的有害作用；

(3) 铌可有效地减少锆合金的吸氢量；

(4) 铌与β相锆形成一系列固溶体，这是因为锆和铌具有相同的晶体点阵，它们的原子半径也很接近。在单析反应的温度下，铌在α相锆中的固溶度可达1.5%。

4. ZIRLO合金

ZIRLO合金是美国西屋公司在20世纪70年代开发的新锆合金，1995年达到工业规模应用。ZIRLO合金是锆锡和锆铌合金相结合的产物，形成了Zr-Sn-Nb合金，称之为新锆合金。锡加入锆的主要目的是抑制海绵锆中氮的有害作用。然而锡虽可减弱氮的作用，但它本身也加速了锆的腐蚀，只有添加少量铁、铬和镍，才使合金具有优良的耐腐蚀性能。但镍的加入增加了锆的吸氢量，所以在Zr-4合金中镍仍为微量的杂质元素。法杰玛公司研究指出，若将标准的Zr-4中含锡量上限降低40%，并控制杂质元素和调整退火参数，则低锡Zr-4合金的耐腐蚀性能比标准Zr-4提高25%，所以新开发的耐腐蚀合金应降低含锡量，且把镍作为杂质元素。

元素铌具有优良核性能，可与锆形成锆铌合金系列，如Zr-1%铌，Zr-2.5%铌等。该元素可稳定锆的耐腐蚀性，且有消除一些杂质，如碳、铝、钛等有害作用，并且可有效地减少锆合金吸氢量，因而在镍锆锡合金中加入一定量的铌，起到克服锆中一些杂质元素对锆耐腐蚀性的不良影响，从而降低了合金中含锡量，所以减少合金中含锡量的同时应添加铌。

前苏联学者A.C扎依莫夫斯基等指出：锆不论添加何种元素均有损于纯锆的耐腐蚀性能，而元素铁在350 ℃水或400 ℃蒸气中对锆耐腐蚀性没有坏作用，而且不溶于α锆中的少量铁能与铌形成细小中间第二相析出，弥散分布在α锆基体上，起到强化锆合金的作用，因此ZIRLO合金中不含铬，而含少量铁。

日本三菱合金(NDA)中除含有与Zr-4相同含量锆镍外，还在该合金中添加了具有溶解极限约0.6%铌。实验表明，NDA合金腐蚀性能比Zr-4优良，这也说明了元素铌对合金性能的贡献。

(1) ZIRLO合金与Zr-4合金性能对比

1) 水侧腐蚀低58%～67%；

2) 辐照生长低40%～60%；

3) 辐照蠕变低20%；

4) 在高锂介质中腐蚀低1/5～1/2。

(2) ZIRLO合金优点

1) 改善了抗腐蚀性能，例如高燃耗下运行周期更长；

2) 降低了辐照生长和蠕变；

3) 对锂介质有高的裕度；

4) 适合现场去污。

5. M5合金

法国法玛通公司为提高燃料组件卸料燃耗，增加循环周期，降低吸氢量等开发和应用更耐水侧腐蚀的M5合金材料做燃料棒包壳管。

M5 合金为 Zr-Nb-O 的三元合金，实质上与俄罗斯的 Zr-1%Nb 一样，其成分为：Nb，0.81～1.20%；O，0.090～0.149%；Zr，余量。

为生产完全再结晶和热力学稳定的微观组织 M5 包壳制造工艺已优化，M5 包壳采用"低温"工艺制造，本工艺中所有热处理是在 Zr-Nb 平衡相图的 $\alpha+\beta_{Nb}$ 区中进行。产生的微观组织显示为细 β_{Nb} 沉淀并且没有 β_{Zr} 存在，所有沉淀物分布均匀，无偏析或呈线状颗粒。

M5 合金性能与优化 Zr-4 合金相比如下：

(1) 水侧腐蚀改善 3 倍；

(2) 吸氢改善 3～4 倍；

(3) 热蠕变改善 1 倍；

(4) 辐照生长改善 1 倍。

二、锆合金的焊接性能

由于压水堆燃料棒包壳材料大都采用锆合金，所以燃料棒的焊接实际上主要是对锆合金焊接性能的研究，锆合金的焊接性良好，其焊接特点有：

锆合金是化学活性非常活泼的金属材料，在热加工时很容易与大气中的氧、氮和氢等气体发生化学反应，对其机械、物理和耐腐蚀性能均产生有害作用。当焊缝中的含氧量超过 0.5%时，即生成脆性化合物，使焊接接头塑性急剧下降，即硬度和抗拉强度增加，延伸性能下降。焊缝中存在一定量的氮，将降低焊接接头在水和蒸汽中腐蚀稳定性。而氢不仅与锆形成脆性的氢化锆，也可能是形成焊缝中气孔的主要原因。为了防止焊接时大气污染，锆合金焊接时必须采用特殊的保护措施使焊接区隔绝空气，并采取能量集中的焊接热源，以提高焊接接头的加热速度及冷却速度，有利于缩短过热区金属在高温下停留时间。

锆合金在不平衡条件下结晶时，合金将析出复杂的金属间化合物，如 ZrFe，ZrCr 等，在 870 ℃前加热急冷时，金属间化合物将分布在晶粒边界上。在 870 ℃加热时，金属间化合物已完全溶于基体中，急冷时来不及析出，所以组织中无金属间化合物析出。而在 950 ℃加热急冷时组织为 $\alpha+\beta$；980 ℃ 加热急冷时，组织为 β，塑性最好。焊件在冷却过程中，热影响区显然会出现上述各种组织转变区，析出复杂的金属间化合物。这些脆性析出物将导致焊缝及热影响区金属的强化，而塑性降低，腐蚀性能变坏。

焊缝中有杂质存在，则会使接头的耐腐蚀性能下降。例如，Zr 合金中含碳量大于 0.1%时，便形成锆的碳化物，在该碳化物区首先产生局部腐蚀，并进一步扩大，使整个锆合金焊接接头发生快速腐蚀。所以应将坡口及其两侧表面上的油脂等污物清除干净，防止有机物进入焊缝。另外灰尘微粒的沾污，会使焊缝产生 Al、Si 等杂质，它也会影响腐蚀性能。

锆合金中含有 Sn、Fe、Cr、Nb 等合金元素，在焊接时会或多或少的烧损，它与热源的能量密度有关，在高能束(激光束、电子束)作为焊接热源时由于加热面积小，能量密度大，所以会导致合金元素过量烧损，从而导致合金性能(主要是腐蚀性能)变坏，在真空电子束焊接时，高蒸气压的合金元素还可能从熔池中挥发，因此在制定焊接规范时应加以考虑。

三、不锈钢

含铬不少于 13%的钢具有在空气、水、蒸汽中不受腐蚀和生锈的特性，这种钢称为不锈钢。

根据不锈钢所含合金元素的不同，可以分为普通不锈钢、耐热不锈钢和耐酸不锈钢。因此，一般通称的不锈钢，实际上是上述不锈钢的总称。

不锈钢还可按金相组织的不同分为马氏体不锈钢，铁素体不锈钢和半马氏体或半铁素体不锈钢，奥氏体不锈钢和奥氏体-铁素体不锈钢几大类别。

常用不锈钢的化学成分(C≤0.08，Si≤1.00，Mn≤2.00，P≤0.040，S≤0.030)及机械性能(密度 8.0 g/cm^3)见表 6-3、表 6-4。

表 6-3 奥氏体不锈钢化学成分

	牌号		成分		其他
	国标	美国 ASTM	N	Cr	
奥氏体型	0Cr18Ni9	304	8.00/10.50	18.00/20.00	—
	00Cr18Ni10	304L	9.00/103.00	18.00/20.00	—
	0Cr17Ni14Mo3	316	10.00/104.00	16.00/18.00	Mo:2.00～3.00
	00Cr17Ni14Mo3	316L	12.00/15.00	16.00/18.00	Mo:2.00～3.00
	1Cr18Ni9Ti	321	9.00/13.00	17.00/19.00	Ti≥5×C% Nb+Ta
	1Cr18Ni11Nb	347	9.00/13.00	17.00/19.00	≥10×C%

表 6-4 不锈钢机械性能

	牌号		性能				
	国标	美国 ASTM	导热率/(cal/cm·s·℃)	弹性模量/(kgf/mm^2)	屈服强度/(kgf/mm^2)	抗拉强度/(kgf/mm^2)	延伸率
奥氏体型	0Cr18Ni9	304	0.038(100 ℃)	19 700	20	50	45
	00Cr18Ni10	304L	0.050(500 ℃)	19 700	20	50	45
	0Cr17Ni14Mo3	316	同 304	19 700	18	49	40
	00Cr17Ni14Mo3	316L	同 304	19 700	18	49	40
	1Cr18Ni9Ti	321	0.037(100 ℃)	19 700	20	55	40
	1Cr18Ni11Nb	347	0.052(500 ℃)	19 700	22	55	40

1. 不锈钢的特性

(1) 脆化

不锈钢是延性较好的材料，但是有因冷加工、加热及腐蚀常会产生脆化的缺点，475 ℃脆化、σ相的析出是引起脆化的主要原因。

475 ℃脆化，高铬钢(Cr>16%)在 400～500 ℃范围内长时间加热或缓慢冷却，就会使冲击韧性大大下降，称为脆化。在 475 ℃左右时脆化会很快进行，故称为 475 ℃脆化。已经脆化的铬钢在 700 ℃以上短时间加热后再空冷即能恢复其延性。

σ相脆化，奥氏体或铁素体不锈钢在高温(500～800 ℃)长时间保温会形成σ相，σ相是一种硬而脆的 Fe-Cr 化合物，分布在晶界处，使不锈钢的冲击韧性、耐腐蚀性和抗氧化性均显著降低。

σ相在高温下溶解于铁素体。消除σ相的热处理是在高于σ相溶解的上限温度加热，由于钢的成分不同,消除 σ 相的上限温度也有变化,一般也可经 930～980 ℃加热后快速冷却而消除。

(2) 晶间腐蚀

为取得奥氏体不锈钢最好的延性和耐腐蚀性,通常在 1 000 ℃以上的温度下使碳化物固溶到奥氏体中并急冷后而加以应用的。但由于碳的固溶量有一定限制,所以加热或缓慢冷却到所谓敏化温度范围内(400～850 ℃)之后,过饱和的碳以 $Cr_{23}C_6$ 型碳化物在晶粒边界析出,使晶界两侧的 Cr 含量相对减少,而容易受到腐蚀,见图 6-2。

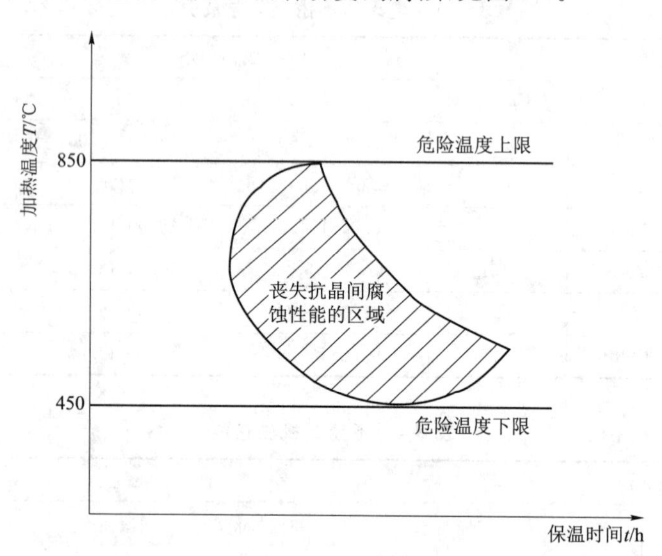

图 6-2 加热温度和保温时间对不锈钢抗晶间腐蚀能力的影响

为防止晶间腐蚀或含碳量降到 0.03%以下,或加入与碳亲和力比铬更强的钛或铌,抑制晶间析出 $Cr_{23}C_6$。此外,产生了晶间析出的还可以通过固溶处理使其恢复到原来状态。

高铬铁素体不锈钢中也可见到晶间腐蚀,这是加热温度过高(>900 ℃)碳及合金元素向晶界吸附,在晶界区形成奥氏体间层组织,或因奥氏体贫铬,或因析出碳化铬造成贫铬区而引起晶间腐蚀。消除这类不锈钢的晶间腐蚀,主要控制加热温度不要过高,以及采用 700～800 ℃回火。

此外,除了析出碳化铬造成贫铬区可引起晶间腐蚀外,当钢中析出 σ 相时也可能引起晶间腐蚀。

2. 奥氏体不锈钢

(1) 奥氏体不锈钢简介

在核燃料组件的制造中,有圆形、方形或六角形奥氏体不锈钢棒、板材或带材或丝材。这些材料是通过轧制、锻造、拉拔或挤压制成的。

奥氏体不锈钢具有优良的耐腐蚀性能和高温机械性能,且辐照性能稳定,加工工艺已经过关,大量用于反应堆容器,堆内构件及冷却剂管道等。但由于热中子吸收截面大,不宜作燃料包壳材料。

奥氏体不锈钢在核电厂水冷堆运行条件下的腐蚀速度为 0.7 μm/a 左右。在应力和腐蚀介质的联合作用下,会出现应力腐蚀裂缝,裂纹一般呈穿晶、晶间或二者混合形式。这已成为奥氏体不锈钢的主要缺点，在反应堆上使用时必须避免产生应力腐蚀破裂。

奥氏体不锈钢在含氧量很低的液态钠中具有满意的耐腐蚀性能，含氧量增加显著地加速不锈钢的腐蚀。奥氏体不锈钢在液态钢腐蚀过程中还会出现表面增碳问题。要求液态钢冷却剂中的含碳量在 5 ppm 以下。

在热中子堆的使用条件下，奥氏体不锈钢的辐照性能变化的影响很小。但作为快中子堆燃料的包壳材料，奥氏体不锈钢经受到快中子积分通量达 3×10^{23} 中子/cm^2，出现体积肿胀问题，试验结果表明在 10^{23} 中子/cm^2 时，体积肿胀达 10%，当燃料包壳工作温度大于 650 ℃ 以上，则同时出现严重脆化，这已成为液态快堆上提高运行温度和加深燃耗的重要限制因素。

(2) 奥氏体不锈钢的焊接特点

镍铬奥氏体不锈钢具有良好的焊接性能，焊接时一般不需要采取特殊的工艺措施，但是如果焊接工艺选择不当，就可能出现热裂纹以及在焊缝热影响区的晶界上析出铬的碳化物，出现晶间腐蚀等缺陷。

奥氏体钢的物理特性-导热率小，电阻大和线膨胀系数大，因此焊接奥氏体钢的基本规则是采用加热集中的规范。

奥氏体不锈钢产生热裂纹的原因，主要是受存在于奥氏体晶界上低熔点杂质的影响，使焊缝在它的结晶期内受到抗应力的作用，杜绝晶体的结合被破坏。热裂纹常见于收弧部分。

奥氏体不锈钢采用 TIG 焊时，由于焊接速度快，在不利的温度范围内停留时间短，加热比较集中，焊缝热影响区小，来不及析出碳化物，这样便可减少晶间腐蚀的可能性。

四、耐蚀合金

耐蚀合金就是指镍基高温耐腐蚀合金。具有机械强度高、抗蚀能力强等特点，其典型代表是 GH-169A、因科镍 718。

因科镍 718 合金于 1959 年研制成功，它是典型的时效硬化镍-铬-铁基可变形合金。

该合金具有高的抗拉强度、屈服强度和塑性，同时具有良好的抗腐蚀、抗辐照的稳定性。该合金组织稳定，对时效硬化反应缓慢，在加热和冷却过程中不发生自发硬化现象，它是能在固熔或时效硬化状态下焊接的高温合金。该合金成型性极好，它的产品形状有：冷轧板材、热轧和锻造棒材、冷拉线材、带材、管材、挤压件、锻件及精密铸件等。

由于上述特点，该合金的应用范围极为广泛，而且，随着国防尖端科学技术的发展，其应用范围将是越来越广。在 20 世纪 50 年代末，该合金应用在复杂焊接件结构，60 年代初，用于压气机盘和涡轮部件，其使用寿命可达数万小时。在近代发动机上，广泛用于焊接板材、涡轮盘、轴、叶片和导向叶片等。也可作超声速飞机的蒙皮材料。该合金还应用于火箭发动机的部件上。由于该合金的耐热强度、抗辐照的稳定性，极好的加工成型性，热中子俘获截面不太大等优点，是理想的反应堆元件的结构材料。如 15×15 型燃料组件的格架，压紧弹簧及核潜艇动力堆组件的压紧弹簧就是该合金制造的。

国内某钢厂生产的 GH-145 合金、GH-169 合金，按其化学成分、使用场合及其合金具有的性能来说，与国际上的因科镍 718 合金没有根本的区别，仅在叫法上有不同而已。GH-169 合金和国外因科镍 718 合金实质上是同一种合金，为了叙述方便起见，下面统称这类合金为因科镍 718 合金。

因科镍718合金是以镍-铬-铁三元素为基体，以铌、钼、钛、钴作主要合金元素，以碳、氮、硅、硫、磷、钴、铜、硼、铝等为杂质元素，这些杂质元素是在冶炼过程中以不可避免的形式而存在。

1. 化学成分(见表6-5)

表6-5 耐蚀合金化学成分(质量分数) %

元素	碳	锰	硅	硫	磷	铝
GH-169A	≤0.08	≤0.35	≤0.35	≤0.015	≤0.015	0.20～0.80
因科镍718	≤0.08	≤0.35	≤0.35	≤0.015	≤0.015	0.20～0.80
元素	钛	铍	铜	铊	钴	铌
GH-169A	0.65～1.15	≤0.002	≤0.10	≤0.10	≤0.10	4.75～5.50
因科镍718	0.65～1.15	≤0.06	≤0.30	≤0.10	≤0.10	—
元素	钼	铌+钽	铬	镍	铁	
GH-169A	2.8～3.3	—	17.0～21.0	50.0～55.0	余量	
因科镍718	2.8～3.30	4.75～5.50	17.0～21.0	50.0～55.0	余量	

2. 机械性能

带材及丝材的机械性能因其结构尺寸的差异有不同的要求，这里不再赘述。

3. 微观组织的完好性能

材料应是完全再结晶的。平均晶粒度7级或更细。

4. 冲压成形性能

通过弯曲试验来评定。材料应能在室温下以180 ℃角绕一根芯轴弯曲，而不出现裂纹。芯轴直径等于弯曲因子与材料公称厚度的乘积。对于带材，弯曲因子等于1，弯曲轴平行轧制方向；对于厚度小于5 mm的板材，弯曲因子等于2，弯曲轴应垂直于轧制方向。

5. 表面质量检验

国产料，表面粗糙度Ra优于1.60/μm，用5倍放大镜目测。

进口料，表面粗糙度Ra≤0.80 μm，用10倍放大镜目测。

第四节 焊接破坏性检验基本知识

学习目标：了解几种常见的焊接破坏性检验的基本知识。

一、腐蚀试验

测定材料承受与周围介质发生化学、电化学反应或物理溶解而引起逐渐破坏或变质的能力。

二、高压釜试验

工件在高温高压容器内进行水腐蚀或水蒸气腐蚀处理，根据工件上产生氧化膜的颜色和增重来判别工件材料耐腐蚀的程度。

三、爆破试验

在燃料包壳管内充入液体介质(一般用水或油),然后,通过高压泵徐徐加压,直至工件破裂,用以检验工件机械性能。可分为高温爆破和常温爆破两种。

四、背弯试验

试样受拉面为焊缝背面的弯曲试验。

五、金相检查

研究、检查粉末、粉冶制品、焊件、合金等固体材料的微观结构、组织状态、熔深、气孔、夹渣等的作业技术。

六、金相标准图谱

测定金相结构时所依据的系列标准结构的金相图片。

七、交割法;截距法(测晶粒度)

金相法测晶粒度时,通过统计给定长度的测量网格(可用一条或数条直线组成测量网格)上的晶界截点数来测定晶粒度。

八、耐压试验

将水、油、气等充入容器或管道内,徐徐加压,检查泄漏、耐压或破坏性能等的试验。

第五节　设备修理

学习目标:理解设备修理的必要性;了解设备改造的选择;掌握设备的分类;掌握设备的装配与拆卸方法;掌握电阻焊机的维护保养。

一、设备修理的必要性

设备在使用过程中,由于摩擦、振动、疲劳、热应力、腐蚀等因素,而引起精度降低、厚度减薄、强度下降,甚至几何形状改变或损坏,一般称有形损耗。设备在闲置、停用状态下,由于腐蚀、老化而使工作能力受到损失,这也属有形损耗。设备的有形损耗反映了设备的使用价值的降低,为了消除这种损耗,可以进行修理,或采用设备更新的办法来补偿,要花一定的经济代价,才能使设备恢复原有性能和价值,或者获得新的、更好的性能和价值。

由于科学技术进步,不断出现更完整和效率更高的新型设备,使原有设备在技术上、经济上呈现一定的老化状态,降低了原有设备的价值;同时也由于科学技术的进步,使劳动生产率不断提高,制造成本不断降低,从而也降低了原有设备的价值,这种价值的降低现象,称为无形损耗。

为了保证企业的扩大再生产和为国家创造更多物质财富,对原有设备的损耗必须不断进行补偿。对设备进行更新、改造,就是进行补偿的一种方式。根据情况,认为这种补偿方式应包括设备的技术革新、设备更新和技术改造等内容。

1. 设备的技术革新

是把科学技术的新成果应用于现有设备上,改变现有设备的技术面貌,以提高设备的能力等技术性能。其特点是在现有设备的基础上进行革新或改造,一般是结合设备的各种级别的修理来实现的,投资比较省,但其经济效果是显著的。如上海某化工厂的乙炔发生器,经过两次大修结合改造,取消排渣斗,将挡板由两层改为五层,并作了其他一些改革,这样聚氯乙烯生产能力由原来的 3 000 t/a 提高到 18 500 t/a,提高了 5 倍,而乙炔发生器未增加,外形尺寸未改变。

2. 设备的更新

是以比较经济和比较完善的设备,来替换物质上不能继续使用,或经济上不宜继续使用的设备。其特点是以质量好、效能高、耗能小的新设备取代陈旧落后的老设备。如沈阳水泵厂和沈阳水泵研究所研制生产出一批节电水泵,供大庆油田更新现有的 200 台陈旧的注水泵,运行一年可节约电 3.6 亿度,节省电费 1 800 万元,而更新这些水泵的费用只需 1 300 万元,即运行九个月节约的电费,即可偿还投资费。说明搞好设备更新,可以为国家增加更多的财政收入,促进经济的发展。

3. 设备的技术改造

我们认为"对现代企业的技术改造",就是采用具有世界先进水平的现代技术来代替原来还相当普遍存在的落后技术,包括对工艺生产技术的改造和装备改造两部分内容,而工艺生产技术的改造的绝大部分内容还是设备;如基本建设投资的 60%以上用于购置设备,而技措费用或老的技术改造项目中,购置设备的费用一般占总投资的 80%以上。所以设备工作者要重视技术改造,广义来讲,技术改造应包括设备革新和设备更新的全部内容,不过更广泛,可以是一台设备的技术改造,也可以是一个生产工序、一个车间,甚至一个生产系统,包括建构筑物、传导设备等的整体的技术改选。例如上海天原化工厂的心脏设备——电解槽,经过六次技术改造,现在一台电解槽,可抵原来的 150～200 台的生产能力,烧碱产量从 1949 年到 1979 年,三十年增长了 152 倍。再如沈阳化工工厂,是 1938 年建的老厂,通过革新、改造,1981 年的烧碱产量比 1949 年增长了 50 倍左右,年全员劳动生产率增长了约 53 倍,上缴利税为国家通过基建、技措等渠道投资总额的 13 倍多。

前者属于一种设备的技术改造,后者则属于一个企业的技术改造。

二、改造中设备的选择

1. 设备的选择原则

设备的选择,是每个企业经营中的一个重要问题。合理地选购设备,可以使企业以有限的设备投资获得最大的生产经济效益。这是设备管理的首要环节,为了讨论方便,我们结合更新问题,在本节来进行讨论。

选择设备的目的,是为生产选择最优的技术装备,也就是选择技术上先进,经济上合理的最优设备。

一般说来,技术先进和经济合理是统一的。这是因为,技术上先进总是有具体表现的,如表现为设备的生产效率高、能够保证产品质量等。但是由于各种原因，有时两者表现出一定矛盾。例如，某台设备效率比较高，但能源消耗量大。这样，从全面衡量经济效果不一定适宜。再如，某些自动化水平和效率都很高的先进设备，在生产的批量还不够大的情况下使用，往往会带来设备负荷不足的矛盾，选择机器设备时，必须全面考虑技术和经济效果。下面列举几个因素，供在选择设备时作参考。

（1）生产性

这里是指设备的生产效率。选择设备时，总是力求选择那些以最小的输入获得最大输出的设备。目前，在提高设备生产率方面的主要趋向有：

1）设备的大型化

这是提高设备生产率的重要途径。设备大型化可以进行大批量生产，劳动生产率高，节省制造设备的钢材，节省投资，产品成本低，有利于采用新技术，有利于实现自动化。是不是设备越大越好呢？设备大型化受到一些技术经济因素的限制。大型化的设备，产量大，相应地原材料、产品和废料的吞吐量也大，同时要受到运输能力的影响，受到市场和销售的制约。而且，在现有的工艺条件下，有些设备的大型化，不能显著地提高技术经济指标；设备大型化使生产高度集中，环境保护工作量比较大。

2）设备高速化

高速化表现在生产、加工速度、化学反应、运算速度的加快等方面，它可以大大提高设备生产率。但是，也带来了一些技术经济上的新问题。主要是：随着运转速度的加快，驱动设备的能源消耗量相应增加，有时能源消耗量的增长速度，甚至超过转速的提高；由于速度快，对于设备的材质、附件、工具的质量要求也相应堤高；速度快，零部件磨损、腐蚀快，消耗量大；由于速度快，不安全因素也增大，要求自动控制，而自动控制装置的投资较多等。因此，设备的高速化，有时并不一定带来更好的经济效果。

3）设备的自动化

自动化的经济效果是很显著的。而且由于装置控制的自动化设备（如机械手、机器人），还可以打破人的生理限制，在高温、剧毒、深冷、高压、真空、放射性条件下进行生产和科研。因此设备的自动化，是生产现代化的重要标志。但是这类设备的价格昂贵，投资费用大；生产效率高，一般要求大批量生产；维修工作繁重，要求有较强的维修力量；能源消耗量大；要求较高的管理水平。这说明，采用自动化的设备需要具备一定的技术条件。

（2）可靠性

可靠性是表示一个系统、一台设备在规定的时间内、在规定的使用条件下、无故障地发挥规定机能的程度。所谓规定条件：是指工艺条件、能源条件、介质条件及转速等，规定时间是指设备的寿命周期、运行间隔期、修理间隔期等，规定的机能是指额定出力，如压缩机的打气量、氨合成塔的氨合成量、热交换器的换热量等。人们总是希望设备能够无故障的连续工作，以达到生产更多的产品的目的，现代工业由于设备大型化、单机化、高性能化、连续化与自动化的水平越来越高，则设备的停产损失也越大，因此，产品的质量、产量及生产的总经济效益对设备的依赖性越来越大，所以对设备的可靠性要求也越来越高。一个系统、一台设备的可靠性愈高，则故障率愈低，经济效益愈高，这是衡量设备性能的一个重要方面。

同时，就设备的寿命周期而论，随着科学技术的发展，新工艺、新材料的出现，以及科学技术的发展，设备的使用寿命可以大大延长，这样，每年分摊的设备折旧费就愈少。当然，在决定设备折旧时,要同时考虑到设备的无形磨损。

(3) 维修性(或叫可修性、易修性)

维修性影响设备维护和修理的工作量和费用。维修性好的设备,一般是指设备结构简单,零部件组合合理;维修的零部件可迅速拆卸,易于检查,易于操作,实现了通用化和标维化,零件互换性强等。一般说来,设备越是复杂、精密,维护和修理的难度也越大,要求具有相适应的维护和修理的专门知识和技术,对设备的润滑油品、备品配件等器材的要求也高。因此在选择设备时,要考虑到设备生产厂提供有关资料、技术、器材的可能性和持续时间。

(4) 节能性

这里是指设备对能源利用的性能。节能性好的设备,表现为热效率高、能源利用率高、能源消耗量少。一般以机器设备单位开动时间的能源消耗量来表示,如小时耗电量、耗气(汽)量;也有以单位产品的能源消耗量来表示,如合成氨装置,是以每吨合成氨耗电量来表示,而汽车以公升/百公里的耗油量来表示。能源使用消耗过程中,被利用的次数越多,其利用率就越高。在选购设备时,尽量避免采购那些"煤老虎""油老虎""电老虎"设备。

(5) 耐蚀性

各种化工生产,都离不开酸、碱、盐类的介质,对生产设备基本上都有腐蚀性,仅严重程度有所不同。因此,机械设备应具有一定的防腐蚀性能。诚然,制造一种完全不腐蚀的设备是不可能,经济上也是不合理的。所以要在经济实用的前提下,尽量降低腐蚀速度,延长设备的使用寿命。这需要从设备选材、结构设计和表面处理等方面采取相应措施,以保证生产工艺的需要。

(6) 成套性

这是指各类设备之间及主附机之间要配套。如果设备数量很多,但是设备之间不配套、不平衡;不仅机器的功能不能充分发挥,而且经济上可能造成很大浪费。设备配套,就是要求各种设备在性能、能力方面互相配套。设备的配套包括单机配套、机组配套和项目配套。单机配套,是指一台机器中各种随机工具、附件、部件要配套,这对万能性设备更为重要。机组配套,是指一套机器的主机、辅机、控制设备之间,以及与其他设备配套,这对于连续化生产的设备,特别是化工生产装置显得更重要。项目配套,是指一个新建项目中的各种机器设备的成组配套,如工艺设备、动力设备和其他辅助生产设备的配套。

(7) 通用性

这里讲的通用性,主要指一种型号的机械设备的适用面要广,即要强调设备的标准化、系列化、通用化。就一个企业来说,同类型设备的机型越少,数量越多,对于设备的备用、检修、备件储备等管理都是十分有利的。目前有不少设备,虽然型号一样,或一个厂的不同年份的产品,出于某些零件尺寸略有差异,就给设备检修、备件储备带来很多困难和不必要的资金积压,并增大了检修费用。不少化工专用设备,目前还采用带图加工的办法,是很不合理的,一是不能批量生产,成本较高,质量不易保证;二是备品储备增加;三是工艺改变,不利于设备的充分利用。事实说明化工专用设备实行标准化、系列化是完全可能的。如化肥厂国内已基本形成系列,大部分设备已标准化、系列化。再如玻璃设备,全国已统一标准,形成了系列,便于组织生产,便于使用厂选用和订购。其他化工专用设备,如反应釜(也有称反应锅、反应罐等)、贮罐等,目前都有标准设计,各厂在新设备设计或老设备更新改造时,应尽量套用标准设计,而不要另起"炉灶"。一来可节省设计费用,减少不必要的重复劳动;二来对推动标准化、系列化、通用化有益，对改善企业管理有利。

以上是选择机器设备要考虑的主要因素。对于这些因素要统筹兼顾，全面地权衡利弊。

2. 修理和保养

（1）目的和要求

工程机械的修理和保养必须贯彻“养修并重、预防为主”的方针，严格遵守机械的保养规程和检修制度，做到定期保养、计划修理，使机械经常处于良好的技术状态。

为了贯彻“养修并重、预防为主”的方针，要求机械保管单位和有关部门切实做好以下工作：

1）建立和健全机械管理制度，特别是以岗位责任制为中心的使用负责制和各项统计表报制度（如运转日志，交接班记录，事故报告，保养记录等），掌握机械的实际状态，以便制订保养、修理计划。

2）加强定期保养，做到对号入座（指保养周期、保养作业范围和机械本身对号），班包机组，定位分工，漏报不漏修，一包到底，三检一交。

3）加强例行保养，认真对机械进行清洁、扭紧、调整、润滑、防腐等作业。

4）加强机械使用的计划性。经批准或按规定列入计划修理的机械，在未经技术鉴定，未确定机械正常技术状态的情况下，不得因为使用或调配不当而延期修理，带病运转。

（2）承修单位加强管理

为了提高修理质量，缩短停产时间，降低修理成本，要求承修单位加强全面管理，做好下列工作：

1）加强工艺管理

承修单位应根据条件制定合理和先进的修理工艺，积极做好旧件修复工作。在保证质量的前提下，应努力设法降低修理成本。逐步实现专业修理，以加速修理进度，保证修理质量。有条件的专业修理厂，应积极推行总成互换修理法，以缩短停产时间。

2）加强质量检查

严格执行进厂、工序、出厂三级检验制度。特别是工序的检验，应实行专职人员和群众性自检、互检相结合。以自检为主，人人把关，做到不合格的材料、配件不使用，不合格的总成不装配，不合格的机械不出厂。

3）降低成本

承修单位要贯彻执行经济核算制度。实行工时定额和材料、配件消耗限额；进厂修理的机械，根据解体检查施修项目，编制材料、配料预算，严格控制用料；大力开展和推广“焊、补、镀、喷、铆、镶、配、胀、缩、铰、粘、改”十二字诀修旧方法，修旧利废。

4）加强技术资料管理

机械修理竣工后，承修单位应负责将修理情况，主要部件更换情况、修理尺寸、规格等详细记入履历簿内；有关图纸、试验报告、验收记录等技术资料均应附入，作为以后各次保养、修理的依据。

三、分类

1. 修理分类

按修理性质分维修、大修、特修三种形式。

(1) 维修:指一般零星修理,通常无预订计划,根据机况临时确定某一部件的更换或修理,维修有时可与定期保养结合进行。

(2) 大修:是全面恢复机况的修理。机械虽经定期保养,但由于运转中的正常磨损,材料的使用寿命限制等情况,在运转一定时期后,各主要总成均已逐步超限,靠定期保养及维修已无法保持机况时,则需进行大修。大修时应全部解体、清洗、检查、修理可修复的零件或更换损坏的零件,达到恢复机况。

(3) 特修:是指正常大修以外的事故维修或死机复活修理。修复的技术标准应符合大修技术标准,修理的具体内容根据送修时的实际情况确定。

2. 保养分类

保养的种类,根据工作的特点,划分为:

(1) 例行保养:机械在每班作业前、后,以及运转中的检查、保养。例行保养由操作人员按规定的检查项目进行。

(2) 定期保养:按规定的运转间隔周期进行的保养。一般内燃机械实行一、二、三级保养制,其他机械实行一、二级保养制。一级保养由操作人员负责;二、三级保养均由操作者配合专业保养单位进行。

(3) 停放保养:指机械临时停放超过一周时,每周进行一次的检查保养,按例行规定进行。一般由保管人员负责。

(4) 封存保养:指机械封存期内保养,一般每月一次,具体内容同停放保养。一般由封存期间保管人负责。

(5) 走合期保养:指机械走合期内及走合完毕后进行的保养。

(6) 换季保养:指入夏、入冬前进行的保养,主要是更换油料、采取防寒、降温措施,可结合定期保养进行。

(7) 工地转移前保养;指一项工程任务完成后,虽未达到规定的定期保养时间,但为了使机械到新工点后能迅速投入使用所进行的全面的检查、维修、保养。具体作业内容可按二级或三级保养内容适当增加(如外表重新喷漆,易锈蚀部位涂抹黄油等)。

四、设备的拆卸与装配

1. 拆卸的基本原则

机械拆卸时,为了防止零件损坏、提高工效和为下一段工作创造良好条件,应遵守下列原则:

(1) 拆卸前必须搞清机械各部分的构造和作用原理

机械设备种类和型号繁多,新型结构不断出现。在未搞清其构造和作用原理以前不得盲目拆卸,否则可能造成零件损坏或其他事故。

(2) 从实际出发,按需拆卸

拆卸是为了检查和修理,如果对机械的个别部分不经拆卸即可判断其状况确系良好而不需修理,则这一部分可不拆卸。这样,可以节约劳力,避免零件在拆装过程中损坏和降低装配精度。但不拆的部分,必须能确保一个修理间隔期,另一方面,对于需要拆卸的零件,则一定要拆，切不可因图省事而马虎了事，以致使机械的修理质量不能得到保证。

(3) 应按正确的拆卸顺序进行

1) 在拆卸之前要进行外部清洗(一般采用高压水冲洗)。

2) 先拆卸外部附件，然后按总成、部件、零件的顺序拆卸。

(4) 要使用合适的工具、设备

拆卸时所用的工具一定要与被拆卸的零件相适应。如拆卸螺纹连接件要选用尺寸相当的扳手；拆卸静配合件要用专用的拆卸工具或压力机；内燃机许多零件，都需有相应的拆卸工具。切忌乱锤、刮铲。以致造成零件变形或损坏；更不得用量具、钳子、扳手代替手锤而造成工具损坏。

(5) 拆卸时应为装配作好准备

拆卸时对于非互换性零件应作记号或成对放置，以便装配时装回原位，保证装配精度。如活塞与缸套、轴承与轴颈等，在拆卸时均应遵守这一原则。拆卸后的零件应分类存放，以便查找，防止损坏、丢失和弄错。在工程机械修理中，因机型种类繁多，一般按总成、部件分类存放为好。

2. 装配的基本原则

装配工艺是决定修理质量的最重要环节，装配中必须做到：

(1) 被装配的零件本身必须达到规定的技术要求

为保证设备的修理质量，任何不合格的零件都不得装配，为此，零件在装配前必须经过严格检验。

(2) 必须选择正确的配合方法以满足配合精度的要求

机械修理的大量工作就是恢复相互配合零件的配合精度。工程机械修理中有不少零件是采取选配、修配或调整的方法来满足这一要求的，必须正确运用这些方法。

配合间隙必须考虑热膨胀的影响，对于由不同膨胀系数的材料构成的配合件，当装配时的环境温度与工作时的温度相差较大时，由此引起的间隙改变应进行补偿。

(3) 分析并检查装配的尺寸链精度，通过选配或调整以满足精度要求

(4) 处理好机件的装配程序

装配程序一般是按先内后外、先难后易和先精密后一般的原则进行。

(5) 选择合适的装配方法和装配设备

如静配合采用相应的压力机装配，或对包容件进行加热和对被包容件进行冷缩。为避免损坏零件和提高工效，应积极采用专用工具。

(6) 注意零件的清洁和润滑

装配的零件必须经过彻底清洗。对动配合零件要在相对运动表面涂上润滑剂。

(7) 注意装配中的密封，防止“三漏”

要采用规定的密封结构和密封材料，不得任意采用代用品。要注意密封表面的质量和清洁，注意密封件的装配方法和装配紧度，对静密封可采用适当的密封胶。

(8) 注意锁紧安全装置

(9) 装配过程中，要重视中间环节的质量检查

3. 螺纹连接的拆卸与装配

(1) 螺纹连接的拆卸

1) 拆卸时的一般要求

① 正确使用扳手

扳手与螺母的尺寸要一致。扳手套到螺母上不得有较大的间隙,以免损坏螺母。尽可能选用套筒扳手或梅花扳手,而且选用六角的比十二角的好。应尽量少用活动扳手。

② 不宜随便使用加力杆

扳手长度是根据螺纹所能承受扭矩和旋力大小设计,加长容易损伤扳手或将螺栓拧断。

2) 锈死螺钉的拆卸

可以浸煤油或渗透性强的特殊润滑剂,静置 20~30 分钟后,适当的敲击、振动,使锈层松散,并先向拧紧方向少许施力,然后反向旋力即可拧出。

3) 断头螺钉的拆除

断头螺钉没有可供扳手拆除的头部,必须采用其他措施。其方法有:

① 在断头螺钉上钻一个适当大小的孔,然后打入一个多棱的钢锥或攻成反向螺纹,拧入反螺纹螺钉,最后按一般拆除螺纹的方向拧出。

② 在断头上焊一个螺母,然后拧出。

③ 如果断头露出工件平面,可用锯子在露出部分锯一个槽口,然后用螺丝刀拧出。

④ 可选用一个与螺纹内径相当(稍小)的钻头,将螺杆部分全部钻掉。

⑤ 对直径较大的螺钉,可用扁凿沿其外缘反向剔出。

4) 双头螺柱的拆卸

① 用双螺母法拆卸。即将两个螺母同时拧在螺纹中部,并相对拧紧,然后用扳手卡住下螺母按拆卸一般螺钉的方法拧出。

② 专用工具拆卸。如采用双头螺柱拆卸夹头,可以同时用于双头螺柱的拆卸和装配,使用时配合一般扳手使用。

5) 成组螺纹连接的拆卸

由多个螺栓连接固定的零件,为了防止受力不均匀引起破坏和拆卸困难,均匀、拆卸螺栓时应对称地进行。首先将每个螺栓或螺母松动半至一转,并尽量对称进行;然后进行第二次松动,直至全部螺纹都解除了锁紧力以后,才可以逐个拆卸。

(2) 螺纹连接的装配

纹连接件的装配,除了应遵守螺纹拆卸的一般要求外,还应做到如下几点:

1) 被装配的螺纹件必须符合所规定的技术要求

选用的材料和加工要符合规定要求;要求螺纹无重大损伤,螺杆无弯曲变形;螺纹部分的配合质量应在自由状态下能用手拧动而无松旷;螺纹拧紧后,其头部(或螺母)的下平面应与被连接的工件接触良好。

2) 要按规定的预紧力拧紧

承受动载荷的、较为重要的螺纹连接,一般都规定了预紧力,装配时应严格按规定的预紧力拧紧。对于无预紧力要求的螺纹连接,其预紧力应按照螺栓强度级别(表 6-6)所规定的拧紧力矩拧紧。

表 6-6　螺纹拧紧力矩表　kg·m

螺栓直径/mm	螺栓强度级别				螺栓直径/mm	螺栓强度级别			
	4.6	5.6	6.6	10.9		4.6	5.6	6.6	10.9
6	0.35	0.46	0.52	1.16	22	19	25.6	29	64
8	0.84	1.12	1.26	2.81	24	24	32.5	36.6	81
10	1.67	1.23	2.50	5.6	27	36	48	54	119
12	2.9	3.9	4.4	9.7	30	48	65	73	162
14	4.6	6.2	7.0	15	36	85	113	127	282
16	7.2	9.6	10.9	24	42	135	181	203	452
18	10	13.3	14.9	33	48	203	271	305	677
20	14	18.8	21.2	47					

3）成组螺纹连接的零件

螺纹连接应均匀接触，贴合良好，受力均匀，为此拧紧时应分次顺序进行。

4）螺纹连接的锁定

在振动条件下工作的螺纹连接必须采取锁定措施，以防止松脱，保证机械安全运转。其方法有：

① 加弹簧垫圈。这种方法应用较普遍，但只宜于机械外部的螺纹防松。使用弹簧垫圈时应检查弹簧垫圈是否还有弹力，一般的要求是在自由状态下开口处两相对面的位移量不小于垫圈厚度的 1/2。弹簧垫圈在螺纹被拧紧以后，在其整个周长内应与螺母的端面和零件的支承面紧密贴合。

② 用双螺母锁紧。将螺母按照正常情况拧紧以后，再在上面拧入一个薄型螺母；拧紧薄型螺母时，必须同时用两只扳手将薄型螺母与原有螺母相对地拧紧到不小于该螺纹的拧紧力矩。

③ 在重要的螺纹连接中常用开口销锁定。

④ 用保险垫片锁定。将螺母拧紧后，将垫片外爪分别上下弯曲，其向下弯曲的爪贴住工件，向上弯曲的爪贴紧螺母。

⑤ 用止退垫圈锁定。对圆形螺母用止退垫圈防止螺母回松。使用止退垫圈相应的要求在螺栓的螺纹部分开一个纵槽，锁定时将垫圈内爪嵌入螺栓的槽中，将垫圈的外爪弯曲压入圆形螺母的槽中。

⑥ 用钢丝联锁。对成对或成组的固定螺钉，可以用钢丝穿过螺钉头，使其互相联铰。

⑦ 用紧固胶粘固。对不经常拆卸的螺纹连接和双头螺栓的紧固防松，可以用紧固腔粘固。常用于螺栓防松的粘合剂为 Y-150 厌氧胶。

（3）齿轮的装配

齿轮装配后，必须达到规定的运动精度，保证传动时工作平稳、震动小、噪声小。为此，必须保证它的装配精度。

1）齿轮的定向装配

为了减小零件误差积累对装配精度的影响，高速传动的齿轮采取定向装配，可以使零件误差得到补偿。

① 齿轮径向跳动的补偿。齿轮相对于轴心线会有径向跳动,轴承内座圈相对于轴心线也有径向跳动,装配时可以分别测出跳动量及其相位,然后按跳动方向彼此相反的位置装配,使积累误差适当抵消。

② 圆锥齿轮齿面轴向摆动的补偿。装配时测出齿轮轴的定位端面与轴承内座圈的端面各自的跳动量,并按能适当抵消的位置进行装配。

③ 齿距积累误差的补偿。一对相互啮合的齿轮,如速比成整数时,应考虑按径向跳动能互相抵消的相对位置装配。

2)检查齿侧间隙

① 用压保险丝法检验。在齿面沿齿长两端,并垂直于齿长方向各放置一直径不大于该齿轮规定侧隙4倍的保险丝,转动齿轮挤压后,测量保险丝最薄处厚度即为所测的侧隙(所用保险丝即一般电工用保险熔断丝)。

② 用百分表检验。将百分表测头与一齿轮齿面垂直接触,并将另一齿轮固定;转动与百分表测头接触的齿轮,测出其游动量即可得到齿侧间隙。

3)检查齿轮的接触情况

齿轮的接触情况主要用涂色法对接触印痕进行检查。一般在齿轮齿面上涂一层薄的红铅油,将齿轮按工作方向转动,使小齿轮在相对滚动时也被着色,然后观察接触印痕。

圆柱齿轮的接触印痕要求在节圆附近和齿的纵方向的中部,如图6-3(a)。图中其他三种情况均不符合要求。装配时应通过调整、修配、校正等方法予以排除,或者更换齿轮和其他零件。

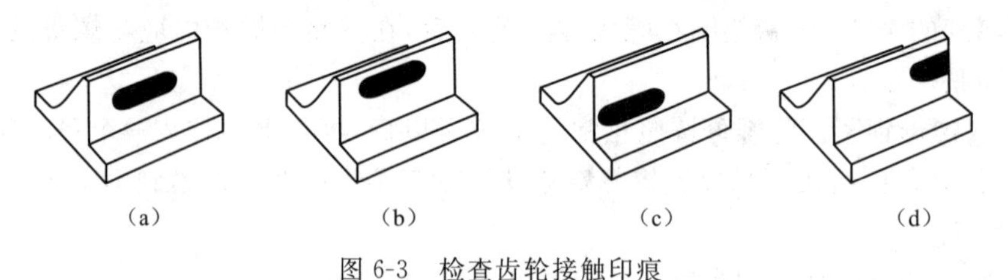

图6-3 检查齿轮接触印痕

(a)正确;(b)中心距过大;(c)中心距过小;(d)轴线不平行

圆锥齿轮的装配较为复杂。它的接触印痕受承受负荷后从小端移向大端,其长度及高度均扩大。装配后无负荷检查时,其长度应略长于齿长的一半,位置在齿长的中部稍靠近小头,在小齿轮齿面上较高,在大齿轮齿面上较低。

五、电阻焊机的维护保养

1. 日常保养

这是保证焊机正常运行,延长使用期的重要环节,主要项目是:保持焊机清洁;对电气部分要保持干燥;注意观察冷却水流通状况;检查电路各部位的接触和绝缘状况。

2. 定期维护检查

机械部位应定期加润滑油,缝焊机还应在旋转导电部分定期加特制的润滑脂;检查活动部分的间隙;观察电极及电极握杆之间的配合是否正常,有无漏水;电磁气阀的工作是否可靠;水路和气路管道是否堵塞;电气接触处是否松动;控制设备中各个旋钮是否打滑;元件是否脱焊或损坏。

3. 性能参数检测

(1) 焊接电流及通电时间的检测

一台新的电阻焊机在装配好出厂前要通过规定项目的试验,包括空载试验和短路试验以确定电阻焊变压器及整台焊机的性能是否符合出厂标准。空载试验和短路试验要求有专门的试验设备才能进行。

(2) 二次回路直流电阻值的检测

对特定的一台焊机来说,二次回路尺寸是固定的,因此感抗是不变的,只有电阻值会因接触表面氧化膜的增厚、紧固螺栓的松动等而增大,二次回路电阻的增大将使焊机二次短路电流值(或焊接电流值)减少,降低了焊机的焊接能力,所以,在长期使用后应对二次回路进行清理和检测。

(3) 测定压力

对于一般气动焊机来说。压力是由气缸产生的。因此接入气缸的压缩空气的压强与气缸压力是成比例的,可建立电极压力与压缩空气压强的关系曲线,定期检测电极压力,并与之对照。

电极压力的检测方法有以下几种:

1) 采用U形弹簧钢制成的测力计,根据已知变形量与压力的关系曲线,从百分表读数可得知压力值。

2) 采用钢球压痕的方法。即取一个直径适当的钢球和一块平整的钢板或铜板,先在材料试验机上测得压痕直径与压力的关系曲线。然后与在焊机上以同一钢球和同一钢板测得的压痕作对比而得到焊机的压力值。

3) 使用电阻应变片及相应的仪表组成的测力计直接测定。

4) 用专用的机械式测力计测定。

第六节　工艺参数选择

学习目标:掌握几种常见焊接方法的参数选择原则。

工艺参数的选择无论对于燃料元件的焊接还是对燃料元件的组装,都是质量得到保证的极其重要的方法。就工艺要求而言,参数的选择分为可变参数和固定参数。其中,固定参数相对而言在焊接组装过程中不允许变动的参数,可变参数是指在生产过程中根据质量检验结果的反馈信息,根据经验在一定范围内可以进行调整的参数。

下面就燃料棒焊接及骨架组装焊接的一些重要参数的选择进行简单介绍。

一、电子束焊接参数选择

电子束焊接工艺参数主要有电子束电流、加速电压、焊接速度、聚焦电流和工作距离等。一般说来,熔深和加速电压、束流成正比,和束斑直径(受聚焦电流影响)、工作距离、焊接速度成反比。

加速电压的增加可使熔深加大。在保持其他参数不变的条件下,焊缝横断面深宽比与加速电压成正比。增加电子束流,熔深和熔宽都会增加,增加焊接速度会使焊缝变窄,熔深减小。电子束聚焦状态对熔深及焊缝成形影响很大。焦点变小可使焊缝变窄,熔深增加。

对于不同的设备,焊接同一零件,由于电子枪结构、加速电压和真空度的差异,电子束的束流品质也不相同,所采用的电子束焊接工艺参数也就不同。即使对于同一台电子束焊接设备,焊接同一零件,也可能几组参数都适用。

如图 6-4 所示,钢的电子束焊接工艺参数有一个较大的选择范围(阴影部分所示),针对不同零件的具体要求,可以选择更为合适的工艺参数进行焊接。

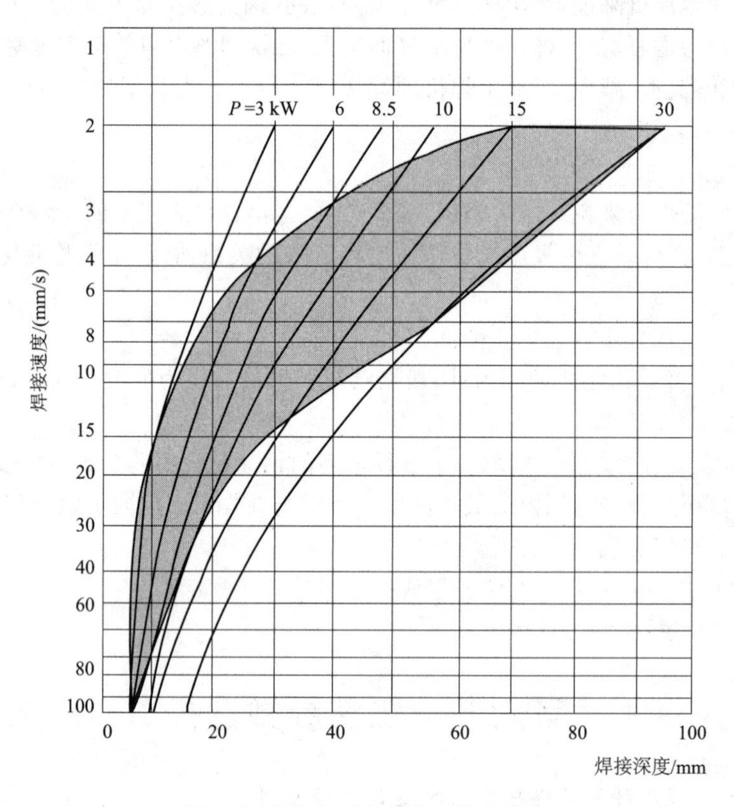

图 6-4　钢的电子束焊接工艺参数图

对于确定的电子束焊接设备,加速电压一般固定不变,必须时也只做较小的调整。厚板焊接时,应使焦点位于工件表面以下 0.5～0.75 mm 的熔深处;薄板焊接时,应使焦点位于工件表面。工作距离应在设备最佳范围内。焊接电流和焊接速度是主要调整的工艺参数。

二、压力电阻焊接参数选择

燃料棒的焊接,一般采用电阻对焊,燃料组件骨架的焊接,一般采用电阻点焊,下面分别进行介绍。

1. 电阻对焊的工艺参数选择

电阻对焊的主要工艺参数有:伸出长度、焊接电流(或焊接电流密度)、焊接通电时间、焊接压力和顶锻压力。

(1) 伸出长度

即工件伸出夹钳电极端面的长度。选择伸出长度时，要考虑两个因素：顶锻时工件的稳定性和夹钳的散热。如果工件伸出夹钳电极端面的长度过长，则顶锻时，工件会失稳旁弯；工件伸出夹钳电极端面的长度过短，则由于向钳口的散热增强，使工件冷却过于强烈，会增加塑性变形的困难。

(2) 焊接电流和焊接时间

在电阻对焊时，焊接电流常以电流密度来表示。电流密度和焊接时间是决定工件加热的两个主要参数。二者可以在一定范围内相应地调配。可以采用大电流密度、短时间(强规范)，也可以采用小电流密度、长时间(弱规范)。但规范过强时，容易产生未焊透缺陷，过弱时，会使接口端面严重氧化，接头区晶粒粗大，影响接头强度。

(3) 焊接压力与顶锻压力

焊接压力对接头处的产热和塑性变形都有影响。减小焊接压力有利于产热，但不利于塑性变形。因此，宜用较小的焊接压力进行加热，而以大得多的顶锻压力进行顶锻，但是焊接压力也不能过低，否则会引起飞溅，增加端面氧化，并在接口附近造成疏松。

2. 电阻点焊工艺参数选择

通常是根据工件的材料和厚度，参考该种材料的焊接条件选取。首先确定电极的端面形状和尺寸。其次初步选定电极压力和焊接时间。然后调节焊接电流，以不同的电流焊接试样。经检验熔核直径符合要求后，再在适当的范围内调节电极压力，焊接时间和电流，进行试样的焊接和检验，直到焊点质量完全符合技术条件所规定的要求为止。最常用的检验试样的方法是撕裂法。优质焊点的标志是：在撕开试样的一片上有圆孔，另一片上有圆凸台。厚板或淬火材料有时不能撕出圆孔和凸台，但可通过剪切的断口判断熔核的直径。必要时，还需进行低倍测量，拉伸试验和 X 射线检验，以判定熔透率，抗剪强度和有无缩孔、裂纹等。

以试样选择工艺参数时，要充分考虑试样和工件在分流、铁磁性物质影响，以及装配间隙方面的差异，并适当加以调整。

3. 不等厚度和不同材料的点焊

AFA3G 骨架的点焊是对两个不同厚度的元件(导向管与定位格架焊舌)进行焊接，其中，厚壁导向管的厚度为 1.18 mm，薄壁端导向管的壁厚为 0.5 mm，而定位格架焊舌的壁厚只有 0.3 mm。

当进行不等厚度或不同材料的点焊时。熔核将不对称于其交界面，而是向厚件或导电、导热性差的一边偏移，偏移的结果将使薄件或导电、导热性好的工件焊透率减小，焊点强度降低。熔核偏移是由两工件产热和散热条件不相同引起的。厚度不等时，厚件一边电阻大、交界面离电极远。故产热多而散热少，致使熔核偏向厚件；材料不同时，导电、导热性差的材料产热易而散热难，故熔核也偏向这种材料。

调整熔核偏移的原则是：增加薄件或导电、导热性好的工件的产热而减少其散热，常用的方法有：

(1) 采用不同接触表面直径或球面半径的电极

在薄件或导电、导热性好的工件一侧采用较小直径或较小球面半径，以增加这一侧的电流密度,并减小电极散热的影响。

(2) 采用不同的电极材料

薄件或导电、导热性好的工件一侧采用导热性较差的铜合金,以减少这一侧的热损失。

(3) 采用工艺垫片

在薄件或导电、导热性好的工件一侧垫一块由导热性较差的金属制成的垫片(厚度为0.2～0.3 mm),以减少这一侧的散热。

(4) 采用强规范

因通电时间短,使工件间接触电阻产热的影响增大。电极散热的影响降低,有利于克服核心偏移。此方法在极薄件与厚件点焊时有明显效果。电容储能焊机(一般是大电流和极短的通电时间)能够点焊厚度比极大的工件(如 20∶1)就是明显的例证。但对厚件而言,因通电时间较长,接触电阻对熔核加热几乎没有影响,采用弱规范反而可以使热量有足够时间向两工件界面处传导,有利于克服核心偏移。

三、钨极氩弧焊工艺参数选择

钨极氩弧焊的工艺参数主要有焊接电流种类及极性、焊接电流、钨极直径及端部形状、保护气体流量等。对于自动钨极氩弧焊还包括焊接速度和送丝速度。

脉冲钨极氩弧焊主要参数有峰值、基值、峰值时间、基值时间、频率、脉幅比(峰值与基值的比值)、脉冲占空比。

1. 焊接电流种类及大小

一般根据工件材料选择电流种类,焊接电流大小是决定焊缝熔深的最主要参数,它主要根据工件材料、厚度、接头形式、焊接位置,有时还考虑焊工技术水平(钨极氩弧时)等因素选择。

2. 钨极直径及端部形状

钨极直径根据焊接电流大小,电流种类选择。钨极端部形状是一个重要工艺参数。根据所用焊接电流种类,选用不同的端部形状。尖端角度的大小会影响钨极的许用电流,引弧及稳弧性能。小电流焊接时,选用小直径钨极和小的锥角,可使电弧容易引燃和稳定;在大电流焊接时,增大锥角可避免尖端过热熔化,减少损耗,并防止电弧往上扩展而影响阴极斑点的稳定性。

钨极尖端角度对焊缝熔深和熔宽也有一定影响。减小锥角,焊缝熔深减小,熔宽增大,反之则熔深增大,熔宽减小。

3. 气体流量和喷嘴直径

在一定条件下,气体流量和喷嘴直径有一个最佳范围,此时气体保护效果最佳,有效保护区最大。如气体流量过低,气流挺度差,排除周围空气的能力弱,保护效果不佳;流量太大。容易变成紊流,使空气卷入,也会降低保护效果。同样,在流量一定时,喷嘴直径过小,保护范围小,且因气流速度过高而形成紊流;喷嘴过大,不仅妨碍焊工观察,而且气流流速过低,挺度小,保护效果也不好。所以气体流量和喷嘴直径要有一定配合。

4. 焊接速度

焊接速度的选择主要根据工件厚度决定并和焊接电流、预热温度等配合以保证获得所需的熔深和熔宽。在高速自动焊时，还要考虑焊接速度对气体、保护效果的影响。如图 6-5 所示。焊接速度过大，保护气流严重偏后，可能使钨极端部、弧柱、熔池暴露在空气中。因此必须采取相应措施如加大保护气体流量或将焊炬前倾一定角度，以保持良好的保护作用。

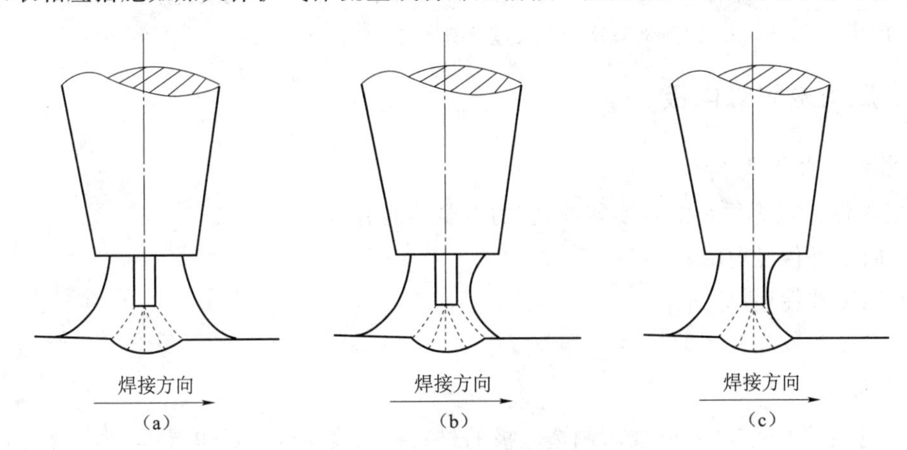

图 6-5　焊接速度对保护效果的影响

(a) 焊枪不动；(b) 正常速度；(c) 速度过大

5. 喷嘴与工件的距离

距离越大，气体保护效果越差，但距离太近会影响焊工视线，且容易使钨极与熔池接触而短路，产生夹钨，一般喷嘴端部与工件的距离在 8～14 mm 之间。

燃料组件的焊接一般采用 TIG 焊接方式进行，一般而言，对于 TIG 焊接的参数选择，其固定参数一般包括：电极直径、电极锥度、极间距、电极位置、喷嘴直径、保护气体种类及纯度、流量、焊接电压、脉冲占宽比、冷却时间、脉冲频率、焊接时间、焊接转速、衰减时间。可变参数包括焊接电流峰值、焊接电流基值。

第七节　焊接电极

学习目标：掌握钨极材料要求及电流容量的影响因素；了解电阻焊电极材料的性能及分类。

一、钨极氩弧焊钨极

1. 对钨极材料的要求

在钨极氩弧焊工艺中，用什么钨极材料作为电极是一个重要的问题，它对于电弧的稳定燃烧和焊缝质量的好坏有很大的影响，对电极的主要要求是：

(1) 能耐高温，焊接过程中本身不易熔化；

(2) 具有较高的电子发射能力。

根据上述要求，目前工业中用的电极材料主要是含钍或含铈钨丝。钨电极材料的主要特点是载流能力高；容易引弧和稳弧；使用寿命长。

2. 电极的电流容量

电极的载流能力虽然与电极的材料有很大关系，但也受到其他许多因素的影响，例如电流的种类和极性的影响。直流反接时，钨极的发热量比正接时大，所以电流容量比正接要小。交流电焊接时，极性是变化的，显然电流的容量是介于直流正接和反接之间的。此外还与电极的伸出长度和保护气体有关。电极的直径大小应根据使用的电流大小来选用，在某一直径时，电流过大，会使电极熔化，电流过小则电弧燃烧不稳定。

二、压力电阻焊电极

1. 电极和电极夹头

电极是保证点焊质量的重要零件，它的主要功能有：

(1) 向工件传导电流；

(2) 向工件传递压力；

(3) 迅速导散焊接区的热量。

2. 电极材料

基于电极的上述功能，就要求制造电极的材料应具有足够高的电导率、热导率和高温硬度，电极的结构必须有足够的强度和刚度，以及充分冷却的条件。此外，电极与工件间的接触电阻应足够低，以防止工件表面熔化或电极与工件表面之间的合金化。

电极材料按我国 HB/T 5420 的标准分为 4 类，但核燃料元件生产常用的有 2 类(见表 6-7)，下面简单介绍。

表 6-7　电极材料的成分和性能

材料牌号	材料名称	化学成分/%	材料性能			
			硬度		电导率/(ms·m^{-1})	软化温度/℃
			HV30	HRB		
CuCrL	铬铜	Cr 0.3～1.2	125	69	43	475
			140	76		—
			85	—		
CuCrZr	铬锆铜	Cr 0.25～0.65 Zr 0.08～0.20	135	75	43	550
CuCrAlMg	铬铝镁铜	Cr 0.4～0.7 Al 0.15～0.25 Mg0.15～0.25	126	70	40	—
CuCrZrNb	铬锆铜	Cr 0.25～0.4 Zr 0.1～0.25 Nb 0.08～0.25 Ce 0.02～0.16	142	78	45	575
CuCo2Be	铍钴铜	Co 2.0～2.8 Be 0.4～0.7	180	89	23	475
			190	91		—
CuNi2Si	硅镍铜	Ni 1.6～2.5 Si 0.5～0.8	200	94	18	500
			168	86	19	—
			158	83	17	

续表

材料牌号	材料名称	化学成分/%	材料性能			
			硬度		电导率/ $(ms \cdot m^{-1})$	软化温度/ ℃
			HV30	HRB		
CuCo2CrSi	钴铬硅铜	Co 1.8～2.3 Cr 0.3～1.0 Si 0.3～1.0 Nb 0.05～0.15	183	90	26	600

1类，具有较高的电导率，硬度较大的合金。这类合金可通过冷作变形与热处理相结合的方法达到其性能要求。具有较高的力学性能，适中的电导率。在中等程度的压力下，有较强的抗变形能力，因此是最通用的电极材料。广泛地用于点焊低碳钢、低合金钢、不锈钢、高温合金、电导率低的铜合金，以及镀层钢等。该类合金还适于制造轴、夹钳、台板、电极夹头、机臂等电阻焊机中各种导电构件。

2类，电导率低于1类，硬度高于1类的合金。这类合金可通过热处理或冷作变形与热处理相结合的方法达到其性能要求。这类合金具有更高的力学性能，耐磨性好，软化温度高，但电导率较低。因此适用于点焊电阻率和高温强度高的材料，如不锈钢、高温合金等。这类合金也适于制造各种受力的导电构件。

第八节　焊接真空及保护气体

学习目标：掌握焊接真空的定义；了解焊接保护气体分类；掌握常见焊接保护气体的特点。

一、焊接真空

按现代物理的观点，真空不空，其中包含着极为丰富的物理内容。一种说法是，当容器中的压力低于大气压力时，把低于大气压力的部分叫做真空，而容器内的压力叫绝对压力。另一种说法是，凡压力比大气压力低的容器里的空间都称作真空。真空有程度上的区别，当容器内没有压力即绝对压力为零时，叫做完全真空；其余叫不完全真空。

对焊接而言，焊接真空是指焊接时焊点、焊缝处于的真空环境。不同材料的焊接，所要求的焊接真空不一样。如不锈钢焊接，对焊接的真空要求较低，而对锆材的焊接，要求的真空度较高；这主要是不锈钢材料的焊接性能决定不必要求苛刻的焊接真空，而锆材焊接时对空气中氮的敏感性较高，其含量较高时，极容易出现腐蚀问题，因此要求较高的焊接真空。不同的焊接方法，所要求的焊接真空也不一样，一般采用压力电阻焊进行焊接时，对真空度要求较低或不要求，而采用电子束焊接就需要较高的焊接真空。

二、焊接保护气体

焊接保护气体一般是针对TIG焊接而言，钨极氩（氦）弧焊所采用的保护气体，一般都是氩气、氦气或氩加氦的混合气体。

1. 氩气

氩气是无色无味的气体，其重量比空气重 25%。使用时不易漂浮散失，有利于起保护作用。氩在空气中的含量为 0.935%(按容积计算)，是一种稀有气体，沸点为 −186 ℃，介于氧和氮的沸点之间(氧的沸点为 −183 ℃，氮的沸点为 −196 ℃)。它是分馏液态空气制取氧时的副产品。目前我国生产的工业纯氩，其纯度可达 99.999%，完全合乎焊接铝、钛等活泼性较强的金属的要求，它的价格也便宜。

氩气是一种惰性气体，用氩作保护气体焊接时，它既不与金属起化学作用，也不溶解于液态金属之中，因此可以避免焊缝金属中的合金元素烧损及由此而带来的其他焊缝缺陷(合金元素蒸发而产生的损失仍然是不可避免的，但它对合金元素的损失一般不起作用)，使焊接冶金反应变得简单和容易控制。因此它不仅适于高强度合金钢、铝、镁、铜及其合金的焊接，还适于补焊、定位焊、反面成形打底焊以及异种金属材料的焊接等。但是氩气不像还原气体或氧化性气体那样，它没有脱氧或去氧的作用，仅起物理保护作用。所以氩弧焊对焊前的除油、去水及去锈等准备工作就要求十分严格，否则就要影响焊缝的质量好坏。

氩气的另一特点是导热系数很小，而且是单原子气体，高温时不会分解吸热，所以在氩气中燃烧的电弧热量损失较少。在氩气中，电弧一旦引燃，其燃烧就很稳定。在各种保护气体之中，氩弧的稳定性最好。氩弧焊接时，即使焊接电弧是在低电压的情况下也十分稳定，一般电弧电压仅为 8～15 V。

2. 氦气

氦气和氩气一样，也是属于单原子惰性气体。但它与氩的不同之处是：

氦的电离电位和激励电位比氩气高，在相同电弧长度下，氦比氩的电弧电压要高，因而氦的电弧发热量要远远大于氩弧焊的发热量，这样氦保护焊就比较适用于大厚度与高导热材料的焊接以及不锈钢管道的高速机械化焊接。

据资料介绍，钨极氦弧焊的速度几乎是两倍于钨极氩弧焊。所以氦气的最大优点就是它的电弧析热量大，温度高。

但是，氦的热传导率很大，它对电弧的冷却作用较大。氦气除了热传导率大外，它在电弧中的分解度较大，分解时要吸收热量，所以氦气对电弧的冷却作用是很大的。

返回生产厂的空瓶要求瓶内余压不得低于 0.2 MPa，没有余气的气瓶以及经水压试验的气瓶，在充装前必须经过处理后方可充装并确保氩气纯度。

第七章　组装焊接定位格架

学习目标:掌握格架组装装置的结构特点;掌握定位格架组装、焊接中常见的缺陷及解决方法;了解定位格架组装焊接设备的结构性能;掌握定位格架组装焊接的参数调整方法。

第一节　格架组装装置结构特点

学习目标:掌握格架组装装置的结构特点。

一、组装用工装夹具

1. 使用目的

可固定条带之间相对位置,简化操作;减少组装过程中的变形和组装后的内应力。

2. 基本要求

(1) 工装夹具中与格架接触部分材料的硬度应小于条带硬度,该材料不易生锈以免沾污条带,且符合禁用材料规定;

(2) 能较精确控制内、外条带的相对位置,便于操作;

(3) 使用过程中便于清洁处理,以保持夹具清洁。

二、15×15 定位格架制造用工装夹具

1. 条带组装夹具

条带组装时,使用带细槽夹具板,上夹具板见图 7-1,下夹具板见图 7-2。

图 7-1　上夹具板

图 7-2　下夹具板

2. 装围板用工装

除上、下夹具板同时使用外,还有一个格架围板(外条带)组装装置(见图 7-3),使组装后格架条带固定在上、下夹具板之间,便于弯条带上小弯脚。

3. 弯小弯脚专用杆

专用杆头部有 1 个小细槽,便于弯小弯脚,见图 7-4。

图 7-3　定位格架围板(外条带)组装装置

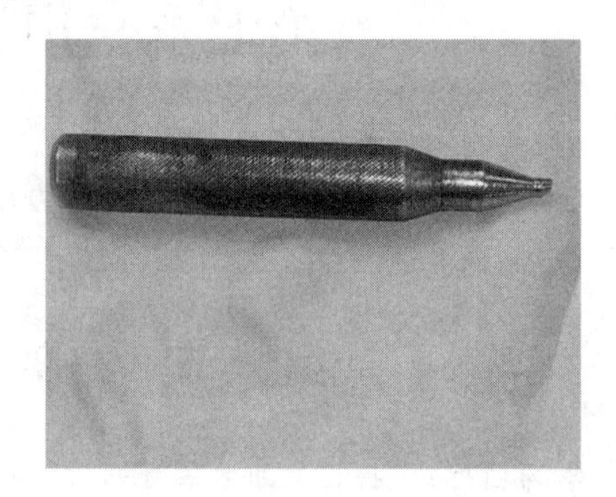

图 7-4　专用杆

三、17×17 定位格架制造用工装夹具

1. 内条带组装装置

见图 7-5,该装置主要用于 CT 格架内条带的组装。

2. 外条带组装装置

该装置用于 17×17 各类定位格架外条带的组装。它与 15×15 定位格架外条带的组装装置结构相同,见图 7-3。

3. 拧小蝶舌的专用工具

见图 7-6,该专用工具用于拧小碟舌一个角度,以固定外条带。

图 7-5　17×17 定位格架内条带组装装置

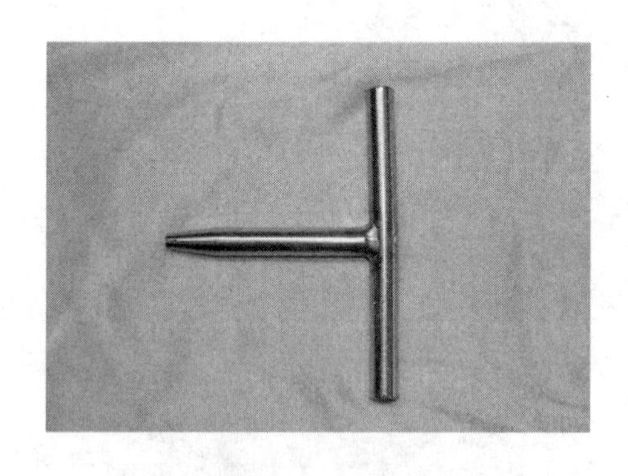

图 7-6　拧小蝶舌的专用工具

4. 带细槽夹具板

见图 7-7,该夹具可用于 CP 定位格架内条带手工组装。

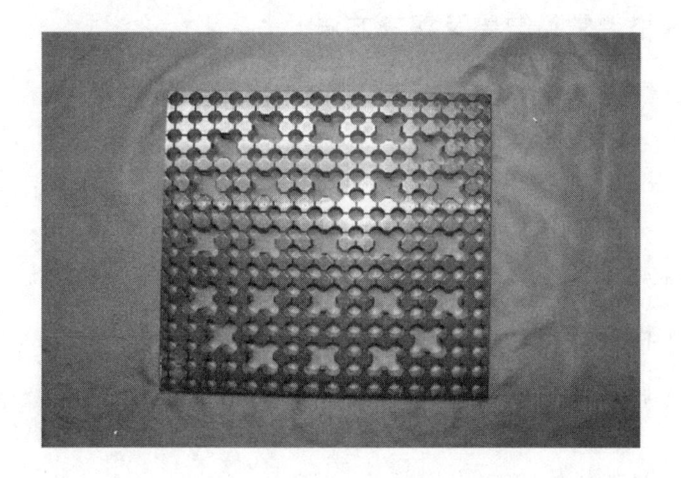

图 7-7　17×17 定位格架内条带组装夹具板

四、TVS-2M 定位格架制造用工装夹具

TVS-2M 定位格架组装夹具见图 7-8。

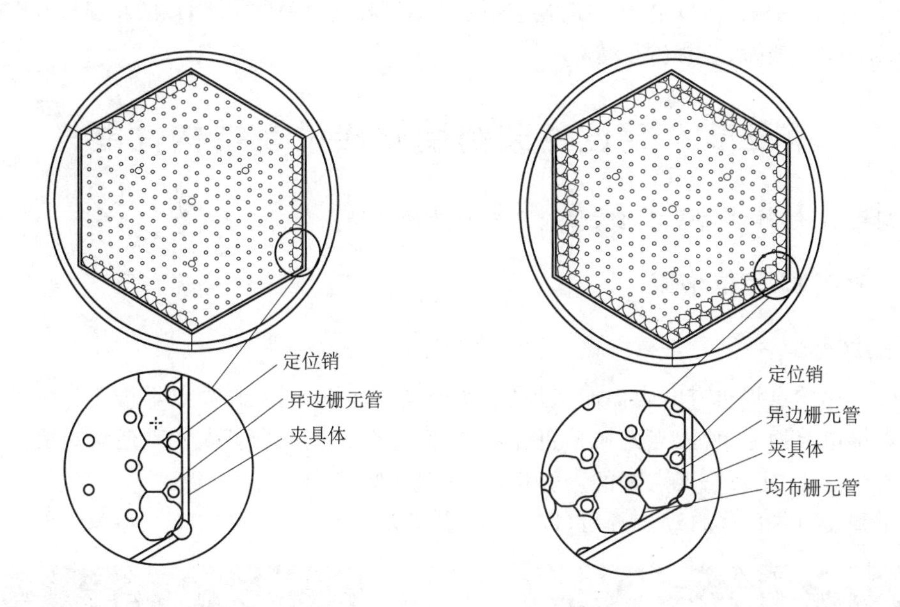

图 7-8　TVS-2M 定位格架组装夹具

第二节　格架制造中常见缺陷及解决方法

学习目标：掌握定位格架组装焊接的常见缺陷及解决方法。

一、15×15 格架常见缺陷及解决方法

1. 定位格架返修方法及工具选择

格架返修方法:表面修磨或修整。

工具:台式牙钻机、金刚石砂轮、金相砂纸。

2. 漏焊

允许对钎漏未焊到部位重新涂料和重新钎焊,重新钎焊工艺必须通过工艺合格性鉴定。

二、17×17 格架常见缺陷及解决方法

格架返修包括焊点返修、格架表面的局部修磨、倾斜或变形刚凸的修整、重新刻制格架编号等。

工具:钳子、小砂轮、刻字笔等。

三、TVS-2M 格架常见缺陷及解决方法

烧穿、凹坑、无焊点、焊点排列不符合图纸要求、烧伤、电极残留超过外观标样以及焊点表面氧化色超过标样等都是不合格的。

对于不合格的栅元可以更换,修磨量应不小于缺陷栅元壁厚的一半,以防止损坏合格栅元。

工具:砂轮、锉刀、金相砂纸等。

第三节 定位格架组装焊接设备结构性能

学习目标:了解定位格架组装焊接设备的结构性能。

一、15×15 定位格架

1. 点焊设备

目前使用的点焊机有电容储能点焊机、逆变式点焊机、交流脉冲点焊机等。由于逆变式点焊机焊接电流稳定,使焊点的质量更加可靠,因此今后将逐步可取代其他点焊机。

用于 15×15 定位格架点焊的点焊机(MH-180 型)见图 7-9。

用于弹簧点焊的半自动点焊机(DZ-30n 型)见图 7-10。

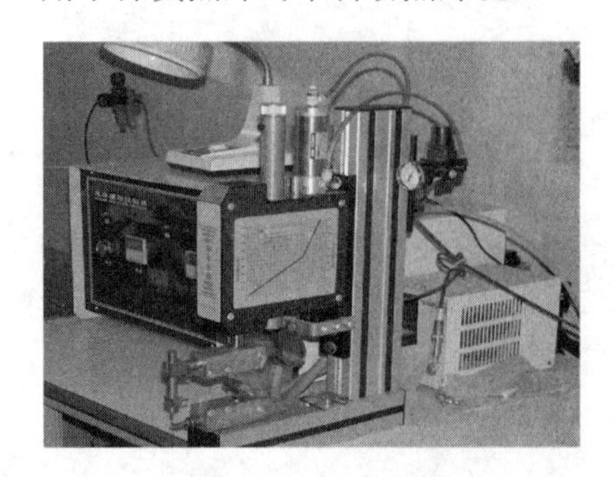

图 7-9 MH-180 型点焊机

图 7-10 DZ-30n 型半自动点焊机

2. 钎焊设备

15×15定位格架钎焊用的真空炉可以是立式炉或卧式炉，主要是炉体放置位置不同，其结构组成基本相同。在炉体尺寸接近的条件下，卧式真空钎焊炉放置的格架数量可比立式炉多一倍，操作也方便，从提高工效考虑，可选用卧式炉。图7-11为卧式真空钎焊炉。

图7-11 卧式真空钎焊炉

3. 钎焊炉的基本构成

(1) 炉体部分

1) 真空室，由前后(或上下)炉门及筒体组成。炉门和筒体为双层水冷结构，内壁为不锈钢板，外壁为普通钢板制成。

因为格架钎焊时其真空度要求高，炉体部分只有采用不锈钢板内壁，且经打磨的光滑表面才能防止空气中水分的吸附，从而不影响工作时抽真空速度。采用双层水冷结构的炉壁可防止炉体在高温停留时间长而产生变形，特别是炉门和筒体连接处的密封性，在高温时不受影响。

2) 隔热反射屏，采用全金属结构，由一组钼板和不锈钢板制成。

3) 加热器，可用钼丝和钼带作发热体。

4) 用于放置工件和夹具的托架，可用钼棒、钼板制成，这样在高温下托架不易变形。

总之，炉体部分在材料的选用上，主要考虑钎焊炉的最高工作温度及高温时真空度等，必须满足定位格架钎焊工艺要求。

(2) 真空系统及快冷系统

1) 真空系统可由机械泵、罗茨泵、扩散泵、真空阀门、真空管道等组成。

2) 快冷系统由热交换器及风机组成。

(3) 水冷系统

用于炉体、炉门、扩散泵、热交换器等冷却。扩散泵和热交换器的冷却水进口温度应低于24 ℃。

(4) 电器控制部分

电器控制部分包括控制柜、磁调柜(或其他供电电源)及外部接线等。

电器控制部分可对炉内真空度、升温速度、炉内温度、保温时间等工艺参数进行严格控制，也可对快冷系统进行控制。控制系统中报警部分，可对真空度不足、温度偏差大、超温、缺水等进行报警。

二、17×17 定位格架

1. 激光焊设备

(1) 设备的基本构成包括：

1) 激光器及光路系统；

2) 供电及电源控制系统；

3) (1个或2个)机械移动(转动)部分；

4) 测量、调节系统(包括真空泵、氩气回路、气体监测等)；

5) CNC 系统和控制台。

(2) 主要技术性能为：

1) 激光器,类型：YAG；最大平均功率：400 W；最大脉冲能量：55 J；脉冲宽度范围：0.5～20 ms；重复频率：0.5～500 Hz。

2) 机械部分定位精度,X～Y 轴：±0.02 mm；Z 轴：±0.05 mm。

3) 重复精度：±0.02 mm。

4) 可焊厚度范围：0.01～2.5 mm；最大焊接速度：400 焊点/s 或 1.5 m/min；焊点大小：ϕ1.0 mm～ϕ2.5 mm。

2. 电子束焊设备

目前 17×17 定位格架新增加了电子束焊,主要包括 30 kV 电子枪、焊室、抽真空系统、焊接夹具和回转装置、控制系统等。

第四节 定位格架组装焊接参数调整

学习目标：掌握定位格架组装焊接的参数调整方法。

一、15×15 定位格架

钎焊时效工艺参数的选择应先根据设计技术条件的要求、产品的结构特点、钎焊部位、接头型式及母材和钎焊料的物理化学性能等进行综合分析,由工艺预试验初步选择参数范围,最终通过工艺合格性鉴定来确定。

钎焊、时效工艺可以分别实施,也可以在钎焊后温度降至时效温度时立即进入时效保温,使钎焊时效工艺一次完成。目前 15×15 定位格架就是采用钎焊时效一次完成的工艺。主要参数包括：升温速度、钎焊温度、钎焊时间、时效温度、时效时间、炉内真空度、冷却速度、出炉温度等,详见图 7-12 钎焊时效工艺曲线。

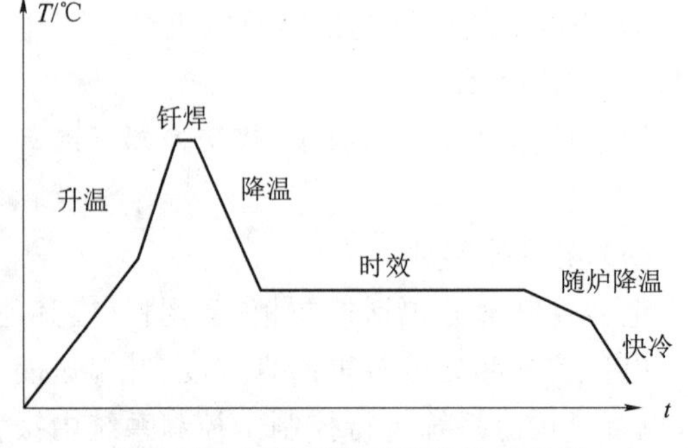

图 7-12 钎焊时效工艺曲线示意图

1. 升温速度的选择

因 15×15 定位格架是一个方形栅元状弹性元件,条带、围板的厚度分别为 0.3 mm、

0.4 mm，在条带与条带、条带与围板、围板与围板的连接处均需形成钎焊缝，每只格架的钎焊缝多达 900 条，为使格架各部位受热均匀，开始阶段升温速度不能太快；同时钎焊升温过程中，冷杉树脂胶和醋酸丁酯在 400～500 ℃左右会大量挥发，为使炉内真空度保持在 10^{-2} Pa 以上，也需要减慢升温速度甚至适当保温。在达到 800 ℃以上时可适当加快升温速度，以防止母材晶粒长大。

2. 钎焊温度和钎焊时间的选择

钎焊温度主要取决于钎料的熔化温度，当钎料的实际熔化温度与技术条件提供的钎料熔化温度有差异时，应以实际熔化温度来确定钎焊温度，钎焊温度应略高于钎料的熔化温度，使钎料能很好地在母材表面流动、润湿，并填充接头间隙形成焊缝。

钎焊时间主要取决于钎焊与母材相互作用剧烈程度，若钎焊温度过高，钎焊时间过长，一方面可能造成钎料流失，另一方面也可能出现母材晶粒长大，影响接头性能；相反钎焊温度过低，时间过短，可能使钎焊料未完全熔化，与母材的相互作用不充分，同样要影响接头性能。一般来说当钎焊温度偏高时，钎焊时间应减少；当钎焊温度偏低时，则钎焊时间可适当延长，所确定的钎焊时间应足以使钎料与母材相互扩散，并形成牢固接头。

3. 时效温度和时效时间的选择

15×15 定位格架所用的材料为 GH4169A，它是一种高强度可焊耐热合金，该合金的使用温度可高达 700 ℃。据有关资料介绍，因为该合金有较多的 Ni，在固溶时效处理后主要有体心立方 $\gamma''[Ni_3(N_b、Al、Ti)]$相析出，以细小粒子均匀分布在基本上产生强化作用，使该合金在室温至 700 ℃温度范围内具有较高的强度和良好的塑性，又有良好的抗腐蚀性能和抗辐照性能，因此在时效温度和时间的选择时主要考虑 γ''相能充分析出。

4. 炉内真空度的选择

由于 GH4169A 材料及格架钎焊用的 600 号钎焊料内含有大量合金元素，为防止合金元素在高温下的氧化或烧损，必须严格控制炉内真空度。从大量的工艺试验和产生实践表明，炉内真空度应优于 10^{-2} Pa，才能保证钎焊质量(包括格架的外观、钎焊接头的质量)。

5. 冷却方式的选择

对不同的冷却方式其冷却速度是不同的，若钎焊时效后随炉冷却，冷却时间很长(约 10 多个小时)，但在一定温度下开始充 Ar 快冷，则冷却速度很快，从时效结束到出炉仅需 3～4 小时，故可采用纯 Ar(99.995%)快冷方式，每炉生产周期只需 17～18 小时，比随炉冷却节省工时一半。另外出炉温度也不能过高，以防氧化。

二、17×17 定位格架

17×17 定位格架主要采用激光焊、电子束焊。定位格架电子束焊接参数选择原理与燃料棒电子束焊类似，这里不再叙述。激光焊参数主要有：功率密度、脉冲波形、脉冲宽度等。

1. 功率密度选取

功率密度是激光焊接最关键的参数之一，采用较高的功率密度，在微秒时间范围内，表层可加热至沸腾，即有汽化发生。因此高功率密度对于材料的去除加工有利。采用较低功率密度，表层达到沸点需数毫秒，并在表层汽化前，底层达到熔点，易形成良好的熔融焊接。在传导型焊接中，功率密度范围为 10^4～10^6 W/cm^2。

2. 激光脉冲波形

激光脉冲波形通常有两种,一种是方波,另一种是带有前置尖峰的脉冲激光波形。大多金属材料焊接时,初始时刻反射率较高,在带有前置尖峰的脉冲激光波形焊接初始时刻,利用开始出现的尖峰,迅速改变金属表面状态,而在主脉冲来临时,表面反射率较低,可以充分利用激光能量。但这种波形不适用于缝焊,因为在缝焊时,焊缝由大量熔斑组成,在光斑重叠区表面状态已发生变化,温度也较高,再用带前置尖峰的脉冲激光波形,在尖峰作用期间易出现金属汽化,伴随着剧烈的体积膨胀,金属蒸汽以超声速向外扩张,给予工件大的反冲力,使焊缝出现飞溅、气孔等缺陷。因此,在激光缝焊中,宜采用光强基本不变的方波。

3. 激光脉冲宽度

激光脉冲宽度是脉冲激光焊接的重要参数之一,它既是区别于材料去除和材料熔化的重要参数,也是决定激光加工设备造价和体积的关键参数。

在相同的脉冲峰值高度的情况下,如果脉冲宽度越长,则熔深越大。但给定输出能量情况下,要达到某一确定的温度,缩短脉冲比延长脉冲宽度更有效。一般来说,要求熔深较大时,应采用脉宽较小的焊接波形或中心穿孔熔化焊。

脉冲宽度还决定着焊缝的热影响区,脉冲越宽,热影响区越大。因此,在薄片零件焊接时,除适当拉长脉宽增加焊接的参数范围及提高焊接质量的稳定性外,还需考虑热影响区的大小。脉宽的选取,应保证在热影响区所允许的情况下适当增大。

三、TVS-2M 定位格架

TVS-2M 定位格架采用电阻点焊工艺。电阻焊工艺参数的选择原理在骨架制造等有详细介绍,请参阅。

第八章　组装焊接燃料棒

学习目标：了解燃料棒制造工装夹具的结构特点；掌握燃料棒常见质量缺陷及解决方法，掌握燃料棒组装对焊接的影响；了解燃料棒焊接设备的结构及性能；掌握TIG焊接方法的参数调整及搭配技巧；掌握燃料棒各种返修的操作要点及技术要求。

第一节　燃料棒组装焊接工装夹具的结构特点

学习目标：了解燃料棒制造工装夹具的结构特点。

燃料棒的包壳管压入上端塞时，上端塞必须用专用夹具进行定位，为了实现压塞机的生产自动化，专门设计了压塞机上端塞定位塞座，如图8-1所示。压塞机上端塞定位塞座的工

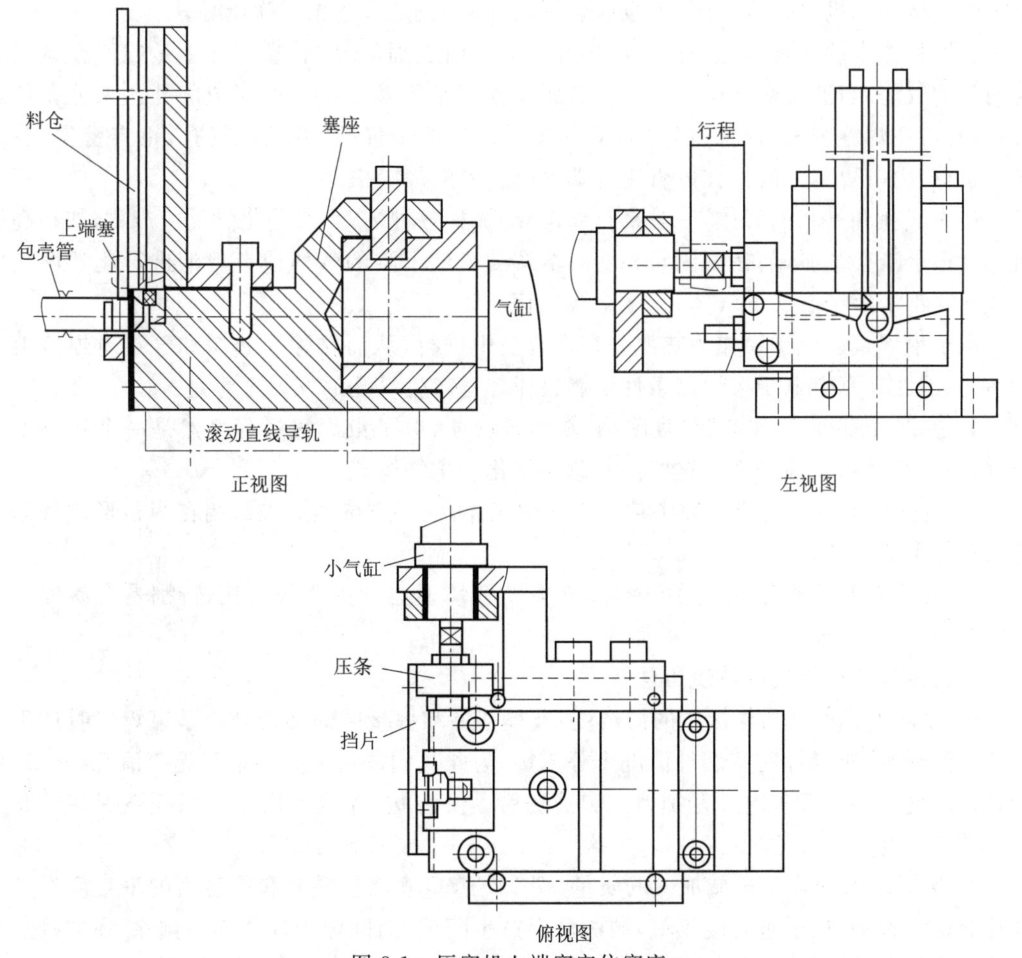

图8-1　压塞机上端塞定位塞座

作原理:小气缸的活塞杆收回,上端塞从料仓的滑槽放入,上端塞落于塞座的定位槽中,小气缸上装的挡片对上端塞进行预定位(防止上端塞塌头),小气缸的活塞杆伸出,小气缸上装的压条对上端塞进行压紧(防止上端塞塌头),大气缸活塞杆伸出推动压塞机上端塞定位塞座,压塞机上端塞定位塞座沿着滚动直线导轨作直线的向前运动,将上端塞压入包壳管中,大气缸活塞杆退回,完成整个压塞工艺过程。重复上述过程,实现周期性运动。

第二节　燃料棒制造中常见缺陷及解决方法

学习目标:掌握燃料棒组装焊接中常见质量缺陷及解决方法;掌握燃料棒组装对焊接的影响。

一、燃料棒常见质量缺陷种类和解决方法

1. 燃料棒电子束焊接中常见缺陷及解决方法

(1) 焊缝内气孔和气胀

气孔和气胀是燃料棒环焊缝中最常见的缺陷,它们的存在不仅减少了焊缝有效截面,降低了焊接接头的机械强度,而且严重时会影响焊缝气密性,造成焊缝泄漏。

在燃料棒中的气孔形态一般呈球形并且有自由表面的孔洞,它实际上是残留在凝固金属内部的气泡,当液态金属中的气体在金属凝固时来不及浮出时就形成气孔。从分布位置看,气孔可在焊缝表面,内部及根部,从分布形式有单个气孔,有链状气孔,也有密集气孔。气胀也称“内咬边”,一般处在内管壁与端塞配合处的焊缝根部。

产生气孔和气胀的气体,一是来自周围介质,如各种沾污;二是化学反应产物,如在高温时大量溶于液态金属,而在凝固与相变时溶解度突然下降的气体或在熔池进行化学反应中形成而又不溶解于金属的气体;三是金属气化产物。

电子束焊接以电子束作为热源并在高真空中进行,从而排除了热源和气氛对焊接熔池的沾污,因此在真空电子束焊接条件下燃料棒焊缝产生气孔的气体来源是:

1) 工件表面沾污,如油脂、吸附物、粉尘等介质,电子束焊接过程虽然是一个物理冶金过程,但在真空和高温条件下这些沾污急剧气化产生气体。

2) 包壳管与端塞配合间隙中存在的残留气体,在形成熔池后被封闭在焊根形成气胀或进入熔池形成气孔。

3) 电子束焦点具有高的能量密度,在真空环境下会产生金属气化,特别是含易挥发元素的合金。

燃料棒焊缝产生气孔解决方法:

1) 保证被焊零件和焊接区的清洁度:被焊零件和焊接区的沾污是电子束焊接时产生气体的主要来源,所以焊前零部件清洗十分关键,为此我们采用:其一,端塞超声清洗;其二,包壳管口用蘸丙酮的绸布内外仔细擦洗和清洗后尽快装配、焊接等措施来保证被焊零件和焊接区的清洁度。

2) 保证端塞和管口机械加工的质量:端塞与管口表面粗糙度和接触面的垂直度对产生气孔有很大影响,如果垂直度不好,装配后会产生间隙,而间隙中气体不易排除,在焊接过程中该部分气体受热膨胀而形成结构气孔-气胀,而零件粗糙度不好,使表面难以清洗干净,造

成沾污残留。

3）采用合理的压塞方式和保证足够的压塞力和保压时间：采用撞击式压塞方式会使端塞歪斜或管口扩张，从而产生空腔与间隙，采用专用压塞机（采用气缸加压）可保证压力均匀，同轴度好，还可使压力保持一段时间，经验证明良好的压塞方式、足够的压塞力和保压时间能使接头间隙小，有利于消除气孔和气胀。

4）选择正确的焊接工艺参数。

（2）焊缝咬边

在燃料棒焊接过程中，焊缝咬边是最常见的表面缺陷之一。以往采用散焦电子束修饰焊缝来解决咬边，然而在生产过程中仍然发现有不少焊缝咬边的缺陷，其主要原因是：在散焦修饰焊缝过程中，由于聚焦电流的变化，使电子束系统的聚焦性能变弱，加上空间电荷效应和热扰动加剧，使散焦电子束的位置发生变化，而在焊缝边缘产生咬边。

解决方法：

根据薄壁管燃料棒的焊接特点，通过试验我们找到一种简单可靠的方法，即将聚焦电流在整个焊接过程中固定不变（即电子束焦点不变），且使电子束焦点不仅处于最佳聚焦状态（一般用下聚焦），这样既可达到焊缝表面成形光滑平整和保证焊缝熔深的目的，又使电子束具有抗干扰能力。有时仍要求用散焦束修饰焊缝，这时可采用调整电子枪同轴度来解决。

（3）晶间开裂

在 AFA 17×17 燃料棒环缝焊接试验中，发现上端塞焊接后，在热影响区管壁有时会出现宏观裂纹-晶间开裂。裂纹是最危险的一种焊接缺陷，除了减小有效截面外，还会产生严重的应力集中，在使用过程中裂纹可能会进一步扩展，最后导致燃料棒破损，因此燃料棒环焊缝中绝对不允许存在此类缺陷。

从理论上讲，在熔化金属和基体金属内出现裂纹，是由于焊接应力造成的，焊接应力可分为内部应力（包括温度分布不均匀热应力和相变引起组织应力）和外部应力（包括刚性约束，构件自重，工作载荷等），当两者叠加时有可能超过母材或焊缝金属极限强度而出现裂纹。

实践证明，Zr-4 合金有良好的塑性，在没有任何外部因素影响下焊缝没有发现过裂纹（如燃料棒下端塞焊缝），因此引起上端塞焊缝热影响区出现晶间开裂的原因不是内部应力，而是外部应力，即上端塞焊接时包壳管内部有一个压紧弹簧，它对上端塞有 13 kg 的推力，焊接时如果不加挡块，端塞可能弹出；如果挡块刚性不足或管子夹持力不够，焊接时在热膨胀的影响下都可能发生位移；造成管壁开裂。由此可见这种裂纹应当是在焊接过程中产生，即在焊接高温作用下，热影响区晶粒长大，加上此时高温塑性较差，在弹簧推力作用下产生裂纹。

解决方法：

1）在工件装夹时，上端塞必须紧靠挡块；

2）定位挡块必须具有足够的刚性；

3）包壳管夹具必须具有足够夹紧力，其产生的摩擦力至少要大于 13 kg。

在大生产中可以通过模拟试样焊接前后长度差（即收缩量）来判断上述三个条件是否满足，一般认为收缩量大于 0.03 mm 即可完全避免晶间开裂，也可用随炉试样焊缝分层金相判定。

2. TIG 焊接常见的缺陷及解决方法

常见缺陷有未焊透、气孔、气胀、表面氧化等。几种缺陷产生原因和解决对策叙述如下：

(1) 未焊透

在工艺试验中曾出现成批未焊透现象，经检查发现主要是钨极与工件接头的位置不当，据资料介绍，钨极与工件的距离，在其他参数不变的情况下，它是决定焊缝熔深的主要参数，偏心距既影响熔深又影响成形，(由于爬坡焊，造成熔融金属下流，使电弧不能直接深入根部)，另外电极偏向管子一侧，也可能产生未焊透或气胀。因此可见，操作者一定要调整好钨极与工件的位置，钨极与工件的位置如图 8-2。

(2) 气孔、气胀

气孔、气胀是焊缝中常见缺陷，根据电子束焊经验，采取了如下措施：

1) 保证被焊零部件和焊区的清洁度；

2) 保证端塞和包壳管管口机械加工质量；

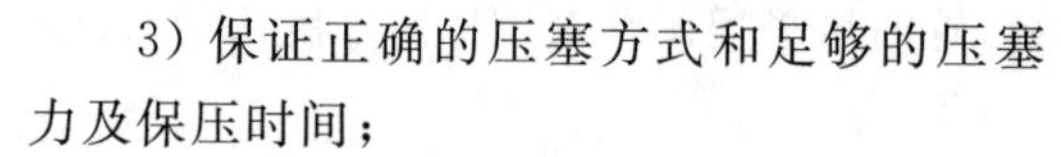

3) 保证正确的压塞方式和足够的压塞力及保压时间；

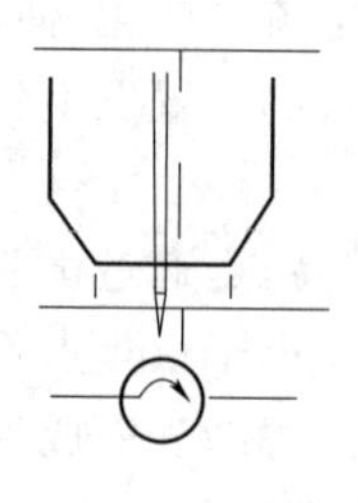

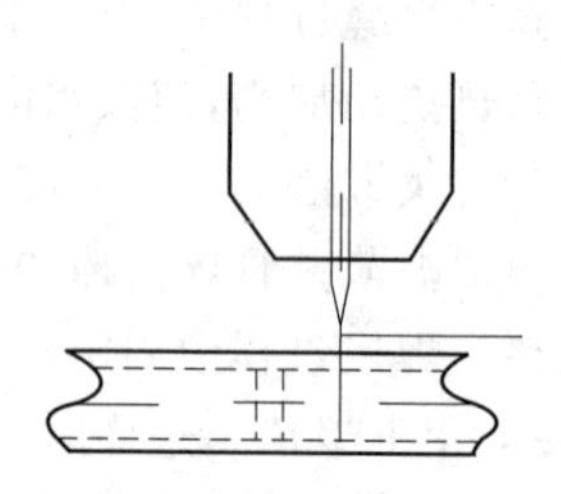

图 8-2　钨极位置图

4) 选择合理的焊接工艺参数；

5) 管内保持负压。

(3) 氧化色

据资料介绍，TIG 焊接时，焊缝区的氧化程度取决于气氛保护的可靠性和焊缝区在高温下停留时间。

气氛保护的可靠性取决于供气回路有无泄漏点，如有泄漏时，由于气体在供气回路中高速流动产生的抽吸作用，空气将从泄漏点侵入，造成小室氩气纯度下降。试验中曾发现减压阀及焊枪有漏点，造成焊缝严重氧化。焊缝在高温下停留时间，可用改变定位顶头材料与形状，延长滞后断气时间，增大保护气体流等，以加强冷却效果。

(4) 焊缝成形

焊缝表面应光滑、均匀，焊缝直径符合要求。燃料棒焊缝主要问题是焊缝宽窄不均匀，在小直径管环缝焊时，该现象尤其明显，由于热积累会使焊缝宽窄不均匀。为此，采用图 8-3 形式焊接电流曲线，将整个焊接过程分成若干段，根据实际需要确定各段的焊接参数，以获得较好的焊缝成形。

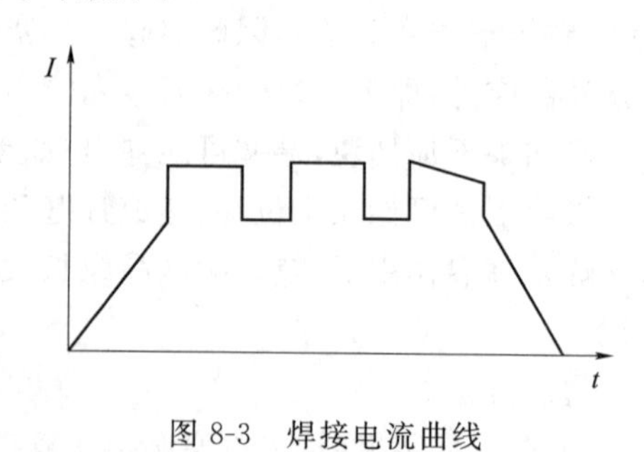

图 8-3　焊接电流曲线

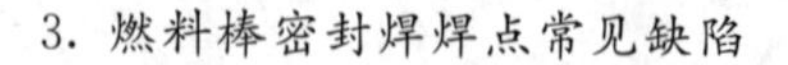

3. 燃料棒密封焊焊点常见缺陷

(1) 气孔

焊接区沾污、焊接规范不当都可能导致气孔产生。

(2) 夹钨

主要是焊接时钨极与焊点发生短路，或焊接电流过大，钨极头部过尖引起熔化。

(3) 焊点内凹

主要是焊接时间过长，或抽空后棒内外氦气压力处于不平衡状态。

(4) 钨熔入

主要是焊接时 Zr-4 合金粘附在钨电极上，当积累到一定量后，在焊其他焊点时又滴落在该焊点上，造成 Zr-W 合金帽。

二、燃料棒组装对焊接的影响

气孔、气胀是燃料棒焊接中常见的缺陷，通过工艺试验，证明该两种缺陷与燃料棒的组装有密切关系。为减少焊接中产生的气孔、气胀缺陷，应从以下几个方面来进行：

1. 清洁度

应保证被焊零部件和焊区的清洁度。锆合金零部件清洗后暴露在空气中，到焊接的时间以不超过 5 天为宜，若超过，应重新进行清洗。零部件清洗分为机械清洗和化学清洗，主要采用化学清洗。

2. 零件加工质量

保证端塞和包壳管管口机械加工质量。

3. 压塞

压塞的技术要求为：

(1) 压塞后管口应紧贴端塞凸肩；

(2) 压塞力控制在图纸规定或工艺验证的限值内；

(3) 不能损伤工件表面。

第三节　燃料棒组装焊接设备结构性能

学习目标：了解燃料棒焊接设备的结构及性能。

一、燃料棒电子束焊机

常用的燃料棒电子束焊机可分成两种，一种是大容器电子束焊机，一种是小容器电子束焊机，现分述如下：

(1) 大容器电子束焊机是把工件整体放入真空室中，为提高生产率一般是一次装入多根燃料棒。例如俄罗斯制造的 CA330M 型真空电子束焊机，见图 8-4。它一次能装入 120 根，在真空焊接室内有一个自动夹具，它能完成焊件单根送进到焊接位置-焊接-退出-转鼓公转等动作。工件自转机构上装有一个结构特殊的凸轮，它具有使工件定位、夹紧、转动、松开、退出等功能。该机采用了编程序控制器进行程序控制，焊接参数能自动编程，所以性能可靠，工作稳定，生产率高。应该通过工艺实验来确定下列参数：加速电压、焊接束流、焊接速率、灯丝电流、聚焦电流、真空度、参数预置及偏转范围。

(2) 小容器电子束焊机是把工件待焊部分局部密封入真空室中，它有两种形式：一种是单根，一种是多根。例如 HD-60A 型电子束焊机，HD-60A 型电子束焊机是一台自动化程度很高的精密焊机，从工件的上料-排气-焊接-下料等工作均由计算机控制，适合于连续批量生产,而且焊接工艺参数等记录能存储、打印、查询,便于跟踪。该焊机采用局部密封小室结构,仅焊件被焊处伸入容器中(每次一个工件),因此不受工件长度限制,它既保留整体密封真空电子束焊机的固有优点,也具备了国外通用小容器 TIG 焊的特点。

多根小容器电子束焊机型号为 CA-340(俄罗斯制造),它把容器分成多个分离小室,在旋转过程中每个小室可从工件上料-排气-焊接-冷却-下料,工件放在一个具有自动上下料功能的转鼓上。

图 8-4 CA330M 型真空电子束焊机

二、燃料棒 TIG 焊接设备

由于燃料棒包壳材料为 Zr-4 合金,所以焊接一般在惰性气氛中进行,即在焊接室中进行,以求更好地保护焊缝免受空气中氮、氧的侵入而影响其腐蚀性能。目前主要有两种焊接方式:一种是采用局部密封小室,另一种是非密封焊接。

局部密封小室焊接法:焊接前小室抽真空(约 6 Pa)然后向小室充入高纯 Ar 或 He 使室内气体压力保持在 0.1 MPa,整个焊机是联锁的,只有真空度达到规定值后才能充入氩气,也只有当焊室中气体纯度达到规定值(O_2:8 ppm,H_2O:22 ppm)才能进行焊接。该方法在燃料棒焊接中得到较广泛的应用。

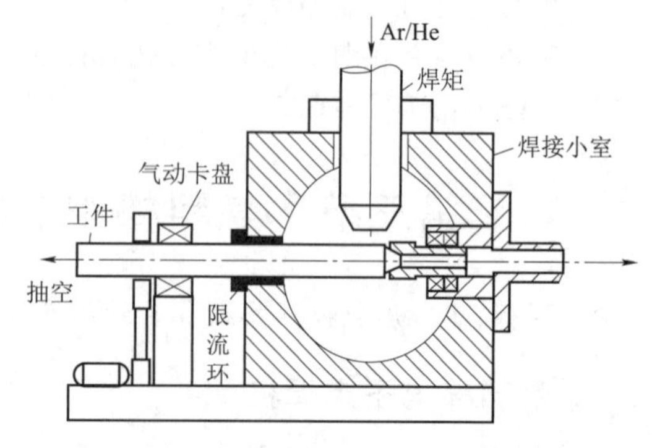

图 8-5 燃料棒 TIG 焊接设备示意图

对于非密封焊接,在 CJNF 及法国 FBFC 厂采用该方法,见示意图 8-5,即焊前小室不抽真空,小室气氛靠焊炬气流冲洗,直到焊出的试样无氧化色才进行产品焊接,在整个焊接过程中小室均保持正压,即保护气体向室外流动,以避免空气侵入。其焊机外形图见图 8-6。

对于 TIG 焊机,应通过工艺实验来确定下列参数:

焊接速度、焊接峰值电流、焊接基值电流、脉冲占空比、焊室内氩气/氦气压力、充氩/氦时间、焊接时间、冷却时间、电极尺寸、锥度、材料及极间距等。

三、燃料棒激光焊机

焊机基本结构与 TIG 焊机相似,仅以激光器替代焊炬,激光通过玻璃窗射入焊室,焊接仍在保护气氛下进行,与电子束焊接相类似。

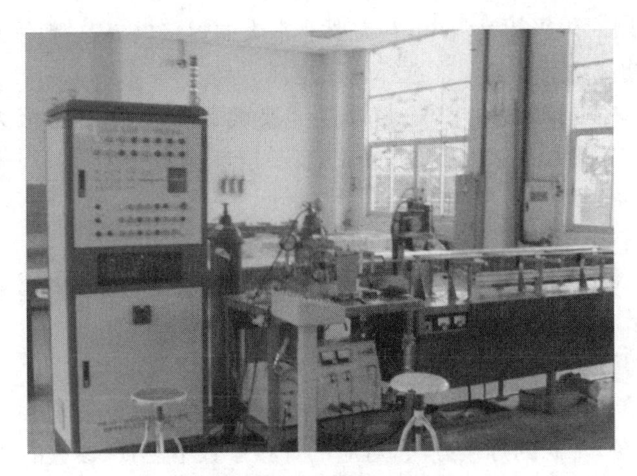

图 8-6　燃料棒 TIG 焊机

四、燃料棒电阻焊设备

燃料棒电阻焊机大致分为以下几个主要部分：机架、加压机构、电极与夹钳、变压器、焊室和控制系统等。其外形结构见图 8-7。

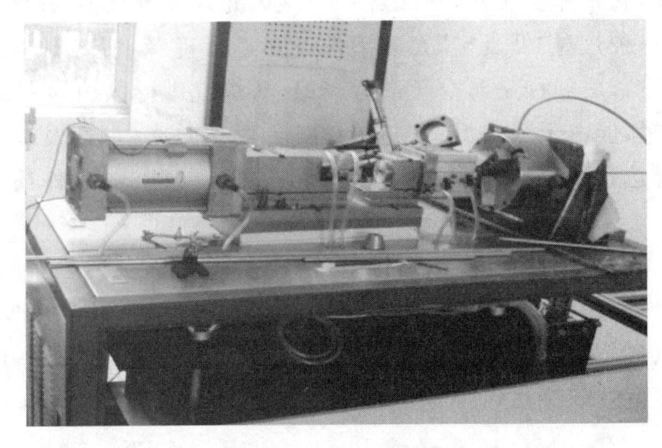

图 8-7　电阻焊装置

(1) 机架是整个焊机的基础，在机架上紧固着焊机的主要部件。机架承受巨大的顶锻力，为使顶锻时不使焊件弯曲、错位、甚至接头开裂，要求机架具有足够的强度和刚性。

(2) 加压机构与工件结构特点，材料、质量标准及生产率有关。它要满足下列要求：刚性好，不因机臂刚性不足而引起电极错位；加压、消压动作灵活，轻便，迅速并有良好随动性；压力稳定。

(3) 电极材料应避免包壳管沾铜并提供焊接接头合适的热平衡和避免高的维修费用。焊机夹紧机构由两个夹钳组成，一个为固定钳，一个为活动钳，它们的作用是：使工件准确定位；夹紧工件，馈送焊接电流。

(4) 焊接小室与燃料棒尺寸有关，一般均采用局部密封的小焊室，它既是导电极，也是结构件，机头电极和弹性夹爪电极与包壳管之间采用合适密封，使燃料棒焊前开口端能抽空和充填气体。

(5) 燃料棒电阻对焊采用交流电，它需要非常大的焊接电流，一般采用标准的低阻抗焊接变压器，并采用初线绕组的抽头来选择输出电压。

(6) 控制系统要满足两个要求，一是焊接三要素必须可控，即电流大小及稳定精度可控，各焊接时间参数精确可控，压力大小可控；二是应能满足不同厚度的各种金属材料的高质量焊接要求。

第四节　燃料棒组装焊接参数调整

学习目标：掌握 TIG 焊接方法的参数调整及搭配技巧。

不同的焊接设备，不同的焊接方法，对应的焊接参数不一致，参数的调整也不同，下面以 TIG 焊接为例，进行简单介绍，其余焊接设备及焊接方法不再赘述。

一、焊接方法

根据焊室密封性能的特点，一般分为两种焊接方法：其一是静止气体保护焊，焊接前，进行预抽真空，然后充入保护气体，再进行焊接。是一种惰性气体气氛下的焊接。其二是流动气体保护焊，焊接前，充入保护气体，焊接过程中继续充入保护气体，在保护气体连续流动情况下进行焊接。前一种是对“低真空”充入惰性气体进行稀释，使之对焊接不利的气体更稀薄，达到焊接“高真空”；后一种是对空气进行隔绝，对焊缝进行保护的方法。理论上，前一种具有更好的焊缝质量，但由于受到焊室的密封性能、焊接效率(抽速及抽空时间)、保护气体纯度的影响，不可能达到理想的“高真空状态”；后一种焊接方式，操作简单，效率高，对焊室的要求不高。

对于静止气体保护焊，对产品的抗腐蚀性能较好，但由于受到工作效率的制约，焊接前真空度不能达到较理性的状态，采用的保护气体一般是氦气，且其纯度要求较高，其价格昂贵。因此，其产品质量是靠降低工作效率和增加成本来实现的。该方式的特点是焊接能量集中，较小的焊接能量就能够达到所需要的焊缝质量，气体消耗量较小，工作效率低，比较适合锆合金的焊接。

对于流动气体保护焊工艺，由于采用流动气体保护焊耗费的气体量大，不能采用价格昂贵的保护气体如氦气，同时采用氦气在流动方式下进行焊接对焊机的性能要求较高(不易起弧等因素)，一般采用价格相对低廉、容易起弧的氩气作为保护气体进行焊接。该方式的特点是焊接能量发散，要求较高的焊接能量才能够达到所需要的焊缝质量，气体消耗量较大，工作效率高。能较好的满足于不锈钢的焊接，也能应用于锆合金的焊接。

二、保护气体流量或纯度

对于锆-铌合金的焊接，极易出现氮沾污，焊接气氛中极其微量的 N_2 会造成焊缝的腐蚀性能降低。对于静止气体保护焊，焊接保护气体要求较高的纯度，一般要求其纯度达到 99.999%以上。对于流动气体保护焊，采用氩气作为焊接保护气体时，其纯度应达到 99.999%，同时需要较大的焊接流量，由于气体的流量较大，该种焊接对焊接环境也有一定的要求，如湿度等。

对于不锈钢的焊接，一般采用较小流量的保护气体就可以，对纯度的要求也不苛刻。

采用 TIG 焊接产品前，必须进行多次的试样焊接，一般要求 10 次以上，使焊室达到一种较理想的平衡状态才能进行产品焊接，否则，可能出现腐蚀不合格。采用流动气体保护焊时，从样品的外观可以看出，一定范围内，当氩气流量越大，焊缝呈现出银白色所需的烧焊室次数越少。当氩气流量越小，焊缝呈现出银白色所需的烧焊室次数越多。

三、冷却时间

对于锆-铌合金的焊接，焊缝的冷却时间对焊缝的抗腐蚀性能有直接的关系，当冷却时间大于 15 s 时，可以获得满意的焊缝质量。对于不锈钢则影响不大。

四、焊接能量

采用脉冲 TIG 焊接，焊缝的熔深主要由峰值决定，基值起稳定电弧的作用。对于不锈钢的焊接，一般采用较大的峰值，较小的基值，其峰值与基值的比例一般在 8～10 之间。

第五节　燃料棒返修

学习目标：掌握燃料棒各种返修的操作要点及技术要求。

一、检查核实

(1) 检查返修燃料棒是否有返修流通卡。

(2) 核对返修棒的棒号是否与返修流通卡上的棒号相符。

(3) 核查返修次数。15×15 型燃料棒只允许返修一次，17×17 型燃料棒一般应控制在 3 次以内(上下端返修累计)，如果超过 3 次，其长度将不合格。

二、下端环缝返修

以 17×17 型燃料棒返修为例进行介绍。

(1) 核对 TSBI(带下端塞的包壳管)编号。核对返修流通卡上所标明的返修 TSBI 与实物相一致。对于 15×15 型燃料组件的 TSBI，应检查其返修次数，若已经返修过一次，则该管应报废。

(2) 设备调整。返修使用的刀具应是新刀具或重新磨制的刀具，确保返修切管质量。刀具安装完成以后，使用游标卡尺测量切断车刀与端面规块的距离(切除量)。该值应控制在 2.5～3.5 mm 或通过工艺鉴定来确定。从理论上来讲，切除量越少，就意味着返修的次数可以增加，相应的产品成品率将提高，将增加工厂的效益。但必须通过工艺鉴定和设计要求相结合来确定最小切除量。一般返修次数不超过 3 次。

(3) 将返修管运至空管返修工位。

(4) 将返修管放到车床上料架上，并使其下端塞一端对着车床主轴。

(5) 清洁夹头，去除可能有的屑沫。

(6) 将第一支返修管上料到工作位置，然后送入车床主轴并使其端头伸出夹头约 20 mm。

(7) 夹紧夹头,注意不要夹伤包壳管。

(8) 将转速设置为 430 r/min,开启车床;调节切断车刀位置(实践表明:切断车刀位置距端塞 ϕ9.5 mm 柱面与倒角斜面相交棱的距离以≤5 mm 为宜,以下与此同),使包壳管切断后包壳管端部不留下任何焊接痕迹,然后用至少 0.7 mm 的总进刀量切断包壳管;退刀,停车。

(9) 如果端塞不能自动掉下,可用钳子夹住端塞拔掉,但不允许左右晃动而损伤包壳管。

(10) 重新启动车床,用端面精整刀由内向外精车包壳管端面。

(11) 用刮刀片去除管口毛刺,用过规检查,应能自由通过管子的端部;注意不要损伤包壳管。

(12) 停车,检查去毛刺情况。

(13) 松开夹头,从车床主轴中取出已切除端塞并修整好的包壳管;下料。

(14) 按上述 6～13 的步骤进行下一支返修管的切头返修,直到返修完所有待返修的 TSBI。

(15) 将返修后的包壳管转运至清洗/标识工位,并按流通卡上的空管标识号顺序进入生产线。

三、燃料棒实管上端环缝返修

以 17×17 型燃料棒返修为例进行介绍。

(1) 将返修棒运至实管返修工位。

(2) 将返修棒放到车床上料架上,并使其上端塞一端对着车床主轴。

(3) 清洁夹头,去除碎屑。

(4) 将第一支返修棒上料到工作位置,然后送入车床主轴并使其端头伸出夹头约 20 mm。

(5) 夹紧夹头,注意不要夹伤包壳管。

(6) 将转速设置为 430 r/min,开启车床;启动吸尘装置;调节切刀位置,用端面精整刀慢慢靠近密封焊点切削(进给量要小),直至听到高压氦气泄漏声音;待气流声消失后,退刀、停车。

(7) 更换车刀;用罩子罩在端塞前方,以罩住切断后可能因弹簧力而迸出的端塞。

(8) 重新开启车床;调节切刀位置,使包壳管切断后包壳管端部不留下任何焊接痕迹,然后用至少 0.7 mm 的总进刀量切断包壳管;退刀,停车。

(9) 如果端塞不能自动掉下,可用钳子夹住端塞拔掉,但不允许左右晃动而损伤包壳管。

(10) 取出弹簧,并检查其自由长度。如果弹簧的自由长度仍满足适用图纸的要求,则可以再使用,并将其放在搪瓷盘内(按返修棒的顺序排放);否则作废品处理。

(11) 再次启动车床,用精整刀由内向外精车包壳管端面。

(12) 用专用刀片去除外管口毛刺,管子内径的端部不去毛刺,由于毛刺造成端部内径的减少是允许的,用一个直径至少为 8.305 mm 的过规检查,应能自由通过管子的端部;注意不要损伤包壳管。

(13) 停车，检查去毛刺情况。

(14) 松开夹头，从车床主轴中取出已切除端塞并修整好的燃料棒；下料。

(15) 关闭吸尘装置。

(16) 将返修后的燃料棒转运至空腔测量/调整工位，重新测量空腔长度，并取出第一块芯块做完整性检查；然后按返修流通卡上的棒号顺序进入生产线。

四、燃料棒实管的下端环缝返修

本操作主要针对 17×17 型燃料棒的返修，15×15 型燃料棒只允许返修一次，不存在对燃料棒进行下端返修。返修前，检查燃料棒已返修的次数，如果返修次数≤1，可以进行下端塞的切除返修步骤，否则，不能对下端塞进行返修切头，只能报废。

1. 切除上端塞

按 17×17 型燃料棒上端塞返修的步骤将所有待返修下端塞的燃料棒的上端塞去除。

2. 芯块倒出

(1) 将去除端塞并处理好的燃料棒转移到空腔测量/调整工位，用取出芯块工装吸出调整芯块以及空腔段可能有的碎屑（调整芯块一律作废品处理）。

(2) 将使用的 V 型盘进行称重，记录在专用标签上，然后将燃料棒倾斜，倒出芯块。

(3) 将芯块按先后顺序整齐地排列在 V 型盘内。每个 V 型盘最多可排放两支燃料棒倒出的芯块，且两支燃料棒倒出的芯块柱应分别用不同标识的标签来区分（标签放置在 V 型盘内相应的芯块上），两支不同的芯块柱的排列应有明显的区域划分，不允许混放在一起。

(4) 在 V 型盘内的芯块所对应的标签上应填写原始燃料棒号和 V 型盘编号，且须在靠 V 型盘编号一边的那支燃料棒芯块柱标签上写上 V 型盘的皮重（另一边的标签不写 V 型盘的皮重）。

(5) 芯块倒出过程中若出现卡管现象，可用胶木棒轻轻拍打包壳管。必要时还可切去下端塞，用不锈钢棒将芯块推出。

(6) 倒出的芯块应由检验人员按检验规程进行 100%外观检查，不合格的芯块应剔出。

3. 切除下端塞

按 17×17 型燃料棒下端塞返修的步骤将所有已切除上端塞燃料棒的下端塞去除。

4. 重新装管

(1) 清洗燃料棒下端管口。

用蘸有丙酮的绸布擦拭管端面和管外壁至少 40 mm；再用干棉签清擦管内壁至少 1 次以上，且每次清擦管内壁至少 6 mm；用蘸有丙酮的棉签（或绸布）清擦返修包壳管的管口 2 次以上；擦拭管口端面时要用力擦。

(2) 在压塞工位压装下端塞。

(3) 将压塞后的燃料棒转运焊接岗位进行焊接（对于返修棒的焊接，要求在焊机处于最理想的状态下进行，以求尽可能地提高成品率）。

(4) 对检查合格的返修包壳管进行装管。不合格的就不再进行返修。

(5) 倒出的芯块进行烘干处理后，对烘干芯块进行取样，氢含量分析合格后，对应原燃料棒号装入相应棒内。应仔细测量和调整空腔长度。若需要加入新的芯块，应尽量添加同一炉批号的新芯块，然后再将调整块装在芯块柱的上部，决不允许将调整块夹在原有芯块和添加芯块之间。用空腔长度测量规及芯块调整规逐支检查，保证芯块柱端面到管口的距离满足规定要求。若某支棒添加了新的芯块，应在对应棒的代替芯块栏内注明新加芯块的炉批号和数量，以便正确跟踪。其后的操作与正常生产相一致。

5. 返修芯块装入新燃料棒

对于燃料棒返修次数较多，其长度不能满足技术条件要求的燃料棒，上端塞切除后所倒出的芯块，应按以下步骤进行：

(1) 倒出的芯块进行烘干处理后，对烘干芯块进行取样，氢含量分析合格后，在分析后96小时内装管，则可视为同一水份批。

(2) 在返修流通卡上记录原始燃料棒号和新管号，新管号应与V型盘上标签给出的原始棒号对应填写，以便根据原始棒号对芯块的批号进行数据跟踪。

(3) 仔细核对返修流通卡上原始棒号和新的管号，无误后方可将V型盘中对应的芯块装入新管内。

(4) 仔细测量和调整空腔长度。若需要加入新的芯块，应尽量添加同一炉批号的新芯块，然后再将调整块装在芯块柱的上部，决不允许将调整块夹在原有芯块和添加芯块之间。用空腔长度测量规及芯块调整规逐支检查，保证芯块柱端面到管口的距离满足规定要求。

(5) 若某支棒添加了新的芯块，应在对应棒的代替芯块栏内注明新加芯块的炉批号和数量，以便正确跟踪。

(6) 清洁管口。

(7) 上端塞管口的清洗干燥同下端塞管口，在上端塞管口清洗干燥后，装入新的弹簧并压入新的上端塞。在返修卡上注明新弹簧和新端塞的炉批号。

第九章　组装焊接骨架

学习目标：掌握骨架组装焊接定位夹具，掌握骨架点焊芯轴的结构特点；掌握骨架组装焊接中常见的缺陷及解决方法；了解骨架组装焊接装置的结构特点及骨架胀接装置的结构特点；掌握骨架胀接参数的调整方法及焊接参数的调整方法；掌握骨架常见缺陷的返修方法。

第一节　骨架组装定位夹具

学习目标：掌握格架夹持框架的结构特点；掌握骨架点焊芯轴的结构特点。

一、格架夹持框架

骨架在拉棒组装平台上就位时，骨架的格架必须进行定位和夹紧，为了实现格架的快速准确定位，专门设计了格架夹持框架，如图 9-1 所示。格架夹持框架的工作原理：骨架的格架定位于互相垂直的两块定位垫板 2 和 4 上，通过调节螺钉 3 和 4 分别带动两块压板 2 和 5 压紧格架。图中没有显示出轴向位置定位板，该定位板用以保证骨架各层定位格架的轴向尺寸。

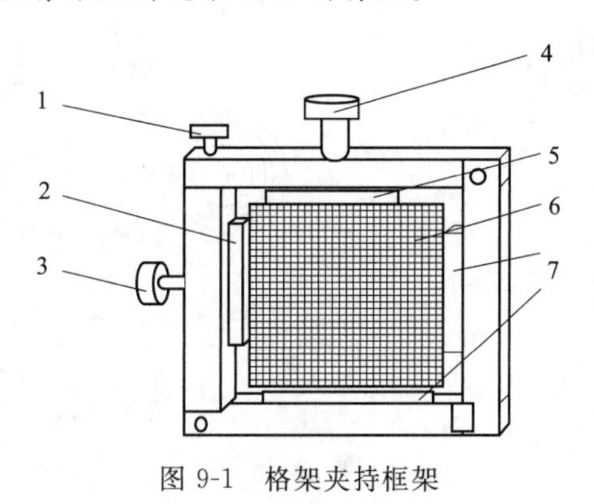

图 9-1　格架夹持框架

安装定位格架时，通过控制定位格架与两块定位板(图中 2 和 5)及轴向定位板的间隙来控制骨架的位置度。

二、骨架点焊芯轴

骨架点焊是将定位格架条带上的焊舌与导向管利用电阻点焊连接起来，点焊钳对焊接外施加较大的压力并通过很大的焊接电流(数千安培)，故在焊接处要有芯轴衬托，否则将造成导向管压扁。

17×17 骨架制造中，要求中间的 20 支导向管部件同时被张紧，然后从下端向上一层层点焊，故要求有 20 支焊接芯轴同时分别插入各导向管内并根据点焊的需要，灵活、准确对准被焊接位置，而且要求 20 个焊接芯轴 100%地扩张到规定的尺寸以衬托起导向管内壁防止被焊钳夹扁，焊后能很快复位并灵活地移动到下一个焊点位置，又扩张到以衬托起导向管内壁，如此周而复始地动作。每个骨架需焊 1 200 点。

骨架点焊扩张芯轴组，其外形见图 9-2(a)。它主要由扩张芯轴、导轨、气缸及固定板等部件组成。扩张芯轴头部结构见图 9-2(d)。

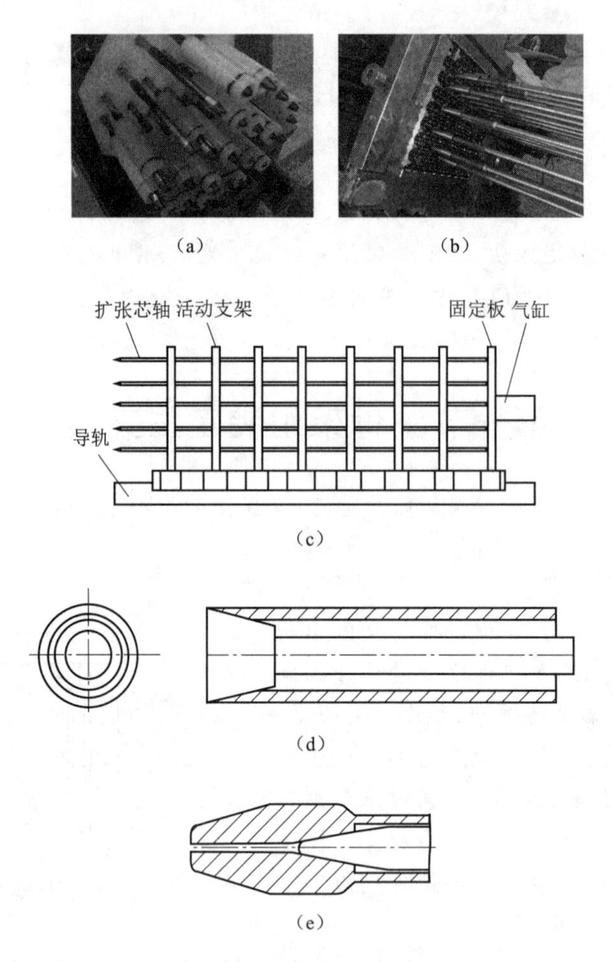

图 9-2　扩张芯轴装置

(a) 外形;(b) 焊接状态;(c) 结构示意图;(d) 扩张芯轴头;(e) 扩张芯轴装置

第二节　骨架组装焊接中常见缺陷及解决方法

学习目标:掌握条带搅混翼、导向翼偏差的校正方法;掌握通量管与喇叭管的修磨方法;掌握骨架焊接缺陷的解决方法。

一、条带搅混翼、导向翼偏差及校正

骨架在组装过程中造成的格架内、外条带搅混翼或导向翼的倾斜角度偏差。

骨架组装前发现该缺陷,将格架固定在骨架组装平台的框架中,并用相应的力矩扳手拧紧,然后采用长扁嘴钳或专用的不锈钢校正工具进行校正,使格架内、外条带搅混翼或导向翼的倾斜角度向相反方向偏移。

骨架组装过程中、组装后发现的格架内、外条带搅混翼或导向翼的倾斜角度存在偏差,可直接用长扁嘴钳或专用的不锈钢校正工具进行校正。

注意：校正时，只允许向同一方向轻轻用力，不能反复向相反两个方向进行校正。

校正之后，应检查条带是否符合规定要求，并与邻近条带作一致性检查。组件拉棒后，搅混翼不应与燃料棒接触，倾斜角度应符合图纸规定要求。

二、通量管与喇叭管同轴度超差及修磨

15×15 型燃料组件的喇叭管与下管座焊接后，下管座喇叭管与骨架中子通量管的同轴度出现较大偏差，检验规无法顺利进入，需要对喇叭管与中子通量管的连接部位进行返修。

1. 修磨器具锉刀、金相砂纸、绸布、丙酮、可调铰刀、内窥镜（如有必要）。

2. 修磨

经检查，在该燃料组件骨架中子通量管与喇叭管连接部位确需要修磨的情况下，采用以下任一方法进行修磨。

方法一：喇叭管的修磨

修磨部位：喇叭管与中子通量管相连接部位（即 ϕ12.9 mm 与 ϕ11.9 mm 相接的台阶处）进行修磨，注意不得伤及无关部位。

修磨量：喇叭管内壁最大修磨量不得超过 0.5 mm。

修磨步骤：

(1) 将燃料组件吊运到组件拉棒平台，将拉棒平台翻转，将燃料组件固定在拉棒平台上，放下拉棒平台，将锁紧螺母反向拧松，取下，然后将下管座拆卸下来。

(2) 下管座在修磨平台上就位。

(3) 用锉刀（或砂纸）小心修磨相关部位，直至检验过规能顺利通过中子通量管与喇叭管的连接处。

(4) 用金相砂纸打磨修磨部位，去除毛刺；然后用绸布蘸丙酮清洗喇叭管及下管座，确保下管座及喇叭管无碎屑及砂粒等异物。

(5) 目视检查修磨部位外观，其表面粗糙度应满足图纸要求。

(6) 将下管座重新装配在燃料组件上，并将燃料组件吊运储存。

方法二：中子通量管的修磨

修磨部位：在中子通量管部件下端管口处进行修磨。

修磨量：通量管管口壁厚的最大修磨深度不得超过 0.2 mm，通量管最大修磨长度不得超过 10 mm。

修磨步骤：

(1) 拆卸下管座（必要时）。

(2) 用锉刀或可调铰刀或砂纸小心修磨通量管管壁，直到过规检查合格。

(3) 用丙酮和绸布仔细清洗通量管内外壁，确保其干净无异物。

(4) 目视检查修磨部位粗糙度，应符合图纸要求。

三、骨架焊接质量缺陷及解决措施

1. 偏差的处理

（1）缺陷位置

1）对于搅混翼格架

① 如果焊点存在，并至少有一半焊点在焊舌上，焊点的外观符合外观标样要求，该焊点仍可接受。

② 如果电流强度超过合格性鉴定的最大极限，其涉及的焊点外观检查符合外观标样的要求，有关焊点仍可接受。如果电流强度低于合格性鉴定的最小极限，其涉及的焊点外观检查时，焊点存在，其外观及焊点尺寸（直径）符合外观标样的要求，那么这些有缺陷的焊点仍可接受。

2）对于端部格架

① 如果双焊点重叠，两焊点存在并且两焊点覆盖部分低于或等于一个焊点的半径，焊点的外观符合外观标样要求，该焊点仍可接受。

② 如果电流强度超过合格性鉴定的最大极限，其涉及的焊点外观检查符合外观标样的要求，有关焊点仍可接受。

（2）如果以下两种情况至少有一种不符合，则骨架不能接受：

1）所有因电流强度、位置不符合要求的焊点总数如果少于或等于骨架上焊点总数的10%，则可以接受。

2）每个连接处只允许有两个有缺陷的相对焊点。

（3）返修（仅适用于采用电流跟踪的骨架点焊机）

进行该项操作，必须取得返修工艺合格性鉴定证书。在以下情况下可以返修：

1）焊点太小，缺焊点；

2）焊点外观符合要求但电流强度不符合要求；

3）焊点位置不符合要求。

返修的焊点应满足外观、位置及电流强度的标准。同时也应符合外观标样的要求。

在以下情况下返修焊点可以覆盖在初始焊点上：

1）初始焊点太小；

2）相对焊舌上的焊点是需要返修的焊点。

对已存在的焊点仅能返修一次。

2. 其他焊接缺陷分析

点焊时可能产生的缺陷见表 9-1。

表 9-1　缺陷及其可能产生的原因

焊接缺陷	产生的原因									
	可调整的因素			电　极				工　件		其他情况
	接电流	焊接时间	电极压力	直径	球形程度	冷却情况	摆动	表面	接触电阻	
表面缺陷（溢出等）	太高	太长	太低			不足		不洁净		电导性能及电极材料硬度太小，电极有摆动，电极表面不洁净

续表

焊接缺陷	产生的原因									
	可调整的因素			电　极				工　件		其他情况
	接电流	焊接时间	电极压力	直径	球形程度	冷却情况	摆动	表面	接触电阻	
电极压入工件过深	太高		太高	太小	不佳	不足	不好			电极压力不合适
在工件间有溢出	太高		太低	太小		不足	不好	不洁净	不均衡	电极有摆动、搭接太少
工件有开裂	太高	太长	太高	太小			不好			
错误的焊接	太高		太低					不洁净		
焊点核心太大	太高	太长	太低	不一		不足		不洁净		电极的球形程度太低，工件厚度相差太大
不对称的焊接点			太低		不佳		不好		不均衡	电极有偏摆
焊点核心太小	太低	太短	太高		不佳		不好	不洁净	太小	
多孔性	太高	太短	太低		不佳		不好	不洁净		不合适的电流上升，焊接压力和补压压力不合适
裂缝	太高		太低		不佳	不足	不好	不洁净		电流电极有偏摆，补压压力太小

四、骨架焊接变形控制

控制骨架焊接变形，其措施有以下几点：

(1) 下管座在支座中定位紧固时应保证面与支座上的定位面贴合，使 Y 角与支座 Y 角在同一条边上，同时要求通过 S 孔和对角线孔对称将下管座紧固在支座上。

(2) 采用格架定位夹紧框架将格架在 X、Y、Z 三个方向上定位夹紧，保证格架与骨架有较好的垂直度。

(3) 采用对称焊接程序，依次从下至上焊接每层格架。

第三节　骨架组装焊接设备结构性能

学习目标：了解骨架组装焊接装置的结构特点；了解骨架胀接装置的结构特点。

一、骨架组装点焊装置

骨架点焊装置一般包括骨架点焊机、组装平台及框架，如果采用加芯轴焊接，还应包括芯轴及其扩胀系统。骨架组装点焊装置见图 9-3。

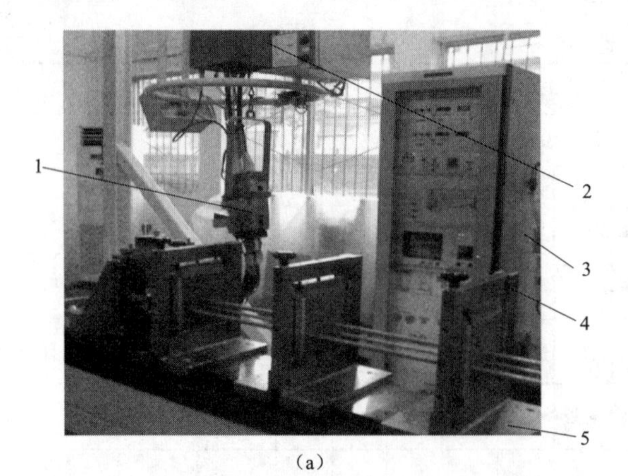

(a)

(b)

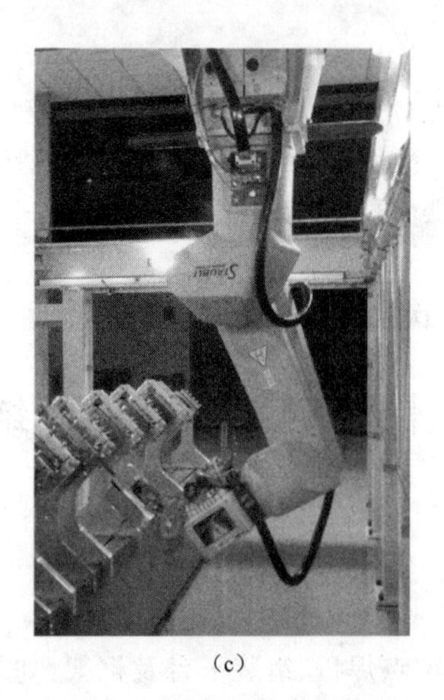

(c)

图 9-3　骨架组装点焊装置

(a) 手动骨架点焊装置(6HE)外形；(b) 自动骨架电焊机外形(5035)；(c) 骨架焊接设备

1—焊枪；2—焊接电源；3—控制系统；4—骨架装配框架；5—骨架装配平台

骨架点焊机主要包括焊枪、焊接电源、控制系统及其移动机构四大部分，其中，焊枪、焊接电源、控制系统对焊点质量具有极其关键的作用。焊接电源确定焊接电流的稳定性，控制系统确定焊接参数的设定及控制，焊枪对焊点大小、焊点的腐蚀性能等焊点质量有极其重要的影响。对于不同的产品，对焊接芯轴有不同的要求。

焊接装置结构的简单介绍：

大理石平台：大理石平台长 6 000 mm，宽 350 mm，高 600 mm。通过可调节支腿将其上表面调整到 700 mm，平面度为 0.1 mm。

焊枪：焊枪位于机械臂前方，可随机械臂一同运动，电极用螺钉固定在焊枪电极臂上；焊枪两电极压力由焊枪气缸产生。

焊接芯轴：在气压或机械作用下可扩张。目的是保证焊接过程中防止夹扁导向管，并有导电，导热的作用。

焊接控制系统：ARO 焊接控制器。

焊接电源：可提供 0～4 000 A 的可调直流焊接电流；0～500 N 的可调焊接压力。

二、骨架胀接装置

骨架胀接装置由液压站、胀接工作台组成。

胀接工作台由定位板（套管定位装置）、可升降平台和胀接工具等组成。定位板是套管的安装工装，直接会影响到骨架长度和胀接位置。可升降平台在骨架焊接阶段处于下落位置，提供焊接芯轴运行的通道；胀接时升起，使胀接工具能达到所需高度；胀接工具的外形和原理与图 9-4 中相同，通过调整液压缸行程可以改变胀形尺寸。

(a)

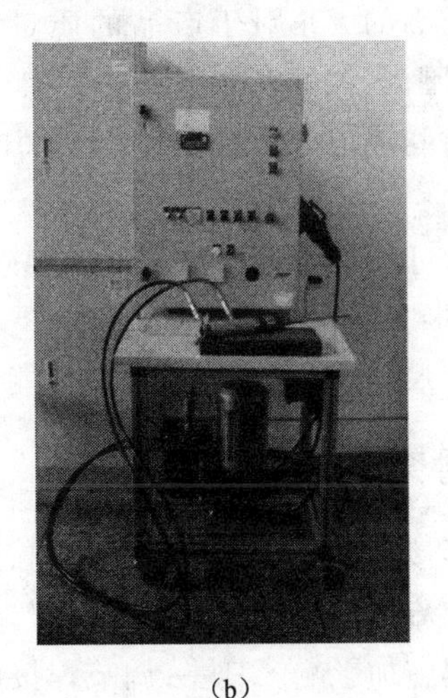

(b)

图 9-4　骨架胀接装置

(a) 胀接定位装置；(b) 胀接控制系统及胀枪

胀枪：骨架胀接套管变形尺寸的关键设备，通过对胀枪的调节，来控制套管胀接的轴向和径向尺寸，见图 9-5。

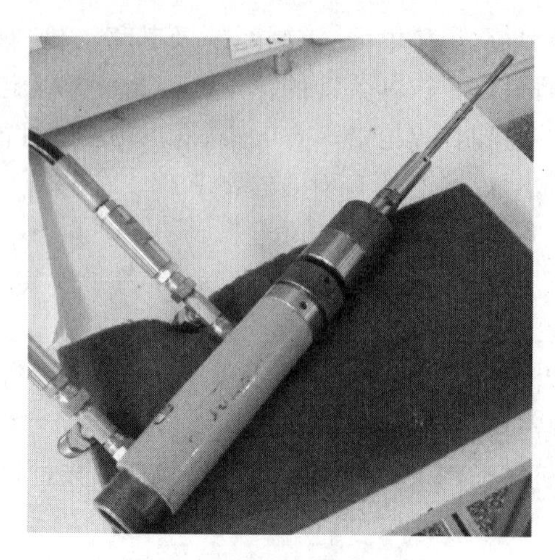

图 9-5　骨架胀接用胀枪

第四节　骨架组装焊接参数调整

学习目标:掌握骨架胀接参数的调整方法;掌握骨架焊接参数的调整方法。

一、骨架胀接参数的调整

骨架胀接主要涉及 3 个参数,胀接压力、保压时间和胀接尺寸。

胀接压力的大小对于产品的质量有较重要的影响:试验中发现胀接压力位于 390～420 bar 范围内,拉伸性能基本处于稳定状态。

保压时间决定了其拉伸性能,保压时间低于 1 秒钟,拉伸性能不稳定,大于 3 秒基本稳定。

胀接尺寸的大小直接决定了拉伸破断力的大小,一般来说胀接尺寸处于技术条件下限时,拉伸破断力较小,但能满足技术要求;胀接尺寸位于技术要求的上限时,拉伸破断力最大。当胀接尺寸超过技术要求时,可能出现裂纹。

二、骨架焊接参数的调整

骨架焊接的主要参数有焊接时间、焊接电流和电极压力三个参数。

焊接电流是产生内部热源的外部条件,是最重要的焊接参数。它通过两个途径对点焊的加热过程施加影响。其一,调节焊接电流的有效值的大小会使内部热源的析热量发生变化,影响加热过程。当焊接电流较小时,由于热源强度不足而不能形成熔核或熔核尺寸甚小,焊点的剪切力较低且很不稳定;随着焊接电流的增加,内部热源发热量急剧增大,熔核尺寸稳定增大,焊点剪切力不断提高(一般情况下,焊点的剪切力正比于熔核直径);但焊接电流达到一定程度后,增加焊接电流将会使加热过于强烈,引起金属过热、喷溅、压痕过深等缺陷,焊点拉剪载荷反而降低。其二,焊接电流在内部电阻上所形成的电流场分布特征,将使焊接区各处加热强度不均匀,从而影响点焊的加热过程。点焊时,电流线在焊件的贴合面处要产生集中收缩,使贴合面处产生了集中加热效果,而该处正是焊接所需要连接处。

电极压力也是点焊的重要参数之一，电极压力过大或过小都会使焊点承载能力降低和分散性变大，尤其对剪切力影响更甚。当电极压力过小时，由于焊接区金属的塑性变形范围及变形程度不足，造成因电流密度过大而引起加热速度大于塑性环扩展速度，从而产生严重喷溅（飞溅）。电极压力大将使焊接区接触面积增大，总电阻和电流密度均减小，焊接区散热增加，因此熔核尺寸下降。

焊接电流与焊接时间的搭配对于提高焊点质量极其重要。对于锆合金的焊接，特别是焊接件的两部分厚度不一致的情况，如 AFA3G 骨架焊接时，采用硬规范，即大焊接电流、小焊接时间。该种规范有利于克服焊接工件的厚度差引起的熔核偏移，减小焊点表面压坑深度，减小焊点变形，减少焊点对 N、O、H 的吸收，从而提高焊点表面质量。一般焊接时间只进行一个焊接循环，即一个焊接周波，较大的焊接电流，如 2 kA 以上。

焊接电流与电极压力的搭配是以焊接过程中不产生飞溅为主要特征。

一般来讲，保持焊接电流不变，增大焊接压力，焊点表面的腐蚀性能得到提高，但熔核直径会降低；保持焊接压力不变，增大焊接电流，焊点表面的腐蚀性能将降低，但熔核直径会增大。

第五节　骨架返修

学习目标：掌握骨架焊点返修方法；掌握骨架导向管内壁毛刺返修方法。

骨架的返修一般不允许进行，要进行返修，必须征得设计人员的允许，对于焊点补焊返修，必须进行相应的试验或进行相应的工艺合格性鉴定并取得证书后方可进行。下面以 17×17 型骨架为例进行介绍。

一、骨架焊点返修

1. 适用条件

（1）焊点太小、缺焊点。

（2）焊点外观符合要求但电流强度不符合要求。

（3）焊点位置不符合要求。

（4）补焊必须取得相应的工艺合格性鉴定证书后方可进行。

2. 操作要求

（1）操作者均应戴始终完好、干净的细纱手套。所有操作不应触及、损伤非返修部位。

（2）在开始工作前应检查上道工序是否已经完成，流通卡和记录表格等是否已正确填写。

（3）检查所有设备、仪器是否在有效期内。

（4）在操作过程中，如出现与操作卡不符或出现事故等情况，应立即报告主管领导。

3. 骨架定位及检查

（1）将骨架放在组装点焊工作台上定位，并使骨架“Y”角与骨架组装点焊工作台的夹紧框架固定角方位一致，将下管座支脚与定位板接触，并使下管座固定在定位框架内。

(2) 用 0.05 mm 的塞尺(规)检查,管座应与各基准面靠紧,否则应重新定位。

(3) 将各层格架定位夹紧。

4. 格架焊接

(1) 检查焊接参数设置是否符合工艺卡的要求。

(2) 查阅本焊点的技术规范。

(3) 准备好后,插入芯轴进行焊接。

(4) 在同一焊点上进行补焊时,焊前应对焊点进行打磨,必要时对条带进行校正。

(5) 初始焊点太小或相对点焊舌上的焊点是需要返修的焊点,返修焊点可以覆盖在初始焊点。

5. 补焊点检查

检查补焊点的外观、位置、内径、氧化色(用 3 倍放大镜检查,并与外观标样比较)。

6. 记录

在返修流通卡和记录表等文件上填写:返修位置、情况;规程编号及版次;操作者姓名、日期。

二、导向管内壁毛刺返修

1. 操作准备

(1) 清洁返修所用工器具:可调铰刀规格为 ϕ11.20～11.50 mm,ϕ10.00～10.14 mm。

(2) 将燃料组件组装工作台清理干净。

(3) 操作者应戴始终完好、干净的细纱手套。

(4) 查阅检验记录,确认需返修的部位、尺寸及毛刺或异物的情况。

2. 返修

注意事项:返修操作应尽量不触及非返修部位,不得损伤非返修部位。

(1) 打开格架夹紧框架。

(2) 将下管座支架固定紧。并将支承定位板装好固定紧。

(3) 将组件组装工作台转动到直立状态。检查格架夹紧框架已全部打开。

(4) 用吊车将组件吊运到组装工作台上方,对正、下降。使燃料组件的格架紧靠格架夹紧框架的两个固定臂,下管座坐落在下管座支架的支承定位板上。

注:将下管座垫块放好,燃料组件"Y"角按制造时位置放。

(5) 将格架夹紧框架的两个可动臂合拢并拧紧,将燃料组件固定。

(6) 将组件组装工作台转动到水平状态。

(7) 将铰刀按规定尺寸调好并固定后,放到导向管内需要返修的位置,小心轻轻地慢慢转动,然后取出铰刀,检查管内径。

(8) 用吸尘器(或机械真空泵)在上管座端将管内微粒异物吸出。用丙酮清洗干净,并干燥。

(9) 内径测试检查。若不符合技术要求可重复 上述(7)(8)步骤,直至符合要求为止。

3. 记录

(1) 对返修情况予以详细记录。

(2) 填写相应文件、表格,并注明规程版次、姓名和日期。

第十章　组装焊接燃料组件或部件

学习目标：掌握上下管座定位夹具的结构特点；掌握燃料组件组装夹持框架及拉紧装置的结构特点；掌握燃料组件或部件的常见缺陷及返修方法；了解燃料组件组装焊接设备的结构性能特点；掌握燃料组件焊接参数的选择原则；掌握上下管座返修方法；掌握定位格架扭曲方法及其意义。

第一节　上下管座组装定位夹具结构特点

学习目标：掌握上下管座定位夹具的结构特点。

一、15×15 上管座组装定位夹具

15×15 上管座的焊接基本工艺路线为：上管座组装点焊→上管座焊接。每个工步需 1 副夹具，共计 2 副夹具，全部为手动夹紧的夹具，两夹具的区别仅在于点焊时需要加上四角定位支架固定上管座的四角钢。见图 10-1。

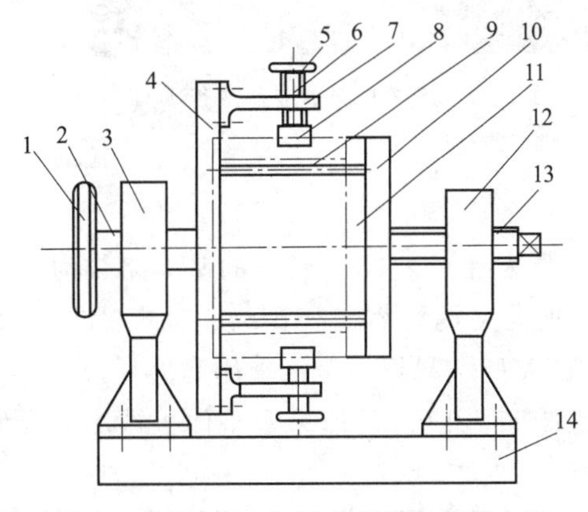

图 10-1　15×15 上管座点焊及焊接夹具

1—大手轮；2—转轴；3—轴承支架；4—底板；5—小手轮；6—调节螺杆；7—四角支架；8—压块；9—定位杆；10—水冷压板；11—上管座；12—螺杆支架；13—压紧螺杆；14—底座

二、17×17 下管座组装定位夹具

17×17 上管座的焊接机器人自动化焊接工艺，合格的零件后在 1 副专用夹具上按参数表的参数一次组装、点焊而成，点焊后的管座装到专用机器人焊接夹具上进行自动化焊接成型，共计 2 副夹具，1 副为手动夹紧的夹具，见图 10-2，1 副为气动夹紧的夹具，见图 10-3。

图 10-2　17×17 上管座点焊夹具

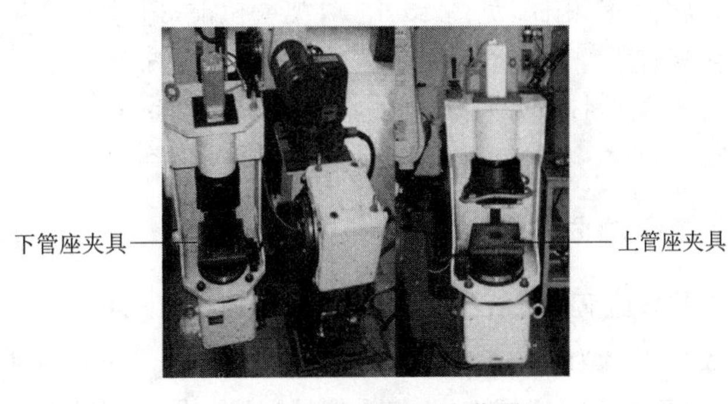

图 10-3　机器人用变位器

三、下管座组装焊接工装

15×15 下管座的组焊工艺路线为:围板组装点焊→下管座组装点焊→下管座焊接。

其中围板组装、点焊用 1 副点焊夹具,见图 10-4,下管座组装点焊及焊接用 1 副夹具,见图 10-5。

图 10-4　15×15 下管座围板点焊夹具

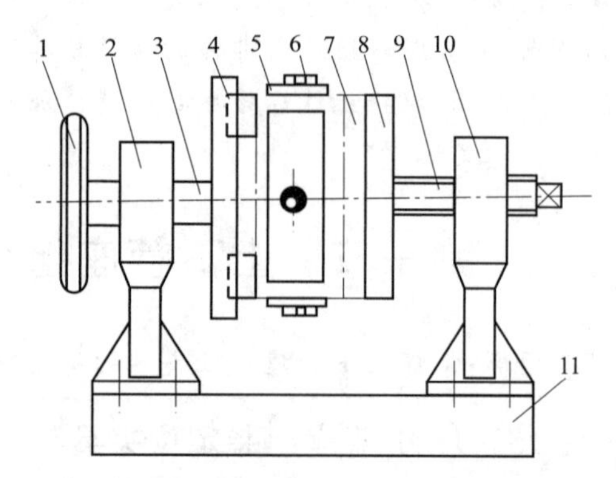

图 10-5　15×15 下管座焊接夹具

1—手轮;2—轴承支架;3—转轴;4—底板;5—铜压板;6—螺钉;7—下管座;8—水冷压板;9—压紧螺杆;10—螺杆支架;11—底座

低燃耗 17×17 下管座的基本路线为:下管座组装点焊→下管座焊接。

所需夹具为 2 副,1 副为手动夹紧的夹具(点焊用),另外 1 副为气动夹紧夹具。鉴于目前 AFA 型燃料组件全部采用高燃耗设计,对低燃耗组件下管座焊接在此就不作详细介绍。高燃耗 17×17 下管座采用整体机械加工成型,无需焊接。

第二节　燃料组件组装焊接定位夹具结构特点

学习目标:掌握燃料组件组装夹持框架及拉紧装置的结构特点。

一、夹持框架

与骨架夹持框架类似,只是减少了轴向定位板,其余结构相同,见图 10-6。骨架就位前,通过拧松螺钉 1、3、4,打开框架;放入骨架后,先拧紧螺钉 1,然后拧紧螺钉 3,再拧紧螺钉 4,压紧固定骨架,防止拉棒过程中,骨架发生窜动。

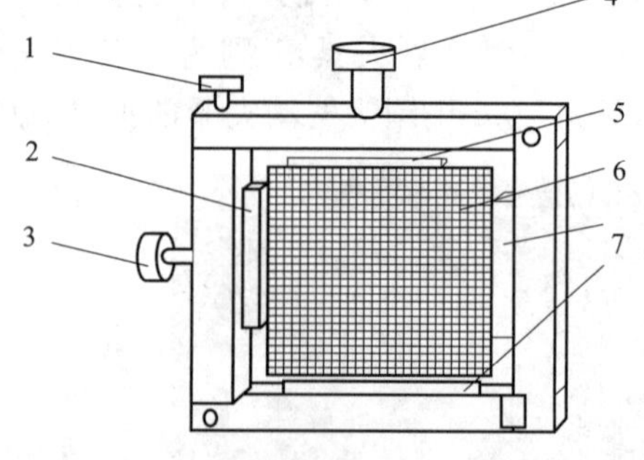

图 10-6　拉棒装置夹持框架

二、轴向拉紧(顶紧)装置

拉棒过程中,由于每根燃料棒可能达到的最大牵引力为 900 N,最大牵引速度达到 5 m/min,因此,骨架的受力点位于定位格架栅元上,由于夹持框架的作用,将力传导到导向管上,使用螺杆拧入导向管套管固定在假上管座上,防止导向管在拉棒过程中的移动;在下端,采用顶紧导向管的方式防止导向管在拉棒过程中的移动。

第三节　燃料组件或部件制造中常见缺陷及解决方法

学习目标：掌握套筒螺钉去毛刺返修的操作要点；掌握上管座导向管孔去毛刺返修的操作要点；掌握下管座S孔去毛刺返修操作要点；掌握燃料棒与管座间距调整的操作要点。了解燃料组件垂直度校正的操作方法；掌握燃料组件零部件更换的操作要点；了解管座焊接质量缺陷的检验方法。

一、套筒螺钉去毛刺(17×17型)

（1）可返修套筒螺钉的定义

可返修的套筒螺钉其划伤深度应小于螺纹高的一半。

（2）用金刚锉小心打磨套筒螺钉螺纹上的毛刺，直到套筒螺钉螺纹上的毛刺去除。

（3）用金相砂纸打磨去毛刺的部位，使其光滑。

（4）用绸布蘸丙酮擦洗套筒螺钉整个螺纹部分或先进行超声清洗，然后用丙酮浸泡清洗。

（5）注意事项

返修过程中不得损伤任何非返修部位。套筒螺钉螺纹有损伤，应予以报废。

二、上管座导向管孔去毛刺

（1）将上管座在返修夹具上就位，用绸布或白纸将板弹簧裹住，以防返修下的毛刺掉入板弹簧缝隙中。

（2）将铰刀置于弹簧夹头中，铰除待修孔壁上的毛刺。应小心操作，注意保护孔的形状精度。

（3）用压缩空气对管座孔进行喷吹，清除毛刺碎屑，并用绸布蘸丙酮清洗修整部位。

（4）用上管座导向管孔过规、止规进行检查。

三、下管座S孔去毛刺

（1）将下管座返修部位以外的部分用绸布或白纸遮住，以防返修下的碎屑掉入下管座缝隙中。

（2）用金钢锉小心打磨S孔有毛刺处，直到毛刺全部去除。返修时应小心操作，注意保护孔的形状精度。

（3）用压缩空气对管座孔进行喷吹，清除毛刺碎屑，并用绸布蘸丙酮清洗修整部位。

（4）用S孔过规、止规进行检查。

四、燃料棒与管座间距调整(17×17型)

燃料棒与管座间距的调整分为以下四种情况：

1. 燃料棒上端塞已穿过燃料组件第11层格架

(1) 将拉棒机调整到手动状态。

(2) 短拉杆、拉夹头、塑料垫片(包壳管装箱用)等工器具准备。

(3) 使用短拉杆、拉夹头等工器具手动将燃料棒从骨架中拉出。

(4) 在燃料棒拉出的同时,在燃料棒的下面垫上塑料垫片,防止燃料棒与拉杆支撑平台接触,造成燃料棒沾污。

(5) 对拉出的燃料棒进行外观划伤及沾污检查,必要时使用绸布蘸丙酮擦拭燃料棒。

(6) 检查合格后由至少两人将该燃料棒送入预装盒相应位置。此时极易将燃料棒装窜位置,应认真检查燃料棒的位置是否正确。

(7) 将拉棒机调整到手动或自动状态。

(8) 换上长拉杆、将该燃料棒重新拉入骨架并到位。

2. 燃料棒上端塞未穿过燃料组件第1层格架

(1) 将拉棒机调整到手动状态。

(2) 选择相应位置的长拉杆。

(3) 采用手动方式将燃料棒拉到位。

3. 燃料棒已穿过燃料组件第1层格架但与下管座的间距偏大

(1) 调整螺杆和拉夹头等工具准备。

(2) 将调整螺杆和拉夹头组装并穿过未到位燃料棒在假下管座上的对应孔位。

(3) 用拉夹头抓住燃料棒下端塞将燃料棒拉到位。

4. 燃料棒上端塞未穿过燃料组件第11层格架但与下管座的间距偏小

(1) 调整螺杆和拉夹头等工具准备。

(2) 将调整螺杆和拉夹头组装并穿过未到位燃料棒在假上管座上的对应孔位。

(3) 用拉夹头抓住燃料棒下端塞将燃料棒拉到位。

五、组件校直

(1) 将组件吊置于组件检查仪上,启动组件检查仪,使组件处于定中心测量状态。

(2) 使组件检查仪 W 托架升至被测的组件定位格架高度,使1～12号探头前进至格架处。

(3) 检查1～12号探头值,确定组件弯曲所在的格架位置。

(4) 双手缓慢轻推弯曲超差的格架,严禁推燃料棒,着力点只能在格架上。使组件弯曲度符合图纸及技术条件的要求。

(5) 不得多次多方向地推拉组件。

六、燃料组件零部件的更换

1. 轴肩螺钉的更换

(1) 根据检验报告结果,核对需要更换的轴肩螺钉及其位置。

(2) 用力矩扳手拆下需要更换的轴肩螺钉(拧松力矩大于1.5 N·m),该螺钉报废处理。

(3) 换上新的经过清洗的轴肩螺钉,并在跟踪文件上记录其放行单号。

(4) 进行轴肩螺钉的胀形。

2. 套筒螺钉的更换

(1) 根据检验报告结果,核对需要更换的套筒螺钉及其位置。

(2) 如果套筒螺钉已进行胀形,用螺丝刀小心地将套筒螺钉的裙边撬离套筒螺钉的定位孔孔壁,使套筒螺钉在旋转过程中不会划伤孔壁。注意,操作过程中应尽量不要划伤孔壁。

(3) 用力矩扳手拧下套筒螺钉(拧松力矩 8～9 N·m)。

(4) 换上新的经过清洗的套筒螺钉,并在跟踪文件上记录其放行单号。

(5) 进行套筒螺钉的胀形。

3. 下管座的更换

(1) 用力矩扳手取下 24 个轴肩螺钉,胀形前取下的轴肩螺钉检查合格可以使用。

(2) 取下下管座放在干净的白纸上。

(3) 检查新的下管座的标识及放行单。

(4) 装上新的下管座并用轴肩螺钉固定(填写新的轴肩螺钉炉批号)。

(5) 用力矩扳手拧紧轴肩螺钉。

(6) 进行轴肩螺钉的胀形。

4. 上管座的更换

步骤与下管座的更换相同,但使用的是套筒螺钉。

5. 燃料棒的更换

(1) 拆卸下管座。

1) 用力矩扳手取下 24 个轴肩螺钉。

2) 取下下管座,放在白纸上,并检查下管座。

(2) 安装假下管座和导向板。

1) 检查假下管座上通量管下面的 2 个导向管顶紧螺钉是否完全松开。

2) 将假下管座安放在支架上,操作时须注意不要碰伤中子通量管和导向管。

3) 拧紧假下管座的 4 个夹紧螺钉,固定假下管座。

4) 拧紧假下管座上的顶紧螺栓,并与导向管接触。

(3) 拆卸上管座。

1) 用力矩扳手取下 24 个套筒螺钉。

2) 卸掉上管座,操作时须注意,不要碰着中子通量管;将其放在白纸上并检查上管座。

(4) 装骨架张紧装置和导向板。

1) 将该装置放置在组装工作台适当的位置上,调整并固定。

2) 将该装置上的螺栓相对于通量管对称地拧入套筒。

(5) 在拉棒机拖板上固定短拉杆。

(6) 启动拉棒机。

(7) 用短拉杆将需要更换的燃料棒从骨架内拉出。

注:若需要更换的燃料棒中含有钆棒,则:

1) 准备好钆棒排列图。

2) 在钆棒排列图上标识需更换的燃料棒的位置。

3) 逐根将钆棒从燃料组件里拉出。

4) 每拉出一根钆棒,立即对其进行重新标识,并通过排列图仔细核对、记录其棒号和标识号。

5) 将拉出的钆棒装入专用有标识的转运小车转至其他工序。

6) 依照上述顺序,再将相应的燃料棒拉出并装入专用的有标识的转运小车转至其他工序。

7) 将替换用的合格的钆棒在装盒平台上按操作卡进行预装。

8) 钆棒装盒完成后,再将替换用的合格的燃料棒进行装盒。

(8) 将燃料棒及钆棒拉入骨架(注意新棒的标识及放行单)并完成组件的最终组装工作。

6. 骨架的更换

1)将全部燃料棒从骨架中拉出。

2) 将全部燃料棒重新标识并记号,经外观检查合格后装入元件贮存盒待用。

3) 从框架内取出需要更换的骨架。

4) 将新的骨架放入组装平台上固定(注意记录新的骨架放行单号)。

5) 重新进行燃料组件组装。

7. 管座的焊接质量检验、焊接缺陷

管座的焊接质量检验、焊接缺陷及其防止不仅只是对产品而言,还应包括焊工应该熟知的焊接工艺合格性鉴定的相关内容。

(1) 管座的焊接质量检验

1) 渗透探伤

渗透探伤是利用带有荧光染料或红色染料渗透剂的渗透作用,显示缺陷痕迹的无损检测方法。渗透探伤的理化基础有:① 毛细作用;② 乳化作用;③ 荧光现象。

渗透探伤的基本原理是:在被检工件表面涂覆某些渗透力较强的渗透液,在毛细作用下,渗透液渗透到工件表面的缺陷中,然后去除工件表面多余的渗透液(保留渗透到表面缺陷中的渗透液),再在工件表面涂上一层显像剂,缺陷中的渗透液在毛细作用下重新被吸到工件表面,从而形成缺陷的痕迹。根据在黑光(荧光渗透液)或白光(着色渗透液)下观察到的缺陷痕迹,作为缺陷的评判。

按照渗透剂和显像剂的不同,渗透探伤方法的分类如表 10-1 和表 10-2 所示。

2) 金相检查

焊缝经过切割取样、磨制、腐蚀后,焊缝的形貌基本显现出来,借助低倍放大镜(5～10倍)观察宏观组织,可以清晰地看到焊缝各区的界限、焊缝金属的结构以及未焊透、裂纹、气孔、夹渣等焊接缺陷。微观金相试验是在 1 000～1 500 倍的金相显微镜下观察金属的显微组织,确定焊接接头各部位组织特性、晶粒大小及近似推断焊缝的力学性能,焊缝及热影响区的冷却速度等。

表 10-1　按渗透剂分类的渗透探伤方法

方法名称	渗透剂种类	方法代号
荧光渗透探伤	水洗型荧光渗透剂	FA
	后乳化型荧光渗透剂	FB
	溶剂去除型荧光渗透剂	FC
着色渗透探伤	水洗型着色渗透剂	VA
	后乳化型着色渗透剂	VB
	溶剂去除型着色渗透剂	VC

表 10-2　按显像剂分类的渗透探伤方法

方法名称	显像剂种类	方法代号
干式显像法	干式显像剂	C
湿式显像法	湿式显像剂	W
	快干式显像剂	S
无显像剂显像法	不用显像剂	N

3）焊接变形检测

由于焊接过程是一个高温热循环过程，加之又有焊接夹具对工件的外部拘束，管座的焊接变形是不可避免。从整个管座的加工工艺来讲，按照技术条件及适用图纸的要求，管座的外形尺寸必须满足一定要求。

为了减少焊接变形对机械加工后的管座成品外形尺寸的影响，在管座零件加工时，零件加工尺寸已经预留了一定的焊接变形量，这就要求焊接变形量波动不能太大，否则超过预留量及要求的尺寸公差裕度就有可能造成无焊缝缺陷的管座焊接件不能加工出符合技术条件和适用图纸要求的管座成品。

鉴于上述原因，管座正常焊接变形量确定和实际焊接变形检测也就成为了技术条件要求以外的另一个对焊接的要求。焊接变形的检测可以通过焊后相关线性尺寸的测量来进行。

（2）焊接缺陷

无论是 15×15 管座、17×17 还是 TVS-2M 管座，根据惰性气体保护焊接的特性，按照焊接技术条件和适用图纸的相关要求，焊缝必须达到足够的熔深以保证焊接接头的强度，而且焊缝及其近缝区（热影响区）不得有裂纹、气孔、夹渣、未焊透等焊接缺陷。

管座焊缝表面主要缺陷可以用 3～5 倍的放大镜或渗透探伤的方法对焊缝进行检查。而焊缝熔深和焊缝的内部缺陷只有通过宏观金相方法进行检查。

对于 15×15 管座，通过多年的摸索和实践，焊接工艺已经相当成熟。但是，由于采用手工 TIG 焊接方法成型，焊接质量与焊工的实际操作技能有很大的关系；即便对于同一个焊工，由于其心理、生理状态的变化，管座的焊接质量是有一定波动的。15×15 管座的主要焊接缺陷有气孔、焊接变形过大或过小两类。当然，也有其他的一些焊接缺陷，如：极个别管座定位销孔板与围板贴合不好，两者间隙近 0.9 mm；由于焊接设备在正常焊接过程中突然发生故障,造成电流失控而使管座焊穿等。

对于 TVS-2M 管座,目前全部有用手工焊接,而且与 15×15 管座相比,具有零件各类多、焊缝数量多等特点。因此焊接工作量更大,对焊工操作比较高,焊接时应严格按规程操作,平时多练习,提高焊接操作水平,尽量做到焊缝均匀,避免焊接变形导致焊后工件不合格。

对于 17×17 上管座,由于通过工艺合格性鉴定确立的焊接工艺是一个合适的工艺,加之采用电子束自动化焊接,避免了人为因素对焊接质量的影响,所以其焊接质量十分稳定,CJNF 的焊接成品率基本维持在 100%,截至目前焊接未出现过废品。

第四节　燃料组件或部件组装焊接设备结构性能

学习目标:了解燃料组件组装焊接设备的结构性能特点。

一、燃料组件组装装置

一般由控制系统、拉(或推)棒机、拉棒平台、燃料组件固定框架、燃料组件固定平台、燃料棒支撑平台组成。其外形图见图 10-7。

对于 17×17 燃料组件组装装置,还包括轴肩螺钉及套筒螺钉胀形装置。

(a)

(b)

图 10-7　燃料组件组装装置

(a) 燃料组件组装平台及拉棒装置;(b) 轴肩螺钉及套筒螺钉胀形装置

二、燃料组件焊接装置

燃料组件焊接装置包括焊接控制系统、焊枪、保护气体装置、焊接定位工装构成。见图 10-8。

图 10-8　燃料组件焊接装置

燃料组件或部件由于结构尺寸较大，不可能在焊室中进行，一般采用非密封焊接，即焊接电极在惰性气氛中直接对准焊缝进行焊接。

上管座的焊接采用点焊方式，一般采用手工焊接，不进行自动焊接。管板焊时，焊接电极固定在定位板上，可实现自动旋转焊接。两种焊接在焊前都不抽真空，因为是对不锈钢的焊接，因此对氧化色的要求也不严格。

因此，燃料组件或部件的焊接设备与燃料棒焊接设备相比，结构上减少了焊接密封小室和夹持旋转机构，其余部分是相同的。

第五节　燃料组件或部件组装焊接参数调整

学习目标：掌握燃料组件焊接参数的选择方法。

燃料组件或部件的焊接比较简单，其参数主要是考虑焊接电流，没有燃料棒的 TIG 焊接对焊接真空或保护气体的纯度要求高、流量考虑也较小，主要根据焊点或焊缝的熔深来选择焊接电流的峰值。根据试验结果：一般情况下，增大焊接电流峰值，可以增加焊缝熔深和增加焊缝拉伸破断力，但增加焊接电流到一定程度，焊缝熔深增加效果减弱，焊缝拉伸破断力出现下降，同时焊接变形增加，不利于保证焊缝的质量。

第六节　燃料组件或部件返修

学习目标：掌握上下管座返修方法；掌握定位格架扭曲方法及其意义。

一、上下管座返修

1. 15×15 管座

对于 15×15 管座而言，主要的两类焊接缺陷：气孔和变形超差，变形超差不能返修，但可对气孔进行打磨并补焊，补焊后管座按照图纸、技术条件要求进行热处理。

2. 17×17 管座

对于 17×17 管座，尽管除了收弧处的塌陷外，目前没有出现真正意义上的焊接缺陷，但是并不意味着不会出现质量问题。

对于收弧处的焊缝塌陷，应该在管座焊件热处理进炉之前，采用手工加丝焊接方式将塌陷处按照外观标样的要求进行补焊。如果在热处理后再进行补焊，焊件的变形会变大，而且补焊产生的残余应力也得不到有效消除。

二、格架扭曲试验

1. 设备与材料

骨架点焊机,骨架组装平台、组件组装工作平台、胀接装置、胀接平台、套筒螺钉拧紧旋具、力矩扳手、成品(或局部)端部格架两只、导向管试样(厚壁、薄壁)、导向管下端塞、轴肩螺钉、胀接套管、套筒螺钉,数量根据工艺鉴定要求及设备需要确定。

2. 试样制备

(1) 将导向管下端塞分别压入厚壁导向管试样,然后进行焊接。

(2) 将端部格架装入骨架组装工作平台并定位。

(3) 将导向管试样装入端部格架。

(4) 进行点焊,每个焊舌焊两点(薄壁)或一点(厚壁)。

(5) 将薄壁导向管试样与套管进行胀接。

(6) 将焊接后的端部格架试样装入组件组装平台第 11 层夹持框架并用力矩扳手拧紧框架。在导向管试样上装上套筒螺钉(或轴肩螺钉),并用力矩扳手悬空拧紧套筒螺钉(或轴肩螺钉)。

3. 扭曲检验

(1) 先进行力矩扳手(型号:ZBS-50 或类似扳手)的校验,力矩值校验范围为:9.5～25 N·m。

(2) 设定力矩扳手(清零、锁峰值)。

(3) 将力矩扳手连接辅助工具插入套筒螺钉(或轴肩螺钉),转动力矩扳手,直至格架损坏或焊点撕脱为止,记录力矩值,该值应大于 14 N·m。该值作为套筒螺钉或轴肩螺钉拆卸的参考力矩值,实际使用力矩一般不超过该值的 60%。

三、燃料组件返修

燃料组件一般不进行返修,需要返修时,必须针对返修的内容编写操作卡,经由设计部门或相关单位进行批准后方可进行。

第三部分　核燃料元件生产工高级技能

第十一章　专业理论知识

学习目标：了解金属工艺学的基本知识；了解机械传动的基本原理，掌握其优点；掌握引起燃料棒、骨架焊接变形的控制方法；了解金属晶体结构的一般知识、合金的组织、结构及铁碳合金的基本组织，了解铁—碳平衡状态图的构造及应用，了解钢的热处理基本知识；掌握常用的质量分析方法。

第一节　焊接变形和焊接热循环

学习目标：掌握引起燃料棒焊接变形的因素及解决措施；掌握骨架焊接变形的控制方法。

一、燃料棒焊接变形

燃料棒焊接的变形主要与焊接能量的选择有关，一般来讲，较小的焊接能量输入，焊接变形相对较小，但减小焊接能量，会对焊缝的质量有所影响，要在保证焊缝质量满足要求的前提下尽量减小焊接能量的输入；焊接变形还与焊接方法有关，如焊接前对燃料棒的顶紧压力的大小有关，减小顶紧压力，可以减小焊接变形，但对焊缝的热量传导不利，会对焊缝的腐蚀性能产生影响，需要适当的配合达到既减小焊接变形又不至于降低焊缝的腐蚀性能。

二、骨架焊接变形控制

控制骨架焊接变形，其措施有以下几点：

(1) 下管座在支座中定位紧固时应保证下管座基准面与支座上的定位面贴合，使 Y 角与支座 Y 角在同一条边上，同时要求通过 S 孔和对角线孔对称将下管座紧固在支座上，并采用轴肩螺钉（17×17 型）或其他形式的拉紧装置对下管座进行拉紧，防止焊接过程中的移位。

(2) 采用格架定位夹紧框架将格架在 X、Y、Z 三个方向上定位夹紧，保证格架与骨架有较好的垂直度。

(3) 采用对称焊接程序，依次从下至上焊接每层格架。

(4) 对于可拆卸上管座,改变导向管与套管的连接方式:采用胀接方式替代焊接方式进行导向管与套管的连接,有效保证导向管套管端面的平面度,通过改进方式,可以避免导向管的长度差异及下管座定位基准面的加工误差带来的综合误差,只与胀接定位基准面有关,不用考虑其他误差,可以有效减少其对燃料组件的外形尺寸的影响。

第二节 质量数据统计分析常用方法

学习目标:了解产品质量波动的两重性;掌握常用的质量分析方法。

一、产品质量的波动

产品质量具有两重性,即波动性和规律性,在生产实践中,即使操作者、机器、原材料、加工方法、生产环境等相同,但生产出来一批产品的质量特性数据却并不完全相同,总是存在差异,这就是产品质量的波动性。产品质量波动具有普遍性和永恒性。当生产过程处于稳定或控制状态时,生产出来的产品的质量特性数据,其波动又服从一定的分布规律,这就是产品的规律性。根据影响产品质量波动的原因,可以把产品质量波动分为正常波动和异常波动两类。

1. 正常波动

正常波动是由偶然原因和难以避免的原因造成的产品质量波动,这些因素在生产过程中大量存在,对产品质量经常的起着影响,但它所造成的质量数值波动往往比较小。对这些波动因素的消除,在技术上难以达到,在经济上的代价又很大。因此,在一般情况下这些质量波动在生产过程中是允许存在的,所以称为正常波动。我们把正常波动控制在合理范围内的生产过程称为处于统计的控制状态或简称控制状态、稳定状态。

2. 异常波动

异常波动是由系统性原因造成的产品质量波动。这些原因在生产过程中并不大量存在,对产品质量也不经常地起着影响,但一旦存在,它对产品质量的影响程度就比较显著。由于这些原因所造成质量波动其大小和作用方向上具有一定周期性或倾向性,因此比较容易查明原因,容易预防和消除。如原材料材质不符合规定要求;机器设备有故障,带病运转;操作者违反操作卡等。一般情况下,异常波动在生产过程中是不允许存在的。我们把这样的生产过程称为不稳定状态或失控状态。

质量管理的一项重要工作,就是要找出产品质量的波动规律,把正常波动控制在合理的程度,消除系统性原因造成的异常波动。

造成产品质量波动的原因,主要来自五个方向:

人(Man):操作者的质量意识,技术水平,熟练程度,正确作业和身体素质等;

机器(Machine):机器设备,工夹具的精度和维护保养状态等;

材料(Material):材料的化学成分,物理性能以及外观质量等;

方法(Method):加工工艺,操作卡,测量方法以及工艺装备的选择等;

环境(Environment):工作地的温度、湿度、照明、噪声以及清洁条件等。

通常把上述因素称为造成产品质量波动的五大因素或简称“4M1E”因素。

二、常用分析方法

质量数据的统计分析方法有多种，下面对几种常用的统计方法进行简单介绍。

1. *分层法*

造成质量波动的原因是多种多样的，因此搜集到的质量数据往往带有综合性。为了能真实地反映产品质量波动的实质原因和变化规律，就必须对质量数据进行适当的分类和整理。分层法就是按照一定的标志，把搜集到的数据加以分类整理的一种方法。有时把性质相同，条件相同的数据归类为一个组，例如人口普查中，把全国人口按年龄分为若干年龄组。因此分层法又叫分类法或分组法。分层的目的在于，把杂乱无章和错综复杂的数据加以整理，使之更能确切地反映数据所代表的客观事实。

分层的原则是使同一层次内的数据波动幅度尽可能小，而层与层之间的差别尽可能大。为了达到这一要求，通常按时间、操作人员、使用设备、原材料、加工方法、检测手段、环境条件等这样一些标志对数据进行分层。按照分析问题的目的和用途的不同，可以采用不同的标志进行分层，也可以同时采用若干标志对数据进行分层。

在运用分层法时，重要的是要按照分析问题的目的和要求，选择一个或若干个标志对数据进行分类。如果所选择的标志不恰当，就可能使分层结果不能充分、有效地反映客观事实。例如对一个时期内的工伤事故频次，可以按工伤事故的标志：高处坠落、机械伤害、物体打击、触电、灼烫、车辆伤害等分层统计分析；也可以按发生事故的部门来分层；还可以按工伤人员的年龄、工种结构等进行分层统计分析，从而可从各个方面分析问题，从不同方面研究改进措施。

2. 因果图法

因果图是表示质量特性与原因关系的图。产品质量在形成的全过程中，一旦发现了问题就要进一步寻找原因，采用开“诸葛亮会”的办法，集思广益。然后把大家分析的意见按其相互间的因果关系，用特定的形式反映在一张图上，以此来分析，寻找产品质量问题产生的原因和主要原因，见图 11-1，因果图又叫特性要因图、石川图、树枝图、鱼刺图等，是 QC 小组常用的一种分析方法。

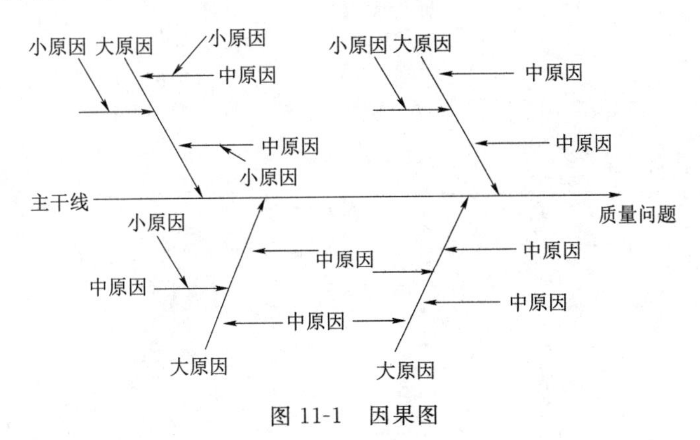

图 11-1　因果图

因果图的作图要点

(1) 明确需要分析的质量问题和确定需要解决的质量特性。例如产品质量、质量成本、产量、销售量、工作质量等问题。

(2) 召集同该质量问题有关的人员参加“诸葛亮会”，充分发扬民主，各抒己见，集思广益，把每个人的分析意见，都记录在图上。

(3) 画一条带箭头的主干线，箭头指向右端，将质量问题写在图的右边。确定造成质量问题的大原因。影响现场产品质量一般有五大因素(人、机器、材料、方法、环境)，所以经常见到按五大因素分类的因果图。不同行业，不同的问题应根据具体情况增减或选定因素。把大原因用箭头排列在主干线两侧。

然后围绕各大原因分析展开，按中、小原因及相互间原因→结果的关系，用长短不等的箭头线画在图上。逐级分析展开到能采取措施为止。

(4) 讨论分析主要原因。按主要的、关键的原因分别用粗线或其他颜色的线标记出来，或者加上框框，并进行现场验证。

(5) 记录必要的有关事项。如参加讨论的人员、绘制日期、绘制者以及其他可供参考查询的事项。

第十二章　组装焊接定位格架

学习目标:掌握定位格架组装精度的影响因素和控制方法;掌握定位格架焊接工艺参数的相互关系及选择方法;掌握定位格架常见缺陷的返修方法;掌握定位格架自动焊接编程技巧;掌握定位格架变形的影响因素;掌握解决焊接变形的控制方法。

第一节　定位格架组装精度的影响因素和控制方法

学习目标:掌握定位格架组装精度的影响因素和控制方法。

一、15×15定位格架

定位格架组装精度的影响因素和控制办法:

(1) 条带、围板0.3细槽的冲裁质量——开刀口,减小毛刺大小;

(2) 条带、围板0.3细槽的相关尺寸及位置度——模具保证;

(3) 条带定位凸起的相关尺寸及位置度——模具保证;

(4) 操作人员操作技能和对工艺了解的程度——加强培训;

(5) 条带/围板的平整度;

(6) 条带厚度的均匀性;

(7) 组装夹具或组装机的加工精度。

二、17×17定位格架

(1) 检查外条带有格架编号的条带是否存在且标识正确;

(2) C焊缝处内条带榫头是否进入榫槽内,小碟舌是否拧一个角度且保持完好;

(3) E焊缝处两个外条带平齐,高低一致;

(4) 对格架的中间栅元,边栅元和四角栅元分别用变形规检查,若有异常应及时修正;

(5) 对格架外观、清洁度等全面检查,合格后转入下道工序。

定位格架组装中的检验是十分重要,也是十分细致的工作,若组装质量不符合要求,就可能造成格架焊后出现缺陷,甚至格架报废,只有保证了定位格架的组装质量,定位格架最终的成品质量才有保证。

三、TVS-2M定位格架

(1) 栅元管的尺寸,切管时长度、全角、变形等控制,不合格的栅元不能混入;

(2) 均布和异边栅元的内接圆和外切圆尺寸,冲制时调整模具;

(3) 冲制造好后的栅元管清洁度;

(4) 外围板尺寸,模具控制;

(5) 栅元饼组装,注意不要装错方向、栅元类型,组装好后检查。

第二节　定位格架焊接工艺参数的相互关联关系

学习目标:掌握定位格架焊接工艺参数的相互关系及选择方法。

一、点焊规范参数

合适的规范参数是实现优质焊接的重要条件。点焊规范参数的选择主要取决于金属材料的性质、板厚及所用设备的特点。

点焊的主要规范参数有:焊接电流、焊接时间、电极压力及电极头端面尺寸等。

1. 焊接电流

焊接时流经焊接回路的电流称焊接电流。焊接电流是最重要的点焊参数。

如果焊接电流小,热源强度不足而不能形成熔核或熔核尺寸较小,焊点拉剪载荷较低且很不稳定。

如果焊接电流过大,使加热过于强烈,引起金属过热、喷溅、压痕过深等缺陷,接头性能反而下降。

2. 焊接时间

电阻焊时的每一个焊接循环中,自焊接电流接通到停止的持续时间,称焊接通电时间。

焊接时间对代表接头塑性指标的延性比影响较大,对有脆性倾向的金属材料点焊接头,应小心选择通电时间。

3. 电极压力

电阻焊时,通过电极施加在焊件上的压力。

电极压力也是点焊接重要参数之一,电极压力过小,由于焊接区金属的塑性变形范围及变形程度不足,造成因电流密度过大而引起严重喷溅,使熔核形状和尺寸发生变化。电极压力过大将使焊接区接触面积增大,总电阻和电流密度均减小,焊区散热增加,熔核尺寸下降,严重时会出现未焊透。

4. 电极端面尺寸

电极端面尺寸是指点焊时与焊件表面相接触的电极端头部分。电极端面尺寸和形状的确定主要取决于焊件上对焊点的要求。

电极端面尺寸增大时,接触面积增大,电流密度减小,散热效果增强,均使焊接区域加热程度减弱,因而熔核尺寸减小,焊点强度下降。

点焊时,电极工作条件恶劣,电极头产生变形和粘损是不可避免的,因此,通常电极头端面尺寸增大至原尺寸的15%时,需修磨电极头。

二、点焊规范参数间相互关系及选择

点焊时,各规范参数的影响是相互制约的,当电极、端面形状和尺寸选定后,焊接规范的选择主要是考虑焊接电流、焊接时间及电极压力这三个参数,是形成点焊接头的三大要素,其相互配合可有两种方式。

1. 焊接电流和焊接时间的适当配合

这种配合是以反映焊接区加热快慢为主要特征。采用大焊接电流、短小焊接时间参数时称硬规范;而采用小焊接电流、适当长焊接时间参数时称软规范。

软规范特点:加热平稳,焊接质量对参数波动敏感性低,焊点强度稳定。但焊点压痕深、接头变形大、表面质量差;电极磨损快、生产效率低、能量损耗大。

硬规范的特点与软规范基本相反。

软规范适用于低合金钢、可淬硬钢、耐热合金及钛合金。硬规范较适用于铝合金、奥氏体不锈钢、低碳钢等不等厚度板材焊接。

2. 焊接电流和电极压力的适当配合

这种配合是以焊接过程中不产生喷溅为主要特征。

第三节 定位格架补焊或焊缝返修

学习目标:掌握定位格架的技术要求,掌握常见缺陷的返修方法。

对于任何定位格架,对于跟踪文件要求:全部跟踪、标识和文件应填写完整齐全;每只格架都能确保其跟踪性。

一、15×15 定位格架

1. 外观检查

主要检查焊缝有无错焊、漏焊和钎焊料的有害堆积等。可借助放大镜或显微镜观察。如果有漏焊,可以返回补焊。

2. 焊缝破断力和金相结构检查

对钎焊缝的拉伸强度及金相结构的检查,是用随炉式样做试验测量的。

二、17×17 定位格架

1. 技术要求

(1) 总体外观

毛刺:≤0.05 mm;

剩余厚度:内条带,≥0.35 mm,外条带≥0.50 mm;在剩余厚度满足该条件下,则局部表面缺陷(标记、压坑、痕迹、打磨隆起)可以接受。

焊接飞溅:≤外观标样。

(2) 弯曲面

外观检查无裂纹,按规定进行返修后,如有怀疑,放大 3 倍检查。

(3) 弹簧、刚凸和栅元的变形检查

棒/内条带距离≥0.54 mm;

棒/外条带距离≥0.10 mm;

弹簧/刚凸距离满足图纸规定的检查要求。

(4) 搅混翼弯曲高度

按照格架图纸标注说明,检查内条带搅混翼弯曲高度,自动检测时,测量精度优于0.05 mm。

(5) 外条带导向翼弯曲高度

按照格架图纸标注说明进行检查,轮廓投影仪检测时,测量精度优于0.1 mm。

(6) 导向管焊舌

外观检查焊舌的直度。

(7) 焊接区氧化色

采用设计批准的外观标样和/或工艺技术条件中的样图。由于焊接束的影响,每支格架有1/2翼的氧化色是允许的。

(8) A-A'焊点

1) 检查焊点及尺寸;

2) 如果坍塌/刚凸槽沟的距离≥2.0 mm和限定在每个刚凸1个单独坍塌,则坍塌可以接受;

3) 如果符合以下条件,即使A焊点显示出不好的焊接也可接受:

最大点焊数:格架≤10,栅元面≤1,栅元≤2,导向管栅元≤1,在4×9边角栅元中每个角≤1。

(9) C1-C2焊缝

1) 外观检查接头的焊缝、尺寸,无裂纹;

2) 焊接接头无缺陷长度应包括在端部榫舌/槽连接内;

3) 每个C1,C2焊缝的有效无缺陷焊接长度(两倍于焊缝长度)"LSD"(不包括内条带的熔穿和焊蚀)>14 mm;

4) 有效无缺陷焊接长度符合技术条件及图纸的规定。

下列条件下,C1,C2焊缝的焊接缺陷为合格:

1) 熔穿性缺陷:熔穿可能位于:在缝端("端部"熔穿);在缝中并超出其整个宽度("中心"熔穿);在缝的一侧("径向"熔穿)。

2) "内条带熔蚀型"缺陷(在焊点下面):熔蚀截面必须大于0.04 mm^2并小于1 mm^2;每条焊缝只有一个焊接熔蚀;每面最多15个熔蚀(包括"E"型缝)。

3) 塌陷型缺陷(在焊缝C1上):长度必须≤1 mm;塌陷情况下,确保无外突角,否则,应予以磨平。

端部熔穿、中心熔穿和塌陷可能会在内条带上同时或不同时出现。

(10) 缝焊E

1) 外观检查焊接接点、尺寸,无裂纹;

2) 焊接头的无缺陷长度应包括在端部榫舌/槽接头之中;

3) 从内条带端部榫舌的每一端到焊缝开始处的距离≤1.5 mm;

4) 每条E缝的有效无缺陷焊接长度(内条带的熔穿和熔蚀不包括在内);≥42 mm,缺陷(端部熔穿和塌陷)出现在焊缝端部情况下,除这些缺陷以外的无缺陷焊接区必须≥6 mm;

5) 有效无缺陷焊接长度(焊缝长度的两倍)"LSD"满足技术条件及图纸规定要求。

下列条件下,E缝上的焊接缺陷是可以接受的:

1）熔穿型缺陷

熔穿可能位于：在焊缝端部（“端部”熔穿），长度必须≤1.5 mm；在焊缝中并超过整个宽度（“中心”熔穿）；在焊缝的一侧（“侧向”熔穿）。

2）“内条带熔蚀型缺陷（焊点下边）

熔蚀截面必须大于0.04 mm^2且小于1 mm^2；每条缝2个熔蚀；每面最多15个熔蚀（包括C1、C2型焊缝）。

3）塌陷型缺陷（焊缝的顶端）

长度应≤1.5 mm；在塌陷情况下，确保无外突边，否则应予以磨平；端部熔穿，中心熔穿和塌陷可能会混合一起，否则具有内条带焊蚀。

4）外条带偏移

横向厚度的偏移≤0.30 mm；如果发现突边，应通过返修磨平：沿条带高度的偏移＜0.50 mm。确保2个相邻的半个导向翼对准一致，否则应予以校直并通过返修去除任何凸出物。

两种情况下的外形检验，格架都必须符合要求。

（11）弹簧/刚凸距离

应符合格架图纸标准。用自动测量装置进行测量，确保精度优于0.05 mm，如果功能检验规的检测与图纸规定相符，则即使该间距过长也是可接受的。

（12）栅元垂直度

相对于格架轴线刚凸接触面的垂直度≤0.066 5。

（13）腐蚀试验

在未酸洗试样件上按ASTM G2进行，与外观标样进行对比（无棕色或白色腐蚀痕迹）。

（14）拉伸试验

1）焊点AA'≥60 daN。

2）焊缝C1-C2≥150 daN。

3）焊缝E≥150 daN。

2. 返修

（1）通则

任何返修都应形成一份由设计或技术部门批准或者符合技术文件包中的规定的程序。

（2）特殊情况

榫舌或翼的校正以及使条带重新插入其导向凸起均是允许的操作。这些操作应采用不锈钢等材料制成的工具（钳子）进行。必要时，要求放大3倍进行检验。刚凸的校正操作也是一项认可的操作，该操作应经过确认并形成文件。如果是使导向管栅元通畅而对焊舌进行较大校正，则制造厂应保证具有导向管最大直径且长度至少等于导向管栅元高度的过规并可以顺利通过。

（3）允许更换格架弹簧

这种情况下，新更换弹簧的焊接必须符合因科镍弹簧焊接技术条件要求。可能受这种返修所影响的全部特性项目（翼的弯曲高度、弹簧/刚凸间距或检验规的通过情况等等）都应重新进行检查。

（4）在满足适用焊接技术条件要求的条件下，可允许对焊接接头进行返修。

(5) 如果外条带上的第一次刻号位置错误,可允许重新蚀刻。

三、TVS-2M 定位格架

1. 取不合格的栅元

打磨不合格栅元的焊接部位,用钳子将有缺陷的栅元去除掉,清洗打磨区域。

2. 重新装入栅元

将随炉退火的栅元装入格架中,注意栅元的装配方向,按正常焊接的规范参数进行焊接。

第四节 定位格架自动焊接编程

学习目标:掌握定位格架自动焊接编程技巧。

一、15×15 定位格架

L1213Ⅱ-5/ZM 高温钎焊炉主要是通过一块欧陆 2604 控温仪表进行控温操作,此控温仪表可编辑 20～50 条工艺曲线程序,每条工艺曲线可设定 1～100 段曲线段。目前,在实际生产中,只允许对工艺程序名和曲线段编辑。下面就工艺曲线程序名和曲线段的编辑方法进行简略的叙述:

1. 工艺曲线程序名的编辑步骤

首先,按页面键,从参数列表中选择 PROGRAM EDIT(Program Page);依次按滚动键,从参数清单中选择 Edit prg,按上、下键设定程序号;从参数清单中选择 HBK 模式,按上、下键设定 None;从参数清单中选择 Program cycles,并通过上、下按键选定循环次数;从参数清单中选择 End Action,并通过上、下按键选定转入下一曲线段方式(Reset);最后,按滚动键,确定第一条工艺程序名,编辑结束。

2. 工艺曲线段的编辑步骤

首先,按页面键,从参数列表中选择 PROGRAM EDIT(Segment Page);按滚动键,从参数清单中选择 Edit prg,并通过按上、下键选定程序;按滚动键,转到 Segment Number,并通过上、下按键设定第一条曲线段;按滚动键,转到 Segment Type,并通过上、下按键选定曲线段类型;按滚动键,转到 PsP1 Target,通过上、下按键设定第一段加热应到温度;按滚动键,转到 PsP2 Target,通过上、下按键设定第二段加热应到温度;按滚动键,转到 PsP3 Target,通过上、下按键设定第三段加热应到温度;按滚动键,转到 Seg Duration,通过上、下按键设定三段加热到温度所用的时间;按滚动键,转到 Prog Usr Vall,通过上、下按键设定 PID 值;按滚动键,转到 Prog Do Valles,通过上、下按键设定 Do 命令;按滚动键,转到 Segment Number,通过上、下按键设定第二条曲线段,重复上述操作,设定曲线段的相关参数值。

二、17×17 定位格架

CJNF 激光焊机是一台专为焊接 AFA 系列格架的设备,编程语言为国际通用的 G 代码，以及对激光器和真空系统控制的一些由厂家专门开发出的辅助功能指令（M代码），用于辅助操作（如旋转轴转动、抽真空、十字线调整、循环结束等）；

编制程序前，应对格架的特点和技术要求先行掌握，格架呈长方体结构，分上下和侧边6个面，其中上下为焊点（上下各256个点，共512个点），侧面为焊缝（每边包含1条E焊缝和15条C_1C_2焊缝）；

激光焊机的编程和普通数控机床的编程在坐标轴的运动控制上是一致的，激光焊机编程的要点有以下几点：

激光焊机有4个轴，X、Y、Z三个直线轴和一个旋转轴（绕Y向旋转），是可编程的。其机械结构决定一次装夹无法焊完6个面，故每次装夹焊3个面（一面焊点，两面焊缝）；

工件坐标系原点的设置，该原点设置在参数中，每天一开机，回机械原点后，该工件坐标系随之建立；系统还提供了G92指令，用于工件坐标系原点进行小的调整，G92可编入焊接程序中，因为每只格架装在夹具中，其焊点的位置会有轻微变化；

（1）灵活使用G90（相对模式）和G91（绝对模式），方便操作，提高效率；

（2）由于格架自身具有较大柔性的特点，每只格架装在夹具上后其焊点和焊缝都会有轻微变化，故应在格架焊点和焊缝位置容易变化的地方添加暂停指令，焊接时自动暂停，用手轮移动坐标轴将其位置较正后再继续焊接；

（3）根据焊接参数，程序中加入对激光器的控制指令，如波形的选择S代码、脉冲数T代码等、焊接速度F代码等；

（4）编程要考虑程序调用方便，因激光焊机有很多自锁保护，偶尔会在焊接中途停机，这就涉及程序的中途调用，或对某些缺陷的补焊，也涉及程序的调用。所以编程充分应用系统提供的变量、跳转指令和循环指令，使程序简洁易懂，调用方便。

三、TVS-2M定位格架

TVS-2M定位格架编程复杂，只允许工艺或岗位负责人对程序位置进行微调，不允许擅自对程序进行结构性的改编。

第五节　定位格架的焊接变形控制

学习目标：掌握定位格架变形的影响因素；掌握解决焊接变形的控制方法。

一、15×15定位格架

格架变形主要表现在：对角线尺寸偏差大，角翘曲变形严重，过格架外形规、综合位置度量规困难等。

影响格架变形的因素主要有：组装、点焊、钎焊夹具和涂料工艺等四方面，生产经验表明，组装和点焊生产质量比较稳定，工艺比较成熟，因此，控制格架变形重点在于涂料工艺和钎焊夹具两方面。

原涂料工艺是单一方向的对角线涂料（见图12-1），通过随机抽取15只格架进行尺寸检验分析，其对角线尺寸差平均值为2.14 mm，平整度平均值为3.43 mm，外形过规一次通过率为68.5%，单一方向的对角线涂料与格架翘曲的两个对角方向一致。

改进后的涂料方式为“S”形的涂料方向(见图 12-2)。通过随机抽取 9 只格架进行尺寸检验分析,其对角线尺寸差平均值为 0.276 mm,平整度平均值为 0.144 mm,外形过规一次通过率为 88.9%。结果表明新涂料工艺的格架变形得到明显改善。

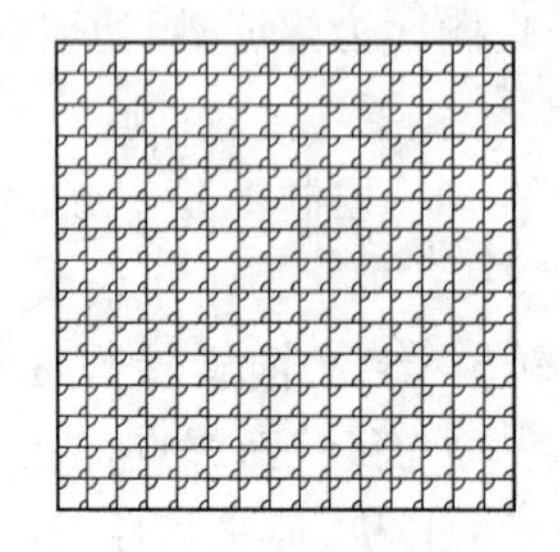
图 12-1 原“对角”涂料方式

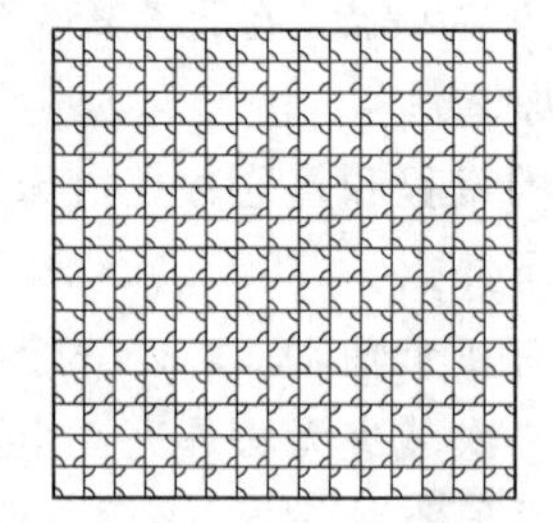
图 12-2 改进后的“S”形涂料方式

其原理可从焊接热循环及焊接结构角度进行解释,焊缝的存在将会不可避免地对构件产生焊接应力和变形。格架高温钎焊时,焊缝的多少和位置对其应力和变形都有很大影响。焊缝数量越多,应力和变形越大;对称结构的焊缝可以使应力和变形相互抵消,从而减小构件的焊接内应力和变形量。

二、17×17 定位格架

激光焊的焊接缺陷主要有:氧化色、焊穿、栅元变形等。

栅元变形主要出现在 E 焊缝栅元,这是由于操作者将此处栅元调整太紧造成的。解决方法是加强操作技能训练,提高操作者操作水平。

工艺要求是:按适用的产品技术条件和图纸选择所需的条带,每一个部件批都应进行标识并在生产与检验的各个工序都应当保持这些标识,以便能追踪至材料的初始批。避免定位格架的零部件与有害材料相接触。在专用夹具上,将条带按照设计图组装成格架,用镶嵌弹簧的条带组装定位格架。对超出外条带端部的蝶形舌应用钳子将其折断并且进行打磨。组装后目视检查栅元的几何形状、下端面的平面度和条带的位置。可以用不锈钢钳子调整变形的栅元。最后按照适用图纸要求,将标识号刻在外条带上,刻字的深度不能影响条带的强度。使用电子束或激光进行焊接,在自动焊接的情况下,格架应固定在夹具里,在预先定好的位置上进行点焊或缝焊。对格架和试样的试验与检验包括:高压釜内进行水腐蚀试验、机械试验、刚凸的垂直度、弹簧/刚凸或刚凸/刚凸的间距、在焊接夹具中测量格架下平面的平面度、弹簧夹持力、格架搅混翼的倾斜度、焊接缺陷、栅元变形量等。

三、TVS-2M 定位格架

格架变形主要表现在:对边尺寸偏差大,栅元面不平,过格架外形规、栅元过规问题等。

影响格架变形的因素主要有:栅元冲制、组装、点焊等方面。

在刚引入 TVS-2M 定位格架技术时,按照俄罗斯的图纸进行模具的设计加工,时有发现格架外六方过规困难,调整围板部件焊接工装,改善效果不明显。经过分析和若干试验,得出俄罗斯的围板冲制尺寸偏上限。修改模具设计并重新加工模具,冲制围板,格架外六方得到了很好的控制。

另外,冲制栅元前,要仔细检查冲制造出来的栅元内接圆和外切圆尺寸,除了满足栅元要求的尺寸外，特别是外切圆的三个方向的尺寸，要尽量保持一致，否则有可能导致后续的栅元饼外六方尺寸。对于栅元三个方向外切圆尺寸相差太大的，尽重重新对模具进行调整或者更换新的模具部件。

焊接栅元饼或格架前应该仔细测量夹具在夹紧状态的六方尺寸，不合格的可以加镶块进行调整，确保焊后的外六方尺寸。

第十三章　组装焊接燃料棒

学习目标：掌握燃料棒组装精度的影响因素和控制方法；掌握燃料棒常见焊接方法各参数的关联关系；掌握燃料棒压塞鼓胀的影响因素及解决方法；掌握芯块装管卡管的影响因素和解决方法；掌握燃料棒焊缝打磨的操作要点及技术要求；掌握燃料棒焊接变形的影响因素及解决方法。

第一节　燃料棒组装精度的影响因素和控制方法

学习目标：掌握不同压塞方式及其优缺点；掌握不同装管方式及其优缺点。

一、压端塞

端塞的装配质量直接关系到其焊接质量的好坏，要求端塞与包壳管间的间隙尽量小，一般不超过 0.1 mm，该间隙越大，焊缝出现翻边缺陷的概率越大。同时，增加压塞力，端塞与包壳管之间的同轴度会变差，将造成焊缝的变形增加，一般来讲，必须确定一个压塞力的最佳范围，在该范围内，端塞与包壳管间的间隙满足焊接要求，端塞与包壳管之间的同轴度较好，不会影响焊接。此外，端塞与包壳管之间的同轴度还与塞座的结构尺寸、包壳管压塞时夹持机构与塞座的距离及同轴度有关，塞座的结构尺寸应尽量与端塞的外形尺寸相一致，可以避免受力的不均匀；夹持机构与塞座的距离越短，压塞后的变形越小，端塞与包壳管之间的同轴度越好；夹持机构与塞座的同轴度越好，压塞后端塞与包壳管之间的同轴度越好。

压塞的方法有多种，主要进行下面两种方式介绍。

1. 人工压塞

人工压塞较简易。压塞力可用杠杆或螺旋等方法产生，生产效率低，不能保证质量要求(压塞效果差)，仅适用于小批量生产场合，大生产中已不用。

2. 专用压塞机压塞

为保证压塞质量的稳定性，重复性，保证焊接质量，现大多数元件厂都采用专用压塞机(一般采用气动压塞方式)，并严格控制压塞力。当压塞力较小时可能造成端塞凸肩与管口不贴紧，焊接时此间隙会造成焊缝凹陷或内部咬边(气胀)，压塞力过大则可能造成包壳管端部变形和损伤包壳管。另外压塞时其压塞力要保持一定时间，以防止回弹。采用专用压塞机的另一原因是因为核电厂中使用的燃料棒内都装有压缩弹簧，而且其压紧力可达 13 kg 左右，采用人工压塞，并要保证压塞质量几乎不可能。

保证压塞质量的另一关键措施是包壳管，端塞的几何形状必须严格按适用图纸要求，特别是管口不能有毛刺，端塞凸肩处要清根，这样才可能保证压塞后两者紧密接触，无间隙。

为满足上述要求，对该压塞机有如下要求：

(1) 压塞力的控制与显示是通过压力传感器和压力显示仪表实现，压塞力调整办法是采用调整气源压力值。

（2）压塞机的压力及塞座与包壳管夹具的同轴度直接影响压塞质量的好坏，同轴度不好将造成管口变形和机械损伤，一般要求为<0.05 mm。

（3）压塞机夹具内衬为聚氨酯塑料，要求其内径与所压塞的包壳管外径相一致，否则将引起管子变形，致使芯块装管受影响。

（4）要求压塞力有一个保持时间，目的是防止回弹，并使端塞与包壳管管口接触更好。

（5）塞座与端塞的接触应保持面接触，禁止线接触或点接触。如果压塞后端塞有压痕，则端塞与塞座的配合不理想或塞座内部有异物。

对于采用压力电阻焊的燃料棒，其压塞、充氦和焊接是在同一岗位进行，其端塞与包壳管的配合为过盈配合，过盈量较大，达到0.3 mm，因此，所需压塞力要求较大，压塞维持时间较长。

二、装管

燃料棒芯块装管的方法主要有手工排长装管、水平振动式装管、倾斜式装管及其两种方式结合形成的组合装管等。

1. 手工装管

在手套箱中将烘干芯块在V形槽内人工排长，然后将排好长的芯块柱通过过渡接口推入管内，测配芯块柱长度（检查空腔长度），擦管口，装弹簧、隔热块等零件，然后压入上端塞。这种方法效率低，只适用于小批量生产，大批量生产中已不采用。

手工装管具有芯块柱长度控制精确，不易产生芯块碎块，弹簧装入后，在弹簧的作用下，可以有效保证芯块的间隙，确保产品质量。

2. 振动式装管

根据物料振动送进的原理设计的装管方法称为振动式装管，振动的产生可采用偏心电机或电磁铁，它具有以下特点：

（1）芯块靠振动产生前进力；不需另外加推力，因而芯块间不会发生碰撞。

（2）由于采用振动，可以消除芯块装管时管内气垫和堵塞现象。

（3）不能对芯块进行详细的跟踪，适用于对芯块跟踪要求不严的燃料组件。

（4）可以实现全自动装管，效率高，适用大批量生产。

由于采用自动进行，芯块柱的长度不均匀，芯块柱的间隙较难控制，只有通过改进弹簧的结构尺寸，来保证芯块柱之间的间隙。

3. 倾斜式芯块装管

利用物体在斜坡上会因自重产生的分力而下滑的原理设计的装管方法，CJNF就采用该方法。它是在手工装管的基础上增加一个可将包壳管产生一定倾斜角度的平台，利用芯块本身的自重力滑入包壳管内，芯块进入包壳管时管内的空气向外排挤，其优点是气阻的作用可以使芯块实现“软着陆”，缺点是气阻造成芯块下滑的速度减慢。通过适当控制装管台的倾斜角，可以克服这一缺点。该方法使用的主要设备是一台可以控制包壳管倾斜角的电动升降台，包壳管固定在平台上，包壳管的开口端设置有带喇叭口过规，芯块通过过规导入包壳管，直径太大的芯块进入包壳管之前被淘汰，下部装有负压抽气装置，芯块碎屑和粉尘被气流抽走。对于较长的燃料棒,可以实施分段操作,每次可装 1～2 m,先将包壳管固定在平台上呈水平状态,推入第一段芯块,启动升降装置使平台倾斜成 45°,芯块靠自重下滑,到达包壳管底部时,倾斜台恢复水平状态,接着再推入第二段芯块,如此反复操作,直至到达规定的芯块柱长度。

其特点是:

(1) 芯块对管壁产生的正压力降低,改善了摩擦条件,从而使芯块与管壁的摩擦力变小,即使有粉末,微粒产生,也随同芯块沿管壁一起下滑。

(2) 芯块靠自重下滑时,芯块之间有间隙,相邻芯块的端面由于不受挤压减少了碎屑、楔形块等碎屑的产生,防止和避免了粉末、微粒和碎屑给装管带来的困难。

(3) 芯块在靠自重沿管壁下滑过程中,由于气垫的存在,相邻芯块接触瞬间,有"软着陆"现象,能有效避免与芯块碰撞时产生碎屑、碎块和芯块破碎。倾斜的角度与芯块直径、重量有关,一般$<45°$。

(4) 易于实现跟踪要求。

(5) 操作简单、效率较高。

第二节　燃料棒焊接工艺参数的相互关联关系

学习目标:掌握电子束焊接参数的相互关联关系;掌握脉冲钨极保护焊各参数对焊缝质量的影响;掌握压力电阻焊各参数对焊缝质量的影响。

一、电子束焊接

焊接热输入是焊接工艺参数综合作用的结果,对于一种材料,焊接厚度和焊接热输入有对应的函数关系。电子束焊接时,热输入的计算公式为:

$$Q=U_bI_b/v$$

式中,Q——热输入;

U_b——加速电压;

I_b——电子束流;

v——焊接速度。

热输入与电子束焊接功率成正比,与焊接速度成反比。

利用焊接热输入与焊接厚度的对应关系,初步选定焊接工艺参数,经实验修正后方可作为实际使用的焊接工艺参数。此外,还应考虑焊缝横断面、焊缝外形及防止产生焊缝缺陷等因素,综合选择和试验确定焊接工艺参数。

二、脉冲钨极氩弧焊

脉冲钨极氩弧焊的工艺参数主要有焊接电流峰值、基值、峰值时间、基值时间、频率、脉幅比(峰值与基值的比值)、脉冲占空比、钨极直径及端部形状、保护气体流量和焊接速度。

上述参数具有关联关系的参数主要有电流峰值、基值、峰值时间、基值时间和焊接速度。焊接电流的峰值、峰值时间及焊接速度是焊接能量的主要决定因素,主要决定焊缝的熔深,焊接电流基值主要是起稳定电弧作用,峰值、峰值时间与焊接能量输入成正比,焊接速度与焊接能量成反比,总的来说,焊接峰值时间越大,焊接电流峰值越大,焊接速度越小,焊接能量的输入越高,反之,焊接峰值时间越小,焊接电流峰值越小,焊接速度越大,焊接能量的输入越小。

三、压力电阻焊

1. 电流密度 j

指单位面积通过的电流强度。太高的电流密度会造成过度顶锻,引起焊接凸台高度部分不均匀;

2. 通电时间 t_w

t_w与 j 的关系式按经验公式 $j\sqrt{t_w}=K\times10^3$,其中 K 为常数,取 10～20;j 的单位是 A/cm^2,t_w的单位是 s。

3. 电极压力 p

电极压力直接影响焊接热量的传递,压力过小,电极与工件之间的电阻大,造成热量集中在电极与工件之间的接触面上而不是在焊接面上,严重时造成局部熔化或损坏电极,压力过大,造成工件变形。顶锻力 p 适当大于电极压力,可在电极上装测量传感器监视电极压力和顶锻力。

第三节　燃料棒压塞鼓胀、芯体卡管的控制

学习目标:掌握燃料棒压塞鼓胀的影响因素及解决方法;掌握芯块装管卡管的影响因素和解决方法。

一、燃料棒压塞鼓胀

燃料棒在压塞时,可能出现压塞后,包壳管管口张开或包壳管与端塞配合面部分出现鼓胀的现象,统称为包壳管鼓胀。

针对管口张开,主要原因有以下两点:其一是燃料棒端塞配合面尺寸较大,与包壳管的配合不理想,造成压塞后出现的管口张开,与端塞面不能良好的贴合。其二是端塞加工尺寸不合格,这种现象极少。对于前者,主要出现在 Zr-4 材料的包壳管中:由于包壳管内径的尺寸控制精度不高,其内径尺寸分布较宽,在加工端塞时,如果按某一种尺寸加工,部分包壳管与端塞的配合过紧,部分可能过松,出现掉塞现象。这在早期的燃料棒生产中都出现过,解决方法是,通过测量包壳管的内径尺寸,根据其尺寸分布及对应数量进行分段,然后根据该统计情况进行端塞加工,压塞时,进行对应装配,可以有效避免该现象。但这种方式效率低,要耗费大量的人力物力,不利于大批量的生产。为了彻底地解决该问题,只有严格控制包壳管的内径,通过严格控制包壳管的轧制工艺,尽量缩小包壳管内径尺寸分布范围,可以有效避免该现象。目前,国内的包壳管生产厂家已经能够有效的控制包壳管的内径尺寸,基本不会出现较大范围的偏差。

对于压塞后出现的局部配合面区域隆起现象,主要原因有以下两点:第一,包壳管内壁存在毛刺;第二,异物进入。

包壳管内壁毛刺主要是定长切管后,没有使用刮刀进行毛刺的去除,这容易出现在手工操作进行切管的方式中,由于人为失误而导致毛刺没有去除,或去除不干净。要想解决手工切管后的毛刺问题,只有通过加强切管后的检查,在压塞前再进行检查,发现毛刺,立即返工。采用数控机床进行切管,通过程序设定可以有效避免管口内壁毛刺的存在,只要定期检验刀具就可以控制毛刺的清除效果,并能大大提高工作效率,降低工人劳动强度。

二、芯块卡管

对于倾斜式装管,由于芯块进入包壳管时,压缩管内的空气,使管内的空气向外排挤,形成气阻,同时,芯块下滑时存在摩擦力,造成芯块下滑速度过慢或停止。还有一种现象是在芯块装入燃料棒的过程中,出现芯块碎块,由于芯块与包壳管的间隙非常小,当该碎屑进入芯块与包壳管之间的间隙时,造成该碎屑阻塞芯块滑动的现象。

当倾斜角度较小,芯块在自身重力作用下,不足以克服摩擦力及气阻时,可以通过增加装配平台倾斜的角度,达到芯块能平稳下滑的角度即可,由于不同的芯块其结构尺寸不同,其密度也存在差异,因此,相应的倾斜角度也不尽相同,可以通过试验来获得最佳的倾斜角度。

当出现芯块碎块阻塞芯块下滑时,应停止装管,取下阻塞燃料棒,反向倒出芯块,可以采用轻微拍打包壳管使芯块倒出燃料棒,不允许强力推入芯块,以避免芯块破碎,影响产品质量。为避免出现该现象,在装配时应精心操作,芯块装入时应轻推轻放,不盲目蛮干。

第四节 燃料棒焊缝返修

学习目标:掌握焊缝打磨的操作要点及技术要求。

燃料棒焊缝的返修有以下几种类型:切头返修、补焊、焊缝打磨。对于切头返修,在前面的章节已进行了介绍,这里不再赘述。对于补焊,一般在燃料棒环缝焊接中不再采用,只有在密封堵孔焊点中得到应用,采用补焊的前提是必须取得补焊工艺合格性鉴定证书,并且补焊一般只允许进行一次补焊,不得多次进行补焊,补焊的工艺操作与正式产品焊接工艺操作一样。焊缝打磨主要应用于Zr-4材料的焊缝中,当燃料棒上、下环焊缝凸出包壳管表面的高度大于0.05 mm,应对环缝凸出超过要求的部分进行打磨修整。首先使用800号金相砂纸对上、下环焊缝凸出部分进行打磨,不得使用0号金相砂纸对上、下环焊缝凸出部分进行打磨,打磨时,匀速转动燃料棒,均匀打磨燃料棒;然后用清洁擦或绸布蘸丙酮对焊缝进行擦拭清洗,确保焊缝表面光滑平整。在打磨过程中注意不要擦伤包壳管。打磨后的焊缝100%进行外观检查并用卡规进行尺寸检查,决不允许出现打磨过多,使焊缝外径小于包壳管外径理论最小值。

第五节 燃料棒的焊接变形控制

学习目标:掌握上端塞焊后轴向收缩量的技术指标;掌握影响端塞与包壳管同轴度的因素。

一、上端塞焊后轴向收缩量

位于燃料棒上端的弹簧对上端塞施加了一个推力，焊接加热时接头处于软化状态，必须由焊接夹具施加一反方向的力，足以克服弹簧的推力，倘若夹具松弛，焊缝可能发生晶间分离。为此，在每批产品焊接之前，应当首先焊接试样，测量该试样焊接前后的长度并建立试样测量结果的控制图。焊接夹具正常工作情况下，试样的收缩量应当≥0.03 mm，方能确保焊缝不会出现晶间分离。

二、端塞与包壳管的同轴度

端塞与包壳管的同轴度是衡量焊接变形的一个重要参数，它与焊接能量、夹持机构及散热系统有关。一般来说，焊接速度(燃料棒转速)越大，焊接变形越小。夹持机构包括夹持位置、端塞顶紧机构，只有在端塞顶紧机构与端塞配合面良好且顶紧机构与燃料棒转动的同轴性良好的条件下，焊接变形才会小，同轴度小。包壳管与端塞的结构尺寸不一样，对焊缝热量的吸收及传导速度不同，因此，可以通过调节夹持机构的位置来平衡热量的散发，必要时增加冷却剂循环来增加散热效果，平衡焊缝的径向变形。

第十四章　组装焊接骨架

学习目标:掌握骨架组装精度的影响因素和控制方法;掌握骨架焊接参数的相互关联关系;掌握骨架焊接变形的控制方法。

第一节　骨架组装精度的影响因素和控制方法

学习目标:掌握骨架组装精度的影响因素和控制方法。

影响骨架组装精度的主要因素就是骨架组装平台及骨架胀接平台。其中,格架夹紧框架两个定位基准面与下管座夹具两个定位基准面的垂直度对于骨架的直线度有直接影响,该垂直度越小,燃料组件及骨架的直线度越好;格架夹紧框架两个定位基准面的垂直度与骨架的扭转(燃料组件的扭转)有直接的影响,该垂直度越小,燃料组件及骨架的扭转度越好;各定位基准面的平面度对于燃料组件的外形尺寸有直接影响,其平面度越好,燃料组件各层格架的偏离尺寸越小。

一、骨架组装平台

1. 15×15 骨架组装平台

(1) 格架夹紧框架及下管座夹具两个定位基准面的垂直度≤0.05 mm。

(2) 格架定位基准面及下管座定位基准面的平面度≤0.15 mm。

(3) 格架夹紧框架之间距离和格架夹紧框架与下管座定位支承座之间的距离见图 14-1。

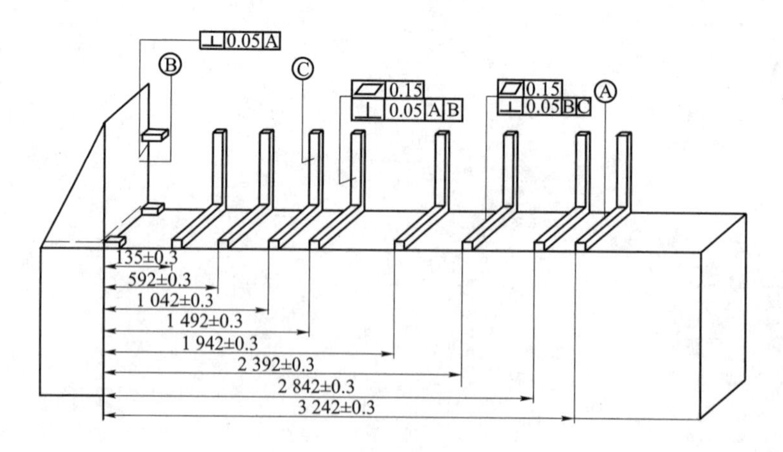

图 14-1　15×15 骨架组装平台技术要求

基准 A 代表各框架的定位基准面

(4) 格架夹紧框架及下管座的两个定位基准面与下管座定位支承座的支撑面的垂直度≤0.05 mm。

2. 17×17 骨架组装平台

(1) 格架夹紧框架及下管座夹具两个定位基准面的垂直度≤0.05 mm。

(2) 骨架组装平台两个定位基准面相对于框架两个方向的垂直度≤0.05 mm。

(3) 格架及下管座定位基准面相对于下管座底面定位面的垂直度≤0.05 mm。

(4) 格架定位基准面(11 层,3 层中间搅混翼格架夹紧框架定位面为一个平面,其他 8 层夹紧框架为一个平面)及下管座定位基准面的平面度≤0.15 mm。

(5) 格架夹紧框架之间距离见图 14-2。

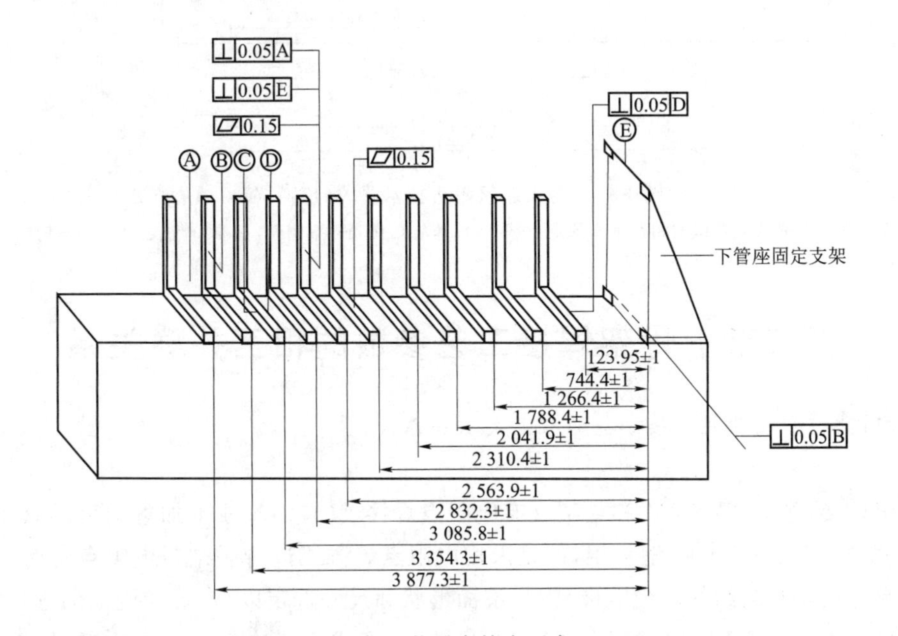

图 14-2　骨架组装平台技术要求(17×17)

基准 A、B 分别代表各框架相互垂直的定位基准面;基准 C 代表框架侧面,基准 D 代表平台定位基准面,基准 E 代表下管座四个管脚的定位基准面。中间搅混翼格架在其他八层格架检定完后再进行检定

(6) 中间搅混翼格架夹紧框架两个定位面基准面与其他夹紧框架两个定位基准面相差(0.3±0.05)mm。

二、骨架胀接平台

17×17 型骨架胀接平台的具体要求如下。

(1) 格架夹紧框架两个定位基准面的垂直度≤0.1 mm。

(2) 格架定位基准面(8 层)≤0.25 mm。

(3) 格架夹紧框架之间距离见图 14-3。

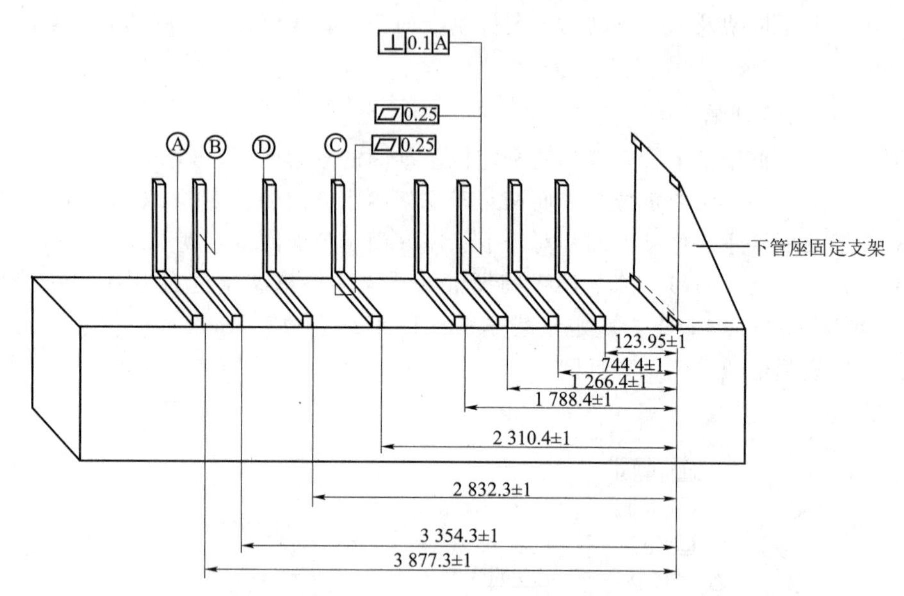

图 14-3　骨架胀接平台技术要求(17×17)

基准 A、B 分别代表各框架相互垂直的定位基准面;基准 C 代表框架侧面,基准 D 代表平台定位基准面

第二节　骨架焊接工艺参数的相互关联关系

学习目标:掌握骨架焊接参数的相互关联关系。

骨架焊接,除了 TVS-2M 和骨架既有电阻点焊接,又有加丝或不加丝均可的氩弧焊,而 15×15 型骨架还是 17×17 型骨架,都是采用电阻点焊方式进行联结。电阻点焊时,各规范参数的影响是相互制约的。当电极材料、端面形状和尺寸选定以后,焊接规范的选择主要是考虑焊接电流、焊接时间及电极压力这三个参数,是形成点焊接头的三大要素,其相互配合有两种方式。

一、焊接电流和焊接时间的适当配合

这种配合是以反映焊接区加热速度快慢为主要特征。当采用大焊接电流、小焊接时间参数称硬规范;而采用小焊接电流、适当长焊接时间参数时称软规范。

软规范的特点:加热平稳,焊接质量对规范参数波动的敏感性低,焊点强度稳定,温度场分布平缓、塑性区宽,在压力作用下易变形,可减少熔核内喷溅、缩孔和裂纹倾向;所用设备装机容量小,控制精度不高,因而较便宜。但是,软规范易造成焊点压痕深、结头变形大、表面质量差;电极磨损快、生产效率低、能量损耗较大。硬规范特点与软规范基本相左。

当软规范配之以较低的电极压力时,可在一定程度上克服或减轻软规范的缺点,因而引起国外某些国家的重视,一些引进产品点焊工艺文件中,规定的规范参数具有明显的软规范特征。目前,国内的实际生产中,为提高产品的表面质量和劳动生产率,在设备装机容量和控制精度允许条件下,许多产品的点焊工艺偏向于使用硬规范。据统计,采用硬规范点焊工

艺，其耗能仅为软规范的 2/3。因此，骨架焊接采用硬规范具有成本优势。

应该注意，调节焊接电流及焊接时间使之配合成不同的硬、软规范时，必须相应改变电极压力，以适应不同加热速度及不同塑性变形能力的需要。硬规范时所用电极压力明显大于软规范焊接时的电极压力。

二、焊接电流和电极压力的适当配合

这种配合是以焊接过程中不产生喷溅为主要特征，这是目前国外几种常用规范的制定依据。根据这一原则制定的电流(I)、压力(F_w)关系曲线称喷溅临界曲线(见图 14-4)。曲线左半区为无飞溅区，这里 F_w 大而 I 小，但焊接压力选择过大会造成固相焊接(塑性环)范围过宽，导致焊接质量不稳定。曲线右半区为喷溅区，因为电极压力不足、加热速度过快而引起喷溅，使接头质量严重下降和不能安全生产。

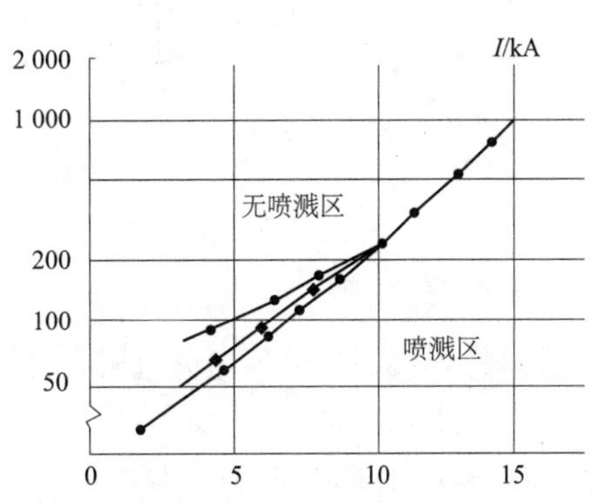

图 14-4 焊接电流与焊接压力的关系

当将规范选在喷溅临界曲线附近(无飞溅区内)时，可获得最大熔核和最高拉伸载荷。同时，由于降低了焊机机械功率，也提高了经济效果。当然，在实际应用这一原则时，应将电网电压、加压系统等的允许波动带来的影响考虑在内。

第三节 骨架的焊接变形控制

学习目标：掌握骨架焊接变形的控制方法。

一、装配顺序及焊接顺序

对于 15×15 型骨架，骨架的焊接变形主要与导向管的插入顺序及各层定位格架与导向管的焊接顺序有关，还与同一骨架的 20 支导向管的长度差有关，技术要求 20 支导向管中任意两根长度差应小于 0.50 mm。当然，还与定位格架栅元的同轴度及夹持力差异有关。

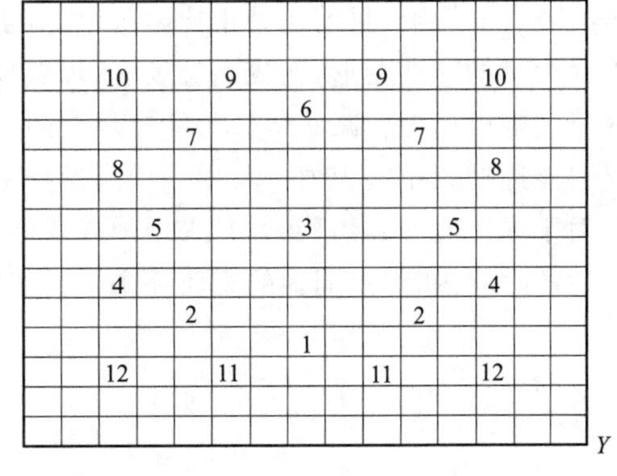

图 14-5 导向管(通量管)部件插入格架顺序示意图(从上管座方向看)

1～10 步装配并点焊后翻转 180°，再进行 11、12 步

对于骨架的焊接变形，主要体现在导向管的插入顺序及各层定位格架与导向管的焊接顺序，通过多次的工艺试验，导向管插入顺序按图 14-5 进行，每插入导向管后，按图 14-6 进行各层定位格架与导向管的焊接，效果较好。

骨架的组装焊接应在组装焊接平台上进行，骨架组装平台的定位精度对骨架的焊接变形有校正效果,但定位格架夹持框架的夹持力矩值应该控制在(5±0.5)N·m范围内,确保定位格架的夹持力恰到好处,不至于因夹持力小达不到校正骨架变形的效果,也不会因夹持力矩过大,而导致格架损坏。

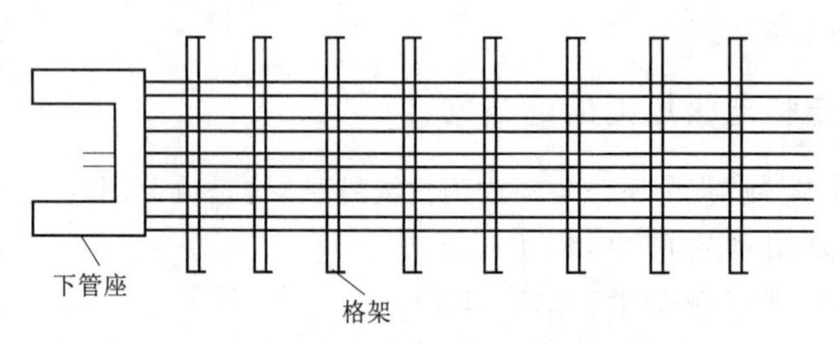

图14-6 导向(通量)管与格架的点焊顺序示意图

二、焊接能量

骨架的焊接一般采用压力电阻点焊,根据压力电阻焊焊接时产生的热量由下式决定:

$$Q=I^2Rt$$

式中,Q——产生的热量,J;

I——焊接电流,A;

R——电极间电阻,Ω;

t——焊接时间,s。

上式中的电极间电阻包括定位格架焊舌片本身电阻、导向管本身电阻,定位格架焊舌片与导向管间的接触电阻、电极与定位格架焊舌片之间的接触电阻及焊接芯轴与导向管之间的接触电阻。对于电极与定位格架焊舌片之间的接触电阻,力求尽量小,当该接触电阻较大时,严重时可能使电极与定位格架焊舌片焊接在一起,较轻时出现沾铜现象。为避免电极与格架焊接在一起,可以通过减少电极与格架间的接触电阻来实现。减小其接触电阻有以下三种方法:其一,清洁接触面;其二,改变电极头形状,使之与定位格架焊舌片贴合良好,增大接触面积;其三,增大电极压力,在较大电极压力下,使焊接电极与定位格架焊舌片贴合紧密。上述三种方法中,清洁接触面只能起一定的作用,不是决定性因素,第二种方法对焊点熔核有较大的影响,目前还处于探索阶段,对于最后一种方法,比较有效。但增大电极压力,会增大焊接的塑性变形,在较高温度下,焊点周围金属易发生形变,冷却后,出现焊接应力;同时增大电极压力会减小熔核尺寸及焊点的破断力。因此,为防止骨架焊接变形,电极压力应尽可能选择较小的力值。其中一项衡量指标是表面压坑深度。

对于焊接电流和焊接时间,采用硬规范即大电流、短时间,对焊点周围的金属影响较小,在很短的时间内,焊点周围的金属还来不及变形已经完成焊接。

第十五章　组装焊接燃料组件或部件

学习目标：掌握燃料组件及其上下管座部件组装精度的影响因素及控制方法；掌握燃料组件及上下管座焊接工艺参数的相互关系及选择原则；掌握管座焊接的变形控制方法；掌握燃料组件焊接变形的控制方法；掌握管座焊缝返修的操作要点；掌握燃料组件焊缝返修的操作要点。

第一节　组装精度的影响因素和控制方法

学习目标：掌握上下管座部件组装精度的影响因素及控制方法；掌握燃料组件组装精度的影响因素及控制方法。

一、上下管座部件组装精度的影响因素和控制方法

1. 焊接

按照适用的图纸加工零部件，要考虑到公差同加工余量相匹配，根据焊接方式来决定对焊接接头是否加工坡口。焊工检查了待焊部件的清洁度后，用夹具将零件定位，按照适用的焊接工艺技术条件（TIG或电子束）和已预先鉴定过的焊接参数进行焊接，焊接参数的偏差不允许超过鉴定参数名义值的±10%。焊接过程中产生的所有可见缺陷都应去除，因这些缺陷将影响随后的正常焊接。焊接一般不预热，除非很厚的工件才在焊前预热到100～150 ℃。焊接层间温度应严格控制在小于150 ℃。惰性气体必须保护良好，推荐使用氩气或氦气作保护气体。不允许在工件的坡口外有电弧擦伤母材的痕迹。不锈钢件表面不允许暴露在火焰加工处，否则将损坏不锈钢的耐腐蚀性。由于不锈钢的收缩变形量大，故需要足够强度的夹持工具。为了加速焊缝的冷却速度，可采用起淬冷作用的铜垫块。应当根据两种母材的差异情况选择适当的填充金属。当最后一道焊缝完成之后，为了获得光亮的表面，要对焊缝表面及邻区进行打磨或刷光，直到去除所有的有害的氧化色，所用的刷子应由AISI300型系列不锈钢或纤维海绵制成。也可以用机械加工和锉代替打磨，打磨有两个作用：一是去掉多余的材料，二是消除有害的表面氧化层。全部工具只能专门用于清理不锈钢焊缝，不可做他用。热处理的目的是消除焊接造成的应力，对于不锈钢的热处理有高温和低温两种处理规范，根据焊接工艺和作出的热处理试验结果决定。

2. 热处理

为了消除焊接应力，管座焊接后按照奥氏体耐热不锈钢零部件的热处理技术规范进行最终加工以前的热处理。有两种热处理方案可供选择，即低温热处理，在(415±15)℃保温7小时和高温热处理，在980 ℃保温2小时，具体使用哪种处理规范应根据焊接热稳定性试验结果来确定。选择方法是先对焊件做一次低温热处理，测量热处理前后的变形量ΔX，待

管座全部加工工序完成后，在(415±15)℃保温 48 小时，再次测量热处理后的变形量 ΔY。如果 $\Delta Y \leqslant 0.1\Delta X + 0.05$，则可以采用低温热处理，见图 15-1，否则要采用高温热处理，才能完全消除焊接应力。

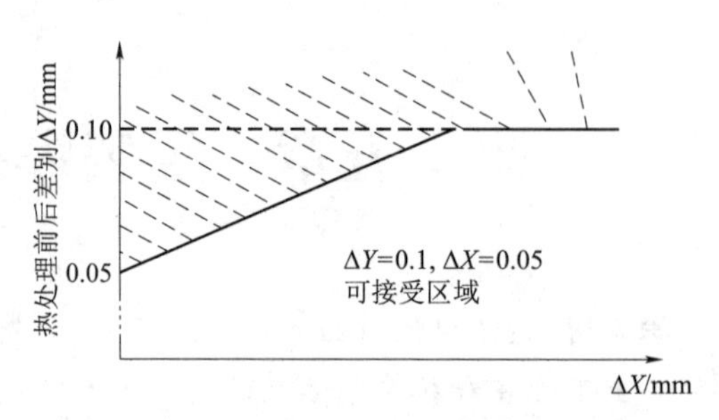

图 15-1 稳定性试验的判断

热处理应在惰性气体保护或真空气氛下进行，当温度高于 700 ℃时，应保持高于 10^{-2} Pa 的真空度。在保温阶段，炉子装料区任意两点间允许的温度差异不得超过 30 ℃，至少应记录装料区内 3 点处时间与温度的关系。所有在真空炉中首次用于支承工件的新支架，在使用之前，应至少进行 1 000 ℃保温 1 小时(高温热处理方式)，或 600 ℃保温 1 小时(低温热处理方式)的真空热处理。炉内的全部装料只能是不锈钢部件。不同规格的零部件一同处理时，可选用最大零部件的厚度来确定保温时间。保温温度和时间应能使零部件足以获得满意的碳化物固溶状态，并保证该保持温度和时间能最大限度地消除工件的应力。采取必要的措施使零部件尽快地由 900 ℃降至 430 ℃以防止变形，900 ℃到 430 ℃之间的冷却速度至少应为 650 ℃/h。在惰性气体(氦或氩)气氛中冷却至 120 ℃，然后便可将工件从炉中取出并在空气中冷却。每次产品热处理前要清洗所有支架、零部件，特别是应对零部件进行彻底除油，以防渗碳，使用的除油剂不应含有氯离子或其他卤化物。去除焊缝渣、金属或氧化色时，只能使用不锈钢丝刷。所有零部件表面应是光亮的或呈浅黄色。如果零部件局部有深黄、蓝或黑色表面，那么只有经喷砂或机械加工将其去掉以后才能接受。

3. 机械加工

对焊缝的最终加工应和图纸上标明的焊接熔深相匹配，管座完成加工后可以用喷砂或喷丸来改善外观质量，只允许使用石英砂或不锈钢颗粒。最后进行处理并清洗。

4. 焊缝检验

用 3 倍放大镜检查每条焊缝应无气孔、裂纹或未焊透。必要时，还应进行 X 射线或液体渗透检查。如果缺陷的最大尺寸大于最小尺寸的 3 倍。则可以认为是线性缺陷，否则，认为是圆形缺陷。如果外观检查表明线性缺陷大于 1.5 mm 或者圆形缺陷大于 3 mm 则不能接受。

5. 修理

当发现有缺陷的焊缝时。可以用如铣、磨等机械加工方法去除缺陷，然后对上述区域进行擦刷。砂轮应由碳化硅或三氧化二铝并用橡胶或树脂黏结而成。铣刀和锉刀除非是由硬质合金制作，返修工具的材料必须根据沾污试验的结果来选择。

6. 装卸和贮存

管座及包装容器在使用或贮存前要进行清洗，装卸和运输时要避免任何撞击和损坏。

二、燃料组件组装精度的影响因素及控制方法

燃料组件组装精度的影响因素主要有以下几点:骨架的外形尺寸,燃料组件拉棒平台与燃料组件组装平台及燃料棒预装盒固定平台三者的同轴度,燃料组件组装平台的定位精度、上端的拉紧装置及下端的顶紧装置。

其中,骨架的外形尺寸由骨架组装、焊接工艺决定。三个平台一旦安装完成,基本不会发生改变。上端的拉紧装置及下端的顶紧装置结构简单,在前面的章节有过介绍,下面主要讨论燃料组件组装平台的定位精度对燃料组件组装精度的影响。

燃料组件组装平台的定位精度与两个定位基准面的平面度及其相互的垂直度有关,定位基准面的平面度越好,燃料组件组装精度越高;定位基准面相互的垂直度越小,对拉棒过程中造成定位格架的变形的影响越小。燃料组件组装平台的定位精度还与夹持框架的距离有关,该距离决定了对骨架定位格架夹持的状态,该距离控制精度越高,越有利于控制燃料组件的变形。其控制具体要求分述如下。

1. 15×15 组件组装平台调整要求

(1) 格架夹紧框架格架定位基准面的垂直度≤0.1 mm。

(2) 格架定位基准面的平面度≤0.25 mm。

(3) 格架夹紧框架之间距离见图 15-2。

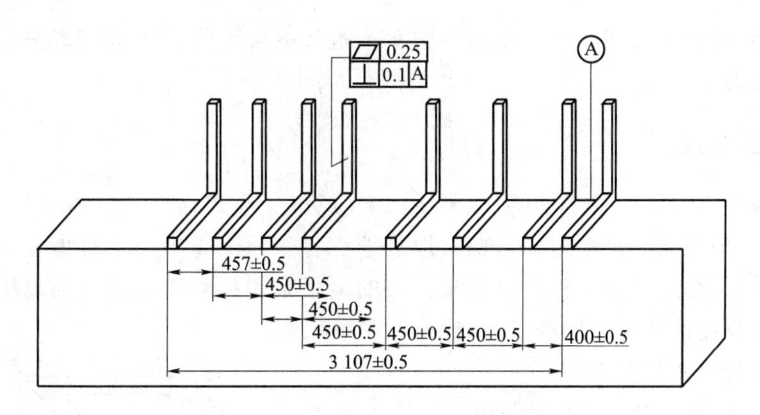

图 15-2　15×15 组件组装平台技术要求

基准 A 代表各框架的定位基准面

2. 17×17 组件组装平台

(1) 格架夹紧框架及下管座夹具两个定位基准面的垂直度≤0.1 mm。

(2) 格架定位基准面(8 层)和中间搅混翼格架定位基准面(3 层)平面度≤0.25 mm。

(3) 格架夹紧框架之间距离见图 15-3。

(4) 中间搅混翼格架夹紧框架两个定位面基准面与其他夹紧框架两个定位基准面高度相差(0.3±0.1)mm。

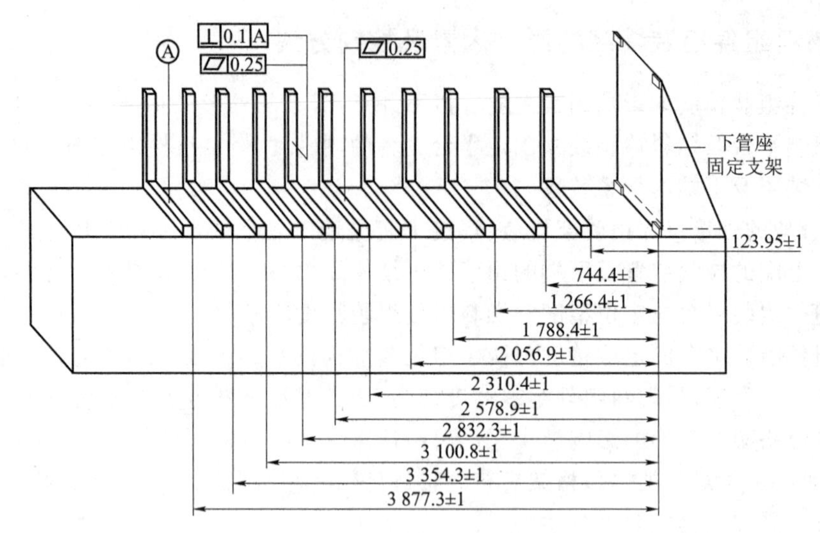

图 15-3 WF2138 拉棒机平台技术要求(17×17)

基准 A 代表各框架的定位基准面

第二节 焊接工艺参数的相互关联关系

学习目标:掌握管座焊接工艺参数的相互关系及参数选择;掌握燃料组件焊接工艺参数的相互关系及选择原则。

一、管座焊接

管座的焊接可以采用手工 TIG、机器人 TIG 或电子束焊接方式。需要指出的是,机器人焊接成本高,但产品质量稳定、工效高,焊接熔深在 3 mm 以内可不打坡口,不填充金属,焊件的热影响小,焊后变形量很小。近来引入的电子束焊接管座质量更为稳定,变形更小,在法国电子束焊接的管座已取消了焊后热处理工序。

上管座焊缝结构见图 15-4。

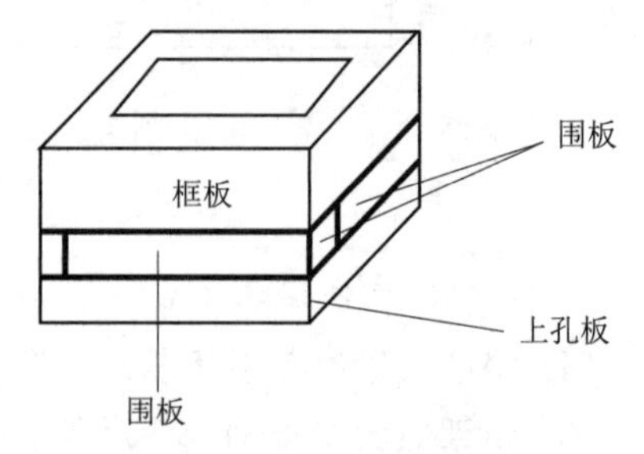

图 15-4 上管座焊缝结构

管座 TIG 机器人焊接系统主要由以下几部分组成:机器人焊接系统本体、控制系统(控制箱、编程器等)、TIG 焊接电源、水冷系统、焊接变位器、外部控制系统和焊丝进给系统。采用氦气保护,氦气的电离电压比氩气的电离电压高,热传导系数大,因此氦弧的电离电压明显高于氩弧,其电弧温度高,发热量大而集中。试验表明,钨极氦弧焊的焊接速度可比氩弧焊提高 1～1.2 倍,且能获得较大的熔深。上管座可采用无坡口、无间隙的接头行式,一次焊接成型就可使焊缝熔深满足设计要求,工件的变形会随着焊接层次的减少而减小。焊接夹具的上下压板采用带内通冷却水的铜板制成,这有利于焊缝冷却,减少焊缝高温停留时间;采用气动加压驱动机械夹具,保证了管座焊后尺寸的稳定。表 15-1 列出了两种焊接方法的工艺特点。

表 15-1　上管座两种不同的 TIG 焊接方法比较

手工 TIG 焊接	机器人 TIG 焊接
30° 围板　单边 30°坡口。共焊 3 层，焊第 1 层不加丝焊，其余 2 层加丝焊	围板　无坡口、无间隙，不加丝，一次焊接完成

在参数的选择上，可选用较快的焊接速度，使焊后管座内腔尺寸变化较小，且焊接质量十分稳定。根据焊接线能量公式：

$$Q = K\frac{UI}{V}$$

式中，Q——焊接线能量，J/m；

U——焊接电压，V；

I——焊接电流，A；

V——焊接速度，m/min；

K——比例系数(与焊接材料和焊接方法有关)。

可见，焊缝单位长度上所吸收的能量与焊接电流、焊接电压成正比。

二、管板焊

这里的管板焊是一种直流 TIG 焊接方式，主要参数包括：氩气纯度、转速、焊接电流、焊接时间，相对于燃料棒焊接参数的搭配要简单一些，但原理相同。

在其他焊接参数不变的条件下，增大焊接电流，会增大焊缝熔深，提升拉伸破断力，同时会增大焊接变形，导致导向管管口变小，影响控制棒组件的插入；增加转速效果相反。

第三节　燃料组件或部件的焊接变形控制

学习目标：掌握管座焊接的变形控制方法；掌握燃料组件焊接变形的控制方法。

一、上下管座焊接变形控制

由于焊接过程是一个高温热循环过程，加之又有焊接夹具对工件的外部拘束，管座的焊接变形是不可避免。从整个管座的加工工艺来讲，按照技术条件及适用图纸的要求，管座的外形尺寸必须满足一定要求。

为了减少焊接变形对机械加工后的管座成品外形尺寸的影响，在管座零件加工时，零件加工尺寸已经预留了一定的焊接变形量，这就要求焊接变形量波动不能太大，否则超过预留量及要求的尺寸公差裕度就有可能造成无焊缝缺陷的管座焊接件不能加工出符合技术条件和适用图纸要求的管座成品。

鉴于上述原因，管座正常焊接变形量确定和实际焊接变形检测也就成为了技术条件要求以外的另一个对焊接的要求。焊接变形的检测可以通过焊后相关线性尺寸的测量来进行。

焊接变形过大现象主要发生在手工 TIG 焊时,由于焊缝集中,有效板厚不等,管座经历焊接热循环后会产生较大的焊接应力变形。尽管通过调整焊接工艺及参数,采用合理的工装来控制焊接变形量,但是由于手工焊接时一些人为因素的影响,若焊接速度过慢,会出现焊接变形过大的问题,如 15×15 下管座围板出现局部扇形变形,下格板出现翘曲变形,17×17 上管座内腔高度收缩过大,造成尺寸超差等。故应从装配精度、焊接能量、焊接顺序等方面对管座焊接变形进行控制。

二、燃料组件焊接变形控制

燃料组件的焊接,通常称之为管板焊,是指骨架导向管与上管座下格板的焊接。影响焊接变形的因素主要有以下几点:

1. 装配精度

上管座装入骨架后,由于上管座下格板孔与导向管存在间隙(该间隙是为上管座的顺利装入预留的),在重力的作用下,必然存在导向管与下格板孔周围的间隙不一样,上面的间隙要小,下面的间隙要大,如果不加处理,直接进行焊接,必然使上管座与骨架的同轴度变差,燃料组件的外形尺寸变差。通常采取的措施是,装入上管座后,通过使用胀杆对导向管进行扩胀,使导向管与下格板孔贴合良好,以保证上管座与骨架的同轴度,从而确保获得理想的燃料组件外形尺寸。

2. 焊接能量

一般来讲,焊接能量越大,焊接变形越大,因此,应控制焊接能量的输入。

3. 焊接顺序

各种焊接试验证明,对称焊接是有利于减小焊接变形的焊接方式,首先进行中子通量管的焊接,然后进行对称位置的导向管焊接,导向管焊接遵循先内圈,后外圈的原则。

4. 电极对准位置

对于管板焊这一特殊焊接,由于导向管管壁较薄,下格板较厚,因此,焊接时电极应略微偏向下格板,使焊缝的变形尽可能小。

第四节　燃料组件或部件的焊缝返修

学习目标:掌握管座焊缝返修的操作要点;掌握燃料组件焊缝返修的操作要点。

一、上下管座焊缝返修

用 3 倍放大镜检查每条焊缝应无气孔、裂纹或未焊透。必要时,还应进行 X 射线或液体渗透检查。如果缺陷的最大尺寸大于最小尺寸的 3 倍,则可以认为是线性缺陷,否则,认为是圆形缺陷。如果外观检查表明线性缺陷大于 1.5 mm 或者圆形缺陷大于 3 mm 则不能接受。

发现有缺陷的焊缝时,可以用如铣、磨等机械加工方法去除缺陷,然后对上述区域进行擦刷。砂轮应由碳化硅或三氧化二铝并用橡胶或树脂粘结而成。铣刀和锉刀除非是由硬质合金制作外,返修工具的材料必须根据沾污试验的结果来选择。

二、燃料组件焊缝返修

对于管板焊缝的返修,首先应进行工艺试验,以验证焊缝的各种性能满足技术条件的要求,并进行工艺合格性鉴定,取得焊缝返修的工艺合格性鉴定证书,然后按照工艺合格性鉴定确定的参数进行焊缝返修。

燃料组件管板焊缝的返修,一般采用直接补焊的方式进行;也可以在补焊前,用专用绞刀对初次不合格焊缝进行绞除,用吸尘器吸出碎屑,然后进行补焊。无论是直接补焊还是对焊缝进行绞除后再进行补焊,补焊前一定要对焊接面进行清洁:首先打磨焊缝去除氧化色,使焊接部位不得有氧化色,然后用绸布蘸丙酮清洁焊接部位,并用绸布擦拭检查,直到绸布上面无明显脏迹,等5～10分钟晾干焊缝后方可进行补焊。

补焊完成后,需要进行打磨去除氧化色,并进行相应的外观尺寸检查。

第四部分　核燃料元件生产工技师技能

第十六章　专业理论知识

学习目标:掌握装配图的绘制方法;掌握夹具设计的原理和方法;掌握刀具刃磨的操作要点;掌握夹具修理的方法。掌握技术攻关立项报告的编写方法;了解车间生产管理的内容;掌握精益生产管理的内容;掌握工艺和产品鉴定程序要求;掌握工装的设计方法、工装的管理要求、设备的操作维护保养;掌握燃料元件生产核临界安全基本原则与措施。

第一节　夹具设计原理和方法

学习目标:掌握夹具设计的基本原则和要求;掌握夹具设计的方法和步骤;掌握夹具总图及零件图的绘制方法。

一、夹具设计的基本原则和要求

夹具设计是工艺准备工作的重要内容之一。夹具设计的质量,对生产率、加工成本以及生产安全等有直接的影响,为此设计夹具时必须考虑以下几方面的基本原则和要求。

1. 能保证工件的加工或装配要求

保证加工或装配质量是设计时首先要考虑的要求,即必须稳定地达到工序图上所规定的加工精度、表面粗糙度或装配精度要求,这主要由所设计的定位装置(有时要结合夹紧一起考虑)来保证。

2. 能提高加工或装配效率

所设计的夹具结构在生产批量相适应的条件下,应尽量采用夹紧可靠、快速高效的夹紧机构与传动方式以缩短辅助时间提高生产率。

3. 有利于降低成本

在能保证加工质量和效率的前提下,夹具结构应力求简单。尽量采用标准元件和组合件,专用零件的结构工艺性要好,制造容易,可缩短夹具制造周期,降低工件的生产成本。

4. 夹具的操作要安全方便

夹具结构中必要时应考虑有安全防护装置(含防屑、防尘、防油及噪声污染等),良好的排屑措施、润滑方式以及操作维护方便等要求。

5. 考虑夹具的适应性

在满足所要求的加工和装配质量条件下，有时应考虑产品近期的发展，品种增多的要求，适当扩大夹具的适应能力，使夹具具有一定的通用性，也是夹具设计中经常要注意的问题。

二、夹具设计方法与步骤

专用设备或机床夹具设计过程一般可划分为四个阶段：

1. 设计前的准备

在这一阶段首先要明确设计任务书（由工艺人员在编制零件或部件的工艺规程后提出）的要求，然后分析研究并收集下列资料：

（1）了解零件或部件工作图、毛坯图和装配图，分析零件或部件的作用、结构特点、材料及毛坯制造精度及零件或部件的技术要求。

（2）深入分析设计任务书或工序简图上所提出的加工（装配）要求和设计要求，该工序在整个工艺过程中与前后工序的关系，所采用的切削用量（工艺参数），分析所规定要求的合理性，以便发现问题及时与工艺人员进行磋商。

（3）了解所使用专用设备或机床规格、性能以及与夹具连接处的结构和有关联系尺寸。

（4）了解所使用的刀具、量具结构、规格以及测量及对刀调整方法。

（5）了解零件或部件的生产纲领、投产批量和生产组织以及本厂气液压等方面动力设施条件等有关问题。

（6）收集国内外同类型夹具有关资料及设计中需参考的各种设计标准、典型结构等资料与手册。

2. 拟定夹具结构方案、绘制草图

（1）确定定位方案

根据零件加工的位置精度要求，选择定位方案。

（2）对刀和导向方式的选择

（3）确定夹紧方案

（4）设计夹具体，形成夹具结构草图

在完成了上述各部分的设计基础上，即可绘制夹具结构草图。

（5）在完成结构草图设计之后，为了进一步论证方案的可行性，应作必要的夹具设计精度分析计算。主要包括以下内容：

1）夹具精度验算，主要包括工件定位误差和导向误差验算。

2）夹紧力（矩）的验算。

三、绘制夹具总图

在经过分析、论证并确定夹具结构之后，即可按草图所形成的总图正式绘制成夹具总图。总图的绘制要求图面大小、比例、视图布置、各类线条粗细等均要严格符合机械制图国家标准的要求。

夹具总图中除应将结构表示清楚外,还应反映以下几方面的内容:

1. 标注有关尺寸、公差及配合

(1) 夹具外形轮廓尺寸。对于某些夹具上的可移动部分还应表示出其极限位置尺寸(用双点画线)。

(2) 重要部位的配合尺寸与配合性质以及精度等级。有关配合性质的选取可根据工作状况查阅《机床夹具设计手册》。

(3) 重要元件装配的位置尺寸及公差,才能便于装配时按其位置要求进行装配和测量。

标注有关位置尺寸公差时,应根据工件上相应部位的尺寸和精度决定。为了稳定的保证加工精度,一般夹具上位置尺寸公差取工件上相应的位置尺寸公差的1/2～1/5。当工件上相应的尺寸精度较高(公差值较小)时取大值,以便于夹具制造,通常大多数情况多取工件公差值的1/3(均应以工件尺寸偏差对称分布计算)。

(4) 其他装配尺寸或安装尺寸。

2. 制定夹具的技术条件

确定夹具技术条件的内容和数值大小,往往是初学者最难以掌握的问题之一,因为这项工作要求设计者对整个夹具乃至加工工艺系统必须有全面的深入了解。要分析夹具上哪些部位相互位置精度对工件加工要求有直接的影响,从而提出应控制的内容和数值,习惯上统称为技术条件。

夹具的各项技术条件,一般按《互换性原理与技术测量》中规定的符号表示于视图中的相互位置或用文字说明表示于图中空白的适当位置。

夹具的技术条件按夹具的类型和工作方式的不同,其基本内容或主要技术条件可归纳为:

(1) 定位元件之间或定位元件对夹具体底面之间的相互位置要求。

(2) 定位元件与连接元件(或找正基面)间的相互位置要求。

(3) 对刀元件与连接元件(或找正基面)间的相互位置要求。

(4) 定位元件与导向元件间的相互位置要求。

以上四项技术条件是保证工件加工质量所必需的,而且也是夹具装配,验收和定期维修的依据。

这些条件中的位置精度数值,凡与工件加工或装配要求有直接关系的,取工件上相应的加工或装配要求数值的(1/2～1/5);与工件无直接关系的可参考表16-1选取。

表16-1 夹具技术条件参考数值

技术条件	参考数值
同一平面上的支承钉和支承板的等高公差	不大于0.02 mm
定位元件工作表面对定位键槽侧面的平行度或垂直度	不大于0.02∶100
定位元件工作表面对夹具体底面的平行度或垂直度	不大于0.02∶100
钻套轴线对夹具体底面的垂直度	不大于0.05∶100
镗模前后镗套的同轴度	不大于ϕ0.02 mm
对刀块工作表面对定位元件工作表面的平行度或垂直度	不大于0.03∶100

续表

技术条件	参考数值
对刀块工作表面对定位键槽侧面的平行度或垂直度	不大于0.03：100
车、磨夹具的找正基面对其回转中心的径向跳动	不大于0.02 mm

3. 夹具零件的编号及编制零件明细表

夹具总装图上零件的编号和明细表的填写可按机械制图的有关规定进行。

四、绘制夹具零件图

在完成夹具总装图设计之后，对于非标准零件应分别绘制或设计零件图。零件图中的尺寸、公差及技术要求应符合总装图的要求，同时要考虑制造与装配的工艺性以及夹具的使用方便、安全问题。

第二节　刀具及夹具修理方法

学习目标：掌握刀具刃磨的操作要点；掌握夹具修理的方法。

在燃料元件及其零部件的组装焊接中，要使用一些刀具及夹具，如切管要用到刀具，压端塞、骨架组装及燃料组件的组装焊接中要使用必要的夹具，这些刀具及夹具不可能永远保持完好，必然存在磨损，只有通过对其进行修理才能再使用。下面进行简单介绍。

一、刀具的刃磨

1. 刀具刃磨的基本要求

(1) 对刀面的要求

刃磨刀具时，刀面质量如何，对切削变形、刀具磨损影响很大。刃磨刀面的要求是：表面平整，表面粗糙度小。

(2) 对刀刃的要求

刀刃的质量主要表现在刀刃的直线度和完整程度。刀刃的直线度和完整程度越好，工件的加工表面质量越高。

(3) 对刀具角度的要求

刃磨刀具时，刀具的几何角度要符合要求，以保证良好的切削性能。

2. 刀具的刃磨方法

车刀、麻花钻等刀具，可装夹在机床上或用手工方法刃磨前刀面和后刀面，其几何参数根据被加工工件材料、精度以及所选定的切削用量决定。

(1) 成形车刀的刃磨

成形车刀磨损后，大多是在万能工具磨床上，选用碗形砂轮对前刀面进行刃磨。刃磨的基本要求是保持它的原始前角和后角不变。对于棱形刀，需保证其前刀面与砂轮工作端面平行；对于圆形刀，除保证刀具中心平面与砂轮工作端面平行外，还应偏移 h 距离（见

图 16-1)，h 的值为：

$$h=R\sin(\gamma_p+\alpha_p)$$

(2) 铣刀的刃磨

1) 尖齿铣刀的刃磨

尖齿铣刀刃磨部位是后刀面，在万能工具磨床上进行。圆柱形铣刀是尖齿铣刀，其刃磨方法如图 16-2 所示。刃磨时，支承片顶端到铣刀中心的距离 H 的计算式为：

$$H=d_0/2\times\sin\alpha_0$$

式中，d_0——铣刀直径，mm；

α_0——铣刀后角，(°)。

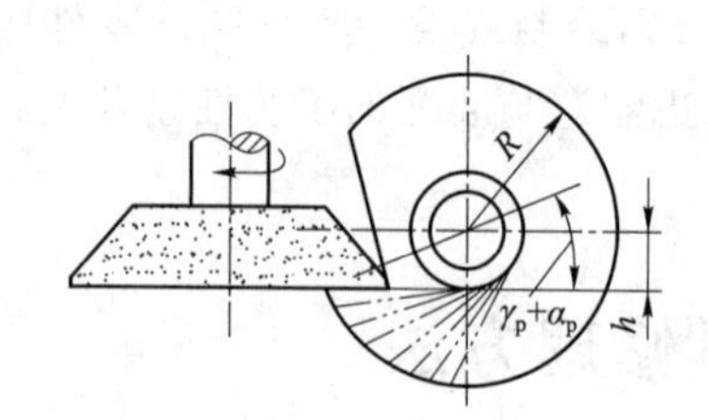

图 16-1　刃磨原型车刀

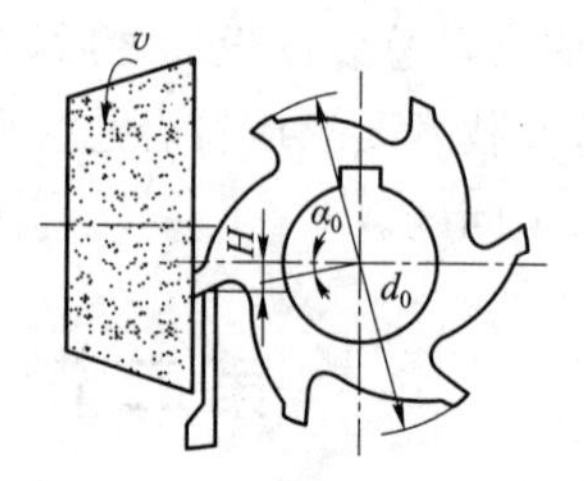

图 16-2　尖齿铣刀的刃磨

2) 铲齿铣刀的刃磨

铲齿铣刀的后刀面是经铲削的阿基米德螺旋面，不须刃磨。故铲齿铣刀只刃磨前刀面。刃磨时须严格控制铣刀前角的大小，并且符合设计的要求和刀齿的圆周等分性。

(3) 齿轮滚刀与插齿刀的刃磨

1) 齿轮滚刀的刃磨

齿轮滚刀要求刃磨前刀面。在具有精确的螺旋运动机构、分度机构、砂轮修正机构和砂轮头架调整机构的专用滚刀开口机上进行。

刃磨滚刀时，应保证刀齿前面的径向性、容屑槽圆周齿距的等分性、导程误差和前刀面的表面粗糙度等要求。

2) 插齿刀的刃磨

插齿刀的刃磨部位是前刀面。刃磨时，插齿刀要旋转，砂轮还要沿轴线作往复运动，见图 16-3。砂轮半径应小于插齿刀前刀面在 A-A 剖面中的曲率半径，这样才能保证磨出正确的前刀面。

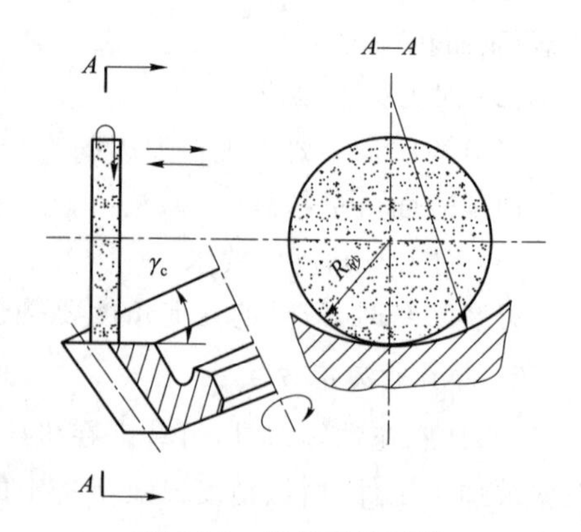

图 16-3　插齿刀的刃磨

(4) 铰刀的刃磨

铰刀的磨损主要发生在后刀面上，刃磨在万能工具磨床上进行，方法如图 16-4 所示。刃磨时，铰刀轴线相对磨床导轨倾斜 k_r 角，并使砂轮的端面相对于切削部分后刀面倾斜 1°～3°，以免接触面积过大而烧伤刀齿。为使刃磨后的后角不变，后刀面与砂轮端面都应处于垂直位置，且支承铰刀前面的支承片应低于铰刀中心 h，其计算式为：

$$h=d_0/2\times\sin\alpha_0$$

式中，d_0——绞刀直径，mm；

α_0——绞刀后角，(°)。

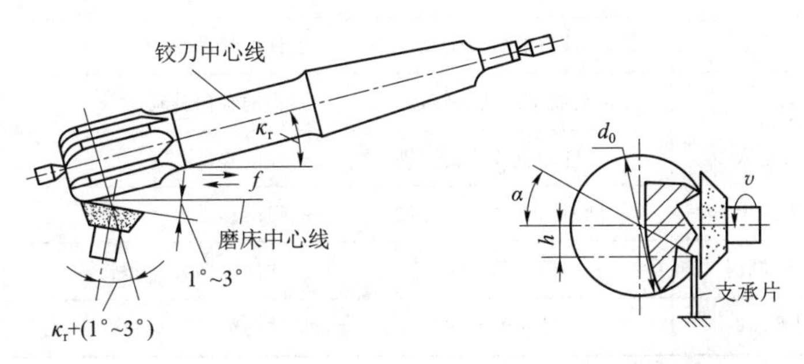

图 16-4 铰刀的刃磨

二、夹具修理

由于核燃料组件的特殊性，所接触使用材料一般采用不锈钢，因此，夹具的材料一般是不锈钢制成，下面按金属的修磨进行简单介绍。

1. 切削

在机床上，用金属切削刀具切除工件(或夹具)上多余的金属或对表面进行精加工，从而使工件(或夹具)的形状、尺寸精度及表面质量都符合使用要求，这种加工方法称为金属切削加工。由刀具切除的多余金属变为切削而排离工件。机床、夹具、刀具和工件，构成金属切削加工的工艺系统。

刀具和工件之间的相对运动叫切削运动。通常把切削运动分成主运动和进给运动(走刀运动)两类，如图 16-5 所示。将切削切下所必需的基本运动叫做主运动；使新金属层继续投入切削的运动叫做进给运动。这两种运动在不同的加工形式是不同的，常见机械加工的切削运动分类如表 16-2 所示。切削加工时，主运动只有一个，通常速度最高、消耗功率最大的运动。进给运动可以是一个或多个，速度较低、消耗功率较小。

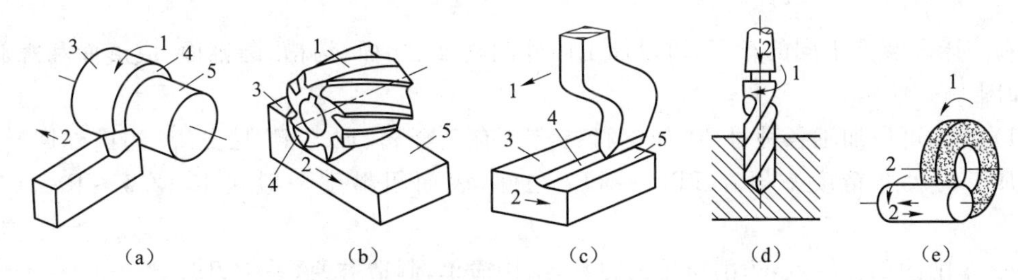

图 16-5 切削运动和工件上形成的三个表面

(a) 车削；(b) 铣削；(c) 刨削；(d) 钻削；(e) 磨削

1—主运动；2—进给运动；3—待加工表面；4—加工表面；5—已加工表面

表 16-2 几种切削加工时的运动

切削	主运动	进给运动
车削	工件的旋转运动	刀具的纵向或横向运动

续表

切削		主运动	进给运动
铣削		铣刀的旋转运动	工件的移动
钻削		钻头或工件的旋转运动	钻头的轴向移动
刨削	龙门刨床	工件的直线往复运动	工件的移动
	牛头刨床	刨刀的直线往复运动	刨刀的移动
磨削	磨削外圆时	砂轮的旋转	工件的轴向移动和旋转
	磨削平面时	砂轮的旋转	工件的纵向运动和砂轮的横向运动

切削加工过程中，在工件上形成三个表面，分别是待加工表面、加工表面、已加工表面，如图 16-6 所示。工件上即将被切去金属层的表面称为待加工表面；工件上正被切削的表面称为加工表面；工件上已被切去金属层的表面称为已加工表面。

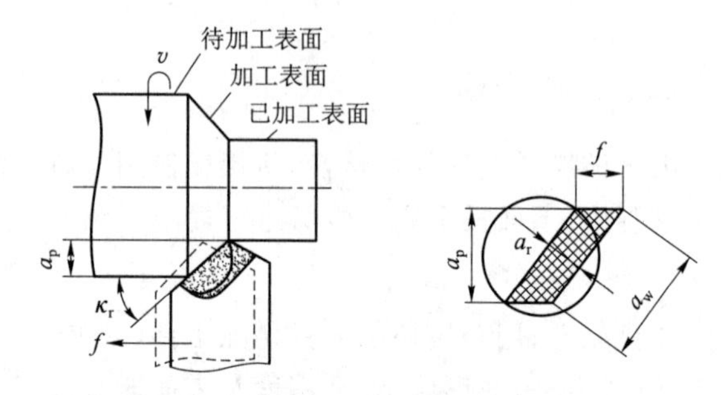

图 16-6 车外圆时三个表面及切削用量

金属切削加工的切削三要素是指切削深度 a_p、进给量 f 和切削速度 v。切削深度是指待加工表面和已加工表面之间的距离；进给量是指在单位时间内，刀具和工件沿进给运动方向相对移动的距离，即工件每转一周，刀具沿进给运动方向移动的距离；切削速度是指在单位时间内，工件和刀具沿主体运动方向相对移动的距离。

2. 金属切削加工方法

切削加工是指利用切削工具从工件上切除多余材料的加工方法。切削加工的方法主要有车削、刨削、钻削、铣削和磨削等。

(1) 车削加工

在车床上装夹不同的车刀，可以加工内外圆柱面、端面、沟槽、圆锥面、成形面和螺旋面等，如图 16-7 所示。

1) 车削可以加工各种材质(如钢材、铸铁、有色金属、玻璃钢、尼龙等)的内外回转面。车削加工的尺寸精度一般在 IT11～IT7 之间，表面粗糙度一般在 Ra12.5～Ra1.6 μm 之间。

2) 车削的工艺特点：车削所用的刀具，结构简单，制造方便，易于刃磨。

3) 切削抗力变化小，切削过程较平稳，有利于进行强力切削和高速切削，生产率较高。

(2) 刨削加工

1) 刨床上的主要工作

在刨床上可以刨削平面、沟槽、曲面等，如图 16-8 所示。

2) 刨削加工的特点

① 刨削时的主运动是直线往复运动，切削过程有冲击与振动，而且由于切削速度低及受空行程的影响，生产率较低。

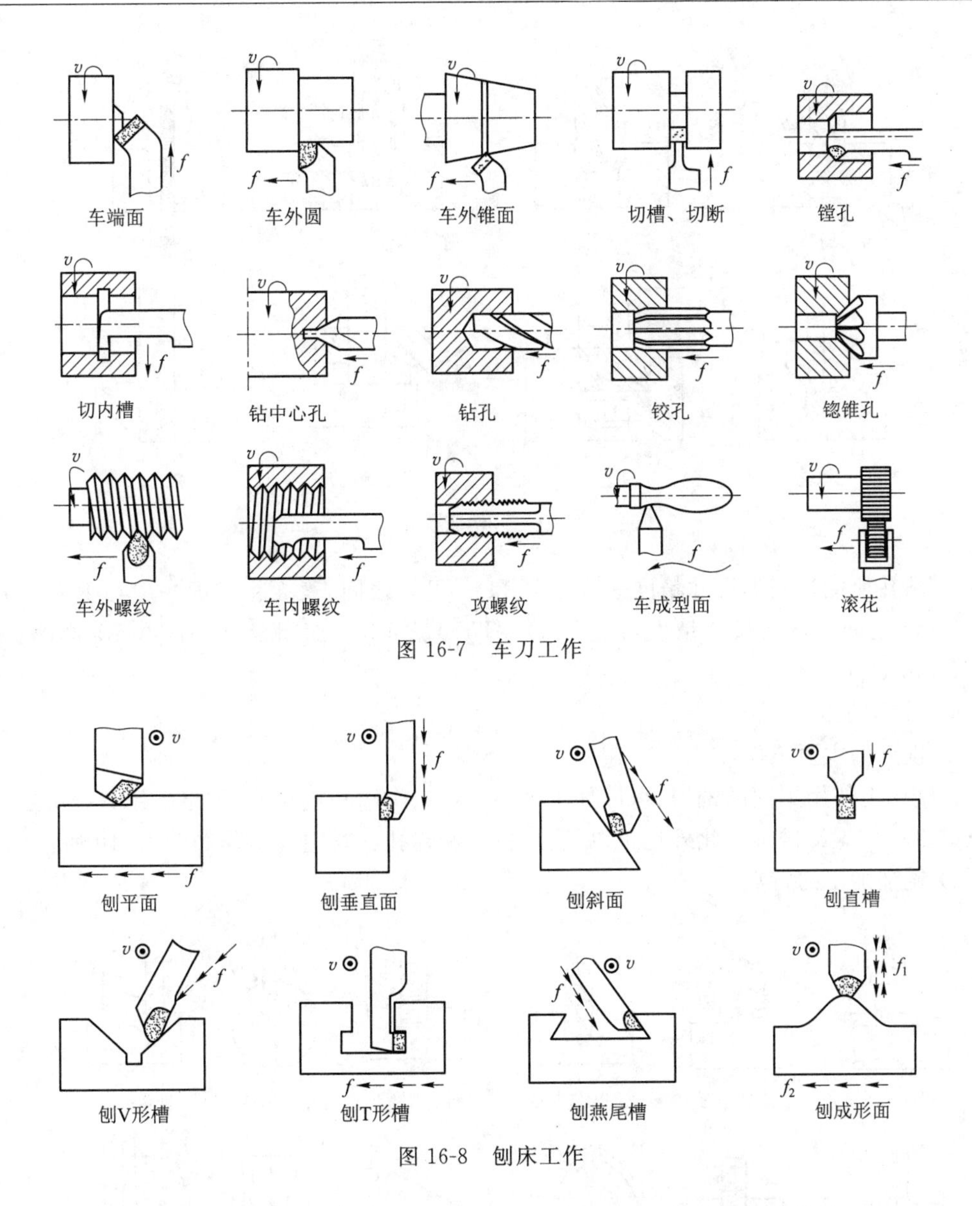

图 16-7　车刀工作

图 16-8　刨床工作

② 刨削加工的尺寸精度一般在 IT13～IT10 之间，表面粗糙度一般在 Ra12.5 μm～Ra3.2 μm 之间。在龙门刨床上采用宽刃刨刀精刨时，表面粗糙度为 Ra1.6 μm～Ra0.8 μm，直线度误差不大于 0.02 mm/1 000 mm。

(3) 钻削加工

1) 在钻床上的主要工作　在钻床上除钻孔与扩孔外，还可以进行铰孔、锪孔和攻螺纹等作业，如图 16-9 所示。

2) 钻削加工的特点

① 钻头的切削刃对称于轴线分布，径向切削力相互抵消，所以钻头不易弯曲。麻花钻的切削深度可达到孔径的一半，所以金属切除率较高。

② 由于钻头伸入孔内，切削成螺旋形，容易堵塞，不仅排屑与散热困难，且易擦伤孔壁，所以钻出的孔表面粗糙度较高，尺寸精度也较低。

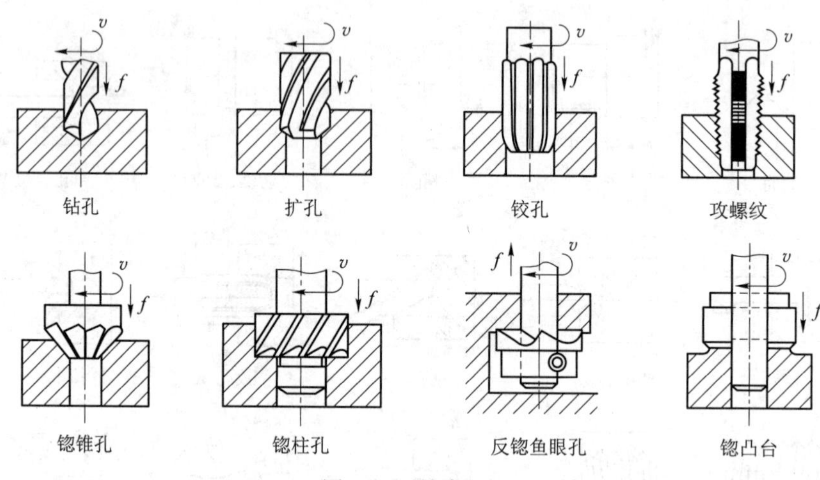

图 16-9 钻床工作

③ 钻孔所能达到的尺寸精度一般在 IT11～IT10 之间,表面粗糙度一般在 Ra25 μm～Ra6.3 μm 之间。扩孔尺寸精度可达 IT11～IT10 之间,表面粗糙度一般在 Ra12.5 μm～Ra6.3 μm 之间。

(4) 铣削加工

1) 铣床的主要工作

在铣床上使用不同的铣刀,可以加工平面、台阶、沟槽和成形面,如果采用分度头还可以铣花键、齿轮、螺旋槽等。此外还可以钻孔、铰孔和镗孔。其主要工作如图 16-10 所示。

2) 铣削加工的特点

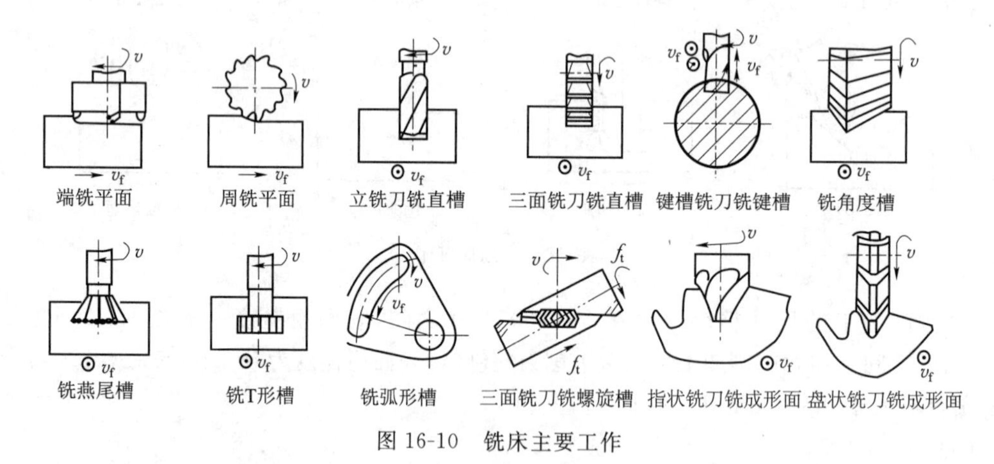

图 16-10 铣床主要工作

① 铣削的切削速度较高,各个刀齿轮流切削,冷却条件好刀具寿命也较长。铣削的生产率一般比刨削高。

② 铣削过程虽然是连续的,但每个刀齿的切削都是断续的,刀齿切入工件时有冲击,切削时的切削厚度有变化。因此,切削力有周期性变化,切削过程有振动,使加工表面的表面粗糙度增大。

③ 铣削加工尺寸精度一般为 IT11～IT10 级,表面粗糙度为 Ra12.5 μm～Ra3.2 μm。

(5) 磨削加工

1) 磨床上的主要工作

用不同类型的磨床和磨具配合，可以加工工件的内外圆柱面，外圆柱面、圆锥面、平面、沟槽或成形面、螺旋面和齿轮的齿面等。磨床的主要工作及所需的切削运动如图 16-11 所示。

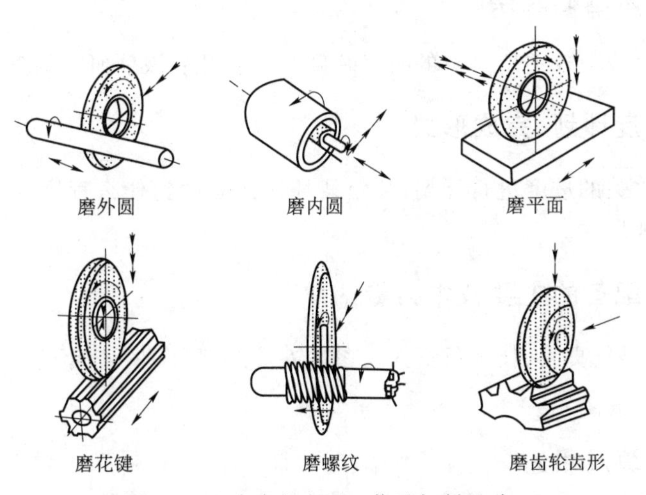

图 16-11 磨床的主要工作及切削运动

砂轮的旋转运动是主运动，其余为进给运动

2) 磨削加工的特点

① 磨削加工的尺寸精度高，表面粗糙度数值低。一般磨削加工尺寸精度可达 IT8～IT5 之间，表面粗糙度一般在 Ra0.8 μm～Ra0.2 μm 之间。

② 能加工高硬度的工件，如材质为白口铸铁、淬火钢及硬质合金等的工件表面。

③ 磨削温度高，磨削区的温度可高达 800～1 000 ℃。磨削温度过高会使淬火钢工件的表面退火，使导热性差的工件表层产生很大的磨削应力，甚至出现裂纹。因此在磨削时必须以一定压力将切削液喷射到砂轮与工件的接触部位，以降低磨削温度。

第三节 技术攻关立项报告的编写方法

学习目标：掌握技术攻关立项报告的编写方法。

一、封面

主要包括项目名称、项目编号、承担单位、归口管理部门四项内容，其中承担单位、归口管理部门需要签章。然后填上报告编写日期。

二、技术攻关主要内容、达到目的、经济效果

就技术攻关的主要内容进行详细阐述，明确技术攻关应达到的目的及项目实施后能取得的经济效果。

三、攻关方案、工艺原则

填写技术攻关的方案，工艺实施原则。制定出工艺技术的路线，主要工艺参数、技术经济指标。

四、现有技术基础及条件

填写目前从事该项攻关所具有的技术基础及具备开展该项研究的条件。

五、工作进度计划、完成形式

要求对技术攻关的进度进行计划，某年某月某日应达到什么程度、阶段，取得什么成果及成果的具体表现形式。

六、各项目配备的主要技术力量

主要包括：项目负责人、技术负责人及参加人员的姓名、性别、年龄、所学专业、职务及职称等。

七、经费预算及用途

要求填写批准经费及自筹经费，以万元为单位。具体包括设计资料费、材料费、调研费、外协费、设备的规格型号及费用、检测试验费、管理费(包括鉴定费)。

上述项目填写完成后，交相关单位或负责人进行审查批准。

第四节　生产管理的基本知识

学习目标：了解车间生产管理的内容；掌握精益生产管理的内容。

一、车间生产管理

车间生产管理，即对车间生产活动的管理。车间生产管理的主要任务是按时完成企业经营计划规定的任务，具体地说就是要完成本车间承担的产品品种、质量、产量、成本和安全等指标。

1. 车间生产组织

(1) 车间生产过程的划分

工业企业的生产过程，按其所经过的各个阶段的地位和作用来分，可分为以下四个组成部分。

1) 基本生产过程

它是直接从事车间基本产品生产、实现车间基本生产过程的单位，如机械工业中的铸造、机加工、部件(总成)装配等生产过程。

2) 辅助生产过程

为基本生产提供辅助产品与劳务的部门，如维修和有关动能的输送等。

3）生产技术准备过程

为基本生产和辅助生产提供产品设计、工艺设计、工艺准备设计及非标准设备设计等技术文件，负责新产品试制工作。

4）生产服务过程

它是为基本生产过程和辅助生产过程服务的部门，通常包括原材料、成品、工具、夹具的供应和运输等工作。

（2）车间生产组织的基本要求

1）生产过程的连续性

所谓连续性，具有两层含义：一是工作（生产）场地的连续性和不断性，能提高工作场地的利用率；二是作业者在工作过程中的连续性，可缩短产品的生产周期。

2）生产环节的协调性

生产环节的协调性，即要求车间生产过程的各个工艺阶段、工序（或工作地）之间在生产能力上保持适当的比例。

3）生产能力的适应性

应考虑由于产品品种不断更新换代和技术的不断发展进步，应进一步挖掘潜力，开展技术革新，以适应形势变化的要求。

（3）车间生产过程的空间组织

1）生产专业化的原则和形式

生产专业化的原则决定着企业的分工协作关系和工艺流向、原材料、在制品等在车间内的运转路线和运输量。其主要原则和形式有三种：

① 工艺专业化原则和工艺专业化车间；

② 对象专业化原则和对象专业化车间；

③ 综合原则及相应的车间。

2）车间内生产单位的组成

车间内的生产单位是指车间内的工段、班组。从生产过程的性质看，工段（班组）又分为生产工段（班组）和辅助工段（班组）。

生产工段完成生产产品的过程，通常按产品零件或工种来设置；辅助工段完成辅助生产过程，往往按辅助工种来设置。

（4）车间生产过程的时间组织

车间生产过程中，必须合理分配劳动时间，以减少时间的消耗，提高生产过程的连续性，降低单位产品的时间消耗；同时要在原有生产条件、操作者和设备负荷允许范围内，尽量缩短生产周期。

（5）车间流水生产线的组织

其特征是：

1）工作场地专业化程度高，流水线上固定生产一种或几种产品。

2）生产节奏明显，并按一定的速度进行。

3）各工序的工作场地（设备）数量同各工序时间的比例相一致。

4）工艺过程是封闭的，工作场地（设备）按工艺顺序排列成锁链形式，劳动对象在工序间作单向移动。

2. 车间生产控制与调度

(1) 车间在制品管理

所谓在制品管理,是指包括在制品的实物管理和在制品的财卡管理在内的管理。它们通常是通过作业统计,分车间和仓库进行管理的。

1) 在制品的管理和统计

在制品是指车间内尚未完工的正在加工、检验、运输和停放的物品。通常采用轮班任务报告管理。

2) 库存半成品的管理与统计

在成批和单件小批生产情况下,需在车间内设置半成品库。它是车间在制品转运的枢纽,可及时向车间管理部门反映情况,提供信息。

(2) 车间生产作业的统计、考核和分析

1) 车间生产作业统计的方法

① 建立车间作业统计组织。车间(工段)、班组,应有作业统计人员。

② 做好资料的收集、整理和统计分析工作。

③ 正确运用数字。数据要有可比性,统计数字时要做到准确、及时、全面。

2) 车间生产的原始记录

原始记录也叫原始凭证,它是通过一定的形式和要求,用数字或文字对生产活动作出的最初和最直接的记录。

3) 专业统计的考核和分析

包括期量完成情况的考核和分析、品种完成情况的考核和分析、产品完成情况的考核和分析。

二、精益生产管理

1. 精益生产管理的内涵

精益生产(Lean Production,LP)方式是日本的丰田英二和大野耐一首创的,是适用于现代制造企业的组织管理方法。这种生产方式是以整体优化的观点,科学、合理地组织与配置企业拥有的生产要素,清除生产过程和一切不产生附加价值的劳动和资源,以"人"为中心,以"简化"为手段,以"尽善尽美"为最终目标,使企业适应市场的应变能力增强。

2. 精益生产的基本特征和思维特点

(1) 精益生产的基本特征

1) 以市场需求为依据,最大限度地满足市场多元化的需要。

2) 产品开发采用并行工程方法,确保质量、成本和用户要求,缩短产品开发周期。

3) 按销售合同组织多品种小批量生产。

4) 生产过程变上道工序推动下道工序生产为下道工序要求拉动上道工序生产。

5) 以"人"为中心,充分调动人的积极性,普遍推行多机操作、多工序管理,提高劳动生产率。

6) 追求无废品、零库存,降低生产成本。

7) 消除一切影响工作的"松弛点",以最佳工作环境、条件和最佳工作态度,从事最佳工作，从而全面追求“尽善尽美”。

（2）精益生产的思维特点

精益生产方式是在丰田生产方式的基础上发展起来的，它把丰田生产方式的思维从制造领域扩展到产品开发、协作配套、销售服务、财务管理等各个领域，贯穿于企业生产经营活动的全过程，使其内涵更全面、丰富，对现代机械、汽车工业生产方式的变革有重要的指导意义。

3. 精益生产的主要做法——准时化生产方式(JIT)

准时生产方式起源于日本丰田汽车公司。它的基本思想是：“只在需要的时刻，生产需要的数量和完美质量的产品和零部件，以杜绝超量生产，消除无效劳动和浪费”。这也是Just In Time(JIT)一词的含义。

（1）JIT生产方式的目标及其基本方法

企业的经营目标是利润，而降低成本则是生产管理子系统的目标。福特时代采用的是单一品种的规模生产，以批量规模来降低成本。但是，在多品种、中小批量生产的情况下，这样的方法是不行的。因此JIT生产方式力图通过“彻底排除浪费”来达到这一目标。

1）适时、适量生产。

2）弹性配置作业人数。

3）质量保证。

JIT的核心是适时适应生产，为此，JIT采取了以下具体方法：

① 生产同步化，即工序间不设仓库，前一工序加工结束后，立即转到下一工序去，各工序几乎平行生产。而后工序只在需要的时刻到前工序领取需要的数量，前工序只补充生产被领走的数量和品种。因此，生产同步化通过“后工序领取”这样的方法来实现。

② 生产均衡化，即总装配线向前工序领取零部件时，应均衡地使用各种零部件，混合生产各种产品。

③ 采用“看板”这种极其重要的管理工具。

（2）看板管理

看板管理就是在木板或卡片上标明零件名称、数量和前后工序等事项，用以指挥生产、控制加工件的数量和流向。看板管理是一种生产现场物流控制系统。现以丰田汽车公司典型的第一层次外协配套企业——日本小系制作所（以下简称小系）的看板管理方式为例介绍如下：

小系的用户主要是丰田汽车公司，所以小系的生产计划与丰田同步编制，每年10月份编制次年的年度生产计划，作业计划每月编制，生产指令更改每天进行，通过增加或减少“看板”来实现。月度作业计划提前6天确定，但有20%的变动量。

在计划实施中，小系主要采用三条措施来保证生产的衔接：

1）将生产装配线全部改成U形，每条线5～6台设备，由1～2个工人操作，如遇产品变更只需在装配线内调换模具，更换也有“看板”指示，多数模具装配在可移动的工位器具上，由班长送到工位，1～2分钟便可完成换模；

2）加强与用户联系，派专人密切注视总装厂的市场、产品变化，与丰田同步做好生产技术准备工作；

3) 保持少量的储备量,总装车间是 0.5 天,部件车间是 0.5～1 天,外协厂是 2～3 天,以保证丰田汽车总装厂库存为零。

第五节 工艺和产品鉴定程序

学习目标:掌握工艺和产品鉴定程序要求。

一、定义

1. 工艺合格性鉴定

按照技术条件和(或)图纸的要求以样品试验来证明某一工艺、设备、操作人员和相关规程具有满足规定要求的能力。

2. 产品合格性鉴定

按照相应技术条件和(或)图纸的要求以产品制造来证明某一生产线具有满足规定要求的能力。即对生产的一定批量产品进行检查,并对结果进行统计、分析,以确定生产工艺流程等能否生产出符合设计要求的产品。

3. 验证试验

指投入一定量的产品或制作一定量的试样进行试验,以验证工艺和产品质量的稳定性。

4. 制造中断

采用同等工艺参数、相同设备的某类型产品生产停止运行,视为制造中断。若同类型的产品连续生产,只是最终用户不同,则不视为制造的中断。

5. 适用性

在合格性鉴定过程中,同类型的产品,其鉴定适用于所有用户。对于不同的产品类型,如技术要求相同、试样的结构相同,可只对一种类型的工艺和(或)产品进行鉴定,并适用于其他产品。

6. 鉴定失效

指产品或工艺不能满足相应鉴定证书规定的要求,制造中断时间超过证书规定的时间、已鉴定的重要条件的改变、产品质量明显下降、有效期满等。

二、责任

1. 技术部门

(1) 负责组织合格性鉴定;

(2) 管理合格性鉴定的有效性;

(3) 组织制定并颁布鉴定文件。

2. 质量部门

(1) 负责对合格性鉴定过程实施监督;

(2) 鉴定大纲、报告、证书。

3. 生产部门

(1) 负责具备鉴定条件，编制鉴定大纲和报告；

(2) 实施工艺和产品合格性鉴定；

(3) 样品的制备、检验；

(4) 负责在鉴定证书规定的范围内进行生产操作。

4. 检验部门

负责合格性鉴定送检样品的检验工作，检验结果报质量部门、技术部门、生产部门各1份。

5. 总工程师或授权人

负责批准鉴定大纲和鉴定证书。

三、鉴定过程的描述

1. 实施合格性鉴定的前提

5M1E(影响质量的6个因素或产品合格性鉴定的前提。即人、机器、材料、方法、计量、环境)符合要求是实施工艺或产品合格性鉴定的前提。

对新工艺和新设备，实施鉴定的部门应首先完成预试验，确定合格性鉴定的参数范围。

2. 鉴定计划

技术部门根据合同产品的生产情况，按照生产作业计划及产品图纸、技术条件的要求下达合格性鉴定任务书。任务书的内容包括编制依据、鉴定项目、承担单位等。

生产部门应根据相应鉴定状况、详细的生产作业计划，于每月底向技术部门书面报告下月的合格性鉴定计划(流程性产品生产部门按季度报)，计划中应包括鉴定项目名称、设备及时间安排等。

3. 编制鉴定大纲

合格性鉴定大纲由生产部门负责编制和审核，技术部门与质量保证处审查，总工程师或授权人批准。当合同有规定时，应将鉴定大纲交设计后援或用户审查。

大纲的内容应包括鉴定项目、适用文件、流通卡、鉴定参数、检测内容、取样计划等。

4. 实施合格性鉴定

鉴定的所有条件具备后，生产部门应在实施鉴定前两天向技术部门提出书面申请，提交《合格性鉴定申请表》。鉴定时，技术部门、质量保证处实施监督，并由技术部门填写《合格性鉴定监督单》。由技术部门通知设计后援及用户驻厂代表进行现场见证。

5. 结果分析及处理

当鉴定结果全部合格，编写合格性鉴定报告。

当检测结果不合格时，由技术部门组织相关单位认真分析原因，并确定是否重新进行鉴定：

(1) 如重新进行鉴定，必须先针对偏差产生的原因进行分析并进行相关试验，结果满足要求并经确认后方可进行第二次鉴定。

(2) 若通过分析各方都认为偏差产生的原因对工艺或产品质量无根本性影响时，可不重新进行鉴定,仅采用试验验证或对存在的偏差进行相关处理,并确定生产时应采取的措施以保证产品的符合性。

6. 编写合格性鉴定报告

由生产部门负责合格性鉴定报告的编写。报告的内容应包括:

(1) 对鉴定结果的评价意见;

(2) 合格性鉴定流通卡;

(3) 试样或试验所使用的实际参数(参数卡);

(4) 大纲规定的试验结果及检验报告;

(5) 鉴定过程若产生了不符合项,应将不符合项处理报告放入鉴定报告中。

7. 合格性鉴定证书的签发

技术部门审查报告合格后,编写合格性鉴定证书。

证书至少包括以下内容:

(1) 鉴定的工艺、设备、有关的生产单位、手工焊接人员姓名(如有);

(2) 必要文件的编号和版本;

(3) 有效期及失效条件;

(4) 结论,如果所有结果都是合格的,应注明并宣布通过合格性鉴定;如果存在不符合,应对这种状况说明处理的结果和理由。

证书通过质量部门审查,最终由总工程师或授权人批准(当合同有规定时,报告及证书还应通过设计后援或用户的审查)。

四、合格性鉴定有效性

核燃料组件、相关组件的生产必须在相应的工艺和(或)产品鉴定有效的情况下组织进行。

当合格性鉴定失效后,可采取重新合格性鉴定、验证试验或延续有效期的方式进行处理。

1. 验证试验

制造中断超过鉴定证书规定的时间或其他原因导致鉴定失效,但在鉴定证书有效期内工艺和产品质量稳定的情况下,可用验证试验代替重新合格性鉴定。验证试验由技术部门责组织。

试验过程一般按照"鉴定过程"进行,或者由技术部门下达验证试验方案,生产部门完成试验后编写试验报告。当验证试验的结果合格后,对鉴定证书改版,有效期仍执行原证书的有效期,新证书按"鉴定过程"要求进行审批。

对于技术条件中明确规定的验证试验,由生产部门根据技术条件中的要求完成试验后编写出试验报告报技术部门审批。

验证试验中的产品符合技术要求时,可作为成品予以接收。

2. 延续有效期

在保证产品质量的前提下,为了达到提高生产效率、保持生产连续性的目的,在鉴定证书有效期内生产质量稳定时,对有效期满的合格性鉴定可根据需要通过对工艺水平和(或)

产品质量的满意评价来延续有效期。每次有效期延续的时间不得超过一个完整的有效期。

如果技术条件中对延续有效期有明确规定的，按照相应技术条件执行。

(1) 产品质量和(或)工艺水平的评价

产品质量和(或)工艺水平的评价报告由生产部门负责编制，生产部门技术负责人审核，技术部门批准。评价周期按年度或合同产品的批次进行，评价的范围为相应鉴定证书下组织生产的产品和(或)工艺。评价报告的内容：

1) 合格性鉴定证书和工艺参数卡的编号、版本：

2) 生产情况，包括周期、批次、数量等；

3) 重要设备的运行状况，对工艺、产品的影响；

4) 采用适宜的方法对主要技术指标进行分析。

① 对关键、重要的产品质量指标，应当计算其平均值和标准偏差；

② 充分利用质量波动图、控制图或直方图、饼图等进行直观分析；

③ 工艺中对主要技术指标有影响因素的分析，哪些因素控制较好，哪些仍应加强控制与监督；

④ 若有不符合项、废品及其他质量问题，则需对其产生原因及解决措施进行分析和总结；

⑤ 若有见证样，必须将见证样编号、检验结果及对应的检验报告单编号写在报告中；

⑥ 结论。

(2) 提出申请

根据上述评价，如果结论是满意的，由生产部门向技术部门提交延续有效期的书面申请，同时附上上述报告。

(3) 对评价报告的分析

技术部门组织质量保证部门、设计后援和(或)用户对评价报告进行审查，必要时，召开专题会议，分析并确定其工艺或产品是否处于受控和稳定状态，以决定是否同意对证书有效期的延续。

(4) 颁布新证书

若同意延期，则对现有的鉴定证书进行改版，重新确定新的有效期，所有工艺参数应保持不变。

(5) 对于技术条件中明确要求进行评价的，由车间按要求的频率编写、审核评价报告后报技术部门，如产品质量和工艺稳定，则批准报告后存档备查；如评价认为存在着偏移，则由技术部门书面通知相应鉴定失效。

五、合格性鉴定试样的管理

1. 检验试样的管理

检验试样应完整保存，并标识清楚。试样存放使用纸袋(盒)，如用塑料袋存放时，必须是干净的，且不含有氟(F)、氯(Cl)等卤素元素的塑料袋。

2. 备用试样的管理

生产部门根据需要存留鉴定中的备用试样。如需启用鉴定的备用试样，鉴定单位在启用前应向技术部门提出书面申请。技术部门对启用备用试样的原因进行分析后确定是否启用备用试样。只有在收到批准的启用申请后,鉴定单位方可将备用试样送检。

第六节 设备维护保养

学习目标:掌握工装的设计方法;掌握工装的管理要求;掌握设备的操作维护保养;了解设备的维护保养;掌握精密、重型和数控设备的使用与维护保养要求;了解设备技术状态的检查内容。

一、工装的设计与制造

工装的准备主要是指专用工艺装备的设计和制造,这是生产技术准备中工作量最大、周期最长的阶段,过去由于这方面的管理工作比较薄弱、工装的准备往往成为影响新产品按期按量投产的主要原因之一。工装费用在产品成本中所占的比重相当大,在机械行业中占10%~15%。科学地组织工装的设计制造对压缩生产技术准备周期、降低产品成本、提高企业经济效益,具有重大作用。为提高工装设计制造的效果,设计者在设计制造工装时,要注意下列几个关键性问题:

1. 正确确定工装系数

企业自行设计制造专用工装的种类和数量,应根据生产类型、产品结构和技术特点来确定。在生产中使用专用工装,有利于保证加工质量、提高劳动生产率、降低原材料和能源的消耗,但却延长生产准备周期、增加制造成本和基本建设的费用,可见合理确定专用工装的品种和数量是十分重要的。一般说,产量大、结构复杂、技术要求高的产品应采用较多的专用工装。反之,则应尽量利用通用工装、少用专用工装。在单件小批生产或新产品试制阶段,设计制造少量最必要的专用工装是适宜的。在大批量生产中就应按工艺要求设计制造全部专用工装,包括保证质量和保证安全生产的专用工装,以及减轻劳动强度和提高效率的专用工装等。例如:CJNF厂的17×17型(AFA3G)燃料组件生产,属于大批量生产。但考虑到核燃料元件的生产性质,必须确保产品的质量,因此,要求所有核电元件产品的制造全部使用专用工装。

专用工装的品种数,是通过工装系数来确定的。

$$工装系数=\frac{专用工装种数}{专用零件总数}$$

在机械制造企业中,单件生产的工装系数为0.2~0.5;小批生产时为0.6~1.0;大批生产时约为1.2~1.9;大量生产时为3~6;大量流水生产时可定为8~10。

在制订工艺方案时,根据生产类型、生产批量和产品复杂程度选择适当的工装系数。作为确定专用工装种数的依据,从而合理控制专用工装的设计制造费用和工作量。

2. 强调工装的继承性

在设计制造新的专用工装时,要尽量利用企业现有的工装或利用老工装的图纸加以适当修改,来代替新的设计。尤其是系列产品和新产品所需的工装,大部分是可以利用原有工装的。故此,必须加强对工装的管理,对现有工装的图纸及档案按用途和等级进行分类编号,使之系统化,便于利用或选用。以减少新工装设计制造的费用和工作量。

3. 提高工装的标准化程度

应尽可能提高工装结构的标准化和通用化程度，尽量使工装的结构典型化、系列化。比如，尽量减少工装的品种、型式和尺寸数；提高标准化的水平和覆盖率；扩大万能、可调夹具及组合夹具的使用等，这是节省工装费用、缩短工装设计制造周期，提高工艺管理水平和稳定工艺质量的重要措施。

4. 强化工装设计制造的组织管理

专用工装的设计制造，对新产品顺利投产有很大影响。对量大面广的工装进行科学管理，推广应用先进的工装，是提高工人队伍素质，提高劳动生产率的重要途径。在工装的设计制造中，采用现代管理技术（如成组技术等）加强工装生产的计划与管理，有助于提高工装的水平，满足生产的需要。对某些结构复杂、工序多、周期长的关键工装要及早安排，重点管理。在安排工装的设计制造时，要注意相关工装在数量上和时间上的成套性，同时要按生产需用的先后顺序，安排和组织工装的设计制造，尽可能使工装设计制造负荷均衡。专用工装投入生产使用前，必须经过现场试用和鉴定，以验证工艺规程和工装的适用性，并让使用者学会掌握专用工装的操作要领。

工装的设计，一般按专业分工组织。通用工装可分成刀具、夹具、量具、模具等专业组来设计。专用工装的设计，则宜采用综合小组形式，即以夹具设计为中心，按零部件组建工夹具设计小组。各种工装的设计，一般应遵循统一管理、分级设计的原则，通用工装和重大专用工装由技术部门、设备部门或车间责任工程师负责设计，简易专用工装则由生产车间自行设计。工装的制造，一般应由技术部门或设备部门统一安排，由车间承担。毛坯件及某些零部件加工，也可由厂部纳入生产计划，由生产车间负责完成。

二、工装的管理

1. 工装需要量计划

企业的工装需要量，是按用途、种类、规格分别计算的。它由工装消耗量和工装周转量组成。工装消耗量，是指企业在计划期内为完成生产任务而消耗的工装数量。工装周转量，是为了保证企业生产不断地进行而处于储存和使用过程中的工装数量。企业计划期工装的消耗量，一般是根据企业生产计划和工装消耗定额确定的，其公式如下：

某产品计划期某种工装消耗量＝计划期该产品计划产量×单位产品某种工装消耗定额

工装消耗定额，是指生产一定数量的产品，需要消耗工装的数量。它是决定工装需要量和储备量的必要数据。

企业对工装消耗定额的确定，有两种方法。一是经验统计法，它主要是根据员工的实际经验，或者对工装消耗统计资料进行估算，制定出工装消耗定额。这种方法工作量小，简便易行。另一种方法是技术计算法，它是根据工装的耐用期限和使用这种工装的时间长短来制定消耗定额的方法。采用这种方法，工作量较大，但比较准确。它的计算公式是：

$$\text{某种工装的消耗定额}=\frac{\text{制定一定数量产品时某种工装的使用时间}}{\text{某种工装的耐用期限}}$$

式中，一定产品数量通常以 100 或 1 000 个零件（或产品）作为计算单位。对没有消耗定额的工装，可根据各车间按月估计的工装消耗量，采用“以旧换新”，按需领用。

在做了上述计算后，再把各种产品消耗某种工装的数量相加，即得计划期某种工装消耗的总量。

工业企业计划期工装需要量，除计算工装消耗量外，还要计算工装周转量。工装周转量包括工装仓库的正常储备量，各车间工装室储备量以及使用、修理中工装占用量。一般按经验统计法确定。某种工装消耗量和工装周转量相加，再减去期初期末工装实际盘存数差额，即可求得计划期该种工装需要量。

企业的工装管理部门，也可以直接将各车间计划期申请各种工装的需要量汇总，根据工装总库周转量的变化情况，编出工装需要量计划，组织工装的制造和供应。

2. 工装的日常管理

工装的管理，不仅限于设计与制造，还必须做好日常的管理，使工装经常处于良好的技术状态，并避免过多地积压占用资金。这对保证产品质量，提高经济效益，有着重要意义。

做好工装日常管理，主要应抓好以下几方面工作：

(1) 指导工人遵守操作规程，改善日常维修保管工作。负责工装保管的工具库(室)，对工装要进行分类、编号，固定存放地点，配置适当的工装存放器具。存放的环境应保持清洁、干燥、通风、温度适当、防霉防锈。对量具、精密模具，应建立周期校正鉴定制度，周期可按使用期限或加工批量而定。

(2) 指导工人遵守操作规程，正确使用工装，注意日常的维护保养。对员工使用工装应建立“借用”制度，定期归还，以免长期流转在生产中质量受损。工装收回时要进行技术检查，对已有磨损的要及时修理或报废。

结合多种产品的上下场，做好工装的下场清理与上场准备。在每种产品下场后，对生产中使用的工装要及时清理，进行鉴定，分情况安排退库、改进或修复等工作，以保证产品再次上场时使用。

(3) 对工装的消耗与占用，应合理制定消耗定额与储备定额。压缩工装消耗定额与储备量是工装管理的一项重要的工作内容。工装消耗定额在批量大的情况下，有条件的可以根据技术计算来确定，即按工装的耐用期限和使用工装的时间长短来计算；也可以按经验统计方法，通过对工装消耗的历史统计资料加以整理分析，制定出各种工装的消耗定额。工装的储备量，包括工厂工装库存，车间工装室与正在使用和处在修理、检验中的工装，一般分为两部分，即正常周转量与保险储备量，都用经验统计法来确定，作为核定占用流动资金的依据。

三、设备的操作维护保养

设备的操作规程和维护保养规程是指导工人正确使用和维护设备的技术性规范，每个操作者必须严格遵守，以保证设备正常运行，减少故障，防止事故的发生。

1. 设备操作维护规程的制定原则

(1) 一般应按设备操作顺序及班前、班中、班后的注意事项分列，力求内容精练、简明、适用，属于“三好”“四会”的项目，不再列入。

(2) 要按设备型号、类别将设备的结构特点、加工范围、注意事项、维护要求等分别列出，便于操作者掌握要点，贯彻执行。

(3) 各类设备具有共性的，可以编制统一标准的通用规程，如吊车等。

(4) 重点设备、高精度、大重型及稀有关键设备，还必须单独编制操作、维护保养规程，并用醒目的标志牌板张贴显示在设备附近，要求操作者特别注意，严格遵守。

2. 操作、维护保养规程的基本内容

(1) 班前清理工作场地，按设备日常检查卡规定项目检查各操作手柄、控制装置是否处于停机位置，安全防护装置是否完整牢靠，查看电源是否正常，并作好点检记录。

(2) 查看润滑、液压装置的油质、油量，按润滑图表规定加油，保持油液清洁，油路畅通，润滑良好。

(3) 确认各部正常无误后，方可空车启动设备。先空车低速运转 3～5 分钟，查看各部运转正常，润滑良好，方可进行工作。不得超负荷超规范使用设备。

(4) 工件必须装卡牢固，禁止在机床上敲击夹紧工件。

(5) 合理调整各部行程模块，定位正确。

(6) 操纵变速装置必须切实转换到固定位置，使其啮合正常，并要求停机变速；不得用反车制动变速。

(7) 设备运转中要经常注意各部情况，如有异常，应立即停车处理。

(8) 测量工件、更换工装、拆卸工件都必须停机进行。离开机床时必须切断电源。

(9) 设备的基准面、导轨、滑动面要注意保护，保持清洁，防止损伤。

(10) 经常保持润滑及液压系统清洁。盖好箱盖，不允许有水、尘、铁屑等污物进入油箱及电器装置。

(11) 工作完毕和下班前应清扫机床设备，保持清洁，将操作手柄、按钮等置于非工作位置，切断电源，办好交接手续。

以上是制定设备操作、维护保养规程的基本要求的内容。各类设备在制定设备操作、维护保养规程时除上述基本内容外，还应针对每台设备自身的特点、操作方法、安全要求、特殊注意事项等列出具体要求，便于操作人员遵照执行。同时还应要求操作人员熟悉机床上标牌和操纵器上各种的指示符号，要求尽快掌握机床的性能和操作的要领等。

四、设备的维护保养

设备的维护保养是操作者为保持设备正常技术状态，延长使用寿命所进行的日常工作，这是操作人员主要职责之一。设备维护保养必须达到“整齐、清洁、润滑和安全”。设备维护分日常维护和定期维护两个类别。

1. 设备的日常维护保养

设备日常维护保养提倡每班维护和周末维护，这是由操作者负责的工作。

(1) 每班维护

班前要对设备对进行点检，查看有无异状，油箱及润滑装置的油质、油量，并按润滑图表规定加油；安全装置及电源等是否良好。确认无误后，先空车运转待润滑情况及各部正常后方可工作。设备运行中要求严格遵守操作规程，注意观察运转情况，发现异常情况应该立即停机处理，对不能自己排除的故障按设备管理的正规要求应该填写“设备故障报修单”交车间调度安排维修工人检修，检修完毕后由操作者签字验收，修理工则在报修单上记录上检修和更换零部件的情况。车间设备员要对设备故障报修单进行统计分析,掌握故障动态。下班前需用15分钟左右的时间清扫擦拭设备,切断电源,并且在设备导/滑轨部位涂油,清理工作场地,保持设备整洁。

(2) 周末维护

是在每周周末和节假日前,用1～2小时较彻底地清洗设备,清除油污,达到维护设备的"四项要求",即:整齐、清洁、润滑和安全。车间组织设备考核小组还应该组织有关责任人检查评分进行考核,公布评分的结果。

2. 设备定期维护保养

设备定期维护保养是在维修工人辅导配合下,由操作者进行的定期维护保养作业,要求按设备管理部门的计划执行。设备定期维护保养要求一班或两班制生产的设备每3个月一次,干磨多尘设备每月一次,特殊生产用设备且生产周期不超过半年的,可在停产期间进行。CJNF基本上都是安排在停产期间进行设备的定期维护,如电子束焊机、骨架点焊机及压塞机等。

3. 设备定期维护的主要内容

设备定期维护的主要内容有以下六个方面:

(1) 拆卸指定部件、箱盖及防尘罩等,彻底清洗,擦拭各部件内外。

(2) 清洗导轨及各滑动面,清除毛刺及划伤痕迹。

(3) 检查调整各部配合间隙,紧固松动部位,更换个别易损件及密封件。

(4) 疏通油路,清洗滤油器、油毡、油线、油标,增添或更换润滑油料,更换冷却液及清洗冷却液箱。

(5) 补齐缺少的手柄、螺钉、螺帽及油嘴等机件,保持完整。

(6) 清扫、检查、调整电气线路及装置(这项工作必须由维修电工负责)。

不论是日常维护还是定期维护,在维护保养作业中发现的隐患,一般由操作者自行调整,不能自行调整的则要以维修工人为主,操作者配合,并按规定作好记录。

4. 维护保养检查

设备进行定期维护保养后,要求必须达到:内外清洁、呈现本色;油路畅通,油标明亮;操纵灵活,运转正常。对于特殊设备定期维护的具体内容和要求,可根据它们的结构特点并参照有关规定制订计划并实施。

设备定期维护后要由设备主管组织有关人员逐台进行验收,验收的结果可以作为车间执行计划的考核。

各种设备的维护保养检查评分标准是不一样的,但是大体范围是一定的,也就是维护保养设备的"四项要求",即:整齐、清洁、润滑和安全四个方面。

五、精密、重型和数控设备的使用与维护保养

精密、重型和数控等关键设备在核电元件厂会越来越较多,精密、重型和数控等关键设备是企业生产极为重要的物质技术基础,是保证实现企业经营方针目标的重点设备。由于各行各业生产的目标不同,因而设备也不相同,主要可分为精密设备、重型设备及数控设备等几类。精密设备是指由原机械部定的精密机床和高精度机床,其加工精度在5级及以上

的设备；重型设备指其规格在规定范围内的重型稀有设备；数控设备是一种用电子计算机或专用电子计算机包括硬软件及接口装置控制的高效自动化设备。对这些设备的使用维护，除必须达到前面所述的要求外，还必须达到下列要求。

1. 按其使用特点严格执行的特殊要求

(1) 工作环境：要求恒温、恒湿、防腐、防尘、防静电等的高精密设备，必须采取相应的措施，确保精度性能不受影响。

(2) 严格按照设备说明书的要求建好基础，安装设备，并于每半年检查、调整一次安装水平和设备精度、计算精度指数，详细记录备查。

(3) 在一般维护中不得随意拆卸部件，特别是光学部件，确有必要时应由专职检修人员进行。

(4) 严格按说明书规范进行操作，不许超负荷、超性能使用，精密设备只能用于精加工。设备运行中，如有异常应立即停车通知检修，不许带病运转。

(5) 润滑油料、擦拭材料及清洗剂，必须按说明书规定使用，不得随意代替。

(6) 设备不工作时要盖上护罩，如长期停用，要定期擦拭、润滑及空运转。

(7) 附件及专用工具要用专柜妥善保管，保持清洁，防止丢失和锈蚀。

(8) 应特别注意与燃料元件接触部位应保持清洁，达到核级清洁度标准。

2. 在维护管理中，还应实行"四定"工作

(1) 定使用人员。要选择本工种中责任心强，技术水平高和实践经验丰富者担任操作者，并保持长期稳定。

(2) 定检修人员。在有条件的情况下，应设置专业维修组，负责这类设备的检查、维护、调整和修理。

(3) 定操作和维护保养规程。根据各型设备结构特点逐台编制，严格执行。

(4) 定维修方式和备品配件。按设备对生产影响程度分别确定维修方式，优先安排预防维修计划，并保证维修备品配件的及时供应。

六、设备技术状态的检查

1. 概念

设备的技术状态是指设备所具有的工作能力，包括性能、精度、效率、运动参数、安全、环保、能耗等所处的状态及其变化情况。

2. 目的

设备在使用过程中，由于生产性质、加工对象、工作条件及环境因素对设备的影响，致使设备在设计制造时所具有的性能和技术状态将不断发生变化而有所降低或劣化。为延缓劣化过程，预防和减少故障发生，除应由技术熟练的工人合理使用设备，严格执行操作规程外，必须加强对设备技术状态的检查。

设备技术状态的检查是指按照设备规定的性能、精度与有关标准，对其运行状况等进行观察、测定、诊断的预防性检查工作，其目的是为了早期察觉设备有无异常状态、性能劣化趋势和磨损程度，以便及时发现故障征兆和隐患，使之能及时消除，防止劣化速度的发展和突发故障的发生，保证设备经常处于正常良好运转状态，并为以后的检修工作做好准备。设备

技术状态的检查也是对设备维护保养工作的一种检验。

设备技术状态的检查同样分为日常检查与定期检查两类。为了对设备是否完好进行评价,有时还应进行技术状态的完好检查。

3. 设备的日常检查

是由操作工人每班进行的检查作业和维修工人每日执行的巡回检查作业,是通过人的五官感觉和简便的检测手段,按规定要求和标准进行检查。在进行日常检查的基础上,还要对重点设备(包括质量控制点设备、特殊安全要求的设备)进行点检。

(1) 点检

是由设备操作者每班或按一定时间,按设备管理部门编制的设备点检卡逐条逐项进行检查记录,在点检的过程中,如发现异常应立即排除,设备操作者排除不了的,要及时通知维修工人处理,并要做好信息反馈工作。点检卡的内容包括检查项目、检查方法和判别标准等,并要求用规定的符号进行记录。如:完好"√"、异常"△"、待修"×"、修好"○"等都有规定的符号。合理确定检查点是提高点检效果的关键,而点检卡的内容及周期应在总结点检的经验中不断地及时调整。

(2) 巡回检查

是由维修工人每日对其所负责的设备,按规定的路线和检查点逐项进行检查,或对操作工人的日常点检执行情况进行检查,并查看点检结果和设备有无异常情况,如发现问题,要及时处理,以保证设备的正常运行。

设备的日常检查、点检和巡回检查工作在中核建中核燃料元件有限公司已经开展了,但是做得还不够,特别是检查的记录不够完善,还需要进一步的规范化。作为一名技师,应每月整理检查记录,进行统计,分析设备故障的发生原因和规律,以便掌握设备的技术状态和改进设备管理工作。

4. 设备的定期检查

是指按预定的检查间隔期实施的检查作业。包括设备的性能检查、精度检查和可靠性试验。

(1) 设备定期性能检查

是针对主要生产设备,包括重点设备、质量控制点设备的性能测定,由维修工人按定期检查的计划,凭五官感觉、经验判断和使用一般检测仪器检查设备的性能和主要精度有无异常征兆,以便及时消除隐患,保持设备正常运转。

设备定期检查的结果、数据,要记入定期点检表。经过分析研究处理后,要作为设备档案存放,并为今后进行维修作业和编制预防性检修计划提供依据。

(2) 设备的定期精度检查

是针对重点设备中的精密、大型、稀有以及关键设备的几何精度、运转精度进行检查,同时根据定检标准中的规定和生产、质量方面的需要,对设备的安装精度进行检查和调整,作好记录并且要计算设备的精度指数,进行分析,以备需要检修时使用。

机床的精度指数可以反映机床精度参数值的高低,按设备管理的要求,对精密机床每年至少应该进行一次测定,以便了解设备精度的变化情况。在检查机床精度时,主要是与机床出厂时的检验精度值进行比较和计算精度指数($T=\sum$(实测值/允差值)2/测定项目数),确定其变化，以便对机床进行调整或检修。在进行精度检查确定检测项目时要根据设备加工产品的特点和机床的动、静状态进行衡量，而选定主要的精度项目进行查验。

这里要注意的是，精度指数只是反映机床技术状态的条件之一，并不能全面反映设备性能的劣化程度，因此，在应用时还需要与其他性能指标结合起来使用。

(3) 设备的可靠性试验

是对特种设备如：起重设备、动能动力设备、高压容器以及高压电器等有特殊要求的设备，进行定期的预防性、安全可靠性试验，由指定的检查试验人员和持证检验人员负责执行，并作好检查鉴定记录。

七、设备定期检查的实施

1. 编制定检标准

设备定期检查标准是指导检查作业的技术文件，应按照不同的设备类别，在保证满足生产产量、质量、安全要求和延长设备使用寿命的前提下由设备管理部门来确定检查项目和要求。

2. 编制定检计划

设备管理部门(或车间)按照检查间隔期编制定检计划，下达车间由设备主管安排有关责任人员执行。但是在执行前必须与生产主管协调落实具体的定检日期。

3. 确定定检的方法及检具

4. 根据定检标准和计划进行检查

各有关责任人员根据定检标准和定检计划内容进行逐项检查，并将检查结果记录在定期检查卡和精度检查卡上。

5. 恢复设备性能和精度

对检查中发现的问题，凡能通过调整和日常维修可排除的应及时解决，并将处理情况在定检卡上注明。对工作量较大或不能排除的，要及时反馈到设备管理部门安排计划检修。

6. 上报定检结果

定检结束后，除按检查结果和处理情况记录留存外，应将检查卡反馈给设备管理部门分析处理，作为计划完成后的考核，并为修改检查标准和检查间隔期提供参考依据。

7. 设备定期检查的范围

设备定期检查的目的在于保持其规定的性能及精度，作为一项保障设备技术状态的基础工作，不但可以用于周期性的定期预防性维修，特别适用于精密、大型、稀有及关键设备和重点设备的预防性维修，也可以用于设备技术状态的监测，对某些特种设备如动能动力设备、起重设备、锅炉及压力容器、高压电器设备等更是不可缺少的保障。为此定期检查的范围是：

(1) 精密、大型、稀有及关键设备；

(2) 重点设备、质量控制点设备；

(3) 起重设备；

(4) 动力动能设备；

(5) 锅炉压力容器及压力管道；

(6) 高压电器设备。

这些设备按它们的不同情况以及在企业生产中的作用和安全防火等特殊要求增加或减少检查项目的内容和修订标准。

8. 设备定检间隔期的确定

设备的定期检查间隔期与维修费用有着密切的关系,检查频繁会增加维修费用,检查间隔期过长,虽然减少了费用,但是达不到预防的目的,有时还可能发生事故。因此设备定期检查的间隔期的确定要综合考虑工作条件、使用强度、作业时间、安全要求、经济价值以及磨损劣化等特性,一般的设备可以定为半年或一年;起重设备一般为1～3个月;动能动力设备应根据国家有关规程要求确定,如锅炉压力容器必须每年进行一次检查,并进行内、外部无损探伤检测等。技师应根据设备的运行经验向设备管理人员提出对设备进行检查的时间间隔。

八、设备技术状态完好检查

设备的技术状况,是通过精度、性能两部分情况反映出来的。为检查判定设备的技术状况,应该对照设备的完好标准按月、季度、年度进行完好设备的专项检查和统计。

设备技术状态的完好标准的基本要求:

1. 性能良好

机械设备精度、性能能够满足相应产品的生产工艺要求;动力设备的功能可以达到原设计或法定运行标准;运转无超温、超压和其他超额定负荷现象。

2. 运转正常

设备的零部件齐全,磨损、腐蚀程度不超过规定的技术标准;操纵和控制系统,计量仪器、仪表、液压、气压、润滑和冷却系统,工作正常可靠。

3. 材料、能源、清洁度

消耗原材料、燃料、油料、动能等正常,基本无漏油、漏水、漏气(汽)、漏电现象,外表清洁整齐。

4. 安全方面

安全防护、制动、联锁装置齐全,性能可靠。

第七节　安全生产

学习目标:了解核临界安全的概念;掌握燃料元件生产核临界安全基本原则与措施。

一、核临界安全

核临界安全是核工业的特殊安全问题。在整个核燃料循环过程中,它与工艺流程紧密相关。含有^{235}U、^{239}Pu等易裂变材料的生产、加工和处理,工艺流程的进程走到哪里,就把临界安全问题带到哪里。临界安全技术复杂,难度较大,涉及面广,影响之大是众所周知的。它关系到核燃料工业生产的安全性,经济性和技术水平,从某种程度上说甚至决定着核工业的命运。世界上所有从事核活动的国家,无一不对临界安全问题予以特殊的重视,投入人力、物力，配置很强的科技力量来确保核工业生产和科技工作中不发生临界事故。因为它是整个核燃料循环中与工艺处于同等重要地位的重大技术问题。

制造厂处于人口密集区，核临界安全显得更为重要，一旦出现核临界事故，其负面影响巨大。核临界反应所带来的危害是巨大的，但只要遵守一定的技术条件，遵守操作规程，就能使我们远离核临界反应。

二、基本概念

1. 临界与临界安全

(1) 中子自持式链式反应与临界

在易裂变材料系统中，当中子与易裂变物质如^{235}U的原子核发生作用时，^{235}U核以一定的概率发生裂变反应。此时核分裂成两到三个碎片，释放能量，同时放出中子。对^{235}U核裂变，每次平均放出2.5个中子，释放出约198 MeV能量，裂变放出的中子又可与其他^{235}U核发生作用，引起新的裂变，如此继续下去，就形成了所谓的中子链式反应。

裂变时放出的中子，不可能全部引起新的裂变，其中一部分被本系统吸收，一部分从系统中漏失，剩下的部分才引起新的裂变。在一定条件下，每次裂变放出的中子平均可以有一个中子继续与^{235}U核起裂变反应，此时系统内的裂变反应就能在一定功率水平下持续地进行下去，形成所谓的中子自持式链式反应，也称临界状态。一个含有易裂变材料的系统，当其中的链式反应能稳定而自持地进行时，我们就称这个系统是临界的。

由此可见，某一含裂变材料系统要形成自持式链式反应，必须具备两个条件：1) 要有"点火"中子；2) 每次裂变放出的中子平均有一个中子继续与易裂变核如^{235}U核起裂变反应，即自持式链式反应。"点火"中子平常总是存在的，因为裂变物质总会以一定的概率发生自发裂变，从而放出中子。第二个条件又称临界条件或中子平衡条件。

若某个含裂变材料系统每次裂变放出的中子、平均小于1个继续与易裂变核引起裂变反应，则裂变反应就不能维持，会逐渐熄灭，此系统为次临界系统；反之，若平均大于1个中子继续与易裂变核引起裂变反应，则裂变反应就会愈来愈增强，此系统为超临界系统。

(2) 核临界安全

在核电厂和其他核反应堆中，需要形成临界条件，利用中子自持式链式反应释放的能量，实施核能的开发与利用。而在核燃料加工处理过程中，必须防止临界条件的出现，保证易裂变材料工艺生产过程能安全顺利进行。为此，我们就要研究造成临界的各种因素和条件。掌握其规律，并运用这些规律能动地处理各种工艺生产过程的设计和运行实践，防止临界事故的发生。

所谓核临界安全(或核临界安全控制)，是指在反应堆外操作、加工、处理、贮存、运输易裂变材料时，为预防临界事故发生和减轻临界事故后果而采取的综合措施，其中最基本的是预防发生临界事故，防止意外发生自持式链式反应的措施。

2. 影响临界控制的重要因素

临界实际上是裂变与吸收和泄漏之间的竞争，恰好使系统中的中子处于一个很微妙的动态平衡之中，从而使链式反应持续不断地进行。分析中子的各种遭遇，就容易描绘出系统中各种参数发生变化时,系统的临界性会受到什么影响。在分析系统临界性时,应综合地考虑各种条件对临界问题的影响,切忌孤立、片面地强调某一因素,从而得出错误的结论。含易裂变材料系统的临界性,依赖于系统内全部易裂变材料的质量、分布,以及所有有关材料的核特性、质量与分布等诸多因素,主要包括以下几个方面。

(1) 密度

整个易裂变材料系统的活性区和反射层的密度同时改变或任意改变其中一个时,中子自由程随之改变。密度变小,中子自由程变大,中子漏失增加,原先是临界的系统就变成次临界系统,反之,密度增大,中子自由程变小,中子漏失减小,原先是临界的系统就变成超临界的。总之,系统密度变大,临界质量下降,密度变小,临界质量上升。

对溶解系统来说,溶液中易裂变材料浓度增大,溶液中易裂变材料密度增大,系统的临界质量减小,反之,则增大。

(2) 稀释

易裂变物质系统中,用少量其他元素取代易裂变物质,称为稀释。稀释使易裂变物质的核密度减小,而稀释物质的慢化效应尚不显著,中子能谱没有多大变化,临界质量增加。

(3) 慢化

所谓慢化,就是裂变产生的快中子(能量在 1~10 MeV)与其他元素的原子核碰撞后损失能量,变成热中子(常温下平均能量约为 0.025 MeV)的过程。当大量稀释(稀释剂很多)时,系统的性能发生改变,中子慢化作用就显著,小量稀释的指数规律不再保持。随着慢化程度增加,即随着慢化剂的原子核数与^{235}U原子核数之比的增加,系统逐渐变成热中子系统。由于热中子与易裂变材料核作用发生裂变反应的概率很大,此时临界质量下降。当系统达到充分慢化后,若继续增加慢化剂,对中子的慢化已经没有什么作用,慢化剂对中子的吸收作用逐渐显著,中子的吸收使临界质量增大。充分慢化也叫最佳慢化,此时临界质量最小。

常见的几种慢化剂有 H_2O、C、Be 等。

(4) 几何形状

中子的漏失使本来有可能引起裂变的一些中子从系统中跑掉,系统临界质量增加。漏失正比于系统的表面积,表面积越大,中子越容易漏失。在体积相同的条件下,不同几何形状的物体,表面积不同,球的表面积最小。临界控制中常见的规则几何形状主要有:球体、圆柱体和平板。

(5) 反射

裂变系统周围如有反射体,本来应漏失的中子会有一部分因反射被返回系统,减小系统的中子漏失,增加系统的反应性,使系统临界质量减小。一船说来,好的慢化剂也是好的反射体,如人体,相当于厚层水。当反射层厚度大到一定程度后,反射的效果不再增强,此时称全反射。对水而言,全反射的水层厚度一般取 20 cm,全水反射且最佳慢化时的临界质量通常叫最小临界质量。

(6) 中子毒物

有些物质吸收中子的能力很强,例如 B、Cd、Gd 等,称为中子毒物。在易裂变系统中加入中子毒物,可以使临界不易达到。

（7）系统的相互影响

对多个不同的易裂变材料系统，由于中子的漏失而存在的相互影响。从一个系统中漏失的中子可能进入另一个系统中，使得该系统反应性增加。对不同的系统来说，若相互间距不超过 4 m，就必须考虑彼此之间的相互作用。

（8）富集度

若其他条件都不改变，只是提高^{235}U的富集度，此时裂变概率增大，本来是次临界的系统就可能变成超临界系统，反之，亦然。对含^{235}U的系统，若^{235}U富集度低于1%，一般说来不可能达到临界。

三、燃料元件生产核临界安全基本原则与措施

1. 实施核临界控制的基本原则

核电厂燃料元件生产核临界控制应遵循反应堆外操作、加工和处理。易裂变材料的临界控制基本原则，主要有以下几个方面。

（1）核临界安全必须遵循安全第一、预防为主的方针，坚持管生产必须管安全和从严管理的原则。核临界安全有其自身的特殊性，临界安全控制措施应比普通工业安全措施更严格，要求在正常情况和可预见到的异常情况下均能确保临界安全，把风险维持在可以接受的尽量低的水平上。但它也遵守在普通工业中经过长期考验的基本原则，应在危害和利益之间谋求适当的平衡；把安全当作与其他目标完全无关的观念是毫无意义的。

（2）临界控制一般应符合双重偶然性原则，即工艺设计中安全系数应足够大，以保证工艺条件至少有两个不大可能发生的、彼此独立的条件一并发生变化时，才可能酿成临界事故。

（3）尽量利用物料和设备本身固有的特性来控制临界，也就是对设备尽可能采用几何控制（即限制设备几何尺寸）的原则，如芯块烘箱；对于不能采用几何控制的设备或容器，则应尽量采用在物料和设备中加中子吸收材料（中子毒物）的办法实施临界控制；目的是尽量减少临界控制对行政管理的依赖。

燃料棒组装所使用的烘箱及芯块舟，从设计上限制了其装入芯块的数量和密度，从而避免临界反应的发生。燃料组件储存库房，设计上固定了燃料组件之间的距离和储存燃料组件的数量，确保了组件的安全。

（4）临界控制所依赖的次临界限值，应建立在实验数据或经类似实验验证的可靠有效的计算方法所得出的计算数据的基础上。

（5）要有相应的行政管理措施，保障临界安全既要靠技术措施，又要靠严格的科学管理。临界安全管理的核心是健全临界安全责任制，要明确规定各级人员的责任和权限。

2. 核临界安全控制措施

对于预防核燃料元件组装过程中可能出现的临界反应，其采取措施主要是限制芯块的密度和数量（质量），限制燃料棒堆放或储存过程中燃料棒的间距和同时储存的数量，如燃料棒储存时一个元件槽中所装燃料棒的数量控制在 132 支以内，元件槽与元件槽之间的距离限制等；燃料组件储存时限制燃料组件吊位的距离及燃料组件库存放燃料组件

的数量。国内外核燃料元件厂运行经验表明,核燃料元件制造过程发生核事故(辐射事故)的概率是比较低的,但发生事故的可能性还是存在的。而且一旦发生了事故,将不可避免地会有不受控制或不可接受的放射性释放与照射,可能危害工作人员和公众的安全与健康。为此,需要在充分做好事故预防工作的基础上,也需要充分做好事故发生后的相应的应急行动,实施对发生的事故应急干预。员工在警报响起时,应立即停止生产,按规定的撤离路线撤离。

第十七章　设备安装调试

学习目标：掌握设备放线就位和找正调平的操作要点；了解地脚螺栓垫铁和灌浆的基本要求；掌握设备装配的基本要求和操作要点；掌握设备的调试方法。

设备的安装及调试，是一个系统的复杂问题，不同类型的设备、同类型不同功能要求的设备，其安装及调试也不一样。在燃料棒、上下管座、定位格架、骨架及燃料组件等的制造中，所用设备主要是机械设备及电气设备，本章主要就机械设备的安装调试进行介绍，电气设备不再赘述。

第一节　机械设备安装

学习目标：了解设备安装前的准备工作；掌握放线就位和找正调平的操作要点；了解地脚螺栓垫铁和灌浆的基本要求；掌握设备装配的基本要求和操作要点。

一、施工准备

1. 施工条件

(1) 工程施工前，应具备设计和设备的技术文件，对大中型特殊的或复杂的安装工程，应编制施工组织设计或施工方案。

(2) 工程施工前对临时建筑运输道路、水源、电源、蒸汽、压缩空气、照明、消防设施、主要材料和机具及劳动力等应有充分准备并作出合理安排。

(3) 工程施工前，其厂房、屋面、外墙、门窗和内部粉刷等工程应基本完工，当必须与安装配合施工时，有关的基础地坪、沟道等工程应已完工，其混凝土强度不应低于设计强度的安装，施工地点及附近的建筑材料、泥土、杂物等应清除干净。

(4) 当设备安装工序中有恒温、恒湿、防震、防尘或防辐射等要求时，应在安装地点采取相应的措施后方可进行相应工序的施工。

(5) 当气象条件不适应设备安装的要求时，应采取措施，采取措施后方可施工。

(6) 利用建筑结构作为起吊搬运设备的承力点时，应对结构的承载力进行核算，必要时应经设计单位的同意方可利用。

2. 开箱检查和保管

(1) 设备开箱应在建设单位有关人员参加下按下列项目进行检查并应作出记录：

1) 箱号、箱数以及包装情况；

2) 设备的名称、型号和规格；

3) 装箱清单、设备技术文件资料及专用工具；

4) 设备有无缺损件、表面有无损坏和锈蚀等；

5）其他需要记录的情况。

(2）设备及其零部件和专用工具均应妥善保管，不得使其变形、损坏、锈蚀、错乱或丢失。

3. 设备基础

(1）设备基础的位置、几何尺寸和质量要求应符合现行国家标准《钢筋混凝土工程施工及验收规范》的规定并应有验收资料或记录，设备安装前应对设备基础位置和几何尺寸进行复检。

(2）设备基础表面和地脚螺栓预留孔中的油污、碎石、泥土、积水等均应清除干净，预埋地脚螺栓的螺纹和螺母应保护完好，放置垫铁部位的表面应凿平。

(3）需要预压的基础应预压合格并应有预压沉降记录。

二、放线就位和找正调平

(1）设备就位前应按施工图和有关建筑物的轴线或边缘线及标高线划定安装的基准线。

(2）互相有连接衔接或排列关系的设备应划定共同的安装基准线，必要时应按设备的具体要求埋设一般的或永久性的中心标板或基准点。

(3）平面位置安装基准线与基础实际轴线或与厂房墙柱的实际轴线边缘线的距离，其允许偏差为±20 mm。

(4）设备定位基准的面、线或点对安装基准线的平面位置和标高的允许偏差应符合相关规定。

(5）设备找正调平的定位基准面、线或点确定后，设备的找正调平均应在给定的测量位置上进行检验，复检时也不得改变原来测量的位置。

(6）设备找正调平的测量位置

当设备技术文件无规定时，宜在下列部位中选择：

1）设备的主要工作面；

2）支承滑动部件的导向面；

3）保持转动部件的导向面或轴线；

4）部件上加工精度较高的表面；

5）设备上应为水平或铅垂的主要轮廓面；

6）连续运输设备和金属结构上，宜选在可调的部位两测点间距离不宜大于 6 m。

(7）设备安装精度的偏差，宜符合下列要求：

1）能补偿受力或温度变化后所引起的偏差；

2）能补偿使用过程中磨损所引起的偏差；

3）不增加功率消耗；

4）使转动平稳；

5）使机件在负荷作用下受力较小；

6）能有利于有关机件的连接配合；

7）有利于提高被加工件的精度。

(8）当测量直线度平行度和同轴度采用重锤水平拉钢丝测量方法时，应符合下列要求：

1）宜选用直径为 0.35～0.5 mm 的整根钢丝；

2）两端应用滑轮支撑在同一标高面上；

3）重锤质量的选择应根据重锤产生的水平拉力和钢丝直径确定，重锤产生的水平拉力应按下式计算：

$$p=756.168\times d^2$$

式中，p——水平拉力，N；

d——钢丝直径，mm。

测点处钢丝下垂度可按下式计算：

$$f_\mu=40\times l_1\times l_2$$

式中，f_μ——下垂度，μm；

l_1、l_2——由两支点分别至测点处的距离，m。

三、地脚螺栓垫铁和灌浆

1. 地脚螺栓

（1）埋设预留孔中的地脚螺栓应符合下列要求：

1）地脚螺栓在预留孔中应垂直无倾斜；

2）地脚螺栓任一部分离孔壁的距离 α 应大于 15 mm，见图 17-1，地脚螺栓底端不应碰孔底；

3）地脚螺栓上的油污和氧化皮等应清除干净，螺纹部分应涂少量油脂；

4）螺母与垫圈、垫圈与设备底座间的接触均应紧密；

5）拧紧螺母后螺栓应露出螺母，其露出的长度宜为螺栓直径的 1/3～2/3；

6）应在预留孔中的混凝土达到设计强度的 75%以上时拧紧地脚螺栓，各螺栓的拧紧力应均匀。

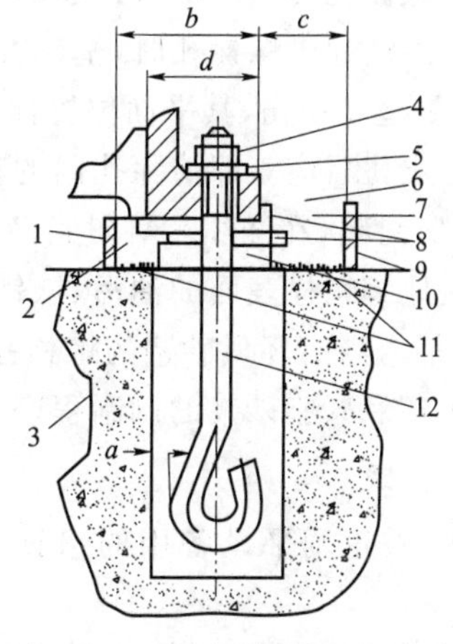

图 17-1　地脚螺栓、垫铁和灌浆

1—地坪或基础；2—设备底座底面；3—内模板；4—螺母；5—垫圈；6—灌浆层斜面；7—灌浆层；8—成对斜垫铁；9—外模板；10—平垫铁；11—麻面；12—地脚螺栓

（2）当采用和装设 T 形头地脚螺栓时，应符合相关要求。

1）T 形头地脚螺栓与基础板应按规格配套使用，其规格应符合国家现行标准《T 形头地脚螺栓》与《T 形头地脚螺栓基础板》的规定；

2）装设 T 形头地脚螺栓的主要尺寸，应符合相关规定：

3）埋设 T 形头地脚螺栓基础板应牢固平正，螺栓安装前应加设临时盖板保护并应防止油水杂物掉入孔内；

4）地脚螺栓光杆部分和基础板应刷防锈漆；

5）预留孔或管状模板内的密封填充物应符合设计规定。

（3）装设胀锚螺栓应符合下列要求：

1）胀锚螺栓的中心线应按施工图放线，胀锚螺栓的中心至基础或构件边缘的距离不得小于胀锚螺栓公称直径 d 的 7 倍，底端至基础底面的距离不得小于 $3d$，且不得小于 30 mm，相邻两根胀锚螺栓的中心距离不得小于 $10d$；

2）装设胀锚螺栓的钻孔应防止与基础或构件中的钢筋预埋管和电缆等埋设物相碰，不得采用预留孔；

3）安设胀锚螺栓的基础混凝土强度不得小于 10 MPa；

4）基础混凝土或钢筋混凝土有裂缝的部位不得使用胀锚螺栓；

5）胀锚螺栓钻孔的直径和深度应符合相关的规定，钻孔深度可超过规定值 5～10 mm，成孔后应对钻孔的孔径和深度及时进行检查。

（4）设备基础浇灌

预埋的地脚螺栓应符合下列要求：

1）地脚螺栓的坐标及相互尺寸应符合施工图的要求，设备基础尺寸的允许偏差应符合相关的规定；

2）地脚螺栓露出基础部分应垂直设备底座，套入地脚螺栓应有调整余量，每个地脚螺栓均不得有卡住现象。

（5）装设环氧树脂砂浆锚固地脚螺栓应符合下列要求：

1）螺栓中心线至基础边缘的距离不应小于 $4d$，且不应小于 100 mm，当小于 100 mm 时应在基础边缘增设钢筋网或采取其他加固措施，螺栓底端至基础底面的距离不应小于 100 mm；

2）螺栓孔与基础受力钢筋的水电通风管线等埋设物不应相碰；

3）当钻地脚螺栓孔时，基础混凝土强度不得小于 10 MPa，螺栓孔应垂直，孔壁应完整，周围无裂缝和损伤，其平面位置偏差不得大于 2 mm；

4）成孔后应立即清除孔内的粉尘、积水，并应用螺栓插入孔中检验深度，深度适宜后将孔口临时封闭，在浇注环氧树脂砂浆前应使孔壁保持干燥，孔壁不得沾染油污；

5）地脚螺栓表面的油污、铁锈和氧化铁皮应清除且露出金属光泽，并应用丙酮擦洗洁净方可插入灌有环氧砂浆的螺栓孔中；

6）环氧树脂砂浆的调制程序和技术要求应符合相关规定。

2. 垫铁

（1）找正调平设备用的垫铁应符合各类机械设备安装规范设计或设备技术文件的要求。

（2）当设备的负荷由垫铁组承受时，垫铁组的位置和数量应符合下列要求：

1）每个地脚螺栓旁边至少应有一组垫铁；

2）垫铁组在能放稳和不影响灌浆的情况下应放在靠近地脚螺栓和底座主要受力部位下方；

3）相邻两垫铁组间的距离宜为 500～1 000 mm；

4）每一垫铁组的面积应根据设备负荷按下式计算：

$$A \geqslant C\,\frac{(Q_1 + Q_2) \times 10^4}{R}$$

式中，A——垫铁面积，mm^2；

Q_1——由于设备等的重量加在该垫铁组上的负荷，N；

Q_2——由于地脚螺栓拧紧所分布在该垫铁组上的压力，N，可取螺栓的许可抗拉力；

R——基础或地坪混凝土的单位面积抗压强度，MPa，可取混凝土设计强度；

C——安全系数，宜取1.5～3。

5）设备底座有接缝处的两侧应各垫一组垫铁。

（3）使用斜垫铁或平垫铁调平时应符合下列规定：

1）承受负荷的垫铁组应使用成对斜垫铁，且调平后灌浆前用定位焊焊牢钩头，成对斜垫铁能用灌浆层固定牢固的可不焊。

2）承受重负荷或有较强连续振动的设备宜使用平垫铁。

3）每一垫铁组宜减少垫铁的块数，且不宜超过5块，并不宜采用薄垫铁，放置平垫铁时，厚的宜放在下面，薄的宜放在中间且不宜小于2 mm，并应将各垫铁相互用定位焊焊牢，但铸铁垫铁可不焊。

4）每一垫铁组应放置整齐平稳接触良好，设备调平后每组垫铁均应压紧并应用手锤逐组轻击，听音检查。对高速运转的设备，当采用0.05 mm塞尺检查垫铁之间及垫铁与底座面之间的间隙时，在垫铁同一断面处以两侧塞入的长度总和不得超过垫铁长度或宽度的1/3。

5）设备调平后，垫铁端面应露出设备底面外缘，平垫铁宜露出10～30 mm；斜垫铁宜露出10～50 mm；垫铁组伸入设备底座底面的长度应超过设备地脚螺栓的中心。

6）安装在金属结构上的设备调平后其垫铁均应与金属结构用定位焊焊牢。

（4）设备用螺栓调整垫铁调平应符合下列要求：

1）螺纹部分和调整块滑动面上应涂以耐水性较好的润滑脂；

2）调平应采用升高升降块的方法，当需要降低升块时，应在降低后重新再做升高调整，调平后调整块应留有调整的余量；

3）垫铁垫座应用混凝土灌牢但不得灌入活动部分。

（5）设备采用调整螺钉调平时应符合下列要求：

1）不作永久性支承的调整螺钉调平后，设备底座下应用垫铁垫实，再将调整螺钉松开；

2）调整螺钉支承板的厚度宜大于螺钉的直径；

3）支承板应水平并应稳固地装设在基础面上；

4）作为永久性支承的调整螺钉，伸出设备底座底面的长度应小于螺钉直径。

（6）设备采用无垫铁安装施工时应符合下列要求：

1）应根据设备的重量和底座的结构确定临时垫铁，小型千斤顶或调整顶丝的位置和数量；

2）当设备底座上设有安装用的调整顶丝螺钉时，支撑顶丝用的钢垫板放置后，其顶面水平度的允许偏差应为1/1 000；

3）采用无收缩混凝土灌注应随即捣实灌浆层，待灌浆层达到设计强度的以上时方可松掉顶丝或取出临时支撑件并应复测设备水平度，将支撑件的空隙用砂浆填实；

4）放置垫铁可以采用坐浆法或采用压浆法放置。

（7）设备采用减震垫铁调平应符合下列要求：

1）基础或地坪应符合设备技术要求，在设备占地范围内，地坪基础的高低差不得超出减震垫铁调整量的30%～50%，放置减震垫铁的部位应平整；

2)减震垫铁按设备要求可采用无地脚螺栓或胀锚地脚螺栓固定;

3)设备调平时各减震垫铁的受力应基本均匀,在其调整范围内应留有余量,调平后应将螺母锁紧;

4)采用橡胶垫型减震垫铁时,设备调平后经过1～2周应再进行一次调平。

3. 灌浆

(1)预留地脚螺栓孔或设备底座与基础之间的灌浆应符合现行国家标准《钢筋混凝土工程施工及验收规范》的规定。

(2)预留孔灌浆前,灌浆处应清洗洁净,灌浆宜采用细碎石,混凝土其强度应比基础或地坪的混凝土强度高一级,灌浆时应捣实并不应使地脚螺栓倾斜和影响设备的安装精度。

(3)当灌浆层与设备底座面接触要求较高时宜采用无收缩混凝土或水泥砂浆。

(4)灌浆层厚度不应小于25 mm,仅用于固定垫铁或防止油水进入的灌浆层且灌浆无困难时,其厚度可小于25 mm。

(5)灌浆前应敷设外模板,外模板至设备底座面外缘的距离不宜小于60 mm,模板拆除后表面应进行抹面处理。

(6)当设备底座下不需全部灌浆且灌浆层需承受设备负荷时,应敷设内模板。

四、装配

1. 一般规定

(1)装配前应了解设备的结构、装配技术要求、对需要装配的零部件配合尺寸、相关精度,配合面、滑动面应进行复查和清洗处理,并应按照标记及装配顺序进行装配。

(2)当进行清洗处理时,应按具体情况及清洗处理方法先采取相应的劳动保护和防火、防毒、防爆等安全措施。

(3)设备及零部件表面当有锈蚀时,应进行除锈处理。

(4)装配件表面除锈及污垢清除宜采用碱性清洗液和乳化除油液进行清洗。

(5)清洗设备及装配件表面的防锈油脂宜采用下列方法:

1)对设备及大中型部件的局部清洗宜根据现行国家标准《溶剂油》《航空洗涤汽油》《轻柴油》,采用乙醇和金属清洗剂进行擦洗和涮洗;

2)对中小型形状较复杂的装配件,可采用相应的清洗液浸泡浸洗,时间随清洗液的性质、温度和装配件的要求确定,宜为2～20分钟,且宜采用多步清洗法或浸涮结合清洗;采用加热浸洗时,应控制清洗液温度,被清洗件不得接触容器壁;

3)对形状复杂污垢黏附严重的装配件,宜采用溶剂油、蒸汽、热空气、金属清洗剂和三氯乙烯等清洗液进行喷洗,对精密零件、滚动轴承等不得用喷洗法;

4)当对装配件进行最后清洗时,宜采用超声波装置并宜采用溶剂油、清洗汽油、轻柴油、金属清洗剂和三氯乙烯等进行超声波清洗;

5)对形状复杂油垢黏附严重、清洗要求高的装配件宜采用溶剂油、清洗汽油、轻柴油、金属清洗剂、三氯乙烯和碱液等进行浸喷联合清洗;

6)设备加工表面上的防锈漆应采用相应的稀释剂或脱漆剂等溶剂进行清洗;

7) 在禁油条件下工作的零部件及管路应进行脱脂,脱脂后应将残留的脱脂剂清除干净;

8) 设备零部件经清洗后应立即进行干燥处理,并应采取防返锈措施。

(6) 清洗后设备零部件的清洁度应符合下列要求:

1) 当采用目测法时,在室内白天或在 15～20 W 日光灯下肉眼观察,表面应无任何残留污物;

2) 当采用擦拭法时,用清洁的白布或黑布擦拭清洗的检验部位,布的表面应无异物污染;

3) 当采用溶剂法时,用新溶液洗涤观察或分析溶剂中应无污物悬浮或沉淀物;

4) 将清洗后的金属表面用蒸馏水局部润湿,用精密 pH 试纸测定残留酸碱度,应符合其设备技术要求。

(7) 设备组装时,一般固定结合面组装后,应用 0.05 mm 塞尺检查,插入深度应小于 20 mm,移动长度应小于检验长度的 1/10;重要的固定结合面紧固后,用 0.03 mm 塞尺检查,不得插入;特别重要的固定结合面,紧固前后均不得插入。

(8) 设备上较精密的螺纹连接或温度高于 200 ℃条件下,工作的连接件及配合件等装配时,应在其配合表面涂上防咬合剂。

(9) 带有内腔的设备或部件在封闭前应仔细检查和清理,其内部不得有任何异物。

(10) 对安装后不易拆卸检查修理的油箱或水箱,装配前应作渗漏检查。

2. 螺栓、键、定位销装配

(1) 装配螺栓时应符合下列要求:

1) 紧固时,宜采用呆扳手,不得使用打击法和超过螺栓许用应力;

2) 螺栓头、螺母与被连接件的接触应紧密,对接触面积和接触间隙有特殊要求的,尚应按技术规定要求进行检验;

3) 有预紧力要求的连接应按装配规定的预紧力进行预紧,可选用机械液压拉伸法和加热法,钢制螺栓加热温度不得超过 400 ℃;

4) 螺栓与螺母拧紧后螺栓应露出螺母 2～4 个螺距,沉头螺钉紧固后钉头应埋入机件内不得外露;

5) 有锁紧要求的拧紧后应按其技术规定锁紧,用双螺母锁紧时,薄螺母应装在厚螺母之下,每个螺母下面不得用 2 个相同的垫圈。

(2) 不锈钢、铜、铝等材质的螺栓装配时应在螺纹部分涂抹润滑剂。

(3) 有预紧力要求的螺栓连接,其预紧力可采用下列方法测定:

1) 应利用专门装配工具中的扭力扳手、电动或气动扳手等直接测得数值;

2) 测量螺栓拧紧后伸长的长度 L_m,应按下式计算:

$$L_m = L_s + \frac{p_O}{C_L}$$

式中,L_m——螺栓伸长后的长度,mm;

L_s——螺栓与被连接件间隙为零时的原始长度,mm;

p_O——预紧力为设计或技术文件中要求的值,N;

C_L——螺栓刚度。

C_L可按下式计算：

$$\frac{1}{C_L}=\frac{1}{E_L}\left(\frac{L_1}{A_1}+\frac{L_2}{A_2}+\cdots\right)$$

式中，C_L——螺栓刚度，N/mm；

E_L——螺栓材料弹性模量，N/mm^2；

L_1、L_2——螺栓各段长度，mm，见图 17-2；

A_1、A_2——螺栓各段剖面面积，mm^2，见图 17-2。

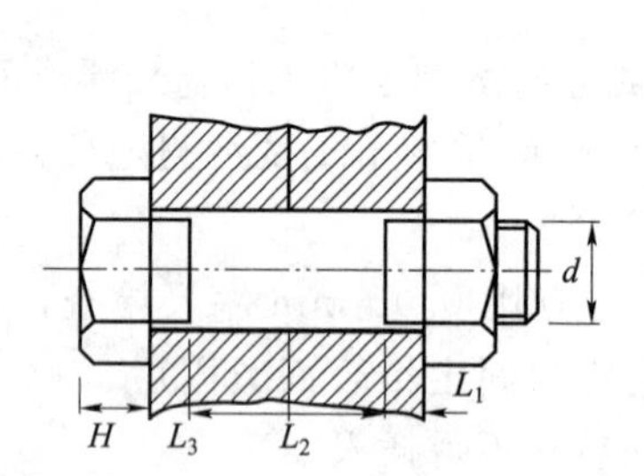

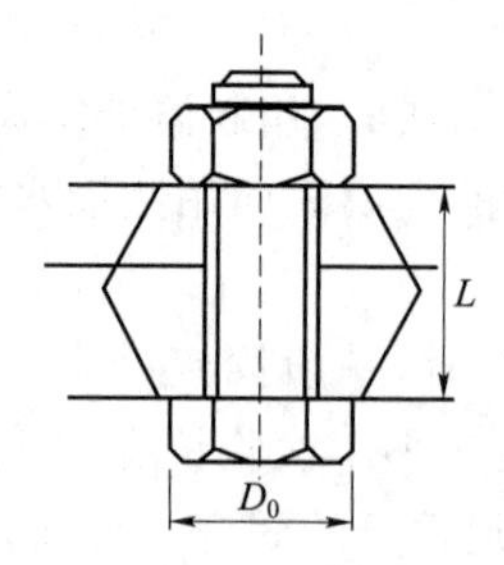

图 17-2 螺栓连接图

3) 对于大直径的螺栓，靠拧螺母难以使螺栓伸长的，可采用液压拉伸法或加热法，螺栓伸长后的长度可按下式计算：

$$L_m=L_s+P_O\left(\frac{1}{C_L}+\frac{1}{C_F}\right)$$

式中，C_F——被连接件刚度。

C_F可按下式计算：

$$\frac{1}{C_F}=\frac{1}{A_F}\left(\frac{L_F}{E_F}+\frac{L_d}{E_d}\right)$$

式中，C_F——被连接件刚度，N/mm；

E_F——被连接件材料弹性模量，N/mm^2；

E_d——垫片的材料弹性模量，N/mm^2；

L_F——被连接件受压总厚度，mm；

L_d——垫片厚度，mm；

A_F——被连接件包括垫片的当量受压面积。

被连接件的当量受压面积及当量外径可按下列公式计算：

当量受压面积 A_F：

$$A_F=\frac{\pi}{4}(D_0^2-d_0^2)$$

式中，D_0——被连接件当量外径，mm；

d_0——被连接件当量内径(孔径)，mm。

当量外径

$$D_0\approx(1.5d+al)$$

式中，d——螺栓直径，mm；

l——被连接件厚度($l=L_F$)，mm；

a——系数，决定于被连接件的材料；钢，$a=0.1$；铝合金，$a=0.17$；铸铁，$a=0.125$。

4）多拧进螺母角度达到预紧力数值，其多拧进的角度值按下式计算：

$$\theta=\frac{360}{t}\cdot\frac{p_{\mathrm{O}}}{C_{\mathrm{L}}}$$

式中，θ——多拧进的角度值，(°)；

t——螺距，mm；

p_{O}——预紧力，N；

C_{L}——螺栓刚度，N/mm。

(4) 装配精制螺栓和高强螺栓前，应按设计要求检验螺孔直径的尺寸和加工精度。

(5) 高强螺栓在装配前应按设计要求检查和处理被连接件的接合面；装配时，接合面应干燥，不得在雨中装配。

(6) 高强螺栓及其紧固件应配套使用；旋紧时应分两次拧紧，初拧扭矩值不得小于终拧扭矩值的30%；终拧扭矩值应符合设计要求，并按下式计算：

$$M=K(p+\Delta p)\cdot d$$

式中，M——终拧扭矩值，N·m；

p——设计预拉力，kN；

Δp——预紧力损失值，宜为预拉力值的5%～10%，kN；

K——扭矩系数，可取0.11～0.15；

d——螺栓公称直径，mm。

(7) 装配扭剪型高强螺栓应分两次拧紧，直至将尾部卡头拧掉为止，其终拧扭矩可不进行核算。

(8) 现场配制的各种类型的键均应符合国家现行标准《装配通用技术条件》规定的尺寸和精度，键用型钢的抗拉强度不应小于588 N/mm^2。

(9) 键的装配应符合下列要求

1）键的表面应无裂纹、浮锈、凹痕、条痕及毛刺，键和键槽的表面粗糙度、平面度和尺寸在装配前均应检验；

2）普通平键、导向键、薄型平键和半圆键两个侧面与键槽应紧密接触，与轮毂键槽底面不接触；

3）普通楔键和钩头楔键的上下面应与轴和轮毂的键槽底面紧密接触；

4）切向键的两斜面间以及键的侧面与轴和轮毂键槽的工作面间均应紧密接触，装配后相互位置应采用销固定。

(10) 装配时轴键槽及轮毂键槽轴心线的对称度应按现行国家标准《形状和位置公差、未注公差的规定》的对称度公差7～9级选取。

(11) 销的装配应符合下列要求：

1）检查销的型式和规格应符合设计及设备技术文件的规定；

2）有关连接机件及其几何精度经调整符合要求后方可装销；

3）装配销时不宜使销承受载荷，根据销的性质宜选择相应的方法装入，销孔的位置应正确；

4）对定位精度要求高的销和销孔，装配前检查其接触面积应符合设备技术文件的规定，当无规定时宜采用其总接触面积的50%～75%；

5）装配中当发现销和销孔不符合要求时，应铰孔另配新销，对定位精度要求高的应在设备的几何精度符合要求或空运转试验合格后进行。

3. 联轴器装配

(1) 凸缘联轴器装配时两个半联轴器端面应紧密接触，两轴心的径向位移不应大于0.03 mm。

(2) 弹性套柱销联轴器装配时两轴心径向位移、两轴线倾斜和端面间隙的允许偏差应符合表相关规定。

(3) 弹性柱销联轴器装配时两轴心径向位移、两轴线倾斜和端面间隙的允许偏差应符合表相关规定。

(4) 弹性柱销齿式联轴器装配时两轴心径向位移、两轴线倾斜和端面间隙的允许偏差应符合相关规定。

(5) 齿式联轴器装配时应符合下列要求：

1）装配时两轴心径向位移、两轴线倾斜和端面间隙的允许偏差应符合相关规定。

2）联轴器的内、外齿的啮合应良好，并在油浴内工作，其中小扭矩、低转速的应选用符合国家现行标准《锂基润滑脂》的ZL-4润滑脂，大扭矩、高转速的应选用符合国家现行标准《齿轮油》的HL20、HL30润滑油，并不得有漏油现象。

(6) 滑块联轴器装配时两轴心径向位移、两轴线倾斜和端面间隙的允许偏差应符合相关规定。

(7) 梅花形弹性联轴器装配时两轴心径向位移、两轴线倾斜和端面间隙的允许偏差应符合相关规定。

(8) 十字轴式万向联轴器装配时应符合下列要求：

1）半圆滑块与叉头的虎口面或扁头平面的接触应均匀，接触面积应大于60%；

2）在半圆滑块与扁头之间所测得的总间隙 s 值应符合产品标准和技术文件的规定，当联轴器可逆转时间隙应取小值。

(9) 当测量联轴器端面间隙时，应使两轴窜动到端面间隙为最小尺寸的位置。

4. 滚动轴承装配

(1) 装配滚动轴承前，应测量轴承的配合尺寸，按轴承的防锈方式选择适当的方法清洗洁净；轴承应无损伤、无锈蚀、转动应灵活及无异常声响。

(2) 采用温差法装配滚动轴承时，轴承被加热温度不得高于100 ℃，被冷却温度不得低于－80 ℃。

(3) 轴承外圈与轴承座或箱体孔的配合应符合设备技术文件的规定。对于剖分式轴承座或开式箱体，剖分接合面应无间隙，轴承外圈与轴承座在对称中心线的120°范围内与轴承盖在对称中心线90°范围内应均匀接触，并应采用0.03 mm塞尺检查，塞入长度应小于外圈长度的1/3。轴承外圈与轴承座或开式箱体的各半圆孔间不得有夹帮现象。

(4) 轴承与轴肩或轴承座挡肩应靠紧，圆锥滚子轴承和向心推力球轴承与轴肩的间隙不得大于0.05 mm，与其他轴承的间隙不得大于0.1 mm。轴承盖和垫圈必须平整，并应均匀地紧贴在轴承端面上。当设备技术文件有规定时，可按规定留出间隙。

(5) 装配轴两端用径向间隙不可调的、且轴的轴向位移是以两端盖限定的向心轴承时，应留出间隙。当设备技术文件无规定时，留出间隙可取 0.2～0.4 mm，当温差变化较大或两轴承中心距 L 大于 500 mm 时，其留出间隙可按下式计算：

$$c = L \cdot \alpha \cdot \Delta t + 0.15$$

式中，c——轴承外圈与端盖间的间隙，mm；

L——两轴承中心距，mm；

α——轴材料的线膨胀系数，宜取 α 为 12×10^{-6}，1/℃；

Δt——轴工作时温度与环境温度差，℃。

5. 传动皮带、链条和齿轮装配

(1) 皮革带和橡胶布带的接头采用螺栓或胶合方法连接时，应符合下列要求：

1) 皮革带的两端应削成斜面，橡胶布带的两端应按相应的帘子布层剖割成阶梯形状，接头长度宜为带宽度的 1～2 倍；

2) 胶合剂的材质与皮带的材质应具有相同的弹性；

3) 接头应牢固，接头处增加的厚度不应超过皮带厚度的 5%；

4) 橡胶布带胶合剂的硫化温度和硫化时间及常温胶接，应符合设备技术文件及胶合剂的要求；

5) 采用胶带螺栓或胶合接头时，应顺着皮带运转方向搭接。

(2) 传动皮带需要预拉时，预拉力宜为工作拉力的 1.5～2 倍，预拉持续时间宜为 24 h。

(3) 每对皮带轮或链轮的装配应符合下列要求：

1) 两轮的轮宽中央平面应在同一平面上，其偏移三角皮带轮或链轮不应超过 1 mm，平皮带轮不应超过 1.5 mm；

2) 两轴的平行度不应超过 0.5/1 000；

3) 偏移和平行度的检查宜以轮的边缘为基准。

(4) 链轮与链条的装配应符合下列要求：

1) 装配前应清洗洁净；

2) 主动链轮与被动链轮齿的中心线应重合，其偏差不得大于两链轮中心距的 2/1 000；

3) 链条工作边拉紧时，非工作边的弛垂度应符合设计规定，当无规定且链条与水平线夹角小于 60°时可按两链轮中心距的 1%～4.5%调整。

(5) 用压铅法检查啮合间隙时，铅条直径不宜超过间隙的 3 倍；铅条的长度不应小于 5 个齿距；对于齿宽较大的齿轮沿齿宽方向应均匀放置至少 2 根铅条。

(6) 用着色法检查传动齿轮啮合的接触斑点应符合下列要求：

1) 应将颜色涂在小齿轮或蜗杆上在轻微制动下用小齿轮驱动大齿轮，使大齿轮转动 3～4 转；

2) 圆柱齿轮和蜗轮的接触斑点应趋于齿侧面的中部，圆锥齿轮的接触斑点应趋于齿侧面的中部并接近小端；

3) 接触斑点的百分率应按下列公式计算：

$$齿长方向百分率 = \frac{a - c}{B} \times 100\%$$

$$齿高方向百分率=\frac{h_p}{h_g}\times 100\%$$

式中，a——接触痕迹极点间的距离，mm；

c——超过模数值的断开距离，mm；

B——齿全长，mm；

h_p——圆柱齿轮和蜗轮副的接触痕迹平均高度或圆锥齿轮副的齿长中部接触痕迹的高度，mm；

h_g——圆柱齿轮和蜗轮副齿的工作高度或圆锥齿轮副相应于h_p处的有效齿高，mm。

4）可逆转的齿轮，齿的两面均应检查。

(7) 接触斑点的百分率应符合相关的规定，必要时可用透明胶带取样，贴在坐标纸上保存、备查。

(8) 齿轮与齿轮、蜗杆与蜗轮装配后应盘动检查，转动应平稳、灵活、无异常声响。

6. 密封件装配

(1) 使用密封胶时应将结合面上的油污、水分、铁锈及其他污物清除干净。

(2) 压装填料密封件时，应将填料圈的接口切成45°的剖口，相邻两圈的接口应错开并大于90°，填料圈不宜压得过紧，压盖的压力应沿圆周均匀分布。

(3) 油封装配时，油封唇部应无损伤，应在油封唇部和轴表面涂以润滑剂，油封装配方向应使介质工作压力把密封唇部紧压在主轴上，不得装反油封，在壳体内应可靠地固定，不得有轴向移动或转动现象。

(4) 装配"O"形密封圈时，密封圈不得有扭曲和损伤，并正确选择预压量，当橡胶密封圈用于固定密封和法兰密封时，其预压量宜为橡胶圈条直径的20%～25%，当用于动密封时，其预压量宜为橡胶圈条直径的10%～15%。

(5) 装配V、U、Y形密封圈时，支承环、密封环和压环应组装正确且不宜压得过紧，凹槽应对着压力高的一侧，唇边不得损伤。

(6) 机械密封的装配应符合下列规定：

1）机械密封零件不应有损坏变形，密封面不得有裂纹、擦痕等缺陷；

2）装配过程中应保持零件的清洁，不得有锈蚀，主轴密封装置动静环端面及密封圈表面等应无异物、灰尘；

3）机械密封的压缩量应符合设备技术文件的规定；

4）装配后用手盘动转子应转动灵活；

5）动静环与相配合的元件间不得发生连续的相对转动，不得有泄漏；

6）机械密封的冲洗及密封系统应保持清洁无异物。

(7) 防尘节流环密封、防尘迷宫密封的装配应符合下列规定：

1）防尘节流环间隙、防尘迷宫缝隙内应填满润滑脂(气封除外)；

2）密封缝隙应均匀。

第二节　机械设备的调试、验收

学习目标：掌握设备的调试方法；掌握设备验收的主要内容。

一、设备的调试

1. 设备调试(试运转)前应具备下列条件

(1) 设备及其附属装置、管路等均应全部施工完毕,施工记录及资料应齐全,其中设备的精平和几何精度经检验合格,润滑、液压、冷却、水、气(汽)、电气(仪器)、控制等附属装置均应按系统检验完毕并应符合试运转的要求;

(2) 需要的能源介质、材料、工机具、检测仪器、安全防护设施及用具等均应符合试运转的要求;

(3) 对大型、复杂和精密设备应编制试运转方案或试运转操作规程;

(4) 参加试运转的人员应熟悉设备的构造性能、设备技术文件,并应掌握操作规程及试运转操作;

(5) 设备及周围环境应清扫干净,设备附近不得进行有粉尘的或噪声较大的作业。

2. 设备试运转应包括下列内容和步骤

(1) 电气(仪器)操纵控制系统及仪表的调整试验;

(2) 润滑、液压、气(汽)动、冷却和加热系统的检查和调整试验;

(3) 机械和各系统联合调整试验;

(4) 空负荷试运转应在上述三项调整试验合格后进行。

3. 电气及其操作控制系统调整试验应符合下列要求

(1) 按电气原理图和安装接线图进行设备内部和外部接线,应正确无误;

(2) 按电源的类型、等级和容量检查或调试其断流容量、熔断器容量、过压、欠压、过流保护等检查或调试内容均应符合其规定值;

(3) 按设备使用说明书有关电气系统调整方法和调试要求,用模拟操作检查其工艺动作指示讯号和联锁装置,应正确灵敏和可靠;

(4) 经上述三项检查或调整后方可进行机械与各系统的联合调整试验。

4. 润滑系统调试应符合下列要求

(1) 系统清洗后其清洁度经检查应符合规定;

(2) 按润滑油(剂)性质及供给方式对需要润滑的部位加注润滑剂,油(剂)性能、规格和数量均应符合设备使用说明书的规定;

(3) 干油集中润滑装置各部位的运动应均匀、平稳,无卡滞和不正常声响,给油量在5个工作循环中,每个给油孔每次最大给油量的平均值不得低于说明书规定的调定值;

(4) 稀油集中润滑系统应按说明书检查和调整下列各项目:

1) 油压过载保护;

2) 油压与主机启动和停机的联锁;

3) 油压低压报警停机信号;

4) 油过滤器的差压信号;

5) 油冷却器工作和停止的油温整定值的调整;

6) 油温过高报警信号;

7) 系统在公称压力下应无渗漏现象。

5. 液压系统调试应符合下列要求

(1) 系统在充液前其清洁度应符合规定。

(2) 所充液压油(液)的规格、品种及特性等均应符合使用说明书的规定,充液时应多次开启排气口把空气排除干净。

(3) 系统应进行压力试验,系统的油(液)马达、伺服阀、比例阀、压力传感器、压力继电器和蓄能器等均不得参与试压,试压时应先缓慢升压到相关规定值,保持压力10分钟,然后降至公称压力,检查焊缝接口和密封处等均不得有渗漏现象。

(4) 启动液压泵,进油(液)压力应符合说明书的规定;泵进口油温不得大于60 ℃,且不得低于15 ℃;过滤器不得吸入空气,调整溢流阀(或调压阀)应使压力逐渐升高到工作压力为止,升压中应多次开启系统放气口将空气排除。

(5) 应按说明书规定调整安全阀、保压阀、压力继电器、控制阀、蓄能器和溢流阀等液压元件,其工作性能应符合规定且动作正确、灵敏和可靠。

(6) 液压系统的活塞(柱塞)、滑块、移动工作台等驱动件(装置)在规定的行程和速度范围内不应有振动、爬行和停滞现象,换向和卸压不得有不正常的冲击现象。

(7) 系统的油(液)路应通畅,经上述调试后方可进行空负荷试运转。

6. 气动、冷却或加热系统调试应符合下列要求

(1) 各系统的通路应畅通并无差错;

(2) 系统应进行放气和排污;

(3) 系统的阀件和机构等的动作应进行数次试验,达到正确、灵敏和可靠;

(4) 各系统的工作介质供给不得间断和泄漏,并应保持规定的数量、压力和温度。

7. 机械和各系统联合调试应符合下列要求

(1) 设备及其润滑、液压、气(汽)动、冷却、加热和电气及控制等系统均应单独调试检查,并符合要求。

(2) 联合调试应按要求进行,不宜用模拟方法代替。

(3) 联合调试应由部件开始至组件、至单机、直至整机(成套设备),按说明书和生产操作程序进行,并应符合下列要求:

1) 各转动和移动部分用手(或其他方式)盘动,应灵活、无卡滞现象;

2) 安全装置(安全联锁)、紧急停机和制动(大型关键设备无法进行此项试验者,可用模拟试验代替)、报警信号等经试验均应正确、灵敏、可靠;

3) 各种手柄操作位置、按钮控制显示和信号等应与实际动作及其运动方向相符,压力温度流量等仪表、仪器指示均应正确、灵敏、可靠;

4) 应按有关规定调整往复运动部件的行程、变速和限位,在整个行程上其运动应平稳,不应有振动、爬行和停滞现象,换向不得有不正常的声响;

5) 主运动和进给运动机构均应进行各级速度(低、中、高)的运转试验,其启动、运转、停止和制动在手控、半自动化控制和自动控制下均应正确、可靠、无异常现象。

8. 设备空负荷试运转应符合下列要求

(1) 应在机械与各系统联合调试合格后方可进行空负荷试运转。

(2) 应按说明书规定的空负荷试验的工作规范和操作程序,试验各运动机构的启动。

其中对大功率机组不得频繁启动，启动时间间隔应按有关规定执行；变速、换向、停机、制动和安全联锁等动作均应正确、灵敏、可靠，其中连续运转时间和断续运转时间无规定时，应按各类设备安装验收规范的规定执行。

(3) 空负荷试运转中应进行下列各项检查并应作实测记录：

1) 技术文件要求测量的轴承振动和轴的窜动不应超过规定；

2) 齿轮副、链条与链轮啮合应平稳，无不正常的噪声和磨损；

3) 传动皮带不应打滑，平皮带跑偏量不应超过规定；

4) 一般滑动轴承温升不应超过 35 ℃，最高温度不应超过 70 ℃，滚动轴承温升不应超过 40 ℃，最高温度不应超过 80 ℃，导轨温升不应超过 15 ℃，最高温度不应超过 100 ℃；

5) 油箱油温最高不得超过 60 ℃；

6) 润滑、液压、气(汽)动等各辅助系统的工作应正常，无渗漏现象；

7) 各种仪表应工作正常；

8) 有必要和有条件时可进行噪声测量并应符合规定。

9. 空负荷试运转结束后应立即做下列各项工作

(1) 切断电源和其他动力来源；

(2) 进行必要的放气、排水或排污及必要的防锈涂油；

(3) 对蓄能器和设备内有余压的部分进行卸压；

(4) 按各类设备安装规范的规定对设备几何精度进行必要的复查，各紧固部分进行复紧；

(5) 设备空负荷(或负荷)试运转后应对润滑剂的清洁度进行检查，清洗过滤器，需要时可更换新油(剂)；

(6) 拆除调试中临时的装置，装好试运转中临时拆卸的部件或附属装置；

(7) 清理现场及整理试运转的各项记录。

二、工程验收

1. 工程验收时应具备下列资料：

(1) 竣工图或按实际完成情况注明修改部分的施工图；

(2) 设计修改的有关文件；

(3) 主要材料和用于重要部位材料的出厂合格证和检验记录或试验资料；

(4) 重要焊接工作的焊接试验记录及检验记录；

(5) 工程记录；

(6) 各重要工序的自检和交接记录；

(7) 重要灌浆所用混凝土的配合比和强度试验记录；

(8) 试运转记录；

(9) 重大问题及其处理的文件；

(10) 其他有关资料。

2. 应办理工程验收手续。

第十八章　质量改进

学习目标：掌握质量改进的概念；了解质量改进的必要性和意义；掌握PDCA循环的基本内容，掌握质量改进的步骤、内容。

第一节　概　述

学习目标：掌握质量改进的概念；了解质量改进的必要性；了解质量改进的意义。

一、质量改进的概念

质量改进是消除系统性的问题，对现有的质量水平在控制的基础上加以提高，使质量达到一个新水平、新高度，是质量管理的一部分，致力于增强满足质量要求的能力。

质量改进与质量突破的关系：质量改进与质量突破是密不可分的，没有改进不能实现突破；同时两者之间又有区别：质量突破与质量改进的目的相同；质量突破是质量改进的结果；质量改进侧重过程，质量突破侧重结果。

二、质量改进的必要性

目前，我国企业质量管理水平迫切需要开展质量改进，以提高产品的质量水平，不断降低质量成本。

(1) 在我们使用的现有技术中，需要改进的地方很多。

1) 新技术、新工艺、新材料的发展，对原有的技术提出了改进要求。

2) 技术与不同企业的各种资源之间的最佳匹配问题，要求技术必须不断改进。

(2) 优秀的技术人员也还有不足的地方，需不断学习新知识，增加对过程中一系列因果关系的了解。

(3) 技术再先进，开展工作的方法、程序不对也无法顺利进行。在重要的地方，即使一次质量改进的效果很不起眼，但是日积月累，也将会取得意想不到的效果。

三、质量改进的意义

(1) 质量改进具有最高的投资收益率。俗话说“质量损失是一座没有被挖掘的金矿”，而质量改进正是要通过各种方法把这个金矿挖掘出来。因此，有些管理人员认为：“最赚钱的行业莫过于质量改进”。

(2) 可以促进新产品开发，改进产品性能，延长产品的寿命周期。

(3) 通过对产品设计和生产工艺的改进，更加合理、有效地使用资金和技术力量，充分挖掘企业的潜力。

(4) 可以提高产品的制造质量，减少不合格品的产生，实现增产增效的目的。

(5) 通过提高产品的适用性，从而提高企业产品的市场竞争力。

(6) 有利于发挥企业各部门的质量职能,提高工作质量,为产品质量提供强有力的保证。

第二节 质量改进的过程

学习目标:掌握 PDCA 循环的基本内容,掌握质量改进的步骤、内容。

一、质量改进的基本过程——PDCA 循环

任何一个质量改进活动都要遵循 PDCA 循环的原则,即计划(Plan)、实施(Do)、检查(Check)、处置(Action)。PDCA 的四个阶段如图 18-1 所示。

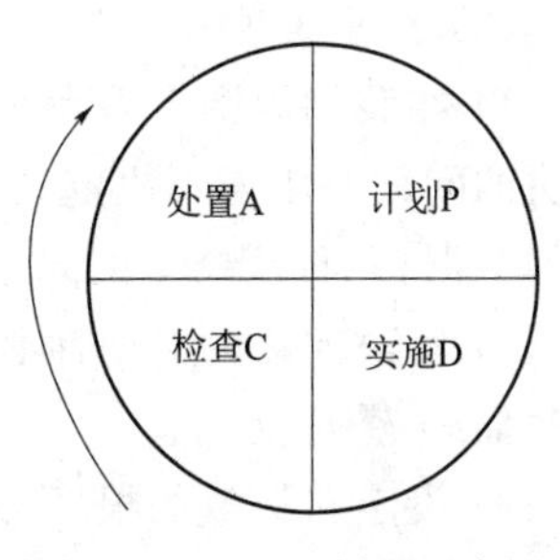

图 18-1 PDCA 循环示意图

1. 开展 PDCA 循环的具体内容

(1) 计划阶段:包括制订方针、目标、计划书、管理项目等;

(2) 实施阶段:按计划实地去做,去落实具体对策;

(3) 检查阶段:对策实施后,把握对策的效果;

(4) 处置阶段:总结成功的经验,实施标准化,以后就按标准进行。对于没有解决的问题,转入下一轮 PDCA 循环解决,为制订下一轮改进计划提供资料。

2. 开展 PDCA 循环的特点

(1) 四个阶段一个也不能少。

(2) 大环套小环,在某一阶段也会存在制订实施计划、落实计划、检查计划的实施进度和处理的小 PDCA 循环。

(3) 每循环一次,产品质量、工序质量和工作质量就提高一步,PDCA 循环是不断上升的循环。

二、质量改进的步骤、内容及注意事项

质量改进的步骤本身就是一个 PDCA 循环,可以分为若干步骤完成,过去我们习惯的说法是"四阶段、八步骤",随着 ISO9000 族标准的颁布实施,"四阶段、七步骤"的说法也逐步成为公认的形式。一般顺序为:

(1) 明确问题。

(2) 掌握现状。

(3) 分析问题原因。

(4) 拟定对策并实施。

(5) 确认效果。

(6) 防止再发生和标准化。

(7) 总结。

1. 明确问题

(1) 活动内容

1）明确所要解决的问题为什么比其他问题重要。

2）问题的背景是什么，到目前为止的情况是怎样的。

3）将不尽如人意的结果用具体的语言表现出来，有什么损失，并具体说明希望改进到什么程度。

4）选定题目和目标值。如果有必要，将子题目也决定下来。

5）正式选定任务负责人。

6）对改进活动的费用做出预算。

7）拟定改进活动的时间表。

（2）注意事项

1）在我们周围有着大小数不清的问题，由于人力、物力、财力和时间的限制，在选择要解决的问题时不得不决定其优先顺序。为确认最主要的问题，应该最大限度地灵活运用现有的数据，并且从众多的问题中选择一个作为题目时，必须说明其理由。

2）解决问题的必要性必须向有关人员说明清楚，否则会影响解决问题的有效性，甚至半途而废，劳而无功。

3）设定目标值的根据必须充分，不合理的目标值是无法实现的，合理的目标值是经济上合理、技术上可行的。若需要解决的问题包括若干具体问题时，可分解成几个子课题。

4）要明确解决问题的期限。预计的效果再明显，不拟定具体的时间往往会被拖延，被后来出现的那些所谓“更重要、更紧急”的问题代替。

2. 掌握现状

（1）活动内容

为抓住问题的特征，需要调查四个要点，即：时间、地点、种类、特征。

为找出结果的波动，要从各种不同角度进行调查。

去现场收集数据中没有包含的信息。

（2）注意事项

从不同角度调查问题方能完全理解和把握问题的全貌，而这似乎与“选题”的内容相似，容易混淆。实际上，选题的目的是认识问题的重要性，而现状把握的目的是找出引起问题的要因。两个步骤使用的材料有时是相同的，但目的却大相径庭。

1）解决问题的突破口就在问题内部。例如：质量特性值的波动太大，必然在影响因素中存在大的波动，这两个波动之间必然存在关系，这是把握问题主要影响原因的有效方法。而观察问题的最佳角度随问题的不同而不同，不管什么问题，以下四点是必须调查清楚的，即：时间、地点、种类、特征。

① 关于时间。早晨、中午、晚上，不合格品率有何差异？星期一到星期六，每天的合格品率都相同吗？当然还可以以星期、月、季节、季度、年等不同角度观察结果。

② 从导致产品不合格的部位出发。从部件的上部、侧面或下部零件的不合格情况来考虑，如：燃料棒组装中，上端塞环焊与下端塞环焊的焊接不合格品率有何不同？上、下端塞的压塞情况及管口清洗情况有何不同？上、下端塞结构有何不同？焊接时受力有何不同？焊接冷却系统有何不同等等。

③ 对种类的不同进行调查。同一个工厂生产的不同产品，其不合格品率有无差异？与过去生产过的同类产品相比，其不合格品率有无差异？关于种类还可以从生产标准、等级，

是成人用还是儿童用，男用还是女用，内销还是外销等不同角度进行考虑，充分体现分层原则。

④ 可从特征考虑。以产品不合格品项目——气孔为例：发现气孔时，其形状是圆的、椭圆、带角的还是其他形状？是个别气孔、分散气孔，还是连续状气孔等等。出现上述气孔的原因是什么？

2）不管什么问题，以上四点是必须调查的，但并不充分，另外，结果波动的特征也必须把握。

3）一般来说，解决问题应尽量依照数据进行，其他信息（如：记忆、想象）只能供参考。在没有数据的情况下，就应充分发挥其他信息的作用。

调查者应深入现场，而不仅仅是纸上谈兵。在现场可以获得许多数据中未包含的信息。它们往往像化学反应中的触媒一样，给解决问题带来启发，从而寻找到突破口。

3. 分析问题原因

（1）活动内容

1）设立假说（选择可能的原因）。

2）为了搜集关于可能的原因的全部信息，应画出因果图（包括所有认为可能有关的因素）。

运用现状阶段掌握的信息，消去所有已明确认为无关的因素，用剩下的因素重新绘制因果图。

3）在绘出的图中，标出认为可能性较大的主要原因。

4）验证假说（从已设定因素中找出主要原因）。

① 搜集新的数据或证据，制订计划来确认可能性较大的原因对问题有多大影响。

② 综合全部调查到的信息，决定主要影响原因。

③ 如条件允许的话，可以有意识地将问题再现一次。

（2）注意事项

1）到了这一阶段，就必须科学地确定原因了。在许多事例中，问题的原因是通过问题解决者们的讨论，或是由某人来决定的，这样得出的结论往往是错误的，这些错误几乎都是没有经过或是漏掉了验证假说的阶段。考虑原因时，通常要通过讨论其理由，并应用数据来验证假说的正确性，这时很容易出现将“假说的建立”和“假说的验证”混为一谈的错误。验证假说时，不能用建立假说的材料，需要新的材料来证明。重新收集验证假说的数据要有计划、有根据地进行，必须遵照统计方法的顺序验证。

2）因果图是建立假说的有效工具。图中所有因素都被假设为导致问题的原因，图中最终包括的因素必须是主要的、能够得到确认的。

3）图中各影响因素应尽可能写得具体。如果用抽象的语言表达，由于抽象的定义是从各种各样的实例中集约出来的，因此，图的数目就可能变得过于庞大。例如：因果图中的结果代表着某一类缺陷，图中的要因就成为引起这一类缺陷的原因集合体，图中将混杂各种因素，很难分析。因此，结果项表现得越具体，因果图就越有效。

4）对所有认为可能的原因都进行调查是低效率的，必须根据数据，削减影响因素的数目。可利用“掌握现状”阶段中分析过的信息，将与结果波动无关的因素舍去。要始终记住：因果图最终画得越小（影响因素少），往往越有效。

5）并不是说重新画过的因果图中，所有因素引起不良品出现的可能性都是相同的。可能的话，应根据“掌握现状”阶段得到的信息进一步进行分析，根据它们可能性的大小排列重要度。

6）验证假说必须根据重新实验和调查所获得的数据有计划地进行。验证假说就是核实原因与结果间是否存在关系、是否密切。常使用排列图、相关及回归分析、方差分析。通过大家讨论由多数意见决定是一种民主的方法，但不见得科学，最后调查表明全员一致同意了的意见结果往往是错误的。未进行数据解析就拟定对策的情况并不少见。估计有效的方案都试一下，如果结果不错就认为问题解决了。这种用结果反过来推断原因判断是否正确的做法，与我们主张的顺序完全相反，其结果必然是大量的运行错误。即便问题碰巧解决了，措施也是有的，但由于问题的原因与纠正措施无法一一对应，大多数情况下无法发现主要原因。

7）导致产品缺陷出现的主要原因可能是一个或几个，其他原因也或多或少会对不合格品的出现产生影响。然而，对所有影响因素都采取措施是不现实的，也没必要，应首先对主要因素采取对策。所以，判断主要影响原因是重要的。

8）利用缺陷的再现性实验(试验)来验证影响原因要慎重进行。某一产品中采用了非标准件而产生不合格品，不能因此断定非标准件就是不合格品的原因。再现了的缺陷还必须与“掌握现状”时查明的缺陷一致，具有同样的特征。有意识地再现缺陷是验证假设的有效手段，但要考虑到人力、时间、经济性等多方面的制约因素。

4．拟定对策并实施

(1）活动内容

1）必须将现象的排除(应急措施)与原因的排除(防止再发生措施)严格区分开。

2）采取对策后，尽量不要引起其他质量问题(副作用)，如果产生了副作用，应考虑换一种对策或消除副作用。

3）先准备好若干对策方案，调查各自利弊，选择参加者都能接受的方案。

(2）注意事项

1）对策有两种，一种是解决现象(结果)，另一种是消除引起结果的原因，防止再发生。生产出不合格品后，返修得再好也不能防止不合格品的再次出现，解决不合格品出现的根本方法是除去产生问题的根本原因，防止再产生不合格品。因此，一定要严格区分这两种不同性质的对策。

2）采取对策后，常会引起别的问题，就像药品的副作用一样。为此，必须从多种角度对措施、对策进行彻底而广泛的评价。

3）采取对策时，有关人员必须通力合作。采取对策往往要带来许多工序的调整和变化，如果可能，应多方听取有关人员的意见和想法。当同时存在几个经济合理、技术可行的方案时，通过民主讨论决定不失为一个良好的选择。

5．确认效果

(1）活动内容

使用同一种图表将对策实施前后的不合格品率进行比较。

将效果换算成金额，并与目标值比较。

如果有其他效果,不管大小都可列举出来。

(2) 注意事项

本阶段应确认在何种程度上做到了防止不合格品的再发生。比较用的图表必须前后一致,如果现状分析用的是排列图,确认效果时也必须用排列图。

对于企业经营者来说,不合格品率的降低换算成金额是重要的。通过对前后不合格品损失金额的比较,会让企业经营者认识到该项工作的重要性。

采取对策后没有出现预期结果时,应确认是否严格按照计划实施了对策,如果是,就意味着对策失败,重新回到"掌握现状"阶段。没有达到预期效果时,应该考虑以下两种情况:

1) 是否按计划实施了,实施方面的问题往往有:

① 对改进的必要性认识不足;

② 对计划的传达或理解有误;

③ 没有经过必要的教育培训;

④ 实施过程中的领导、组织、协调不够;

⑤ 资源不足。

2) 计划是否有问题,计划的问题往往是:

① 现状把握有误;

② 计划阶段的信息有误和(或)知识不够,导致对策有误;

③ 对实施效果的测算有误;

④ 没有把握实际拥有的能力。

6. 防止再发生和标准化

(1) 活动内容

1) 为改进工作,应再次确认 5W1H 的内容,即 What(什么)、Why(为什么)、Who(谁)、Where(哪里)、When(何时做)、How(如何做),并将其标准化。

2) 进行有关标准的准备及传达。

3) 实施教育培训。

4) 建立保证严格遵守标准的质量责任制。

(2) 注意事项

为不再出现不合格品,纠正措施必须标准化,其主要原因是:

1) 没有标准,不合格品问题渐渐会回到原来的状况。

2) 没有明确的标准,新来的职工在作业中很容易出现以前同样的问题。标准化工作并不是制订几个标准就算完成了,必须使标准成为职工思考习惯的一部分。

7. 总结

(1) 活动内容

1) 找出遗留问题。

2) 考虑解决这些问题下一步该怎么做。

3) 总结本次降低不合格品率的过程中,哪些问题得到顺利解决,哪些尚未解决。

(2) 注意事项

1) 要将不合格品减少为零是不可能的,但通过改进,不断降低不合格品率却是可能的。

同时也不提倡盯住一个尽善尽美的目标，长期地就一个题目开展活动。开始时就定下一个期限，到时候进行总结，哪些完成了，哪些未完成，完成到什么程度，及时总结经验和教训，然后进入下一轮的质量改进活动中去。

2）应制订解决遗留问题的下一步行动方案和初步计划。

三、质量改进的方法

常见的质量改进的方法有以下几种：头脑风暴法、系统图、过程决策程序图(PDPC法)、网络图、矩阵图、亲和图、流程图。

第十九章　组装焊接定位格架

学习目标:掌握定位格架缺陷对堆内运行的影响。

一、15×15 定位格架

1. 格架强度

格架强度用随炉试样进行检验,若强度不满足技术条件要求,则用对应格架两随炉备用试样进行检验,同时合格,则代表格架合格。强度不满足技术条件要求的格架若用于反应堆,经长时间高温、高压及辐照,钎焊缝可能开裂并导致燃料组件损坏,堆内反射性超标等严重后果。

2. 晶间腐蚀

格架晶间腐蚀用随炉试样进行检验,若晶间腐蚀不满足技术条件要求,则用对应格架两随炉备用试样进行检验,同时合格,则代表格架合格。晶间腐蚀不合格格架若用于反应堆,经长时间高温、高压及辐照,钎焊缝可能开裂并导致燃料组件损坏,堆内反射性超标等严重后果。

3. 格架变形

格架变形量超过技术条件要求,可能导致组件外形超标,组件不能顺利插入堆芯,即使入堆使用,经过一至两个循环运行,可能导致组件变形增加,不能顺利抽出或插入,对堆芯造成严重损坏。

4. 格架弹簧夹持力

格架弹簧夹持力过小,会造成格架—燃料棒磨蚀,是压水堆燃料棒时有发生的破损机理。其造成燃料棒破损的主要原因是定位格架设计或制造不当,致使对燃料棒的夹持力不足,从而在冷却剂流量,尤其是横向流作用下使燃料棒产生流致振动磨蚀破损。通过设计改进,该种机理引起的燃料棒破损有所降低。如西屋公司的 Vantage 5H,设计改进后的流致振动振幅大幅度减小。

二、17×17 定位格架

1. 格架强度

同 15×15 定位格架。

2. 格架腐蚀

用激光焊接随炉试片进行水腐蚀检验,结果代表格架。若腐蚀不合格格架用于组件制造并入堆,在经长时间高温、高压及辐照,格架强度会降低,最终导致格架破坏,影响燃料棒的密封性和组件的安全。

3. 格架变形

同 15×15 定位格架。

4. 格架弹簧夹持力

同 15×15 定位格架。

三、TVS—2M 定位格架

同 17×17 定位格架。

第二十章　组装焊接燃料棒

学习目标：掌握燃料棒制造过程中产生的缺陷对燃料组件堆内运行的影响。

一、沾污

焊缝中有杂质存在时会使焊缝接头的耐腐蚀性能下降，例如锆合金的含碳量大于0.1%时，便会形成锆的碳化物，该碳化物首先产生局部腐蚀，并进一步扩大，使整个焊缝发生快速腐蚀。所以，应防止有机物进入焊缝面。此外，灰尘微粒的沾污，会使焊缝产生 Al、Si 等杂质，它也会影响腐蚀性能。可能造成燃料棒在堆内运行时的破损，导致核泄漏。

特别是针对 M5 材料的包壳管，法国阿海珐集团全 M5 燃料组件运行经验和验证试验表明：该材料接触到铝后，严重影响到焊缝的腐蚀性能，特别要求零部件如上下端塞清洗后绝对不能使用含铝的容器盛装。在组装过程中禁止接触一切含铝的物质。

二、焊接气氛

锆合金的化学性能十分活泼，在加热状态下，锆合金极易同大气中的氧、氮、氢发生化学反应，对其机械、物理和耐腐蚀性能均会产生有害作用，当焊缝中的含氧量超过0.5%时，会生成脆性化合物，使焊缝接头的塑性急剧下降。焊缝中存在一定量的氮，将降低其在水或蒸汽中的抗腐蚀性能。

在燃料棒的 TIG 焊接中，特别是 M5 材料的焊接中，中核建中核燃料元件有限公司出现过保护气体中氮含量较高，造成腐蚀检查不合格现象。通过一系列的试验，成功模拟出了焊接保护气体中氮含量的浓度高于某要求时，焊缝会出现白色的腐蚀产物。同时也发现，在焊接刚开始时，焊室气氛不利于焊缝的质量保证，只有通过一定的焊接循环次数（俗称“烧焊室”），焊室气氛达到一定的平衡状态，焊缝的腐蚀性能才能得到保证，焊缝质量才能得到可靠保证。

三、芯块含水量过高

1. 一次氢化破坏

早在1960年就发现了一次氢化破坏，以后又在几个堆的燃料上出现了氢化破坏。当时，人们并没有解决这个问题。到了20世纪60年代末，为了补偿高燃耗时的燃料肿胀，普遍使用低密度的燃料芯块，但芯块初始密度低于92%理论密度容易吸水，那时各燃料厂家都不完全了解。这样，压水堆燃料普遍发生了严重的氢化破坏，有五个压水堆的燃料棒氢化破损率等于或大于0.1%。

燃料棒内的氢主要来自二氧化铀芯块中残留的水分和溶解在芯块中的或闭气孔内容纳的氢原子，其他来源如填充气体内的杂质和包壳内表面的吸附水分等是可以忽略的。芯块吸水速度很快，几分钟到几小时就达到饱和，这与开口孔率有关。开口孔率决定着芯块“内”表面吸附面积大小。当开口孔率大于5%时，吸附面积急剧增加。如密度为92%理论密度的芯块,吸附面积可达 100 cm^2/g,二氧化铀能吸附 100 ppm 的水。密度低于 92%理论密度的芯块,吸水更多。

成品燃料棒内的芯块含水量取决于装管干燥工艺和封装工艺。

另外,有机物沾污也是一种氢源,因为烃类分解产生氢。通常采用高温萃取法检查芯块总的"当量"氢含量。所谓"当量"氢含量包括水分折算成的氢量与芯块烧结时吸氢量之和。

锆合金在压水堆或沸水堆内工作过程中会吸氢,作为锆合金的腐蚀特性,吸氢或氢化的重要性不亚于氧化或氧化膜增生。锆合金中氢化锆的量决定于锆合金基体内吸收了多少氢。当锆中的氢含量低于固溶极限时,氢就固溶在锆合金中,当锆中氢含量高于固溶极限时,多余的氢就以氢化物形状存在,并以小片状形式析出。氢化物择优在晶界析出,而其取向则取决于内应力、外部条件和金属结构。片状氢化锆的有害作用在于可起到裂纹作用而明显降低锆合金的塑性而产生氢脆。

锆合金的氢化破坏过程分为三个阶段,包括裂纹通过氢化物——滑移带动氢化物——孪晶的相互作用在氢化物中发展,裂纹从氢化物走向基体,以及裂纹在基体中的扩展。锆合金的实际使用表明:Zr-2 和 Zr-4 合金燃料包壳由于腐蚀而引起的壁厚损失不是影响燃料元件使用的关键;而由于吸氢而造成的氢脆断裂成为锆合金燃料包壳使用寿命的限制因素。

2. 氢化机理及缺陷发展过程

包壳和端塞都发生过氢化,但其机理不尽相同。

锆合金包壳氢化的根本原因是棒内含有足够的氢杂质。一般认为,不论其化学状态如何,最终均能参与锆合金氢化。在运行中氢杂质陆续释放出来。当棒内气氛由氧化气氛逐渐变成缺氧富氢气氛时,局部氧化膜可能被击穿,或受到其他作用的损伤而又不能修补完好,这些部位就成为迅速吸氢的陷阱。当氢浓度超过氢在锆合金内的溶解度并且吸氢速率超过氢扩散速率时。大量氢化物析出,形成"日爆状"缺陷。

经验表明,初始氢化部位在包壳内表面上的分布是无规律的,集中在较冷端尤其是下端,或者因表面状态、温度、组织不同而异。偶尔在含有很高水分的燃料芯块附近也可能出现氢化部位。一般来说,初始氢化部位数量很少,这是由于一旦开始氢化反应,则反应速度很快。

氟和氯可以杂质存在(芯块中的杂质和包壳内表面的酸洗液残留物),在早期燃料中,曾发生过由于过量氟沾污而造成棒缺陷。碘和铯是裂变产物,在一定燃耗后释放出来,凝集在包壳内表面上,尤其是两端。I 与 H 离子生成 HI,而 HI 与 ZrO(或锆合金)反应,击穿氧化膜并释放氢。

辐照的有害作用除产生碘和铯等核素外,还使水或有机物杂质分解产生氢,并且裂变碎片损伤氧化膜结构。

一旦氧化膜出现缺口,此处就迅速地大量吸氢。吸氢过程为:表面吸氢,氢溶解在表面上并离开表面向内扩散;表面饱和或体积饱和,饱和后形成氢化物层。吸氢速率取决于温度和氢分压。例如:PWR 燃料包壳内表面温度为 400℃,当氢分压超过 25×10^{-2} Pa(相当于 UO_2 中 1 ppmH_2O 完全还原成 H_2 的分压)时,1 分钟就开始形成氢化膜。吸氢的同时,氢向温度低的方向扩散。当吸氢速率超过扩散速率时,氢化物析出。在氢压大约高于 10^{-5} MPa 下,有保护膜包壳上一个很小的(10^{-4} cm^3)无膜面的吸氢速率大于扩散速率。由于 Zr 变化成 $ZrH_{1.6}$,体积膨胀 13%,局部应力场使氢化物取向呈放射状,人们形象地称之为"太阳状缺陷”。这样大小的缺陷如不继续发展，危害不大，但具有潜在危险。假如没有它，在一次功率剧增后不会立即发生很多缺陷的。氢不断地由包壳内壁向外壁扩散，又使内壁的 $ZrH_{1.6}$ 变成 Zr，体积收缩，形成裂纹和夹层。这样，局部温度升高，促使氢化缺陷向外扩展，在包壳外壁出现突起或鼓包，直径为 3～6 mm。在功率变化(例如功率剧增)时，包壳受到很高的拉应力，这些脆弱的鼓包就会破裂，导致燃料棒泄漏。这就是锆合金包壳的一次氢化破坏。

不同的包壳内表面处理对氢化物的影响是很明显的。美国通用电气公司认为，包壳内表面进行氢化处理同时使用吸气剂以促使包壳均匀吸氢比采用喷砂表面更加有效。堆外的和堆内的测量结果都表明，预先氧化处理和包壳均匀吸氢速度最慢，而喷砂处理和包壳均匀吸氢最快。因此，包壳内表面进行喷砂处理的燃料棒，临界氢浓度低。总之，对于压水堆燃料包壳，内表面进行喷砂处理对于防止氢化破坏是有利的。

在端塞或端塞附近发生过为数不多的氢化缺陷。对其机理的研究很不充分。目前有两种不同的解释：一部分蒸汽进入隙缝，过早地造成缺氧富集氢的气氛；或者，在接近端塞面中心的最热点出现氢化，而后顺温度梯度扩散到隙缝面上。此外，由于棒两端温度低，因此水蒸气及挥发性裂变产物浓度较高，但氢化物溶解度和氢扩散速率却较低。防止这类氢化破坏的措施是改进端塞设计和在燃料芯块与下端塞之间放置隔热块。

3. 关于燃料含水量的要求

组件在堆内运行时，包壳管内氢的来源主要是 UO_2 芯块中的水分，因此，控制 UO_2 芯块中的水和氢作为质量控制的主要目标。如何进行控制，主要采用芯块烘干取样检查的方式进行。

(1) 对于 15×15 型燃料棒芯块

燃料芯块和 Al_2O_3 隔热块在装管前须充分烘干，以确保燃料芯块装管时的总氢当量含量≤1.2 μg/gU(总氢指标包括氢和水在内的所有氢源)。在经工艺试验严格满足该指标要求的前提下，正常生产中装管前可只监控芯块水分含量，但水含量监控指标的确定应以芯块中其他氢源的氢含量为依据，即确保由所有氢源所得总氢当量≤1.2 μg/gU。装管时要严格控制环境的温度和相对湿度，要严格防止氢气、有机物质及任何杂物进入包壳管内，并要尽量缩短燃料芯块烘干后到装管和装管到堵孔焊的时间间隔，以确保棒装好后，棒内所有零部件所含和吸附的氢和水完全释放到棒内冷空间后，其总水分当量含量<2 mg/cm^3。

取样要求及接受准则：每个水分批取一次试样，每次至少取 5 块芯块。如芯块取样分析水含量指标不合格，应重新烘干，并重新取样，直到合格为止。定期总氢含量检测如有一个样品不合格(水含量监控指标合格)，则需加倍取样，如仍有一个样品不合格，则：该批装管芯块判为不合格；对原定水含量监控指标进行重新鉴定(测定燃料芯块单氢含量)，如该指标不合要求，则由供需双方共同研究用该水含量指标进行装管的产品的合格性。

(2) 对于 17×17 燃料棒

芯块经烘干处理后进行当量氢含量分析。95%置信度水平估算的芯块水分批的当量氢含量平均值(记作 M_1)≤0.8 μg/gUO_2；该芯块水分批 95%的芯块的当量氢含量(记作 M_2)≤1.2 μg/gUO_2。芯块中氢成分的萃取应在至少 1 000 ℃的温度下进行，设备应允许达到 10^{-6} mmHg 的残留压力。按照 ASTMC 696 或相当的方法进行测量，测量精度应至少为 0.1 μg/g UO_2。

1) 当 $M_1 \leqslant 0.8$ μg/gUO_2 且 $M_2 \leqslant 1.2$ μg/gUO_2 时，该水分批合格并应在烘干后 96 小

时内装管。

2）当 0.8 μg/gUO_2/<M_1≤1.16 μg/gUO_2 或 1.2 μg/gUO_2/<M_2≤1.66 μg/gUO_2 时，则该水分批芯块重新烘干后加严取样，并对 10 块加严芯块样品进行当量氢统计分析，判定标准为：

① M_1≤0.8 μg/gUO_2且 M_2≤1.2 μg/gUO_2时，则该水分批合格并应在烘干后 96 小时内装管。

② 当 0.8 μg/gUO_2<M_1或 1.2 μg/gUO_2<M_2时，则该水分批拒收。

3）当 M_1>1.16 μg/gUO_2或 M_2>1.66 μg/gUO_2时，则该水分批拒收。

注：$M_1=X+K_1\sigma$（95%置信度水平估算的芯块水分批的当量氢含量平均值）；$M_2=X+K_2\sigma$（即同一芯块水分批 95%的芯块的当量氢含量）。式中 X 表示平均值；σ 表示标准偏差；K_1、K_2表示相应标准中的系数。

（3）对于 TVS—2M 燃料棒

同 17×17 燃料棒芯块要求。

四、充氦压力

现代 PWR 已普遍采用燃料棒充氦预加压工艺。预加压力从 20 到 30 大气压不等。此值受元件寿期末内压的限制。

预加压大大降低了包壳的蠕变速率。推迟包壳与芯块的接触时间达几倍。包壳的疲劳寿命也可提高。另外，还有限制芯块肿胀和降低燃料温度的作用。相应的裂变气体释放量减少，对防应力腐蚀裂纹(SCC)也很有好处。

虽然并非所有的功率剧增造成的燃料元件破损都与应力腐蚀有关(有时破损在很低燃料耗下发生)，但是，从堆外实验和堆内破损检查证实，绝大部分芯块——包壳之间的相互作用(PCI)破损的实质就是 SCC。

预加压的另一个作用是改善燃料与包壳在长期辐照后的综合性能。

第二十一章　组装焊接骨架

学习目标：掌握骨架制造中产生的缺陷对燃料组件在堆内的运行影响。

一、焊接缺陷

1. 未熔合与未完全熔合

指母材之间未产生熔化或熔化不充分。该缺陷严重影响焊点的强度，严重时，造成燃料组件在堆内运行的焊点脱落。

2. 缩孔

缩孔是熔化金属在凝固过程中形成的，金属受热熔化时体积膨胀，冷却时开始收缩，如果周围的塑性环未及时变形使内部体积相应减少，则熔化区会产生缩孔。缩孔的形成的空穴形状不规则，可以导致熔核的面积减小，但对结合面的静载强度影响不大，而对动载或冲击有一定影响。

3. 裂纹

裂纹可能产生在熔化内部、结合线上、热影响区及工件的表面，其中后三个部位的裂纹危害最大，它可能形成应力集中，一般不允许存在。

4. 结合线伸入

在熔核边缘形成突入熔核区的晶间夹杂物称为结合线伸入。由于此处应力集中，极易在运行过程中扩展成裂纹，一般不允许结合线伸入缺陷存在。

5. 飞溅

飞溅又称喷溅，是在金属熔化时从接头之间或工件表面与电极接触面之间飞出的熔化金属颗粒，过分的飞溅会影响焊接处表面的外观，严重时形成空穴，造成焊点烧穿。腐蚀试验表明，该种缺陷造成焊点表面产生大量白色腐蚀产物，影响焊点的耐腐蚀性能，降低焊点的强度。

6. 表面氧化色

正常焊点的表面及周围母材应当是银白色，允许淡黄色，不允许出现深蓝色，严重的氧化色会导致焊点耐腐蚀性能下降。不利于堆内的长周期安全运行。

7. 压痕过深

压痕是由于通电后焊接金属处于软化状态下，电极压力使焊点表面形成的与电极工作面形状吻合的凹坑。过深的压痕会使焊点的机械强度下降，剪切力达不到规定的要求。

8. 焊后内径变小

电极的压力施加在导向管的直径方向，如果焊接芯轴的胀紧力达不到要求，焊后可致使导向管的直径变小，燃料组件在堆内运行时，会影响控制组件中控制棒的顺利插入，危及对反应堆的控制。

二、其他缺陷

1. 骨架变形

骨架变形主要有两方面的因素:焊接因素和装配因素。对于焊接因素,由于焊接本身要对导向管局部加热,如果产生的热应力集中在某一方向,最终可导致骨架弯曲或垂直度变差。对于装配因素,由于骨架装配平台几个基准面不可能达到完全理想状态,同时其相互的位置要求也或多或少存在差异,在夹持框架的夹持作用下,骨架必然存在一定形变。该形变的存在,带入燃料组件,影响燃料组件在堆内的吊运、定位,甚至影响相关组件的插入。

2. 沾污

沾污主要是指骨架接触到不允许接触的材料,造成其耐腐蚀性能降低,影响骨架在堆内运行中所起的支撑作用,使燃料组件在堆内发生变形。

第二十二章　组装焊接燃料组件或部件

学习目标：掌握燃料组件组装质量及焊接缺陷对燃料组件在堆内的运行影响。

一、焊接缺陷

1. 焊接裂纹

裂纹的存在，它可能形成应力集中，危害较大，在堆内恶劣运行条件下，容易损伤燃料组件，应设法克服该缺陷。

2. 管口变形

在燃料组件管板焊中，容易出现导向管管口变形，减小导向管内径，如果不处理，可能导致控制组件无法顺利插入燃料组件。

3. 拉伸破断力较小

这也是燃料组件管板焊中容易出现的现象，会影响燃料组件的强度。

二、装配质量

1. 过滤网

燃料组件下管座装有防止异物进入燃料组件的过滤网，该滤网的存在，可以有效避免因异物进入燃料组件造成对燃料棒的磨损。滤网安装不稳或存在焊接质量问题，可能导致滤网失效，起不到防止异物进入的屏障作用。因此，一旦堆内异物进入燃料组件，燃料棒很容易被磨蚀而导致核泄漏。

2. 燃料棒与上下管座的间隙

燃料组件在反应堆内辐照后，燃料棒的长度会增长，因此，燃料棒与上下管座之间留有间隙。上管座的功能是作为燃料组件的上部构件及冷却剂的出口腔，同时为控制组件棒束提供部分保护性空间。当燃料棒与上管座的间隙过小，燃料棒可能会因为辐照增长过早抵住上管座，影响冷却剂的流动和妨碍控制棒组件的控制作用。

3. 拉棒变形

燃料组件组装操作时，骨架夹持平台应保证在拉棒时将骨架牢固地定位在夹持框内，夹持力能足以克服 17 根（17×17 型）燃料棒同时拉入骨架时产生的拉力；由于格架对燃料棒的夹持力作用，拉棒力必然作用在骨架上，会引起格架的变形。拉棒顺序也会导致骨架的变形。

体现在燃料组件上，有两项指标：燃料组件的垂直度和燃料组件的弯曲度。由于燃料组件在堆内排列的间隙非常小，该变形尺寸大时，可能导致燃料组件无法正常装卸料。

4. 燃料棒的划伤

技术条件要求，对燃料棒预装盒、骨架平台、拉棒机构成的整体，不论是燃料棒预装盒和平台之间,还是平台和拉棒机之间,它们的轴线在其交界处的位置偏差应不大于 0.25 mm,在其长度上的平行度误差不应超过 0.5 mm。上述两项指标控制了拉杆、骨架栅元、预装盒栅元三者的同轴度,该同轴度偏差较大时,拉棒划伤较大,锆屑较多。划伤增大,会增大燃料棒在堆内运行期间破损的概率,同时增加了锆屑。锆屑的去除是一件相当困难的事情,必然存在不能够完全去除的锆屑,国外的经验反馈证明锆屑的存在对燃料组件在堆内运行是有一定的危害的。

5. 胀形裂纹

对于 17×17 型燃料组件,上下管座与骨架的连接采用螺钉加胀形的方式进行,当压力过度时会使螺钉的裙边产生裂纹;同时,胀形时产生的轴向力因螺钉没有拧紧到位转递给导向管,导致导向管轴向变形,使内径发生变化。前者降低燃料组件的强度,后者影响控制棒组件的插入。

6. 燃料棒与定位格架栅元弹簧接触不良

按技术要求,燃料棒应与格架弹簧接触并且在每一母线上至少应与一个刚凸接触。否则,燃料组件在堆内运行时,由于接触不良,在水流的冲击下,燃料棒发生径向窜动,造成燃料棒与栅元相互磨损,可能引发燃料棒的核泄漏。

第五部分　核燃料元件生产工高级技师技能

第二十三章　培　训

学习目标：掌握培训课程的设计方法；掌握培训的目标；掌握培训的层次；掌握培训的原则；掌握在职培训方法。

第一节　培训课程设计

学习目标：理解培训课程的含义；掌握培训课程设计的基本原则；了解培训课程设计的基本要素；掌握培训课程设计的基本程序。

一、培训课程的含义

培训课程属于课程的范畴，在介绍培训课程之前，大家先了解一下什么是课程。

课程的含义有广义和狭义之分。广义的课程是指为实现教育目标而选择的教育内容的总和，例如对学校来说，包括学校所设的各门学科以及安排的各种有目的、有计划、有组织的课外活动。狭义的课程指的是针对某一门学科或某一个问题而设计的一两堂课。

构成课程的五个部分：

(1) 对学生和环境的假定所组成的框架；

(2) 宗旨和目标；

(3) 内容或学科内容及其选择范围和顺序；

(4) 执行的模式；

(5) 课程评价。

培训课程是一个直接用于为社会、为企业、为社会成员服务的课程系统，它由以上五个部分组成。相对于一般课程来说，培训课程具有服务性、经营性、实践性、针对性、经验性、功利性及时效性等特性。培训课程的特性源于培训活动的本质属性，即培训属于一种教育活动，同时又是企业的一种生产行为。

二、培训课程设计的基本原则

培训课程设计是指一个培训项目在培训课程的组织形式和组织结构。

1. 符合现代社会和学习者的需求

根据课程设计的本质特征,培训课程设计首先要满足现代社会和现代人的需求,这是培训课程设计的基本依据。

这条基本原则涉及培训课程设计的资源依据问题。培训课程设计把学习者作为占主导地位的或唯一的课程设计依据,也就是以学习者的需要、兴趣、能力以及过去的经验作为课程要素决策的基础。

2. 培训课程设计要符合成人学习者的认知规律

这是培训课程设计的主要原则。由于成人学习方式与儿童相比较差异很大,这样在培训课程教学内容的编排、教学模式与方法的选择、老师的配备、教材的准备等方面都要和学校课程设计有所不同。例如成人学习目的性非常明确,他们参加培训的原因就是为了提高自己某一方面的技能或补充新知识,以满足工作的需要。因此,培训课程就要有一个明确目标,而且培训课程教学方法的选择要有利于培训学员的合作学习方式。

3. 用系统的方法和思想进行培训课程设计

培训课程本身就是一个系统,我们在设计培训课程时,要综合考虑各个要素之间的相互关系、各要素与系统之间的关系、系统与环境的关系。

按照系统理论,一个系统由输入、输出、转换和反馈四个部分组成,我们可以分析一下培训课程要素是如何组成一个系统的。输入主要是社会和学习者的需求分析,此外,一切可供选择的资源都可作为这个系统的输入条件。输出部分就是学习者的知识、能力或态度达到课程目标的设计要求。转换由教学内容、教学模式、教学策略及其组织等构成。这些要素的选择与合理配置,是使系统的运作达到输出指标的保证。反馈主要是课程的评价,它反向联系了输入与输出的关系,也就联系了各要素与系统之间的关系。它及时把系统运行的动向、信息送到系统的输入端,反馈调节的结果是使系统处于稳定状态。

4. 培训课程设计的基本目标

现代培训课程设计的基本目标是进行人力资源开发。许多人力资源开发的专家都认为,培训是人力资源开发三个主要组成部分之一,这三个组成部分是职业开发、培训与组织发展。在这三个同样重要的组成部分中,培训除本身就具有提高人力资源质量的功能之外,还是实现其他两个部分的手段和途径。培训课程正是实现培训功能的具体体现。

三、培训课程设计的基本要素

一般课程设计中主要有九个要素,这些要素共同构成了课程系统。下面我们分别介绍这九个要素。

1. 课程目标

课程目标为课程提供了学习的方向和学习过程中各阶段要达到的标准。在课程设计中,课程目标既可以明确地表述,也可在对其他各要素的选择组织之中体现。它们经常是通过联系课程内容,以行为术语表述出来,而这些术语通常属于认知范围。在我们所熟悉的一般课程的教学大纲中,最常见的有如“记住”“了解”“掌握”等认知指标。

2. 课程内容

课程内容的组织上有范围和顺序两个问题需要我们重视。顺序是指内容在垂直方向上的组织。对课程内容在顺序上的安排要作审慎考虑，以使学生通过按照合乎逻辑的步骤不断取得学习上的进步。范围指对课程内容在水平方向上的安排。范围要精心地限定，使内容尽可能地对学习者有意义并具有综合性，而且还要在既定的时间内安排。课程内容可以是学科领域内的概念、判断、思想、过程或技能。

3. 课程教材

教材要以精心选择或组织的有机方式将学习的内容呈现给学习者。在学科课程中，教科书是最常用的教材，也几乎是必备的，而且基本上是唯一的。在教材的选择上，学生很少拥有发言权，或者说没有决定权，基本上是一个被动体。

4. 教学模式

课程的执行模式，主要指的是学习活动的安排和教学方法的选择。这些安排和选择要与课程明确的或暗含的目标和方向直接相关。学习活动的安排及教学方法的选择，旨在促进学习者的认知发展和行为变化。好的执行模式，应当能较好地激发学习者的学习动机，使他们在学习过程中将注意力集中在课程所希望的方向上。

5. 教学策略

教学策略常常作为学习活动的一个内在部分，与学习活动有同样的目的。例如，一个被普遍运用的教学策略是“判断—指令—评价”。在这一策略中，教师分析学生的学习进展情况，判断他们遇到了什么困难，对学习顺序的下一个步骤作出指令，当学生完成指令后，教师作出评价，确定他们是否掌握了课程期望他们学习的内容。

6. 课程评价

评价程序要安排好、制定好，用来确定学习者在多大范围内和程度上掌握了学习内容、在什么程度上达到了课程的行为目标。学科课程的评价重点放在定量的测定上，衡量可以观察到的行为。例如，在报告学习者的学习状况时，常常用诸如 A、B、C、D 等人们假定能表明某种程度的成就的字母等级来表示。

7. 教学组织

学科课程大多数的教学组织形式是面向全体学习者的班级授课制，但是，分小组教学也经常被课程设计者运用。通常的小组划分是根据学生的学习能力的相似和学习进度的相同。分组教学为“因材施教”的个性化教学提供了某种可能。

8. 课程时间

时间是不可再生的有限资源，无论是对设计者来说，还是对教师和学生，都要最大限度地利用它。课程设计者要巧妙地配置有限的课程时间，教师要使学生在整个课程执行期间积极地参与学习活动，把课堂时间看成是最有价值的。课后作业也是一种开发利用时间的方法。

9. 课程空间

这里的空间主要就是指教室了。另外，还有一些特殊空间可以利用，例如图书馆、实验室、艺术室、研讨室，甚至运动场等等。

四、培训课程设计的基本程序

培训课程设计是一项创造性的工作，也是一项系统性的工作。因此，课程设计要有一个指导体系,完全依靠开发人员的主观想法来设计课程,必然会导致培训的失效。当然,也不能按下面提供的程序按部就班,在实际设计工作中,仍然要发挥创造力,这是由课程开发活动本身的特性所决定的。

1. 前期准备工作

在开始课程设计之前,培训工作的领导人或培训项目的负责人首先要进行相关准备工作。这些准备工作将对以后的课程设计产生重要的影响,准备工作做得越充分,课程设计也就会越容易。

2. 课程目标设定

课程目标是指在培训课程结束时,希望学员通过课程学习能达到的知识、能力或态度水平。目标描述是培训的结果,而不是培训的过程,所以重点应放在学员该掌握什么上,而不是愿意教什么上。明确的目标可以增强学员的学习动力,也可为考核提供标准。培训要达到什么样的目标在课程设定工作之前就被提出来,在此基础之上,我们要对这些目标进行区分。哪些是主要目标,哪些是次要目标,不同的目标要区别对待,这些工作主要是在需求调查的基础之上完成的。分清主次以后,我们再对这些目标进行可行性分析,根据企业培训资源状况,将那些不可行的目标做适当的调整。最后,还要对目标进行层次分析,也就是哪些目标要先完成,其余的目标在此基础之上才有可能实现。

3. 信息和资料的收集

目标确定以后,我们就要开始收集与课程内容相关的信息和资料。资料收集的来源越广泛越好,我们可以从公司内部各种资料中查找自己所需信息,征求培训对象、培训相关问题的专家等方面意见,借鉴已开发出来的类似课程,从企业外部可能渠道挖掘可利用资源。

除了这些信息资料以外,我们还要了解在培训中可能所需的授课设备,如电影、录像、幻灯等多媒体视听设备。这些视听设备有助于提升课堂的趣味性,增强培训效果。

4. 课程模块设计

培训课程设计涉及很多方面,我们可以将其分成不同的模块,分别进行设计。当然,模块设计不能脱离于这个课程系统之外,它们之间也具有关联性。

具体的课程设计包括课程内容设计、课程教材设计、教学模式设计、教学活动设计、课程实施设计以及课程评估设计等方面。

5. 课程演习与试验

培训课程设计完成以后,我们的工作还没有完成。有时我们需要对培训活动按照设计进行一次排练,这就像演戏一样,在正式公演之前,要做一次预演,以确保做好了充分的准备。这是对前一阶段工作的一次全面检阅,不仅包括内容、活动和教学方法,还应包括培训的后勤保障。预演中可以让同事、有关问题的专家或培训对象的代表作为听众。在演习结束后,对整个安排提出意见。

6. 信息反馈与课程修订

在课程预演结束以后,甚至在培训项目开展以后,要根据培训对象、有关问题的专家以及同事的意见对课程进行修订。课程修订工作非常重要,及时发现问题、解决问题对培训效果将有积极的影响。课程需要做出调整的内容视存在的问题而定,有些可能只需要对一小部分课程内容做出调整,有些甚至可能要对整个培训课程进行重新设计。但不管如何,存在的问题一定要及时进行解决。

第二节　培训授徒

学习目标：掌握培训的目标；掌握培训的层次；掌握培训的原则；掌握在职培训方法。

作为一名高级技师，应将自己的操作技能传授给广大员工。为什么要进行培训？如何进行培训？这是作为培训者必须掌握的内容。首先，应明确培训的目的，了解员工的弱项（哪些操作技能缺乏）；设计培训内容，培训者还应熟悉培训需要遵循的原则；为使培训效果显著，培训者还应掌握培训的技巧、方法。

一、培训工作的目标

（1）通过对员工的培训能够达成员工对公司文化、价值观、发展战略的了解和认同；

（2）达成对公司规章制度、岗位职责、工作要领的掌握；

（3）提高员工的知识水平，增强员工工作能力，改善工作绩效；

（4）端正工作态度，提高员工的工作热情和合作精神，建立良好的工作环境和工作气氛；

（5）配合员工个人和企业发展的需要，对具有潜在能力的员工，通过有计划的人力开发使员工个人的事业发展与企业的发展相结合。

二、培训内容的五个层次

1. 知识培训

知识培训的主要任务是对参训者所拥有的知识进行更新。其主要目标是要解决“知”的问题。

2. 技能培训

技能培训的主要任务是对参训者所具有的能力加以补充。其主要目标是要解决“会”的问题。

3. 思维培训

思维培训的主要任务是使参训者固有的思维定势得以创新。其主要目标是要解决“创”的问题。

4. 观念培训

观念培训的主要任务是使参训者持有的与外界环境不相适应的观念得到改变。其主要目标是要解决“适”的问题。

5. 心理培训

心理培训的主要任务是开发参训者的潜能。其主要目的是通过心理的调整，引导他们利用自己的“显能”去开发自己的潜能。其主要目标是解决“悟”的问题。

三、培训工作应遵循的原则

企业培训的成功实施要遵守培训的基本原则。尽管培训的形式和内容各异，但各类培训坚持的原则基本一致，主要有以下几个原则：

1. 战略原则

员工培训是生产经营活动中的一个环节。我们在组织培训时，要从企业发展战略的角度去思考问题，避免发生“为培训而培训”的情况。

2. 长期性原则

员工培训需要企业投入大量的人力、物力，这对企业的当前工作可能会造成一定的影响。有的员工培训项目有立竿见影的效果，但有的培训要在一段时间以后才能反映到员工工作绩效或企业经济效益上，尤其是管理人员和员工观念的培训。因此，要正确认识智力投资和人才开发的长期性和持续性，要用“以人为本”的经营管理理念来搞好员工培训。企业要摒弃急功近利的态度，坚持培训的长期性和持续性。

3. 按需施教原则

公司从普通员工到最高决策者，所从事的工作不同，创造的绩效不同，能力和应当达到的工作标准也不相同。所以，员工培训工作应充分考虑他们各自的特点，做到因材施教。也就是说，要针对员工的不同文化水平、不同的职务、不同要求以及其他差异，区别对待。

4. 学以致用原则

在培训中，应千方百计创造实践的条件。培训的最终目的就是要把工作干得更好。因此，不仅仅依靠简单的课堂教学，更要为接受培训的员工提供实践或操作的机会，使他们通过实践，真正地掌握要领，在无压力的情况下达到操作的技能标准，较快地提高工作能力。

5. 投入产出原则

员工培训是企业的一种投资行为，和其他投资一样，我们也要从投入产出的角度来考虑问题。员工培训投资属于智力投资，它的投资收益应高于实物投资收益，但这种投资的投入产出衡量有其特殊性，培训投资成本不仅包括可以明确计算出来的会计成本，还应将机会成本纳入进去。培训产出不能纯粹以传统的经济核算方式来评价，它包括潜在的或发展的因素，另外还有社会的因素。

6. 培训的方式和方法多样性原则

不同的员工通过培训所要获取的知识也就有所不同。培训的方式和方法要注重多样性原则。

7. 个人发展与企业发展相结合的原则

通过培训，促进员工个人职业的发展。员工在培训中所学习和掌握的知识、能力和技能应有利于个人职业的发展。作为一项培训的基本原则，它同时也是调动员工参加培训积极性的有效法宝。员工在接受培训的同时，将感受到组织对他们的重视，这样有利于提高自我价值的认识，也有利于增加职业发展的机会，同时也促进了企业的发展。

8. 全员培训与重点培训相结合的原则

企业培训的对象应包括企业所有的员工，这样才能全面提高企业的员工素质。全员培训也不是说对所有员工平均分摊培训资金。在全员培训的基础之上，我们还要强调重点培训，主要是对企业生产骨干，培训力度应稍大，因为这些人员对生产任务的完成起着关键作用。

9. 反馈与强化培训效果的原则

在培训过程中，要注意对培训效果的反馈和结果的强化。反馈的作用在于巩固学习技能、及时纠正错误和偏差，反馈的信息越及时、准确，培训的效果就越好。强化是结合反馈对接受培训人员的奖励或惩罚。这种强化不仅应在培训结束后马上进行，如奖励接受培训效果好并取得优异成绩的人员，还应在培训之后的上岗工作中对培训的效果给予强化，如奖励那些由于培训带来的工作能力的提高并取得明显绩效的员工。一般来说，受人贬斥而发奋总不如受人赞扬更能自强自信，更能燃起奋发向上的热情。

四、在职培训方法

在职培训是指员工在日常的工作环境中一边工作一边接受的培训。这种培训可以是正式的，也可以是非正式的。如果是正式培训，培训者会遵循一些书面的程序和规则进行培训；如果是非正式培训，培训者通常没有书面的程序和规则材料，他们按照自己的方式辅导员工。有时候在职培训甚至没有培训者，员工一边干一边摸索相关的知识和技能。

以师傅带徒弟的培训方法就是一种在职培训。要求技师、高级技师必须带有徒弟。在当前核品的生产情况下，在职培训是一种较为实用、效果较为明显的方法，也是最常使用、最值得推广的一种方法，应大力提倡。一般情况下，培训者按照下列步骤开展在职培训，培训效果较明显：

1. 解释工作程序

在职培训一开始是向员工解释该项工作。这种解释要“宏观”，其中包括为什么需要这一特定的工作或工作程序；它是如何影响其他工作的；这一工作如果出现差错会造成什么后果。这一步的目的是让员工在掌握具体工作前对整个过程有一个了解。

2. 示范工作程序

给员工演示整个工作过程。如果培训者在示范一项有形任务，如燃料棒组装、骨架组装或拉棒操作，一定要慢慢做示范，让员工有机会记住每一步。要保证培训者的演示适合于员工的观察角度。例如，如果培训者是面对着员工演示，员工学到的操作就是反方向的。如果工作过程很复杂，应该每次只演示一步。到底培训者的演示是从第一步开始还是从最后一步开始，取决于员工要掌握的技能是什么。

新员工还需要掌握一些无形的工作程序，这些工作程序也要通过演示进行培训。例如，培训者也许要演示一下如何进行格架定位或格架的安装方位。

3. 让员工提问，并回答他们的问题

演示结束后，要鼓励员工提问。根据问题，培训者可以重新演示一遍，并鼓励员工在演示过程中进一步提问。

4. 让员工自己动手做

让员工试着自己动手做。请员工解释自己在干什么和为什么要这样做，这可以帮助培训者确认员工是否真的理解了工作过程。如果员工很吃力或有点灰心，可以帮他一把，若有必要，也可以再演示一遍。

5. 给员工反馈和必要的练习机会

继续观察员工的工作，并提出反馈意见，直到培训双方都对员工的操作过程感到满意为止。让员工清楚知道自己什么地方有进步,什么地方做得好,并给他足够的时间练习,直至他有信心独自完成工作而无需指导。教会员工在整个过程中检查自己的工作质量,让他们感到自己有责任提高工作质量。

当在职培训结束,员工对新技能实践了一段时间后,要回过头来再看看员工干得怎么样。他们是否有什么困难?是否找到了改进工作程序和工作质量的方法?是否需要进一步的培训或帮助?

尽管“逆向”教学——换句话说,就是先教最后一步,再慢慢追溯到第一步的教学方式——违反了人们的直观感受,但有时却容易教会复杂的技能。例如,教小孩系鞋带,培训者可以替他把其他工作都做了、只剩下最后一步(“把两个环拉紧”)。指导孩子学会这最后一步,等他学会了,再回头教倒数第二步(“用绳系个环,然后把两个坏拉紧”),依此类推。在工作场所中,用这种办法传授复杂技能也会有效。

第二十四章　科学试验

学习目标：掌握科学试验的基本方法；掌握工艺诊断的目的、内容及方法；掌握工艺方案的定义、类型、内容；掌握工艺方案的拟订方法。

第一节　科学试验方法

学习目标：掌握科学方法的本质；掌握科学试验的主要内容；掌握科学研究的主要内容；掌握穆勒的因果探求法；了解还原论的主要内容。

一、科学方法

要真正理解科学，仅弄清科学的定义是不够的。但也不是要掌握许多科学知识才能理解科学，想迅速理解科学的捷径，那只有掌握一些主要的科学方法。

科学就是求真，也就是如何获得真的陈述，经典的科学方法有两大类，即实验方法和理性方法，具体地说主要就是归纳法和演绎法。

归纳法：将特殊陈述上升为一般陈述（或定律、定理、原理）的方法。经验科学来源于观察和实验，把大量的原始记录归并为很少的定律、定理，形成秩序井然的知识体系，这就是经验科学形成的过程。可见怎样的归纳是有效的、可靠的，这是经验科学要研究的最重要的问题。自从严格意义上的科学诞生以来，从未停止过这方面的探索和争论。可以看到随着深入的研究，发现这是个非常复杂的问题。远比演绎法复杂。也许正是这个原因，教育不能注重科学方法的普及，使得大众接受科学知识和接受其他知识似乎一样，以致分不清什么是科学知识，什么是非科学的知识。这里无法严格地讨论归纳方法的完整内容，但为了说明下面的一系列问题，这里简单提些基础的归纳要点。

归纳法分完全归纳法和不完全归纳法，其中完全归纳法应用范围很小，因为对绝大多数事物，可观察的现象往往都是无穷的。所以实用的归纳法必然是不完全归纳法。其又分两种，即简单枚举法和科学归纳法。简单枚举法是不可靠的，只能得到或然性真理，因此科学归纳法是科学方法讨论的中心。

所谓科学归纳法又叫排除式归纳法，这种归纳法不一定要增加原始陈述，而是排除那些可应用于特定事例的可能假说。培根的“三表法”和穆勒“五法”都是这类型的。下面简单列出穆勒“五法”。注意，它们的前提是，只存在两类现象，每类只有三个元素，即 a、b、c（现象）和 A、B、C（原因），并都先假定了：

（1）只有一个出现 a 的条件（原因）；

（2）只有 A、B、C 是可能的条件（原因）。

科学方法是人类所有认识方法中比较高级、比较复杂的一种方法，它具有以下特点：

（1）鲜明的主体性。科学方法体现了科学认识主体的主动性、认识主体的创造性以及具有明显的目的性。

(2) 充分的合乎规律性。是以合乎理论规律为主体的科学知识程序化。

(3) 高度的保真性,是以观察和实验以及它们与数学方法的有机结合对研究对象进行量的考察,保证所获得的实验事实的客观性和可靠性。

1. 科学方法的本质

科学与艺术是人类两大文化主体,是人类文化发展的结晶。

人类在日益摆脱“动物性”而趋向“社会性”的漫长进化过程中,一直在创造和发展科学与艺术,并在这种文化活动中日趋成熟,然而,就科学之成体系而言,应该说,还是在近代几百年逐渐成熟与确立的,通常是将哥白尼的天文学说的发表作为分水岭,来区分西方中世纪的宗教体系与近代自然科学体系这样两种不同的历史时期。许多自然科学史著作对西方近代自然科学体系的发展轨迹作了清晰的描绘,在此不再赘述,这里只就这一体系认识宇宙的思维方法最为本质的方面,进行细致的剖析。

近代自然科学认识宇宙的思维方法是传统的,由古希腊文化一脉相承而来,我们可以一直追溯到主张“万物皆数”的毕达哥拉斯学派,可以将其称为“标准化”的方式。这种传统的标准化方式是由人成为“社会性”动物后,在一种集体化的社会活动中,由相互交往彼此交流信息的需要而从根本上决定的,为了交流,人们必须以种种相互能理解和接受的共同标准来表述各类信息。

统一的标准化运动成了人类文化发展的主流,这种统一首先表现在文字语言方面。一定区域内,所有不同的个体、家庭、家族、部落、民族、种族、国家逐渐采用某种共同理解的标准语言来交流,而度量衡的标准化,更是有利于具体的商业交往。几千年来在各种领域的激烈争斗,依然掩盖不了整个地球人类为了相互交流而在一切领域所悄然进行的标准化运动带来的统一,直至今天,在当代人类活动的方方面面,仍不难发现这种势头在有增无减地展开。我们可以从大到小举出很多这样的例子。如中国为加入世界贸易组织,一直积极努力以标准化的方式与世界经济接轨,欧洲各国为实现政治经济一体化,启用一种作为共同标准的货币——欧元,而联合国的建立更是这种以标准化方式交流在国际政治中的具体结果,国际奥林匹克运动则是世界各国在体育方面表现出的标准化统一,至于像国际标准时、国际标准文字编码、标准件、标准舞等等,不胜枚举,无不说明标准化方式交流已渗透到了人类生活的各个方面。

20世纪,在探索宇宙太空的科技活动中,各国科学家已进行了广泛的合作,可以乐观地展望,人类最终必将在对宇宙的认识上,以标准化的方式形成统一。

近代自然科学体系认识宇宙的标准化方式是通过三项重要的原则而实施的,可以这么说,只有真正理解了这三项重要原则,才谈得上了解了科学方法的本质。

这三项重要原则可简略地称为量化、约化与简化原则。

(1) 量化

这一方法就是将一切事物以不同量级划分为标准等量的份额,然后去分析、衡量、研究和认识。这一方法为人们所习惯运用,在日常生活中构成了不可或缺的部分,一切度量衡标准都是运用这种方法进行的。量化构成了数学思维的基础,促进了人类数学这一学科的发展,像物理学、化学中的一些基本概念,如体积、质量、温度、压力、速度、原子量、酸碱度以及比重等,无一不是将人们能观察到的各种宏观现象,以规范的数学量去表征,并进一步深入地量化分析和研究。可以说,量化的方法是一切自然科学研究的最为基本的方法,这也决定了数学与一切其他学科的紧密结合，决定了只有与数学结合得更紧密的学科才是最先进最具有发展潜力的学问。

量化，就是将一切整体现象规范地予以分解成相等份额。

(2) 约化

约化的方法则正好与量化构成对应，这是一种以组合而不是分解的方式去规约事物为相等的份额。这一方法通常是在人们不方便或难以运用量化方法时所乐于采用的，在对宏观天体与微观世界的种种现象进行研究时，人们常常运用约化的方法，像天文学上"光年""秒差距"等就是约化的概念，而在量子世界，约化的方法已经被用专门术语称为"量子化"。

量子化的本质就是将连续变化的微小量组合规约为一份份的标准量，这种组合约化是由于人们受到观测能力的局限性所不得不采用的。

(3) 简化

一切量化与约化，都是为了一个目的，那就是便于进行数学上的计算。然而，任何计算如果没有某种程度上的简化，是难以真正进行下去的。

数学逻辑思维的简化原则主要有概念上的简化与计算上的简化。前者如通分与约分中的最小公倍数及最大公约数概念，还有将立体空间和平面中无穷多的维简洁地分别用三维和二维去表征等，这种简化原则最终被推及至哲学上，著名的"奥卡姆"原则就是其典型代表。

计算上的简化是对一切运算的数值只求取近似，众所熟知的"四舍五入"原则，计算圆周率时根据精确程度的需要对 π 值小数点后取多少位，都是这种简化的具体运用。可以这么说，如果没有这种近似取值的简化，繁冗的计算将使任何人都难以承受，哪怕如今有了高速运行的电子计算机，仍然必须在计算上简化。物理、化学及其他学科中的一切原理，极端地说，都是建立在这种简化原则的基础之上，都是在对某些微小量级予以舍弃而近似获取的，如牛顿力学中的许多定律，能量守恒与对称原理等无一不是如此，最终我们甚至可以如此说，自然科学本质上就是对宇宙中的事物简洁近似地作出解释。科学的发展表现在这种解释的精确程度越来越高。

"科学之所以能够如此的成功，是人们发现了可以采用近似的方法……所有的科学理论和模型都是对于事物真实性质的近似，而这种近似所包含的误差常常小到足以使这样的处理方法富有意义。"

量化、约化与简化的方法构成了自然科学体系以标准化方式认识宇宙的原则基础。有了这种认识之后，我们就可以联系那些重大理论进行更为细致的分析了。

2. 科学实验

根据研究目的，运用一定的物质手段，通过干预和控制科研对象而观察和探索科研对象有关规律和机制的一种研究方法。科学实验和科学观察一样，也是搜集科学事实、获得感性材料的基本方法，同时也是检验科学假说，形成科学理论的实践基础，二者互相联系、互为补充。但实验是在变革自然中认识自然，因而有着独特的认识功能。原因是科学实验中多种仪器的使用，使获得的感性材料更丰富、更精确，且能排除次要因素的干扰，更快揭示出研究对象的本质；此外，它还能发挥人的主观能动性和对自然条件的控制力，揭示极端条件下物质运动的规律，提供更多的发现新事物、新现象的机会。科学实验的基本类型是探索实验和验证实验，常见的实验类型有比较实验、析因实验、模拟实验、判决实验等。

科学的方法应该包括六个重要步骤：

(1) 观察：观察即对事实和事件的详细记录。

(2) 对问题进行定义：定义是有确切程序可操作的。

(3) 提出假设：对一种事物或一种关系的暂时性解释。

(4) 收集证据和检验假设：一方面要能提供假设所需的客观条件，一方面要找到方法来测量相关参数。

(5) 发表研究结果：科学信息必须公开，真正的科学关注的是解决问题。

(6) 建构理论：孤立的问题无法建立理论，科学的理论是可以被证明的。

3. 科学研究

一个完整的科学认识过程，往往要经历感性认识、理性认识及其复归到实践等阶段，而各个阶段都有与各种具体内容的相对应的科学方法。随着现代科学的发展，特别是系统论、控制论和信息论等横向性学科的出现，极大地丰富了科学研究方法的内容。这些科学的研究方法为人们的科学认识，提供了强有力的主观手段的认识工具。

一般研究法可以划分为三大类型：

(1) 经验方法

一般来说，科学研究就是追求知识或解决问题的一项系统活动；有待解决的问题都是与研究对象的本质和规律有关的问题，而本质和规律是隐藏在现象中的，即在经验材料的背后。只有在关于对象的经验材料十分完备、准确可靠时，才能在这些材料的基础上建立正确的概念和理论，揭示对象的本质和规律，才能解决科研课题，即解决科学的问题。获得经验材料的方法就是经验方法，通常包括如下四个方面：

1) 文献研究法

教育技术学的发展有很强的历史继承性，文献研究就是为了对所要解决的问题有个全面的历史的了解。有了这种了解，才能站在前人的肩膀上，把前人和当代的成果作为进一步前进的起点，不重复前人已经做过的工作，避免前人已经走过的弯路，把精力放在创造性的研究上。

文献研究法就是有关专业文摘、索引、工具书、光盘以及网络教育信息资源等文献的检索方法以及鉴别文献真伪、发挥文献价值与创造性地利用文献的方法。

2) 社会调查法

社会调查法就是人们有目的、有意识地对社会现象进行考察，从中获得来自社会系统中各种要素和结构的直接资料的一种方法。根据调查目的、调查对象和调查内容的不同，社会调查法可分为访问调查、问卷调查、个案调查等多种方法。在教育技术学研究中，经常使用问卷调查法。

3) 实地观察法

实地观察法是研究者有目的、有计划地运用自己的感觉器官或借助科学观察仪器，直接了解当前正在发生的、处于自然状态下的社会现象的方法。

4) 实验研究法

实验作为一种科学认识方法，开始是应用于自然科学领域，以后逐渐移植到社会科学领域。实验研究法是实验者有目的、有意识的通过改变某些社会环境的实践活动，来认识实验对象的本质及其规律的方法。实验研究法的基本要素是实验者，即实验研究中有目的、有意识的活动主体；实验对象，即实验研究所要认识的客体；实验环境和手段，即实验对象所处的社会条件。在教育技术实验研究中，实验环境就是利用现代信息技术进行教与学活动的特定社会条件；其实验手段就是借助现代信息技术进行刺激、干预、控制、检测实验对象的活动。实验研究的过程，就是这些要素相互作用、相互影响的过程。

(2) 理论方法

要达到完整的科学认识，仅仅运用经验方法是不够的，还必须运用科学认识的理论方法对调查、观察、实验等所获得的感性材料进行整理、分析，把原来属于零散的、片面的和表面的感性材料进行加工，使之上升为本质的、深刻的和系统的理性认识。科学研究法中的理论方法就是提供这种从感性认识向理性认识飞跃的切实可行的、具体的思考方法与加工处理步骤的方法。它主要包括两个方面：

1) 数学方法

所谓数学方法，就是在撇开研究对象的其他一切特性的情况下，用数学工具对研究对象进行一系列量的处理，从而作出正确的说明和判断，得到以数字形式表述的成果。

科学研究的对象是质和量的统一体，它们的质和量是紧密联系，质变和量变是互相制约的。要达到真正的科学认识，不仅要研究质的规定性，还必须重视对它们的量进行考察和分析，以便更准确地认识研究对象的本质特性。在教育技术学研究中，数学方法主要是运用统计处理和模糊数学分析方法。

2) 思维方法

科学的思维方法是人们正确进行思维和准确表达思想的重要工具，在科学研究中最常用的科学思维方法包括归纳演绎、类比推理、抽象概括、思辨想象、分析综合等，它对于一切科学研究都具有普遍的指导意义。

(3) 系统科学方法

系统论、控制论、信息论等横向科学的迅猛发展，为发展综合思维方式提供了有力的手段，使科学研究方法不断地完善。而以系统论方法、控制论方法和信息论方法为代表的系统科学方法，又为人类的科学认识提供了强有力的主观手段。它不仅突破了传统方法的局限性，而且深刻地改变了科学方法论的体系。这些新的方法，既可以作为经验方法，作为获得感性材料的方法来使用，也可以作为理论方法，作为分析感性材料上升到理性认识的方法来使用，而且作为后者的作用比前者更加明显。它们适用于科学认识的各个阶段，因此，我们称其为系统科学方法。

二、穆勒的因果探求法

穆勒(J. S. Mill 1806—1873) 是一个著名的英国哲学家，著作甚多。他在《逻辑系统》一书中提出五种寻找因果关系的方法，虽然简单，但十分实用。那就是：求同法、求异法、异同法、共变法、剩余法。

1. 求同法

假若我们想知道某现象 E 的成因，而在 E 出现的各个情况只有另一现象 C 是所有情况共通的，那么，C 便是 E 产生的原因，见图 24-1。

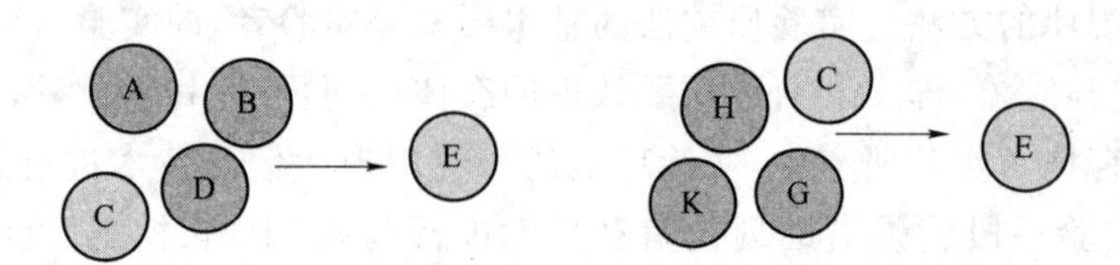

图 24-1 求同法

2. 求异法

假若我们想知道某现象 E 的成因,而 E 出现的各个情况与 E 不出现的情况只有一个分别——有某现象 C 是 E 出现时才出现,E 不出现时便不出现,那么 C 便是 E 产生的原因,见图 24-2。

图 24-2 求异法

3. 异同法

求异法及求同法的共同应用,见图 24-3。

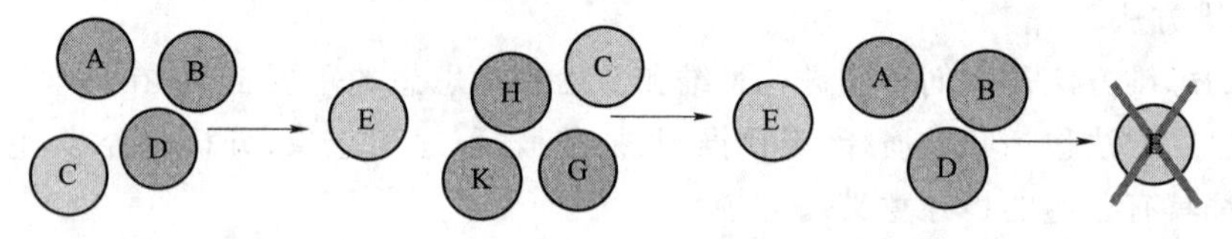

图 24-3 异同法

4. 共变法

假若我们想知道某现象 E 的成因,而 E 表现变化的各个情况中只有另一个现象 C 于不同情况中有所变化,其余现象没有不同,那么 C 便是 E 产生的原因,见图 24-4。

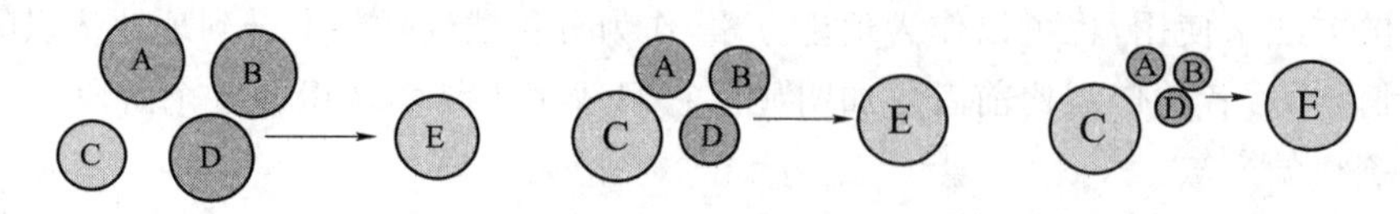

图 24-4 共变法

5. 剩余法

假若我们有理由认为现象 C1、C2 是导致 E1 、E2 发生的原因,而 C1 是 E1 的因,那么 C2 便是 E2 产生的原因,见图 24-5。

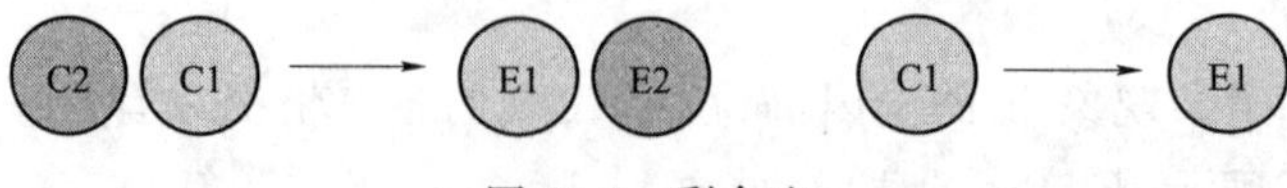

图 24-5 剩余法

三、还原论

1. *什么是还原论*

近现代科学特别是物理学运用许多具体的研究方法，例如，实验方法、模型方法、统计与概率方法、类比方法等等，科学巨匠牛顿在构建他的引力学说中甚至还使用过历史方法。特别值得一提的是，牛顿和莱布尼兹发明了微积分——迄今为止最重要的数学分析方法，一项了不起的成就。

微积分不只适用于求面积、体积和速度，它还主要用于推导出力的公式和大小随时间与空间发生的变化。力是一种自然作用，在牛顿的理论体系中，物体及其相互作用是被“放”到时间和空间框架中的。牛顿根据人类的日常体验与直觉认识假定，空间的部分之和等于整体，由此出发推导出求解曲线包围面积的微积分公式。当牛顿运用相同的方法推算物体间相互作用力时，实际上假定了，自然作用也与时间、空间关系一样，是部分之和等于整体的。其实，这样的想法和做法，并不是牛顿的原创，伽利略在对斜面上物体受力情况进行分解时，已经做出了相同的假定：合力等于各分力之和。

微积分的意义远远不仅限于数学运算和帮助牛顿推导出物体的运动轨迹与引力理论，更重要的意义在于，牛顿极为成功地把它与公理化演绎理论体系结合在一起，使之成为强有力的理论分析工具。公理化体系是古希腊欧几里得发明的一种理论形态，他把概念、公理（事实）和定理用逻辑关系整合在一起，成为一种层层推进、步步关联的理论织体，这是人类发展出的最严谨最精密的思维成果，欧几里得的《几何原本》就是这样洋洋大观的理论体系。牛顿用自己发明的微积分方法详尽描述了物体的运动，把由此获得的运动规律与他提出的运动的公理（三定律）与若干基本物理与力学概念结合在一起，构成了一个庞大的公理化理论体系，把当时已知自然知识几乎全部囊括其中。伴随着经典物理学的成功，公理演绎体系成为科学理论的“标准模型”，与此同时，微积分作为标准的数学分析工具也成为一种几乎无坚不摧的科学方法。

人们把微积分的基本思想升华为一种哲学世界观：每一种事物都是一些更为简单的或者更为基本的东西的集合体或者组合物；世界或系统的总体运动，是其中每一个局部或元素的运动的总和。这种观点称为还原论。采用这种由确知局部或部分之数学和物理特性，再通过求和来了解整体特性的方法，就成为还原论方法。熟悉微积分推导过程、极限理论就会知道，还原论非常合乎人的直观感觉、合乎人的日常生活经验。其基本含义就是整体可以分割为多个部分，所有部分之总和等于整体。这在平面几何上是直观的正确的，在立体几何上也是完全不难想象的。这是空间方面。在时间上似乎也没有太大问题。

2. *科学方法本质上就是还原论方法*

从牛顿以来，运用还原论方法研究自然，再把获得的知识纳入公理化演绎体系加以表达，成为科学研究的“标准操作”。不过分地说，所谓科学方法，本质上就是还原论方法；所谓科学精神，所谓实事求是精神，本质上就是科学研究中那种追求细致入微、理论与实际相互印证的精神。整个近代科学中，所有科学分支都以牛顿的力学理论为基石，用还原论方法来研究各自的对象，用公理化理论（至少是追求用这样的理论）解释自然。化学原子—分子学说、生物细胞学说甚至进化学说，能量守恒原理等等，都深深打上还原论方法的烙印。

还原论方法最大的成功之处在于,用这种方法建立起来的科学理论,不仅具有精确严密的特质,还具有强大的预言能力,这种预言经得起实验的检验。无论是哈雷彗星的发现与确认,海王星的发现,大量新基本粒子的发现认证,大爆炸学说的检验,还是各类化学药物的发明与临床验证,直至认识生命本质、遗传工程,奔月工程、地下资源开发等等,所有这些都是以科学理论为指导,在科学实践中取得成功的,而这些科学理论无不是还原论方法的成功应用。与此同时,公理演绎体系的成功则在于,人类对于自然认识的每一个事实、每一个概念和理论推演,都被纳入一个前后关联的逻辑统一体中,使得人类的关于自然的认识和思考,成为知识体系。

借助公理理论体系严密的逻辑关联,还原论的另一个优点是,每当预言失败时,或者理论计算与实验结果发生重大偏差时,人们能够根据逻辑和理论推导上溯到起点,调整理论预设或假定,从而建立起新的理论,做出新的预言,实现理论创新,甚至完成科学革命——对客观自然的基本原理做出全新的假定,或者重新建构关于自然基本作用的规则。我们在观察电磁理论的创立、量子力学和相对论理论的发生时,都会对这一点印象至深。这正是还原论的力量所在。在20世纪里,分子生物学、大爆炸宇宙学、超弦理论也都是沿着相似的路径发生的。

近现代几百年科学研究实践的历史的经验证明,科学家们自觉使用的还原论方法不但已经建立起几乎全部的关于自然的知识,而且这种方法还正在继续显示出强大的生命力。它的生命力显现在它的不断创新、不断贡献给人们新知识的过程中。现在,这种生命力已经延续到了社会科学中,例如,经济学,它的一个重要目标就是吸收来自自然科学的分析工具,建立起一种公理化的理论体系。而心理学,则由于成功地引入实验方法和科学的分析手段,已经被广泛认可为合格的自然科学学科。

3. 还原论方法是否可以被轻易取代

20世纪中晚期,兴起了一些反对还原论方法的见解,认为这种方法已经过时,科学的前途在于使用一些尚未经过成功检验的所谓新的“科学”方法。例如,一种叫做系统论的学说,提倡一种新哲学观,系统哲学观,又叫整体观。还有一种学问,叫复杂性研究,也认为在复杂系统之中,部分之和大于整体,盖因整体之功能不能完全解析为各个部分的功能之和。二者异曲同工,对还原论观念和哲学提出批判,主张应该用整体观点看待事物,从宏观上把握事物。应该说,这些批判是部分合理的,还原论方法没有解决全部问题,科学家们不讳言这一点,反而把这当做继续努力的鞭策。

世界是复杂的,是一种巨大的复杂巨系统。运用这种叫做系统观或复杂观的见解,我们的确注意到一些我们原先使用还原论没有发现的问题。例如,我们对单个原子已经比较了解,但是,当数百个原子组成一个纳米结构时,它表现出的某些理化特性却是始料未及的。还有一个著名的例子,耗散结构,讲的是在一个与外部环境交换物质与能量的系统中,会自发形成某种有序结构,它的发明人普利高津因此获得过诺贝尔奖。

然而,这并不意味着,还原论方法可以轻易被新方法(如果有这样的所谓方法的话)所取代,这些新方法试图割断自己与还原论的联系,也是不成功的。

实际上,经典物理学家们在处理多粒子系统问题时,早已认识到问题的复杂性。无论是研究过统计物理学的麦克斯韦、玻尔兹曼还是吉布斯,还是明确提出在微观领域因果性失效因而量子现象需要进行统计解释的玻尔,都不敢断下结论说传统的科学研究方法失效,爱因斯坦更是从不越雷池半步，对妄论科学研究方法的见解敬而远之，而冯·诺依曼最终还是仿照牛顿建立起量子力学的公理化理论体系。这些在不同时间、从不同侧面发动过物理学革命的大科学家都在运用还原论方法。

另一方面，不仅经典科学研究的多粒子体系，包括信息论、系统论在内，甚至复杂性研究本身，以及20世纪的所有重要研究成果，也都是循着还原论路径获得的，它们的理论推导都要使用最基本的微积分工具。这提示我们，如果要否定还原论，又要保留微积分工具，至少在策略上和行为上似乎是存在内在矛盾的。而且，从这些科学成果引申出的种种所谓新的科学研究方法和哲学意义，迄今没有带来有真正价值的新知识新见解，更没有能够做出有效的科学预言，指引人们去切实认识了解自然的努力方向。

再举一个读者都熟悉的例子。计算机运用十分普遍，它包含有硬件和软件两大部分。硬件中最有代表性的是中央处理器，软件中则是操作系统。人们常用集成度来说明中央处理器的复杂程度，奔腾4代处理器集成了约数千万个元件。从还原论角度看，处理器由大量单元逻辑电路组成，这些电路其实很简单，都是由十多个元器件组成的单稳或双稳电路，经典电子电路理论早已对这些电路进行过透彻精确的分析——顺便提及，电子线路的动态分析，也需要微积分工具；另一方面，操作系统看上去是一个整体，其实是由大量功能软件整合在一起的。所有这些软件都是运用某种程序语言逐行逐句地编写出来的，就像哲学家编写著作那样。一个操作系统包含有数千万行这样的指令。在机器里，软件被翻译成源代码，再转译成机器码，也就是尽人皆知的0和1，或者说有与无。当电脑运行时，这些0与1在处理器里转化成高与低(电平)，运算处理之后输出运算结果，当然这些结果是将转化成人们能够懂得的自然语言或图形的。要紧之处在于，计算机的性能，决定于机器内的每一个单元电路每一个微小的元器件，决定于每一行程序指令，没有对这些细节的透彻认识与刻意安排，没有这些细节的通力配合，计算机的运算功能无从实现。

试想，如果只是从总体上对计算机做一番笼而统之的观察，说一些它是个很复杂的巨系统，包含有多少个诸如此类的功能子系统，有很强大的运算能力之类的话语，总结出它有若干种“性质”，我们对计算机的了解究竟能增加多少？又在多大程度上能够帮助计算机科学的进步？

幸运的是，上述计算机的问题对于不是科学家的我们来说更多的只是个已知世界的问题，我们大可以仰赖计算机专家的工作，而只满足于不求甚解。可是，当我们面对迄今为止仍然隐藏在未知领域中的事物时该怎么办呢？该如何入手去了解它呢？同理，我们面对更加复杂得多又变动不定的社会时，如果不仔细考察社会中的个人、家庭、人群的种种情况并得出切实的认识，不了解村舍、工厂、商店的运行机理，不理解他们为了生存和发展所付出的挣扎和努力，我们的认识又在多大程度上能够确保其科学性呢？

第二节　工艺诊断

学习目标：掌握工艺诊断的目的及对象；掌握工艺诊断的内容；掌握工艺诊断的方法。

工序工艺诊断是指依据产品质量文件、工艺技术文件、管理文件，实际审核各工序生产活动展开所需要的各种要素的准备状况、运作状况、运作结果是否符合要求的过程。

一、工序工艺诊断的目的及对象

1. 工序诊断的目的

(1) 将异常生产要素、恶化生产要素消灭在萌芽阶段。在逐项核对生产要素的配置是否有效率的过程中,应运用自身丰富的经验、知识、技能发现其中潜在的问题,并就此提出改善对策,甚至共同参与问题的解决。

(2) 完善和充实工艺文件的体系和内容。不论工艺文件的编制是多么的严密,也要在实践中加以检验。一般情况下,工艺文件中的错误只有在正式收到制造岗位的联络之后,才会进行修改。同时,工艺文件的签发部门会为了维护本部门利益而拒绝修改工艺文件,甚至故意刁难拖延。这样一来,工艺文件的检验次数实际上少之又少。有的工艺文件从技术部门发给制造现场之后,就被撂在一旁,谁也不把它当回事,其原因之一就是与真实作业相差太远了,只能作摆设用。

(3) 提高文件编制者自身的综合判断能力。工序诊断就像医院里的专家会诊一样,文件编制者能听到不同专业人员和员工的意见,从中获益匪浅。

2. 工序诊断的对象

(1) 有异常的工序

不良连续发生或是多发的工序、管理图已经超出品质控制界限的工序。

(2) 新运作不久的工序

刚刚工艺改造完不久的工序、新作业人员上岗不久的工序、新产品刚刚上马不久的工序。

(3) 指定的工序

重要、关键、必须确保万无一失的工序,需要谋求更高运作效率的工序,可能有异常潜在的工序。

二、工序工艺诊断的内容

1. 实际作业与工艺文件的一致性

(1) 现行的标准作业内容必须与最新版的工艺文件要求保持一致,每一个作业内容均有据可依,工艺文件中未经许可的作业,则视为异常。实际诊断中,这一类的异常最为多见。当实际作业超前于工艺文件时,则修改工艺文件,使之与实际相统一。

(2) 有些辅助性的作业没有写到工艺文件之中,诊断人员可在听取当事人或现场管理人员的解释之后再作判断。

2. 工序布局的合理性

(1) 从整体布局来考虑,该工序的设置是否有利于物流时间的缩短、作业效率的提高、品质的确保?

(2) 从局部细节来考虑,材料、设备的摆放、流动的顺序,能否更进一步进行改善?

(3) 首先确认潜在的不良因素是否出于工序不合理的编程引起的?

(4) 从该工序实际承担的作业内容来考虑,如果经过“关、停、并、转”能否更进一步提高效率?

3. 实际作业时与标准的一致性

(1) 为了应付突发、紧急的作业，制造部门通常会预留一些作业工时，如顶位、选别、追加工等作业，大都不计入标准工时内，而实际上避免不了。

(2) 间接部门的作业大都没有标准工时限制，在衡量间接部门的工作量是否饱满时，一般以担当的范围、项目进行粗略评价的居多。

4. 品质控制的相关数据记录的完备性

(1) 品质控制的要求必须在工艺文件中体现出来，不应该是某名管理人员、技术人员随便交代的每一句话。

(2) 查核数据有无及时或定期更新，尤其是各种控制图异常时的处置记录。

5. 设备、工装的良好性

(1) 有精度管理的主要设备、工装，其《校正记录》《每日点检》是否确实加以实施？

(2) 设备、工装是否得到及时良好的维护？其记录何在？

(3) 维护人员是否拥有维护资格？

三、工序工艺诊断的方法

工序工艺的诊断方法如下：

1. 诊断的事先安排

(1) 参加工序工艺诊断的人员主要有质量管理人员、工艺技术人员、技师、高级技师、生产管理人员。

(2) 实施诊断前要协调各诊断人员的分工，同时向被诊断岗位发出通知。须提前通知，使相关岗位的人员有所准备。

2. 诊断时注意事项

(1) 诊断人员不要妨碍生产的正常进行，从旁观察，细心诊断。

(2) 摆正心态、不可有找碴挑刺的想法，以产品质量大局为重。

3. 作好诊断记录

(1) 当诊断现状与工艺要求有差距时，不得对被诊断岗位横加指责或立即责令更改，要按组织程序下达，除非情况万分紧急才马上执行。

(2) 要求被诊断方不要隐瞒真实情况，只需保持现状即可，被诊断方必须提供各种真实的情况。

(3) 诊断记录可以用文字、图片、声像等方法，必要时也可用实物。

4. 提交诊断报告

(1) 将诊断报告通知给被诊断部门。

(2) 如果诊断结果与参与诊断者有关，则要主动采取措施纠正诊断中发生的错误。

5. 消除诊断隐患

(1) 诊断结果发给有关部门以后，还要追踪确认是否有所改善，并督促改善的进行。

(2) 不断进行诊断→改善→再诊断→再改善的循环工作，彻底消除生产工艺执行过程中的隐患。

第三节　工艺方案设计

学习目标:掌握工艺方案的定义、类型、内容;掌握工艺方案的拟订方法。

一、概念

工艺方案是产品进行加工处理的方案,它规定了产品加工所采用的设备、工装、用量、工艺过程以及其他工艺因素。工艺方案是工艺准备工作的总纲,也是进行工艺设计、编制工艺文件的指导性文件。在开展工艺工作时,首先应拟订各种工艺方案,并协助企业技术部门选择出合理的工艺方案,以提高产品的质量,降低成本。

二、工艺方案的类型及内容

1. 工艺方案的类型

按企业生产类型可分为单件生产、大量生产和成批生产三种工艺方案。

(1) 单件生产工艺方案。

单件生产工艺方案是指产品品种很多,同一产品的产量很少,各个工作地的加工对象经常改变,而且很少重复生产。例如,核反应堆压力容器制造、重型机械制造、专用设备制造和新产品试制都属于单件生产。

(2) 大量生产工艺方案。

大量生产工艺方案是指产品的产量很大,大多数工作按照一定的生产节拍(即在流水生产中,相继完成两件制品之间的时间间隔相同)进行某种零件的某道工序的重复加工。例如核燃料元件生产初期的燃料棒、导向管部件、端塞等的制造属大量生产。

(3) 成批生产工艺方案。

成批生产工艺方案是指一年中分批轮流地制造几种不同的产品,每种产品均有一定的数量,工作地的加工对象周期性的重复。例如不同工程的核燃料元件制造就属成批生产。

每一次投入或产出的同一产品(或零件)的数量称为生产批量,简称批量。批量可根据零件的年产量及一年中的生产批数计算确定。一年的生产批数根据用户的需要、零件的特征、流动资金的周转、仓库容量等具体情况确定。

按批量多少,成批生产工艺方案又可分为小、中和大批生产三种工艺方案。在工艺上,小批生产和单件生产工艺方案相似,常合称为单件小批生产工艺方案;大批生产和大量生产工艺方案相似,常合称为大批大量生产工艺方案。

按产品的生产状况,工艺方案可分为两类:新产品试制与投产的工艺方案,包括试验性新产品和生产试验性新产品。老产品技术改造的工艺方案,包括改变产品设计和改变产品产量。

此外,还可以根据工艺方案的适用程度分为:通用工艺方案、典型工艺方案及专业工艺方案。

2. 工艺方案的内容

工艺方案的主要内容包括:产品的工艺原则和工艺准备的特殊要求;产品应达到的质量

标准(包括可靠性、维修性和有效性);材料利用率、设备利用率、劳动量和制造成本等技术经济指标;关键件的工艺措施及必须具备的技术条件;工艺路线的确定;零件加工的划分原则;工艺方案的经济效果分析等。

(1) 产品的工艺原则和工艺准备的特殊要求

产品的工艺原则和工艺准备的特殊要求包括:在具体编制工艺时应遵循的一些原则,如装配工艺原则、电气工艺原则、油漆工艺原则等;在组织试制和生产中应遵循的一些原则,如组织生产方式的原则,试制的过渡工艺原则、零件投料方式的原则、零件分类排产的原则以及工艺文件形式的规定等。

采用成组工艺及成组加工组织方式、柔性加工系统的产品工艺原则及工艺准备有其特定的要求。

(2) 产品应达到的质量标准

根据产品性质和设计要求,必须从制造工艺上规定出相应的质量要求和质量指标。例如,为保证产品及主要零部件的质量应达到的尺寸精度、外观要求、材质性能和耐用寿命等。对于关键零件的关键工序,还应规定合理的切削用量,并保证必要的工时。由于技术方面的原因,一时满足不了局部质量要求时,应在工艺方案中列出解决措施。

(3) 材料的利用率

由于在工业产品的制造成本中,材料费用一般要占全部成本的40%～60%,有些产品甚至要达到70%～80%以上,因此,合理利用材料具有重大的经济意义。要本着节约的原则,对毛坯制造和零件加工提出具体要求,以求最大限度地提高材料利用率。在工艺方案中,对节约材料的途径,要有详细的考虑。

(4) 劳动量

制造产品所耗用的劳动量的大小,主要取决于产品的复杂程度和结构特征、企业的生产类型和作业方式等因素。只有从企业的实际生产情况出发,认真分析和掌握产品的设计结构形式,采用先进技术,改进加工方法,改善劳动组织,提高设备和工艺装备的自动化程度,推广新技术和新工艺,才能不断地减少劳动耗用。在工艺方案中,应提出经济合理又切实可行的具体措施,以保证劳动耗用达到较先进的水平。

(5) 工装设备系数

产品制造所需专用工艺装备套数和产品专用零件种数之比称为工艺装备系数。它与方案中的质量、劳动量、材料利用率等指标都有直接关系。必须全面考虑,合理平衡,正确确定工艺装备系数。

(6) 工艺路线

工艺路线又称工艺流程,是构成产品的各个零件在生产过程中所经过的路线,它是编制工艺规程和进行车间分工的重要依据。通过确定工艺路线,应当明确各类零件的分布状况以及零件加工车间的划分原则。一般来说,同类型的零件应分配到已积累有生产经验的车间。对于典型零件和典型工艺过程,如齿轮、标准件和工艺过程中的热处理等工序,一般应分配到专业化车间加工。但为了缩短制造周期和减少工序的周转手续,也可以在其他车间或流水线加工。

(7) 经济效果分析

工艺方案的技术经济分析,是技术经济学中的一个重要内容。对于一些投资额大的工艺方案，应按照项目评价的原则和程序，采用"净现值""投资回收期""内部收益率"等指标进行详细评价；对于投资额不大的工艺方案，则可采取较为简便的方法，通过对工艺成本的计算，进行比较、选择。

三、工艺方案的拟订

在拟订工艺方案时，必须考虑许多重大的工艺问题。比如关键件的加工方法、工艺路线的拟定、工艺装备系数的选择、工艺设计原则的确定、装配中的技术要求、工艺规程的形式和详尽程度等。以保证工艺方案技术先进、经济合理。

1. 拟订工艺方案的依据

工艺方案是企业开发新产品的纲领性文件。拟订工艺方案前，必须收集大量的信息和数据，作为拟订工艺方案的依据。具体如下：

(1) 产品设计的性质

编制工艺方案时，编制者(高级技师/工艺技术员)应明确该产品是创新的还是仿制的，是系列基型产品还是变型产品，是通用产品还是专用产品，是企业的主导产品还是一般产品。

(2) 产品的生产类型

必须明确产品的生产方式是单件生产、大量生产还是成批生产，是单件小批生产、中批生产还是大批大量生产，是连续生产还是周期轮番生产。

(3) 年产量及批量

应考虑产品的年生产量、生产批量、试制批量等。

(4) 产品的资料

应借助产品图纸、技术条件及其他有关的文件资料来编写方案。

(5) 相关的工艺资料

包括企业的加工设备、工艺装备、制造能力、工人的操作技术水平及工种情况等。

(6) 工艺水平

企业现有工艺技术水平和国内外同类产品的新工艺、新技术的成就，企业的工艺水平是否先进等。

2. 工艺方案拟订步骤

工艺方案通常是由工艺技术员或高级技师(工程师)拟订初稿，以供讨论。

在拟订过程中，拟订者应参加新产品技术任务书的讨论审查、技术条件的确定及设计图纸的会审会签工作。在拟订的过程中，拟订者应了解产品性能、精度和技术条件等，应预先摸清试制中的工艺关键，掌握拟订工艺方案的主要依据。同时要听取工装设计员、车间技术员、检验员、操作工人的意见，以使工艺方案具有操作性。

工艺方案拟订的具体步骤为：

(1) 确定拟订人员

新产品试制任务一经确定，技术负责人就应确定拟订人员——高级技师或工艺技术员。并让其参加从调研、设计方案论证直至样机鉴定的设计全过程中的各项工作，以便全面熟悉产品的设计性能和技术条件，掌握制造产品的关键工艺所在。

（2）提出意见

企业领导/总经理应会同技术负责人、生产副经理等，根据各业务单位提供的资料，对批量生产计划要求、产品的设计性质、生产类型、产品生命周期等项目提出投产决策。工艺方案拟订人员应根据总经理的决策，把主要数据纳入工艺方案，并作为编制工艺方案的主要依据。

（3）确定拟订原则

技术负责人对工艺方案编制的原则问题作出决策。

技术负责人根据总经理的决策，会同工艺方案拟订人员等有关的主要技术人员对该产品投产的批量大小、工装系数、对设备和测试仪器的要求、工艺专业化和协作原则、生产组织方式、车间分工原则、设备和场地调整等问题作出原则性决定。工艺方案拟订人员应将这些决定精神具体化并纳入工艺方案，作为编制工艺方案的重要原则。

（4）拟订工艺方案

工艺方案拟订人员开展调查研究，编制工艺方案。

1）收集所需要的技术文件和企业生产条件等资料，并作出分析；听取产品试制岗位（车间）、有关处室和专业工艺员对该产品投产的意见和建议。

2）组织各专业人员，初步提出工装、非标准设备和测试仪器系数。

3）会同设备部门，协调机床设备的布置及调整要求，会同人事部门及有关车间安排员工培训计划，会同外协作归口部门协调外协作项目等。凡工艺方案内容中涉及非本岗位（生产线）承担的事项，均应采取各种形式把实施原则及方法确定下来。

4）编制工艺方案。

5）组织讨论。由技术经理组织对方案进行讨论，由工艺方案拟订人员修改后，经技术负责人审核，报总经理审批。

6）工艺方案的批准。技术负责人组织各有关职能部门、车间和技术人员对工艺方案进行全面审查。经充分讨论后，由技术负责人作出决定，必要时由技术负责人修改后，由总经理批准。

7）工艺方案的归档和修改。工艺方案审核批准后，应立即归入技术档案室，并分发给各有关部门和工艺人员，作为生产技术准备和编制工艺文件的依据。在实施过程中若需要修改，应履行必要的手段，并经总工程师批准。

8）工艺方案的实施。生产计划部门在总工程师办公室配合下，按批准的工艺方案编制产品生产技术准备工作综合计划进度表，并经生产副经理批准，纳入企业的全面计划管理的渠道，各有关部门均应按计划执行，以保证工艺方案的实施。

第二十五章　机械设计

学习目标：掌握机械设计的基础知识。

一、零件的加工精度

零件经机械加工后的实际尺寸、表面形状、表面相互位置等几何参数符合于其理想几何参数的程度称为机械加工精度。两者不符合的程度称为加工误差。加工误差越小，加工精度越高。零件的机械加工精度主要包括尺寸精度、几何形状精度、相对位置精度。

1. 尺寸精度

尺寸精度是指加工后零件的实际尺寸与理想尺寸的符合程度。理想尺寸是指零件图上所注尺寸的平均值，即所注尺寸的公差带中心值。尺寸精度用标准公差等级表示，分为20级。

2. 形状精度

加工后零件表面实际测得的形状和理想形状的符合程度。理想形状是指几何意义上的绝对正确的圆柱面、圆锥面、平面、球面、螺旋面及其他成形表面。形状精度等级用形状公差等级表示，分为12级。

3. 位置精度

它是加工后零件有关表面相互之间的实际位置和理想位置的符合程度。理想位置是指几何意义上的绝对的平行、垂直、同轴和绝对准确的角度关系等。位置精度用位置公差等级表示，分为12级。

零件表面的尺寸、形状、位置精度有其内在联系，形状误差应限制在位置公差内，位置公差要限制在尺寸公差内。一般尺寸精度要求高，其形状、位置精度要求也高。

二、获得规定的加工精度的方法

1. 获得尺寸精度的方法

机械加工中，获得尺寸精度的方法有试切法、定尺寸法、调整法和自动控制法四种。

(1) 试切法

试切法就是通过试切——测量——调整——再试切的反复过程来获得尺寸精度的方法。它的生产效率低，同时要求操作者有较高的技术水平，常用于单件及小批生产中。

(2) 定尺寸刀具法

加工表面的尺寸由刀具的相应尺寸保证的一种加工方法，如钻孔、铰孔、拉孔、攻螺纹、套螺纹、VVER包壳管管口的镗孔、倒角等。这种方法控制尺寸十分方便，生产率高，加工精度稳定。加工精度主要由刀具精度决定。

(3) 调整法

它是按工件规定的尺寸预先调整机床、夹具、刀具与工件的相对位置，再进行加工的一种方法。工件尺寸是在加工过程中自动获得的，其加工精度主要取决于调整精度。它广泛应用于各类自动机、半自动机和自动线上，适用于成批及大量生产。

(4) 自动控制法

这种方法是用测量装置、进给装置和控制系统组成一个自动加工的循环过程。使加工过程中的测量、补偿调整和切削等一系列工作自动完成。图 25-1(a)为磨削法兰肩部平面时，用百分表自动控制尺寸 h 的方法。图 25-1(b)是磨外圆时控制轴径的方法。

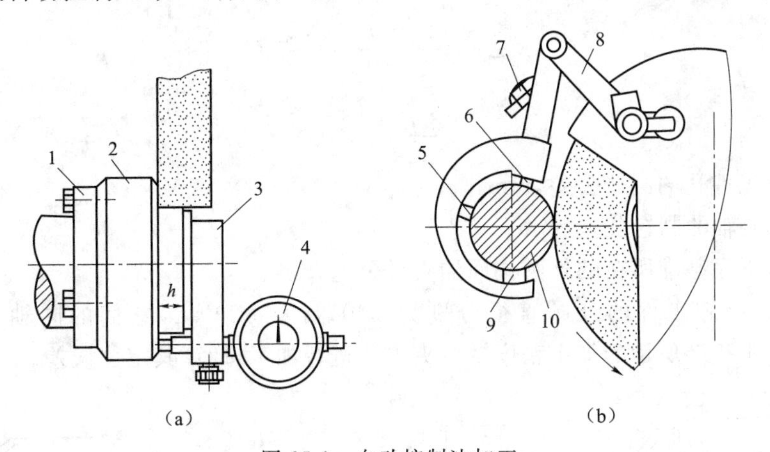

图 25-1　自动控制法加工

(a) 测量轴肩深度；(b) 测量工件轴颈直径

1—磨夹具；2—工件；3—百分表座；4、7—百分表；5、10—硬质合金支点；6—触头；8—弹簧支架；9—工件

2. 获得零件几何形状精度的方法

零件的几何形状精度，主要由机床精度或刀具精度来保证。如车圆柱类零件时，其圆度及圆柱度等几何形状精度，主要取决于主轴的回转精度、导轨精度及主轴回转精度与导轨之间的相对位置精度。

3. 获得零件的相互位置精度的方法

零件的相互位置精度，主要由机床精度、夹具精度和工件的装夹精度来保证。如在车床上车工件端面时，其端面与轴心线的垂直度决定于横向溜板送进方向与主轴轴心线的垂直度。

三、产生加工误差的原因及消减方法

加工误差的产生是由于在加工前和加工过程中，由机床、夹具、刀具和工件组成的工艺系统存在很多的误差因素。

1. 原理误差

加工时，由于采用了近似的加工运动或近似的刀具轮廓而产生的误差，称为原理误差。如用成形铣刀加工锥齿轮、用近似的刀具形状加工模数相同而齿数不等的齿轮将产生齿形误差。

2. 装夹误差

工件在装夹过程中产生的误差称为装夹误差。它是定位误差和夹紧误差之和。

(1) 定位误差

定位误差是工件在夹具中定位时，其被加工表面的工序基准在加工方向尺寸上的位置不定性而引起的一项工艺误差。定位误差与定位方法有关，包括定位基准与工序基准不重合引起的基准不重合误差和定位基准制造不准确引起的基准位移误差。其计算方法为：

$$\Delta D=\Delta y+\Delta B$$

位移误差 Δy 与基准不重合误差 ΔB 分别为：

$$\Delta y=\frac{T_{\mathrm{h}}+T_{\mathrm{s}}+X_{\min}}{2}$$

$$\Delta B=\frac{T_{\mathrm{d}}}{2}$$

式中，T_{h}——工件孔的制造公差，mm；

T_{s}——心轴的制造公差，mm；

T_{d}——工序基准所在的外圆柱面的直径公差，mm。

例 25-1　已知工件的外圆直径分别为 $\phi 40^{0}_{-0.1}$ 及 $\phi 20^{0}_{-0.1}$，它们的同轴度公差值为 0.07 mm，按图 25-2 所示的加工精度及装夹方法进行加工，计算其定位误差。

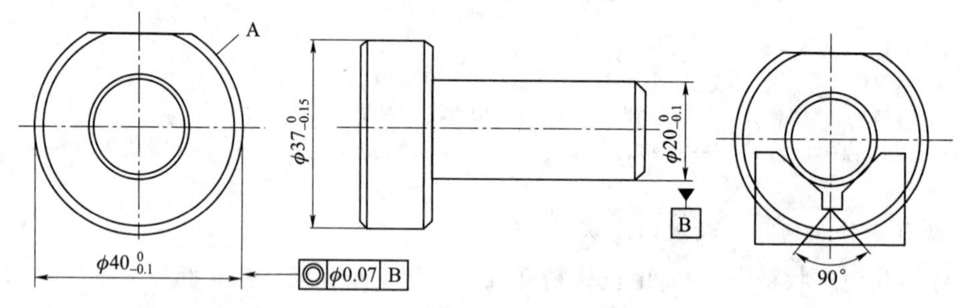

图 25-2　定位误差计算示例

解：由于加工时以 A 圆之下母线为工序基准，而定位基准是 B 圆中心线，属基准不重合误差。误差为垂直方向上 A 圆下母线与 B 圆中心线距离的变动量，包括 A、B 圆的同轴度误差 δ 及 A 圆下母线到 A 圆中心线的变动量：

$$\begin{aligned}\Delta B&=\frac{T_{\mathrm{SA}}}{2}+\delta\\&=0.05+0.07\\&=0.12\ \mathrm{mm}\end{aligned}$$

B 圆在 90°的 V 形架上定位，其中心线在垂直方向的变动量为基准位移误差。

因此　$$\Delta D=\Delta y+\Delta B=0.070\,7+0.12=0.190\,7\ \mathrm{mm}$$

$$\Delta y=\frac{\sqrt{2}\,T_{\mathrm{SA}}}{2}=\frac{\sqrt{2}}{2}\times 0.10=0.070\,7\ \mathrm{mm}$$

此定位误差超过了尺寸精度公差，无法达到加工要求，应改变装夹方法或减少基准不重合误差。

(2) 夹紧误差

结构薄弱的工件，在夹紧力的作用下会产生很大的弹性变形，在变形状态下形成的加工表面，当松开夹紧，变形消失后将产生很大的形状误差，如图 25-3 所示。

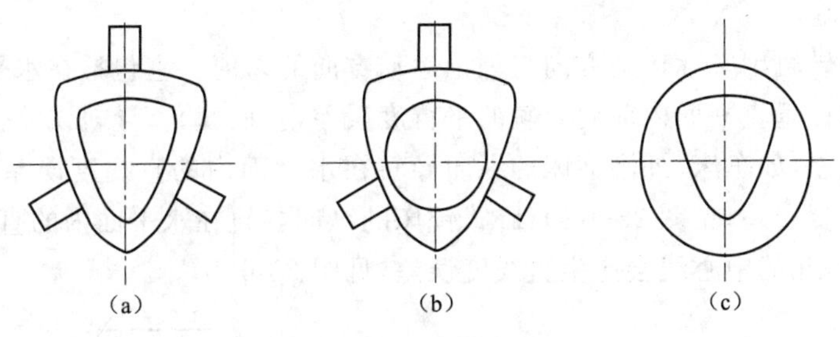

图 25-3　夹紧变形

(a) 工件夹紧；(b) 车孔；(c) 松开后夹紧

(3) 消减定位误差和夹紧误差的方法

1) 正确选择工件的定位基准，尽可能选用工序基准（工艺文件上用以标定加工表面位置的基准）为定位基准。如图 25-2 的加工实例，如采用图 25-4 的方法进行装夹，则 ΔB 为零，且 Δy 可以忽略不计，故 $\Delta D=0$，可大幅度地降低其误差。如必须在基准不重合的情况下加工，一定要计算定位误差，判断能否加工。

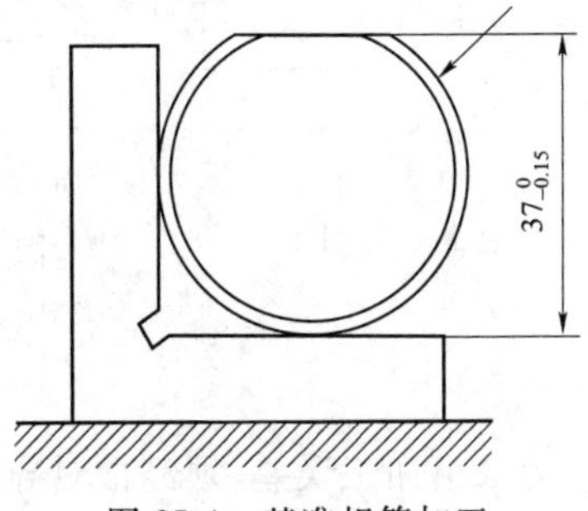

图 25-4　基准相符加工

2) 采用宽卡爪或在工件与卡爪之间衬一个开口圆形衬套可减少夹紧变形，如图 25-5 所示。

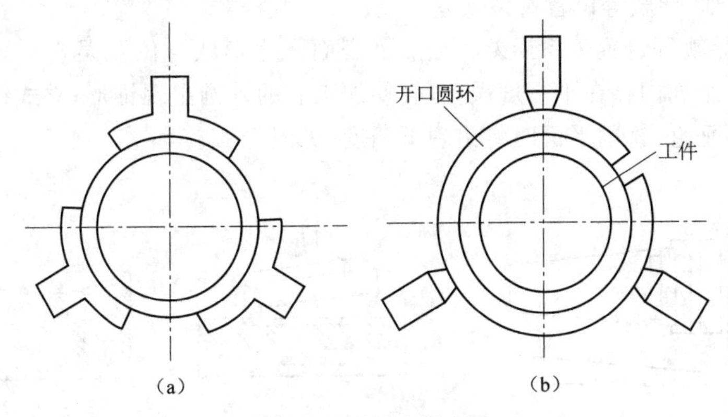

图 25-5　减小夹紧变形

(a) 宽爪夹紧；(b) 使用开口圆形衬套

3. 机床误差

(1) 机床主轴误差

它是由机床主轴支承轴颈的误差、滚动轴承制造及磨损造成的误差。主轴回转时将出现径向跳动及轴向窜动，径向跳动使车、磨后的外圆及镗出的孔产生圆度误差；轴向窜动会使车削后的平面产生平面度误差。因此，主轴误差会造成加工零件的形状误差、表面波动和粗糙度值大。

消减机床主轴误差，可采用更换滚动轴承、调整轴承间隙、换用高精度静压轴承的方法。在外圆磨床上用前、后固定顶尖装夹工件，使主轴仅起带动作用，是避免主轴误差的常用方法。

(2) 导轨误差

导轨误差是导轨副实际运动方向与理论运动方向的差值。它包括在水平面及垂直面内的直线度误差和在垂直平面内前后导轨的平行度误差(扭曲度)。导轨误差会造成加工表面的形状与位置误差,如车床、外圆磨床的纵向导轨在水平面内的直线度误差,将使工件外圆产生母线的直线度误差,见图 25-6(a);卧式镗床的纵向导轨在水平面内的直线度误差,当工作台进给镗孔时,孔的中心线会产生直线度误差,见图 25-6(b)。

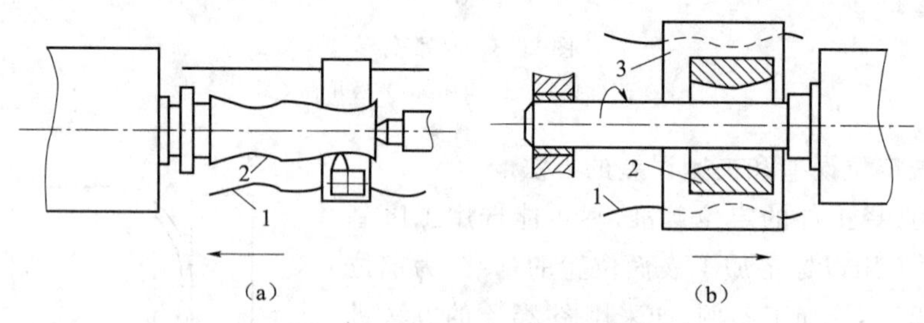

图 25-6 导轨直线度误差的影响

(a) 对车床、磨床的影响;(b) 对卧式镗床的影响

1—导轨;2—工件;3—工作台

为减小加工误差,须经常对导轨进行检查及测量,及时调整床身的安装垫铁,修刮磨损的导轨,以保持其必需的精度。

(3) 机床主轴、导轨等位置关系误差

机床主轴、导轨等位置关系误差将使加工表面产生形状与位置误差。如车床床身纵向导轨与主轴在水平面内存在平行度误差,会使加工后的外圆出现锥形;立式铣床主轴与工作台的纵向导轨不垂直,铣削平面时将出现下凹度,见图 25-7。

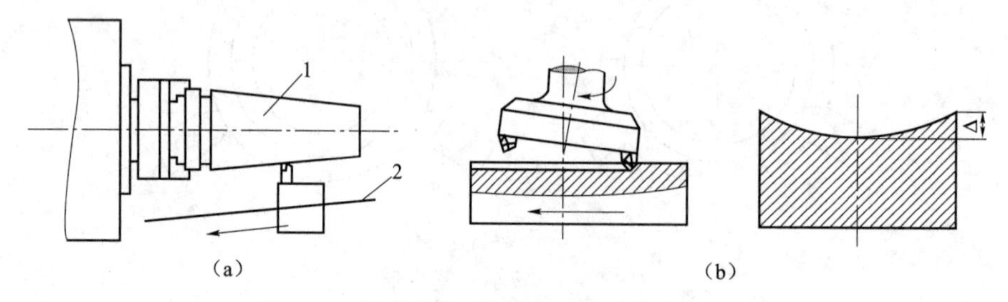

图 25-7 机床导轨、主轴相互位置精度的影响

(a) 车床导轨位置精度;(b) 铣床导轨位置精度

1—工件;2—导轨

(4) 机床传动误差

机床传动误差是刀具与工件速比关系误差。传动机构的制造误差、装配间隙及磨损,将破坏正确的运动关系。如车螺纹时,工件每转一转,床鞍不能准确地移动一个导程,会产生螺距误差。

提高传动机构的精度,缩短传动链的长度,减小装配间隙,可减小因传动机构而造成的加工误差。

4. 夹具误差

使用夹具加工时，工件的精度决定于夹具的精度。影响工件加工精度的夹具误差有：

(1) 夹具各元件的位置误差

夹具的定位元件、对刀元件、刀具引导装置、分度机构、夹具体的加工与装配所造成的误差，将直接影响工件的加工精度。为保证零件的加工精度，一般将夹具的制造公差定为相应尺寸公差的1/3～1/5。

(2) 夹具磨损造成的误差

夹具使用一段时间后，因与工件及刀具摩擦而磨损，使加工时产生误差。因此，应定期检查夹具的精度及磨损情况，及时修理及更换磨损的零件。

5. 刀具误差

刀具的制造误差、装夹误差及磨损会造成加工误差。用定尺寸刀具加工时，刀具的尺寸误差将直接反映在工件的加工尺寸上。如铰刀直径过大，则铰孔后的孔径也过大，此时应将铰刀直径研小。成形刀具的误差直接造成加工表面的形状误差，如普通螺纹车刀的刀尖角不是60°时，则螺纹的牙型角便产生误差。

刀具在使用过程中会磨损，并随切削路程而增大。磨损后刀具尺寸的变化直接影响工件的加工尺寸，如车削外圆时，工件的直径将随刀具的磨损而增大。因此，加工中应及时刃磨、更换刀具。

6. 工艺系统变形误差

机床、夹具、刀具和工件组成的工艺系统，受到力与热的作用，都会产生变形误差。

(1) 工艺系统的受力变形

工艺系统在切削力、传动力、重力、惯性力等外力作用下，产生变形，破坏了刀具与工件间的正确位置，造成加工误差。其变形大小与工艺系统的刚度有关。

1) 工艺系统刚度不足造成的误差有：工艺系统刚度在不同加工位置上的差别较大时造成的形状误差；毛坯余量或材料硬度不均匀引起切削力变化造成的加工误差；切削力变化造成加工尺寸变化。此外，刀具的锐、钝变化及断续切削都会因切削力变化使工件的加工尺寸造成较大的误差。

2) 减少工件受力变形误差的措施包括：零件分粗、精阶段进行加工；减少刀具、工件的悬伸长或进行有效的支承以提高其刚度，减小变形及振动；改变刀具角度及加工方法，以减小产生变形的切削力；调整机床，提高刚度。

(2) 工艺系统受热变形误差

切削加工时，切削热及机床传动部分发出的热量，使工艺系统产生不均匀的温升而变形，改变了已调整好的刀具与工件的相互位置，产生加工误差。热变形主要包括：工件受热变形，即在切削过程中，工件受切削热的影响而产生的热变形；刀具受热变形，刀具体积较小，温升快、温度高，短时间内会产生很大的伸长量，然后变形不再增加；机床受热变形，机床结构不对称及不均匀受热，会使其产生不对称的热变形。

减少热变形误差的措施有：减轻热源的影响，切削时，浇注充分的切削液，可减小工件及刀具的温升及热变形；进行空运转或局部加热，保持工艺系统热平衡；在恒温室中进行精密加工,减少环境温度的变化对工艺系统的影响;探索温度变化与加工误差之间的规律,用预修法进行加工。

7. 工件残余应力引起的误差

工件材料经铸造、锻造、焊接、热处理及机械加工过程,因材料的凝固、冷却、加热先后及不均匀以及塑性变形都会产生很大的热应力。热加工应力超过材料强度时,工件产生裂纹甚至断裂。残余应力是在没有外力作用的情况下,存在于构件内部的应力。存在残余应力的工件处于不稳定状态,具有恢复到无应力状态的倾向,直到此应力消失。工件材料残余应力的消失过程中,会逐渐地改变形状,丧失其原有的加工精度。具有残余应力的毛坯及半成品,经切削后原有的平衡状态被破坏,内应力重新分布,使工件产生明显的变形。减小工件残余应力的措施有:

(1) 铸、锻、焊接件进行回火后退火,零件淬火后回火。

(2) 粗、精加工间应间隔一定时间,松开后施加较小的夹紧力。

(3) 改善结构,便壁厚均匀,减小毛坯的残余应力。

8. 测量误差

测量时,由量具本身的误差及测量方法造成的误差称测量误差。

减少测量误差,要选用精度及最小分度值与工件加工精度相适应的量具。测量法要正确并正确读数;避免因工件与量具热膨胀系数不同而造成误差。精密零件应在恒温室中进行测量。要定期检查量具并注意维护保养。

四、工艺尺寸链及其计算

1. 尺寸链的概念

在机械加工过程中,互相联系的尺寸按一定顺序首尾相接,排列成的尺寸封闭图就是尺寸链。在加工过程中的有关尺寸形成的尺寸链,称为工艺尺寸链。

(1) 链环

尺寸链图中的每一个尺寸都称为链环。

(2) 封闭环

尺寸链中,最终被间接保证尺寸的那个环称为封闭环。一个尺寸链中只有一个封闭环。

(3) 组成环

尺寸链中,能人为地控制或直接获得的尺寸的环,称为组成环。组成环按它对封闭环的影响,又可分为增环与减环。组成环中,某组成环增大而其他组成环不变,会使封闭环随之增大,则此组成环为增环,记为$\overrightarrow{A}$;某组成环增大而其他组成环不变,使封闭环随之减少,此组成环为减环,记为$\overleftarrow{A}$。

2. 尺寸链的计算

(1) 尺寸链的基本计算公式

$$A_{\sum}=\sum_{i=1}^{m}\overrightarrow{A}_i-\sum_{i=1}^{n}\overleftarrow{A}_i$$

$$A_{\sum\max}=\sum_{i=1}^{m}\overrightarrow{A}_{i\max}-\sum_{i=1}^{n}\overleftarrow{A}_{i\min}$$

$$A_{\sum\min} = \sum_{i=1}^{m} \overrightarrow{A}_{i\min} - \sum_{i=1}^{n} \overleftarrow{A}_{i\max}$$

$$T_{\sum} = A_{\sum\max} - A_{\sum\min} = \sum_{i=1}^{m} \overrightarrow{A}_{i\max} - \sum_{i=1}^{n} \overleftarrow{A}_{i\min} - \sum_{i=1}^{m} \overrightarrow{A}_{i\min} + \sum_{i=1}^{n} \overleftarrow{A}_{i\max}$$

$$= \sum_{i=1}^{m} \overrightarrow{T}_i - \sum_{i=1}^{n} \overleftarrow{T}_i = \sum_{i=1}^{m+n} T_i$$

式中，$A_{\sum}$ ——封闭环的基本尺寸，mm；

$A_{\sum\max}$ ——封闭环的最大极限尺寸，mm；

$\overrightarrow{A}_i$——各增环的基本尺寸，mm；

$A_{\sum\min}$ ——封闭环的最小极限尺寸，mm；

$\overleftarrow{A}_i$——各减环的基本尺寸，mm；

$\overrightarrow{A}_{i\max}$——各增环的最大极限尺寸，mm；

$\overrightarrow{A}_{i\min}$——各增环的最小极限尺寸，mm；

$\overleftarrow{A}_{i\max}$——各减环的最大极限尺寸，mm；

$\overleftarrow{A}_{i\min}$——各减环的最小极限尺寸，mm；

m——增环的环数；

n——减环的环数；

$T_{\sum}$ ——封闭环的公差；

$\overrightarrow{T}_i$——各增环的公差；

$\overleftarrow{T}_i$——各减环的公差；

T_i——各组成环的公差。

(2) 计算实例

例 25-2 图 25-8(a)所示的零件，工件平面 1 和 3 已经加工，平面 2 待加工，求尺寸 $A_{\sum}$ 及其公差。

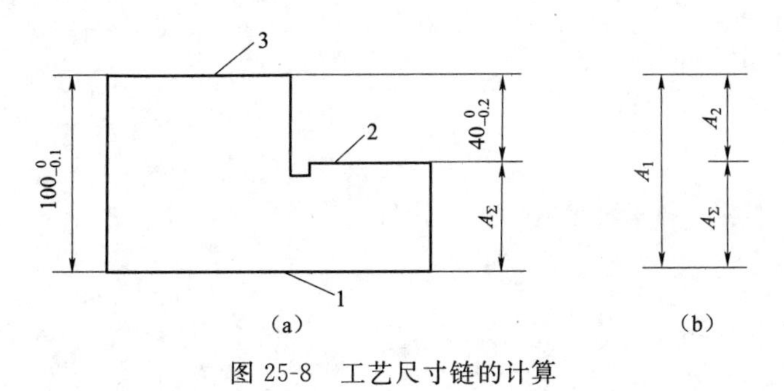

图 25-8 工艺尺寸链的计算

解：按工序要求画出尺寸链图，见图 25-8(b)已知组成环 A_1、A_2，则

$$A_{\sum} = \sum_{i=1}^{m} \overrightarrow{A}_i - \sum_{i=1}^{n} \overleftarrow{A}_i$$

$$A_{\sum\max} = \sum_{i=1}^{m} \overrightarrow{A}_{i\max} - \sum_{i=1}^{n} \overleftarrow{A}_{i\min} = A_{1\max} - A_{2\min} = 100 - 39.8 = 60.2$$

$$A_{\sum\min}=\sum_{i=1}^{m}\overrightarrow{A}_{i\min}-\sum_{i=1}^{n}\overleftarrow{A}_{i\max}=A_{1\min}-A_{2\max}=99.9-40=59.9$$

$$A_{\sum}=60^{+0.2}_{-0.1}$$

$$T_{\sum}=\sum_{i=1}^{m}\overrightarrow{T}_{i}-\sum_{i=1}^{n}\overleftarrow{T}_{i}=T_{A1}+T_{A2}=0.1+0.2=0.3$$

故 $A_{\sum}$ 最大为 60.2 mm，最小为 59.9 mm。

第二十六章　自动控制

学习目标：了解控制理论的应用；掌握自动控制的几个基本步骤；了解焊接机器人的原理、优点。

第一节　自动控制基本理论

学习目标：了解控制理论的应用；掌握控制一个动态系统的几个基本步骤。

一、控制理论的应用

控制理论中各种方法对现代技术的发展有很大影响。基于经典理论的单回路控制系统，以及第一代自适应控制器已在许多工业生产中得到应用，这些控制器也充满于我们的日常生活设施中。控制系统之所以能得到如此普遍的应用，不但要归功于现代仪表化（完备的传感器和执行机构）与便宜的电子硬件，还由于控制理论有处理其模型和输出信号所具有的不确定性动态系统的能力。

在控制理论中已完善的各种方法愈来愈得到普遍应用的同时，先进的理论概念的应用却仍集中在像空间工程那样的高技术方面。当然，出于计算机技术的飞速发展和世界性的激烈的工业竞争，这种情况将会改变。新的计算机技术提供了实现更精巧的控制算法的工具，而要在工业界竞争中保持领先地位的愿望促进了更精细的、高效的和可靠的控制。此外，愈来愈多的具有较强的数学背景的工程技术人员也是造成这种情况改变的因素。

一般来说，新理论、新概念的发现和建立与它们成功地在实际控制问题中得到应用之间都有一定的时延。在有些情况下，今天的应用往往基于10年或20年前所创造的理论概念。但是，在今天也有一些较新的理论成果已得到应用。下面举一些应用的例子：

航天飞机装备着包括两部不同的数字自动驾驶仪的精密控制系统，其中一部驾驶仪专用以控制飞机在轨道上的上升和下降动作，另一部则控制飞机在轨道上的正常飞行。控制和数控处理功能由几部相同的计算机完成。轨道飞行控制系统用状态估计和开关控制等各种现代控制原理构成控制规律。例如，反应控制系统依靠在每个转轴上的相平面中预先规划好的切换曲线来控制推进器的正负点火指令。这一设计器要广泛研究飞行体和变动负载间所有可能的不利的动态反应。作为预防故障的手段，要设计能对转动率的极值、推进器的冲力强度给予限制的装备。除此之外，还备有一个更新试验驾驶仪，它具有一个用以选择发动机喷射器的与线性规划算法相结合的三维相空间控制规律。这个自动驾驶仪经飞行试验证明，它对飞机动态变化有很强的适应性。

一种新的治疗脑水肿和恶性脑瘤的方法是同时使用加压素和皮质酮两种药。由于人体系统调节这些激素的高度非线性特性，引用这些药的相对速率是非常重要的。法国研究人员把这一问题当做是一个 2×2 非线性多变量控制问题，并基于李代数方法采用了非线性去耦和反馈线性化手段，成功地解决了给药速率控制问题。

许多先进的控制技术都是针对某个确定的需要而研究得到的成果。但也有一些却是先进理论发展的意外收获。后者的一个例子是ASA爱密斯实验室研制成的Feitenins直升机自动驾驶仪控制系统。这种直升机的飞行动力学由12个非线性常微分方程描绘。NASA研究了一段时间没有很好地解决问题。到20世纪80年代早期几何控制理论数学家们建立了非线性反馈存在的充分和必要条件,由此形成了一个与典范型线性能控系统微分同胚的闭环系统,NASA研究人员利用这一发展,以一定精度实现了直升机系统满足线性化反馈的条件,因而可以用一个恰当的非线性控制规律进行控制,得到成功。

电力生产常受到许多不确定性现象的影响,如电力负荷不确定性和电厂可能停歇。在水电生产中,有效水量决定于降雨量波动。法国计算机科学与自动化研究所INRIA研究了许多电力生产管理控制问题,其中有一项是新喀利多尼亚的具有八个热电厂和一个水坝的发电系统。研究目标是选择一套可行生产方案(相当于反馈控制)以可能的最小代价去满足电力需求。模型辨识工作包括一个随机微分方程的漂移和扩散系数的估计。最优反馈的控制是用数字求解微分方程和动态规划中不等式而得到的。大型电厂的控制困难在于维数。而从上述研究可以得到一个概念性的框架使工程师们可以入手解决电力生产控制问题。

目前许多轻型高飞行性能的飞机的最主要的部件是数字飞行控制系统。F—16和削掠翼X—29飞机中的机械联动机构已被数字计算机和电线代替,所以,又称“以线飞行”系统。为了增强飞行性能,这些飞机被设计得静态(开环)不稳定。数字式的线飞行系统可以被设计得能改变飞机的飞行特性,控制系统全时间工作以镇定飞机,并支持驾驶发出的各种指令。这种设计由于采用了快到足以反映流体动力学的波动和镇定一个不稳定动态系统的数字控制系统而得到实现。用控制理论去设计这些飞机的确是一个重大的成功。很明显,将来“超性能”飞机的出现将取决于快速健壮控制器的设计研究的进展。

自动骨架点焊机从控制原理上来讲,也属于控制理论的一种应用,只不过相对于大型的控制系统相对简单一些罢了。

二、控制一个动态系统的几个基本步骤

简单地说,控制一个动态系统有下列四个基本步骤:

建模——基于物理规律建立数学模型;

系统辨识——基于输入输出实测数据建立数学模型;

信号处理——用滤波、预报、状态估计等方法处理输出;

综合控制输入——用各种控制规律综合输入。

1. 建模

为一个系统选择一个数学模型是控制工程中最重要的工作。当系统是不完全清楚的时候,为此系统建立一个数学模型是特别困难的。有些情况,可以写出一个系统的精确的动力学数学公式,但是它可能是如此复杂以致无法在它基础上设计一套控制规律。所幸的是对于不完全清楚的模型还能较好地处理,因为从无数实践中我们已经学到,一个复杂的系统可以在十分简化的模型上用反馈控制得到成功。因而,控制工程中的模型问题和物理学中的模型问题是完全不相同的。在控制理论中,问题的关键是寻找一个健壮的在数学上精练的模型,它在有效数据基础上可以用系统辨识方法求得。

应当认识到:在控制系统设计中如果无法找到简单的数学模型,控制理论就不能得到成

功的应用。这种特点一方面使控制得到了实际应用，而另一方面却在控制领域内部引起了争议，许多控制的数学方法是否是确实有用的？而且，还使控制领域以外的许多科学家对控制的研究性质发生了误解。这种争议可以追溯到两个极端。

一种极端看法是在控制中模型的不完善无关紧要，因为反馈可以减少包括模型误差在内的不确定性的作用。而真正需要的是一个强有力的反馈的设计方法，用以构成一个健壮的、适应的有容许误差能力的控制系统。因而，牺牲了模型而把重点放在控制器上。这种观点使得为一大类通用模型设计控制器的先进理论产生了，从而形成了一种看法，认为控制理论用不到去关心像用偏微分方程构成的那种精致的模型。所以有些控制专家认为：重要的是健壮的控制理论，而不是好的模型。

另一个极端则十分重视从物理规则推演出来的精确的模型，而控制设计是容易的，至少在得到模型后是计算上可以实现的。对模型所强调的看法对于像物理学家和流体动力学家那些科学家们来说，是能接受并有吸引力的。模型是精确的假设并用以支持许多基于这种模型所作的抽象的数学控制规律的研究工作。这一极端观点完全忽视了模型的不确定性问题及其对控制设计的影响。它使人相信设计一个控制系统的唯一通路是首先要有一个十分精确的微观模型，这种想法代表了一种对控制研究的完全误解。

事实上，走一个极端而不考虑到另一方面是不恰当的。控制界必须认识到控制技术新应用的成功完全靠新模型和这些模型对新理论的发展，同时也依靠反馈设计技术的不断创新。尽管上述两种极端是控制界固有的，它始终在一定程度上存在着，而重要的突破性的成果恰恰是结合两方面的长处而得到的。在某些特殊应用场合，可能某一种观点更实际，例如在过程控制中常常用基于线性模型的健壮控制器设计，而在先进的空间应用中，则模型精确性更重要。

2. 系统辨识

系统辨识可以定义为用在一个动态系统上观察到的输入与输出数据来确定它的模型的过程。如果模型结构已给定，只是其参数尚未知道，则系统辨识就变成参数估计。辨识是控制理论中不可分割的重要的组成部分，它属于应用数学中的求逆问题。进行系统辨识常需作下列实验：发生输入信号和记录输出信号。有许多统计方法和计算技术可用以处理数据和得到模型。当前系统辨识方面的研究集中在下列诸基本问题上：辨识问题的可解性和问题提出的恰当性、对各类模型的参数估计方法。

3. 信号处理

信号处理是控制理论外面的独立的一门学科，但这两学科之间有许多重叠之处，而控制界曾对信号处理作出了重要贡献，特别是在滤波和平滑的领域。这一领域是研究如何从被噪声污染的观察信号中重构原信息的问题。它们有广泛的应用场合，如通信、从卫星追索数据、语言处理、图像再现等。如果没有这种计算机化了的图像再现能力，那么从嫦娥一号等航天探测器传送回来的月球图像就毫无用处。

4. 控制的综合

控制的综合就是为控制系统生成控制规律，它与模型、辨识、信号处理、控制目标以及所用综合方法有关。这些过程的复杂性导致了各种控制研究课题，主要有：

健壮控制理论——研究能使闭环系统保持良好的性能而不受模型与信号中不确定性影

响的反馈作用。例如,一个健壮的反馈不但可以镇定用它们设计的系统,而且在系统参数变化时,也能镇定它。

适应控制——研究如何在控制过程中自动调整控制规律。这种控制主要被应用于系统会随时间改变而这种改变却在不能事先预知的情况下。一个自适应反馈控制规律是在系统自动辨识的基础上来自动调整的。

多变量控制——研究具有相关解的多输入多输出系统的控制问题。反馈的作用应当包括对关联的去耦以形成不关联控制。

非线性控制理论——研究非线性动态系统的控制问题。当前许多研究集中在把几何方法作为研究的主要方法上。

随机控制——应用于系统或其振动能以概率表达的地方。随机输出信号的滤波和预报是随机控制的自然组成内容。

分布参数控制——应用于系统内部变量的空间分布对控制目标来说是极为重要的情况。例如,对弹性板材震动的控制、对热传导、对内部有延迟的系统的控制以及对流体流动的控制等等。

其他控制——由于计算机技术的不断发展,其他许多控制问题也日趋重要了,例如自学习与自组织系统、递阶控制系统、智能控制系统和离散事件控制系统等等。

第二节 焊接机器人

学习目标:了解焊接机器人的原理,掌握焊接机器人的优点;了解工业机器人的工作原理。

一、概述

1. 新一代自动焊接的手段

工业机器人作为现代制造技术发展的重要标志之一和新兴技术产业,已为世人所认同。并正对现代高技术产业各领域以至人们的生活产生了重要影响。

我国工业机器人的发展起步较晚,但从 20 世纪 80 年代以来进展较快,1985 年研制成功华字型弧焊机器人,1987 年研制成功上海 1 号、2 号弧焊机器人,1987 年又研制成功华字型点焊机器人,都已初步商品化,可小批量生产。1989 年,我国以国产机器人为主的汽车焊接生产线的投入生产,标志着我国工业机器人实用阶段的开始。进入 21 世纪,机器人得到了大力发展和应用,到 2010 年,工业机器人应用到各行各业,如医疗方面、军用方面,但主要还是工业方面应用最多,特别是危险场所、高精密加工工艺得到了较好的应用。

焊接机器人是应用最广泛的一类工业机器人,在各国机器人应用比例中大约占总数的40%～60%。

采用机器人焊接是焊接自动化的革命性进步,它突破了传统的焊接刚性自动化方式,开拓了一种柔性自动化新方式。刚性自动化焊接设备一般都是专用的,通常用于中、大批量焊接产品的自动化生产,因而在中、小批量产品焊接生产中,焊条电弧焊仍是主要焊接方式。焊接机器人使小批量产品的自动化焊接生产成为可能。就示教再现型焊接机器人而言,焊接机器人完成一项焊接任务,只需人给它做一次示教,它即可精确地再现示教的每一步操作；如要机器人去做另一项工作，无须改变任何硬件，只要对它再做一次示教即可。因此，在一条焊接机器人生产线上，可同时自动生产若干种焊件。

焊接机器人的主要优点如下：

(1) 易于实现焊接产品质量的稳定和提高，保证其均一性；

(2) 提高生产率，一天可 24 小时连续生产；

(3) 改善工人劳动条件，可在有害环境下长期工作；

(4) 降低对工人操作技术难度的要求；

(5) 缩短产品改型换代的准备周期，减少相应的设备投资；

(6) 可实现小批量产品焊接自动化；

(7) 为焊接柔性生产线提供技术基础。

2. 工业机器人定义

工业机器人是一种可重复编程和多功能的、用来搬运物料、零件、工具的机械手，或能执行不同任务而具有可改变的和可编程动作的专门系统。

上述定义不能概括工业机器人的今后发展，但可说明目前工业机器人的主要特点。

3. 工业机器人主要名词术语

(1) 机械手(Manipulator)

也可称为操作机。具有和人臂相似的功能，可在空间抓放物体或进行其他操作的机械装置。

(2) 驱动器(Actuator)

将电能或流体能转换成机械能的动力装置。

(3) 末端操作器(End Effector)

位于机器人腕部末端、执行工作要求的装置。如夹持器、焊枪、焊钳等。

(4) 位姿(Pose)

工业机器人末端操作器在指定坐标系中的位置和姿态。

(5) 工作空间(Working Space)

工业机器人执行任务时，其腕轴交点能在空间活动的范围。

(6) 机械原点(Mechanical Origin)

工业机器人各自由度共用的，机械坐标系中的基准点。

(7) 工作原点(Work Origin)

工业机器人工作空间的基准点。

(8) 速度(Velocity)

机器人在额定条件下。匀速运动过程中，机械接口中心或工具中心点在单位时间内所移动的距离或转动的角度。

(9) 额定负载(Rated load)

工业机器人在限定的操作条件下，其机械接口处能承受的最大负载(包括末端操作器)，用质量或力矩表示。

(10) 重复位姿精度(Pose Repeatability)

工业机器人在同一条件下、用同一方法操作时，重复 n 次所测得位姿的一致程度。

(11) 轨迹重复精度(Path Repeatability)

工业机器人机械接口中心沿同一轨迹跟随 n 次所得的轨迹之间的一致程度。

(12) 点位控制(Point To Point Control)

控制机器人从一个位姿到另一个位姿,其路径不限。

(13) 连续轨迹控制(Continuous Path Control)

控制机器人的机械接口,按编程规定的位姿和速度,在指定的轨迹上运动。

(14) 存储容量(Memory Capacity)

计算机存储装置中可存储的位置、顺序、速度等信息的容量,通常用时间或位置点数来表示。

(15) 外部检测功能(External Measuring Ability)

机器人所具备对外界物体状态和环境状况等的检测能力。

(16) 内部检测功能 (Internal Measuring Ability)

机器人对本身的位置、速度等状态的检测能力。

(17) 自诊断功能(Self Diagnosis Ability)

机器人判断本身全部或部分状态是否处于正常的能力。

二、工业机器人工作原理

1. 机器人的系统结构

一台通用的工业机器人,按其功能划分,一般由 3 个相互关联的部分组成:机械手总成、控制器、示教系统。

机械手总成是机器人的执行机构,它由驱动器、传动机构、机器人手臂、关节、末端操作器以及内部传感器等组成。它的任务是精确地保证末端操作器所要求的位置,姿态和实现其运动。

控制器是机器人的神经中枢。它由计算机硬件、软件和一些专用电路构成,其软件包括控制器系统软件、机器人专用语言、机器人运动学、动力学软件、机器人控制软件、机器人自诊断、自保护功能软件等,它处理机器人工作过程中的全部信息和控制其全部动作。

2. 机器人手臂运动学

机器人的机械臂是由数个刚性杆体由旋转或移动的关节串联而成,是一个开环关节链,开链的一端固接在基座上,另一端是自由的,安装着末端操作器(如焊枪),在机器人操作时,机器人手臂前端的末端操作器必须与被加工工件处于相适应的位置和姿态,而这些位置和姿态是由若干个臂关节的运动所合成的。因此,机器人运动控制中,必须要知道机械臂各关节变量空间和末端操作器的位置和姿态之间的关系,这就是机器人运动学模型。一台机器人机械臂几何结构确定后,其运动学模型即可确定,这是机器人运动控制的基础。

3. 机器人轨迹规划

机器人机械手端部从起点(包括位置和姿态)到终点的运动轨迹空间曲线叫路径。轨迹规划的任务是用一种函数来“内插”或“逼近”给定的路径。并沿时间轴产生一系列“控制设定点”,用于控制机械手运动。

4. 机器人机械手的控制

当一台机器人机械手的动态运动方程已给定,它的控制目的就是按预定性能要求保持机械手的动态响应。但是由于机器人机械手的惯性力,耦合反应力和重力负载都随运动空间的变化而变化,因此要对它进行高精度、高速、高动态品质的控制是相当复杂而困难的。

一般工业机器人是采用把机械手上每一个关节都当做一个单独的伺服机构,即把一个非线性的、关节间耦合的变负载系统,简化为线性的非耦合单独系统。每个关节部有两个伺服环,外环提供位置误差信号,内环由模拟器件和补偿器(具有衰减速度的微分反馈)组成。两个伺服环的增益是固定不变的。因此基本上是一种比例积分微分控制方法。这种控制方法,只适用于速度、精度要求不高和负荷不大的机器人控制。

5. 机器人编程语言

机器人编程语言是机器人和用户的软件接口,编程语言的功能决定了机器人的适应性和给用户的方便性,至今还没有完全公认的机器人编程语言,每个机器人制造厂都有自己的语言。

实际上,机器人编程与传统的计算机编程不同,机器人操作的对象是各类三维物体,运动在一个复杂的空间环境,还要监视和处理传感器信息,因此其编程语言主要有两类:面向机器人的编程语言和面向任务的编程语言。

面向机器人的编程语言的主要特点是描述机器人的动作序列,每一条语句大约相当于机器人的一个动作,整个程序控制机器人完成全部作业。面向任务的机器人编程语言允许用户发出直接命令,以控制机器人去完成一个具体的任务,而不需要说明机器人需要采取的每一个动作的细节。

第二十七章 设备改造和技术攻关

学习目标：掌握设备大修及设备改造的定义；掌握设备大修、改造的方法。

一、定义

设备大修：设备的大修是工作量最大的计划修理。大修时，对设备的全部或大部分部件解体，修复或更换全部不合格的零件，修复、调整设备的电气及液、气（汽）动系统，达到全面消除修理前存在的缺陷，恢复设备的规定功能和精度。

设备改造：指运用新技术对原有设备进行技术改造，以改善或提高设备的性能、精度及生产率、减少能耗及环境污染。

二、准备工作

1. 拟定设备大修、改造方案

设备的大修、改造申请计划由实施单位在每年某一规定月份向设备管理部门申报下年度设备大修、改造计划和设备大修、改造立项申请表。

设备大修、改造方案的编制原则：设备改造时必须考虑生产上的必要性、技术上的可能性和经济上的合理性。设备改造提出原则：针对性、技术先进性、适用性；经济性；可行性。设备大修应尽可能结合进行设备技术改造，减少设备在低水平的重复投入，优先考虑生产设备。

设备大修、改造方案的编制依据：设备技术状况（包括设备故障记录、设备定期检查记录、专项检查报告）；产品质量和生产工艺对设备的要求；安全及环保对设备的要求。

2. 工艺技术

对设备改造对工艺技术的影响进行评价。

3. 安全、环保评价

对设备改造可能对保造成的影响做出评价并确定是否报国家核安全局审评批复。

4. 生产的影响及能源动力问题评价

对设备大修、改造实施的时间窗口安排和对生产的影响及涉及的能源动力问题进行评价。

5. 下达年度设备大修、改造计划

管理部门对设备大修、改造方案进行综合评价后，根据年度资金平衡情况审核编制设备大修（含改造）计划，报公司审批。年度设备大修（含改造）计划经公司批准后，公司年度设备大修、改造计划。

三、实施

1. 要求

设备大修（含改造）计划下达后，由设备管理部门组织或协调使用单位和承修单位实施，相关专业管理部门承担相应专业的技术支持，实施中应严格执行经论证确定的大修、改造方案或大修、改造技术条件，如有变动，应经与批准程序相同的审批。对公司内具备设备大修和技术改造能力的设备大修、改造工作应在公司内组织实施，包括设计、制造、组装调试等，对公司内不具备设备大修和技术改造能力或受检修时间限制不能承担项目实施时，由设备使用单位在编制设备大修、改造计划时提出，由设备管理部门协调组织外协实施，使用单位配合。无论公司内或公司外单位承担实施，都应签署设备大修、改造合同，并严格按照规定程序执行。

2. 在公司外实施的通过合同及附加技术协议进行控制

出公司修理的设备应符合安防环保要求才能运出公司进行修理。涉及核安全的应按规定实施安全监督。在公司内、公司外进行的设备大修、改造实施过程中的控制可以参照下列要求执行：

(1) 准备工作

所有的设备检修工作应落实到责任人，即主修人员。主修人员应具有上岗操作合格证和国家规定的相应专业作业证等相关证书，在检修前，主修人员应摸清设备及环境情况，拟定修理方案，准备所需工器具及零配件。

1) 停电、停气。

2) 动火申请。

3) 去污清洗；若在放射性、有毒有害物质的生产、储存、输送设备和管道上实施修理作业，需将这些物质排放干净再进行去污清洗，达到相关规定后，才能组织施工；清洗产生的废弃物和废水不得随意丢弃，按相关规定处理或存放。

4) 对于在安全防护、防火、保卫监控等方面的其他特殊要求，应遵照执行。

(2) 检修工作

1) 设备检修必须挂上“检修设备”标示牌。

2) 断电。检修设备需拉下设备的动力电源，并在闸刀上挂上“设备检修，禁止合闸”的警示牌，并有切实可行的防止他人误操作合闸行为的有效措施。

3) 断气(汽)。检修设备应关闭管道阀门，切断进入设备的气源，并在该闸门上挂上“设备检修，禁止开启阀门”的警示牌，并有切实可行的防止他人误操作开启闸门行为的有效措施。

4) 进行“置换”和“中和”反应。若在有毒有害、易燃易爆气体及酸、碱容器内进行修理施工作业，在排去上述物质，去污清洗后，还应进行“置换”和“中和”反应；经检验确认残留物在相关标准规定的安全范围内时，并经专业人员检查确认后，方可进行修理工作。

5) 文明检修。检修过程中拆解的零、部件和元器件、修换件、修理材料、工器具、量检具等要按照“定量管理”要求将其放置在专用器具中并摆放整齐、有序，要保持检修场地的清洁。检修作业不得对设备造成破坏，不应损害设备的功能和精度。检修完成后，必须仔细检查检修过程中拆解的零、部件和元器件、修换件、修理材料、工器具、量检具等，不允许漏装、错装或遗留在设备内或现场；进行场地打扫，做到“活完、料净、场地清”，拆除设备、电源开关、气源阀门等上的警示牌，恢复设备为可运行状态。

6) 检修中使用的材料、更换的零部件应有合法的领用手续，以保证其质量的可追踪性。

7) 检修过程中必须采取有效措施对检修人员的安全进行保护。

8）检修工作应包含相应部位的定期维护保养内容。

（3）检修记录

1）应有检修记录。检修记录应记载设备检修过程中对设备的变动情况，包括更换零部件、调整参数变动、检修所使用的辅助材料等。

2）对故障检修还应记录故障现象，检修后证实的故障原因。

3）检修记录必须有主检修人的签字。

四、设备验收

1．非标设备的验收

非标设备改造完工后的验收内容可参照下列要求执行：

（1）制造单位完成调试工作，在自检合格后向设备管理部门提出验收申请。

（2）设备管理部门根据情况组织各有关单位做好验收准备。

（3）根据非标设备图纸和设备验收大纲逐项进行验收，并作记录。

（4）各种试验允许将制造单位自己检查试验和出厂验收试验合并进行，即由验收人员参加并监督制造单位自己检查试验，设备出厂验收时不再重复试验。

（5）参加验收人员根据验收情况作出结论，并在非标设备验收纪要上签署意见。

（6）对不影响整机性能的局部整改返修，允许形成有保留（整改）意见的验收通过协议或建议，在整改部分检查合格后通过验收，整改意见和整改部分复查结论均应在非标设备验收纪要上反映。

（7）制造单位在规定期限内完成设备整改工作和竣工资料整理工作。

（8）对整改项目进行复查。

（9）向使用单位移交设备、备品配件和文件资料。

2．验收大纲

（1）验收大纲原则上由设备的使用或设计单位负责编写，在签订合同时审定并作为合同附件，也允许在验收前编写。

（2）验收大纲的编制依据是设备技术条件，包括设备制造厂提供的设备技术条件或设计技术条件、国家的有关标准和合同及其附件中双方认可的补充技术条件。

（3）设备验收大纲应至少对以下内容作出规定：

1）设备配置检查表；

2）设备空运转试验规范；

3）设备负荷试验规范；

4）技术规格参数和工作精度检验的项目、要求和检验方法。

3．设备验收

应包括以下内容：

（1）设备开箱检查：核对到货设备及附件符合合同和技术资料的规定；核对设备随机文件完整；核对设备外观无损伤。

（2）设备基础复验（限于设备安装类）。

（3）设备安装水平、预调精度检验：核对设备安装水平和预调精度符合设备要求。

(4) 设备几何精度检验记录。

(5) 设备试运转试验和工作精度检验:设备空运转试验;设备负荷试验;设备技术规格参数和工作精度检验。

4. 验收文件

(1) 设备各专项检查应有正式的检查报告、试验报告。

(2) 正式的验收文件(验收表或验收报告)应包括验收大纲所规定的全部内容的检验结论,各专项检验的检验报告必须作为附件收录在验收文件中,对验收过程中需要补充说明的问题,可以另行签署验收纪要作为附件。

(3) 验收文件应由以下单位共同签署:

1) 设备使用单位。

2) 设备组织单位。

3) 设备专业管理单位。

4) 设备制造单位。

5) 设备安装(调试)单位。

5. 设备安装、调试的质量评定的依据

(1) 按设计技术要求及有关技术规范进行评定。

(2) 按国家建设部颁布的“工程质量检验评定标准”进行评定。

1) 管道工程(TJ302);

2) 电气工程(TJ303);

3) 通用机械设备安装工程(TJ305);

4) 工业管道安装工程(TJ307);

5) 自动化仪表安装工程(TJ308)。

6. 其他要求

移交设备同时应通知相关部门,以组织后续工作如修改工艺文件、计量检定等。设备使用单位接收设备后也应及时开展后续工作,申报相关的变更、修改相关规程及人员培训等。

第二十八章　组装焊接定位格架

学习目标：了解定位格架及其组装工艺的最新动态及发展趋势。

一、15×15 定位格架

格架自动涂料：通过镍基膏状钎焊和自动涂料装置可实现定位格架的自动涂料，提高生产效率，保护职工身体健康；自动涂料机结构见图 28-1，其原理为：系统的 CNC 控制器能控制涂料机的 X、Y 向运动以控制涂料位置，涂料枪则以压缩空气作动力，通过涂料控制器控制压缩空气的通断，像“挤牙膏”一样“挤”出钎料，完成涂料操作，控制压缩空气对膏状钎料的压力大小和施压时间从而控制涂料量。

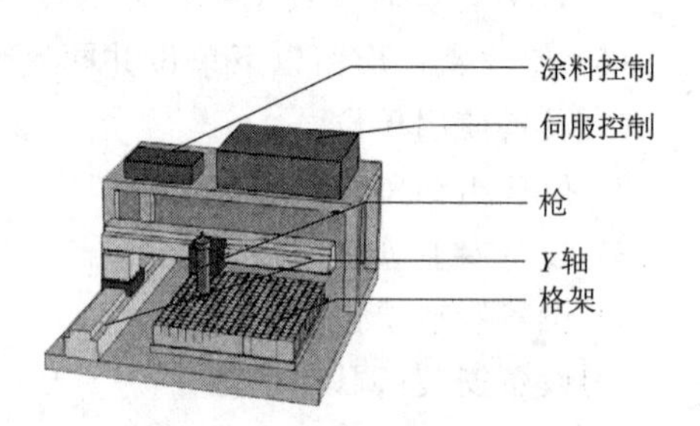

图 28-1　自动涂料机结构图

二、17×17 定位格架

定位格架电子束焊机由高压电源、电子枪、焊室、真空系统、视频系统、焊接参数记录系统、控制部分等组成，其焊接方式与激光焊接相似，现就两种焊接工艺进行比较：

1. 真空系统差别

(1) 焊接氩气(高纯度)作为保护气体，其真空系统只有一个机械泵，抽到 4 mbar 时充氩气(980 mbar)，反复循环，因为使用保护气体，故需检测焊室外的氧含量、水含量，故有一真空计，另外还有检测氧含量和水含量的氧分析仪。

(2) 按需要高真空，因为电子束会使空气分子电离，格架焊接要求的真空在 1.0×10^{-4} mbar 以下，达到这样高的真空用两级真空实现：

初级：机械泵＋罗茨泵＋罗茨泵，有一个真空计。

第二级：扩散泵。

主要靠扩散泵达到 1.0×10^{-4} mbar 的真空度。

电子枪需要的真空度更高，为 1.0×10^{-5} mbar 以下，只有一级真空：机械泵＋涡轮分子泵，有一个真空计，主要靠涡轮分子泵实现 1.0×10^{-5} mbar 的真空。

2. 激光焊与电子束焊的区别

(1) 原理不同

(2) 控制方面

电子束不好控制；激光受外界环境因素影响小，所以激光从激光器输出以后非常稳定；电子束受外界环境因素影响大，特别是电磁场对电子束的影响。故电子束焊接使用的夹具不能带磁性，不锈钢的夹具能用，最好用钛合金夹具；格架电子束焊机焊室里有两个驱动旋转轴的伺服电机，所以焊室里始终存在微弱的电磁场，对电子束造成了一定的影响，而且该电磁场在焊室内分布不均匀，故在焊接不同区域位置的点和缝时，需校正束流位置（该校正是自动完成的）。

电子束在起弧、收弧时不好控制，起弧点和收弧点的位置有一定的变化，故在焊接格架C、E焊缝时，在长度方向的位置控制困难，只能增加焊缝的长度来掩盖这一缺陷（把整条焊缝全焊上），而激光焊却无此缺点。

(3) 电子束的穿透力强，焊缝穿透非常好，优于激光焊，而且焊接速度快(800 mm/min)，激光焊为150 mm/min，两者都是采用的脉冲焊。

(4) 激光焊每2个月换闪光灯和充氩气；电子束焊每2周就需换阴极，换阴极后约2天调整垫片，因为阴极会变形。

(5) 电子束格架焊机有5个轴，一次装夹焊完整只格架，约需30分种焊完一只格架（包括抽真空时间）。

(6) 激光焊需手动调整焊缝位置，电子束因有束流定位系统，故不需再手调（针对焊点、焊缝有专门的检测指令）。

(7) 电子束焊后的格架因无保护气体，故焊后的格架比较干净，无烟熏色，而激光焊格架烟熏色比较严重，每只格架都需要人工清洁；但是电子束焊后的格架有比较明显的金属粉尘沉淀现象，在点焊舌和搅混翼上都有。该沉淀清除不掉，但经过腐蚀实验是可接受的。

(8) 电子束焊腐蚀不存在问题。

第二十九章　组装焊接燃料棒

学习目标：了解燃料棒及其组装工艺的最新动态及发展趋势；了解燃料棒在线检验新技术、新方法。

第一节　燃料棒组装焊接工艺最新动态和发展趋势

学习目标：了解激光焊接的特点；掌握燃料棒压力电阻焊接的原理及特点；了解芯块装配方法及发展趋势。

一、激光焊接方法

1. 概述

激光焊接是近年来发展十分迅速的一种新型的焊接技术，它是利用辐射激发光放大原理而产生的一种具有亮度高，方向性好的单色光。经过透镜和反射镜聚焦后可获得直径小于0.01 mm、功率密度高达10^9 W/cm^2，用来进行焊接、切割、打孔和表面处理的热源。激光发生器按工作介质不同可分为固体、气体、液体和半导体激光器。有的激光器只能产生脉冲或连续光，有的两者均可产生。表29-1列出用于焊接的几种激光器。适合于焊接的激光器有钇铝石榴石（YAG）和二氧化碳（CO_2）激光器。20世纪90年代初，法国已经正式采用激光焊接压水堆燃料棒，实践已经证明，这些激光焊接的燃料棒在反应堆内的使用情况良好，未发生因焊接问题造成的燃料棒泄漏事件，高燃耗燃料棒的制造也有采用激光焊接工艺的。

表29-1　激光器的分类及特性

类别	工作介质	波长/μm	波形	输出功或功率	效率/%	应用领域
固体	红宝石	0.69	PW[1)]	20 J	1	钻孔
	玻璃	1.06	PW	90 J	4	钻孔
	钇铝石榴石（YAG）	1.06	PW/CW[2)]	90 J/20 kW	3	钻孔、切割、焊接
气体器	He-Ne	0.63	CW	1 MW	1	测量、显示
	Ar	0.51	CW	25 MW	0.1	钻孔、研究
	Excimer	0.15～0.35	PW		15	科学处理
	二氧化碳（CO_2）	10.6	PW/CW	20 kW	20	钻孔、切割、焊接、表面处理

注：1) PW—脉冲；2) CW—连续。

2. 激光焊接的主要特点

激光作为一种新型的焊接热源具有如下特点：

(1) 激光作用的时间很短，只有1毫秒左右，焊接过程极为迅速，被焊材料不易氧化，一般情况可以不需要真空或保护气体(鉴于核反应堆燃料棒的特殊性,焊接锆合金时仍需使用氦气或氩气作保护)。焊接造成的热影响区极微小,焊后工件变形小,适合焊接某些对热输入敏感的材料,在相同焊缝上,激光焊接的输入能量仅为电弧焊的十分之一,熔化深度深,能量容易控制,可以焊接小零件,也可焊接厚度较大的工件,不需要填充金属。

(2) 激光焊接时不需要与工件接触,既避免了电极对焊缝的污染,也避免了焊接小型工件电极安装不便造成的困难;对焊接件表面的清洁度要求不高,即使有绝缘层也可以焊接,但对燃料棒这种特殊产品,清洁度要求仍然很高。

(3) 激光在大气中损耗小,还可以通过玻璃等透明物体的外壁进行焊接,例如,用激光焊接修复电子管的灯丝。

(4) 用激光能焊接异种材料,甚至能焊接金属与非金属。

(5) 激光可通过光导纤维、棱镜等光学方法弯曲传输、聚焦、偏转,可焊接那些一般焊接方法很难达到的地方;通过光学系统还能够将一个激光器输出的光源分成多路,用光纤输送到各焊接岗位。

(6) 激光束不受电磁场的干扰,也不产生对人体有害的X射线。

3. *激光焊接参数*

(1) 功率密度

激光作用于固态金属时,可能产生三种不同的加热状态。第一,功率密度低时仅对工件表面产生无熔化加热,适合于表面热处理或钎焊;第二,功率密度提高时,金属处于熔入型熔化加热,即热传导型熔化,适用于薄壁材料焊接;第三,功率密度进一步提高时,产生熔孔型熔化,激光热源中心加热温度达到金属沸点而形成等离子蒸气,用于高功率激光深熔焊。显然,燃料棒焊接需要使激光功率密度处于第二种加热状态。调节激光功率密度的主要途径有:调节输入功率;调节光斑,即调节激光束与金属固体表面相交面积的大小;改变光模式;采用脉冲调制法,即改变脉冲宽度及前后沿梯度。激光束的功率密度除与焊接参数有关外,还与光学系统和容器上的激光束窗口的清洁度有关,窗口的沾污物主要来源于激光焊接时产生的等离子金属云,如果光学系统和窗口不干净,它将会降低激光束的功率,所以,要定期擦洗光学系统和窗口。

(2) 反射率

工件光亮的表面对激光有很强的反射作用,反射率太高,对金属加热熔化不利。激光的反射率随温度的升高而降低,到达熔点时吸收率急剧升高。在室温状态下,材料对激光能量的吸收仅为20%。此外,材料的导热率、表面状况、接头的形状以及激光的波长、入射角等也对激光的反射率有影响。

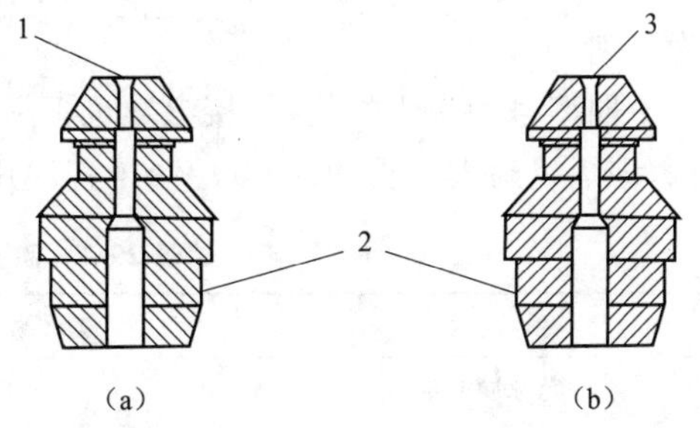

图 29-1　适应不同焊接方式的燃料棒上端塞结构
(a) 适合激光;(b) 适合 TIG
1—喇叭形光收集式;2—包壳管配合面;3—普通式

减少激光反射损失的途径有:

1) 采用衰减式脉冲调制,开始时高脉冲功率使金属迅速加热熔化;

2) 采用光收集式接头形式设计,例如,燃料棒充氦孔的密封焊接,若选用激光焊接方式,上端塞的小孔的设计可采用光收集式,见

图 29-1(a)。

(3) 焦距和离焦量

激光的发散与聚焦原理见图 29-2,当工件处于激光聚焦镜的焦面时,焦点的直径 $d=f\theta$,因此,缩短聚焦 f 或减小发散角 θ,均可提高激光的功率密度,但 f 缩短时,焦深 b 也减小,一般 f 应随工件的厚度增加而加大。离焦量是指工件表面在焦点深度 b 范围的位置,改变离焦量也能改变光斑直径及有效热作用深度,从而影响焊缝的成形。负离焦量可以增大入射角,提高吸收率,但负离焦量过大因光斑直径增大将抵消其作用。一般离焦量在 $-1.25\sim-2.5$ mm 范围内熔深最大。离焦量对焊缝成形的影响见图 29-3。

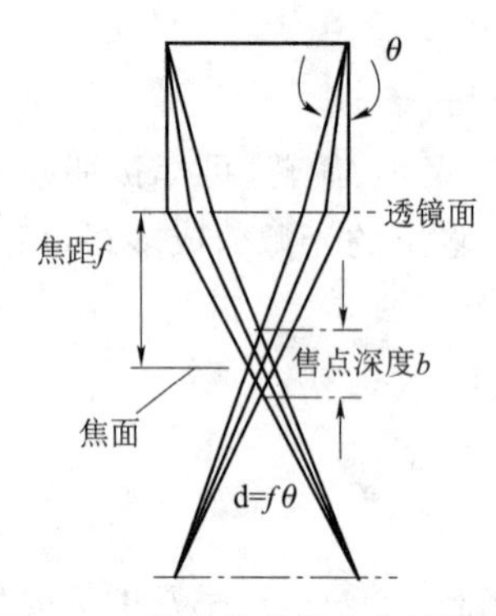

图 29-2 激光的发散角与聚焦性

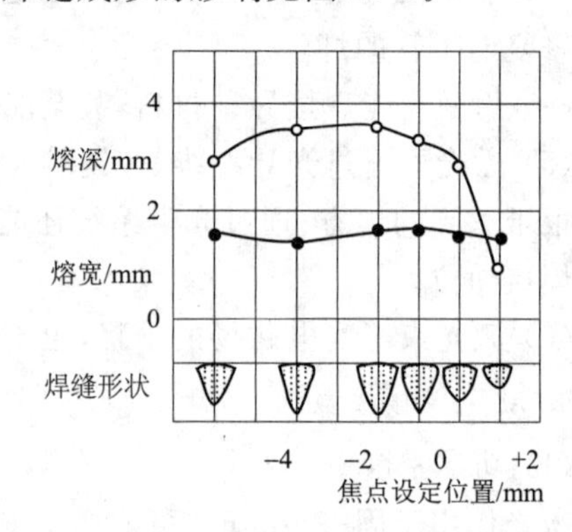

图 29-3 离焦量对焊缝成形的影响

(4) 光斑直径

在入射功率一定时,光斑直径决定了激光束的功率密度,因而对焊接过程有明显影响。众所周知,当已知聚焦镜焦距 f 和光束发散角 θ 后,光斑直径 d 由 $d=f\theta$ 计算确定。不难发现,在发散角相同时,采用短聚焦透镜可以获得较小的光斑直径。

(5) 焊接速度

激光焊接的理论最高速度是 60 m/min,但从控制单位长度的焊缝的能量输入方面考虑,激光焊接的实际速度应有一定的范围。研究表明,当激光输入功率一定时,焊接熔深、熔宽随焊接速度的上升而下降。为了增加熔深可适当降低焊接速度,但速度太低使焊缝加热时间过长,金属过量蒸发使工件上方的等离子云大量生成,对入射光的屏蔽作用增加,影响光能吸收。同时,过量的熔化使熔池增大,液态金属填充小孔,使焊接过程失去深穿透焊的特点,焊缝的正面宽度显著增加,深宽比下降。所以,在一定的条件下,选择较高的焊接速度较为有利。

不同型号的激光焊机,焊接参数也不尽相同,以 YAG - JK700 型激光焊机焊接燃料棒为例,该焊机最大输出功率 400 W,推荐使用的焊接参数见表 29-2。

表 29-2 激光焊接参数推荐值

项　　目	包壳管与端塞环焊	上端塞充氦密封焊
激光脉冲能量/J	10～20	40～50
频率/Hz	20～30	20～30
脉冲次数/次		2～4
焊接时间/s	3～5	1～2

续表

项　目	包壳管与端塞环焊	上端塞充氦密封焊
工件转速/(r/min)	15～18	静止
保护气体常流量	5～10 L/min	氦气压力 2～3 MPa；
焊接时增加流量	9～15 L/min	充氦保压时间≥5 s

4. 燃料棒激光焊接设备

激光焊装置包括：激光发生器、光学系统、焊接小室、燃料棒转动及夹具、焊接控制系统等组成。激光器是设备的核心部件，由三部分组成，即工作物质、泵浦源和谐振腔。工作物质是激光器的核心，用来产生光的受激辐射，其功能和普通光源中的发光材料相同，原则上，任何光学透明的固体、气体和液体都可以作激光器和工作物质，不过如果所用的材料满足原子能级要求，会使激光器获得更好的性能，比如能量转换效率高，可脉冲泵浦输出激光，也可连续泵浦输出激光，激光的波长可以连续变化等。

泵浦源是向工作物质输入能量，把原子从基态泵浦至高能级以获得粒子反转分布的能源，常用的泵浦源有普通光源（如氙灯、氪灯）、气体放电（利用气体放电产生的电子碰撞气体原子，把它泵浦至高能级）、电子束、化学反应能（利用化学反应的能量泵浦产物的原子）。YAG 谐振腔是放置在工作物质两端的两块互相平行的多层平面镜，其中一块反射镜反射率接近百分之百，另一块反射镜有适当的光透过率，激光从这块反射镜输出。谐振腔的作用一是让工作物质产生的受激辐射来回多次通过工作物质，增强受激辐射强度，最后达到激光振荡；二是有选择性地只让工作物质光轴附近传播的以及波长在原子谱线中心附近的受激辐射不断地受到工作物质放大，达到激光振荡，这有助于改善激光的方向性和单色性。由谐振器输出的激光虽然是方向性极好的平行光束，且具有较高能量密度，但还不能直接用来焊接，必须通过图 29-4 所示的光学系统进行聚焦，使能量密度进一步提高后才能用作焊接热源。图 29-5 是燃料棒环缝激光焊接装置示意图，其功能和发射最大单脉冲能量≥25 J；激光平均功率≥100 W；脉冲宽度 0.5～10 ms；频率 1～100 kHz；旋转工作台转速>3 r/min，重复精度≤10′；采用专用软件控制焊接过程，并带有激光线能量自动衰减功能。

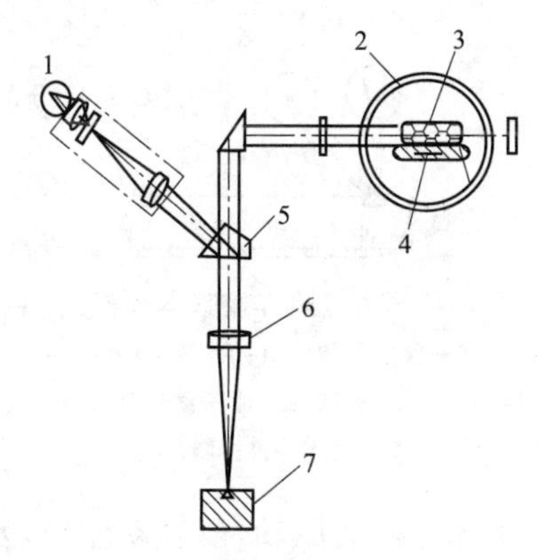

图 29-4　激光焊接的光学系统

1—瞄准观察镜；2—谐振腔；3—工作物质；4—脉冲氙灯观察镜激光器；5—棱镜；6—聚焦透镜；7—工件

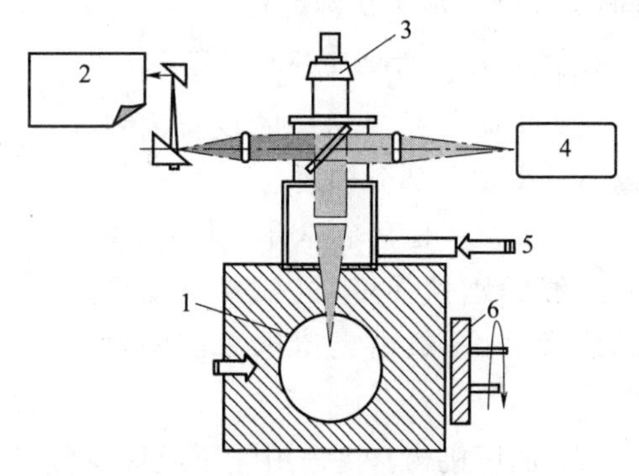

图 29-5　燃料棒激光焊接原理示意图

1—焊接小室；2—焊接参数记录；3—焊接位置观察（摄像机）；4—YAG 激光源；5—氩气或氦气；6—燃料棒

二、压力电阻焊接方法

1. 焊接原理

燃料棒压力电阻焊是把端塞和包壳管装配成对接接头，在较小的挤压力作用下，使包壳管端面与端塞配合面接触，通过电极给工件施加电流，接触面及邻近区域产生的电阻热使焊接面的金属处于塑性状态(或局部熔化状态)，然后迅速对接头施加顶力，靠顶锻来完成焊接的方法，这种焊接方法属于非熔化焊接。

2. 压力电阻焊的特点

这种焊接方式是先压紧，后通电，焊接温度低于熔点，不会像电弧焊那样产生焊接气孔、氧化色、气胀等缺陷；焊接工效高，焊接时间短，加热时间在 0.01～0.02 s 内，避免了空气中的有害元素对焊缝的污染；可在不同的气氛下焊接；焊缝为热锻造组织，几乎无热影响区；这种焊接方法适合焊接像燃料棒这类小截面、形状紧凑、氧化物容易挤出的材料。早期采用压力电阻焊接的燃料棒，焊缝处有焊接挤出物形成的凸台，又称飞边。过高的凸台会在燃料棒装入骨架时损伤定位格架的刚凸或弹簧，因此需采用机械加工方法将凸台切除。

3. 燃料棒压力电阻焊接工艺

图 29-6 用图示法给出了焊接工艺的主要步骤。第一步，气缸动作夹紧包壳管，端塞对准包壳管口。第二步，启动加压气缸，施加预顶力将工件送入焊接仓，通入保护气体，在两个电极之间施加焊接电流，接头因电阻热而软化，在加压气缸的顶锻作用下，焊接面的金属处于塑性状态，焊接接头处的金属形成锻造组织。第三步，停止馈送电流，切断保护气体，松开电极 2，取出燃料棒。第四步，如果焊缝凸台太高，需要在车床上切除凸台。

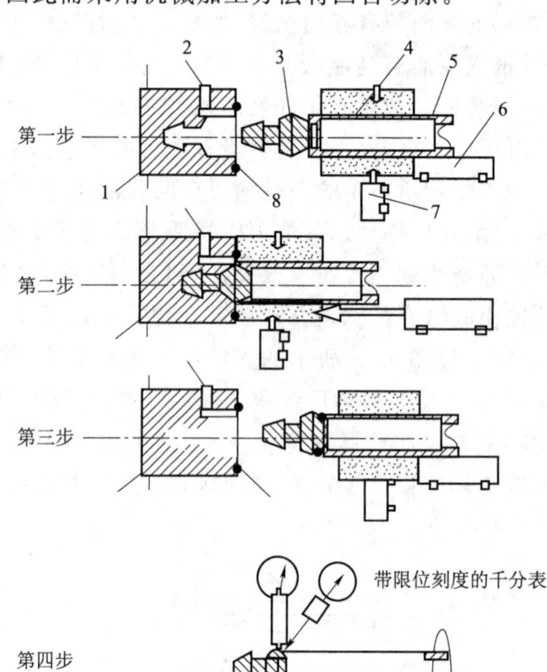

图 29-6　燃料棒压力电阻焊接基本步骤

1—电极 1(固定)；2—保护气体入口；3—燃料棒端塞；4—电极 2(活动)；5—包壳管；6—加压顶锻气缸；7—电极夹紧气缸；8—密封圈

4. 燃料棒压力电阻焊接设备

压力电阻焊接燃料棒的设备大致由以下几个主要部分构成：

(1) 机架。是整个焊机的基础，需要有足够的刚性强度，机架要承受巨大的顶锻力，一般由类似机床的刚性铸件构成。

(2) 加压机构。可采用气压或液压传动方式，也可采用电磁力驱动，前者动作慢，发力平稳，压力可调节性好，后者动作迅速，冲击力大，压力可调节性差。要求在顶锻时不导致工件弯曲、错位、接头损伤；加压动作灵活、迅速、随动性好、压力稳定。

(3) 电极。电极的作用是夹紧工件(燃料棒)，由一个固定夹具和一个活动夹具组成，用来使接头对准，馈送电流，因此，要求电极的导电性能好、硬度高、耐磨损，一般选用 Cu-Be-Co 或 Cu-Cr-Zr 材料作电极，其软化温度大于 748 K。此外，电极与工件的接触面要光滑，以免损伤工件和避免出现工件沾铜。电极的对中性和导电性对焊接很重要，因此在设计夹持包壳管的电极时，要保证夹持可靠，导电均匀。

5. 焊接工艺参数

(1) 电流密度 j。指单位面积通过的电流强度。太高的电流密度会造成过度顶锻，引起焊接凸台高度部分不均匀。

(2) 通电时间 t_w。t_w 与 j 的关系式按经验公式 $j\sqrt{t_w}=K\times10^3$，其中 K 为常数，取 10～20；j 的单位是 A/cm^2，t_w 的单位是 s。

(3) 电极压力 p。电极压力直接影响焊接热量的传递，压力过小，电极与工件之间的电阻大，造成热量集中在电极与工件之间的接触面上而不是在焊接面上，严重时造成局部熔化或损坏电极，压力过大，造成工件变形。顶锻力 P 适当大于电极压力，可在电极上装测量传感器监视电极压力和顶锻力。

三、芯块装配方法

1. 振动式芯块装管

根据物料振动进给原理设计的芯块装管装置在法国核燃料厂和俄罗斯得到成功应用，该装置采用了电机驱动偏心轮作为振动源，通过调节偏心距和电动机的转速来控制振幅和振动频率，当振幅和频率达到最佳状态时，芯块自动向前移动，通过导向口进入包壳管。

振动式装管的优点是芯块依靠振动产生向前的推进力，不需要外加推力，芯块之间不会产生碰撞；芯块进入包壳管的气阻现象不明显；装管效率和自动化程度都很高。

2. 转鼓式芯块装管

首先确定 UO_2 芯块柱的长度，然后将芯块推入鼓形的预装盒内，连同转鼓一起将芯块放入烘烤箱进行干燥处理，最后从转鼓中把芯块推入包壳管内。

这种装管方式的特点是，芯块排长和称重可以预先单独进行；转鼓的容器是由类似包壳管的短管组成，与燃料棒包壳管口对准后直接将芯块推入；可实现热芯块装管或在保护气氛下装管，有利于进一步减小芯块的含氢量；可以实现全自动化装管，但这种装管方式设备复杂。

第二节　燃料棒在线检验新技术、新方法

学习目标：了解 X 射线检测、超声探伤的原理，掌握其优点。

在压水堆中燃料棒包壳是整个系统的第二道防线，所以它的可靠性对整个堆的运行和寿期都是十分重要的。对数量众多的薄壁管要想焊得完全无缺陷是很困难的。燃料棒的无损检查主要是指对燃料棒环缝和密封点焊的检查、燃料棒包壳管密封性能检查、燃料棒间隙检查、燃料棒富集度检查、燃料棒外观尺寸检查。无损检查的方法应满足下列要求：灵敏，要

求能检查出零点几毫米的缺陷;可靠,在任何情况下都能查出最大允许限值的缺陷;经济适用,对于焊缝的无损探伤,每天要检查数百条焊缝甚至数千条焊缝。下面介绍几种新检验技术和方法。

一、X 射线检测

1. 局部厚度补偿法

就是使用一种厚度补偿块,对 X 射线透照方向上燃料棒变化的透照厚度进行补偿,使有效透照厚度范围内的透照厚度相同,厚度补偿块的厚度根据转动的角度可以相应改变。俄罗斯采用 4 次透照法,每次转动 45°角,有效地降低了透照厚度,提高了缺陷的检出灵敏度。

厚度补偿块的材质与包壳管,端塞材质相同或对射线的吸收相近,原材料经 X 射线检查合格,即用于制造补偿块的原材料内不含有 X 射线照相能发现的缺陷。透照时将燃料棒环形焊缝插入补偿块孔内,形成一个组合体,这样就使射线探伤最困难的焊缝形状——实心环形焊缝在有效检测范围内变为射线探伤较方便的平板形探伤对象。

局部厚度补偿法的优点是:

(1) 有效视场内,由于探伤对象变成平板,故透照厚度相同,底片黑度均匀,图像质量好。

(2) 燃料棒之间散射线较少,改善了图像质量。

(3) 由于与转角法配合使用,增加了缺陷发现的概率。

(4) 与传统厚度补偿法相比,减少了透照厚度,增加了转角次数,提高了透照缺陷的检测灵敏度,降低了对设备性能的要求。

2. 数字化 X 射线检测

为了消除在检查、记录以及挑出有缺陷燃料棒的过程中所产生的人为错误,法国 FBFC 厂开发研制了一种适合于大量检查的全自动系统,该系统称作 EIDOMTIX。EIDOMTIX 系统仍用 X 射线检查原理,但标准的底片被一台录像机和转化 X 射线为图像的图像探测系统的专用屏代替,该系统不但提供了电子图像实现视频信号和数字化信号互相转换。还能进行鉴别。

EIDOMTIX 系统的优点是:

(1) 排除了人为的干预,提高了检测的一致性。

(2) 效率高。

(3) 无需底片和洗底片设备,降低了生产成本。

二、超声探伤

超声探伤是基于缺陷(裂纹、气孔、夹杂等)和材料的声阻抗不同而引起超声波散射这一基本原理,最常用的方法是脉冲反射法,即当超声波在工件内传播到有声阻抗差异的界面上(如缺陷与工件的界面)时,产生反射。焊缝探伤一般采用横波探伤法,它是声波以一定角度入射到工件产生波型转换,而利用横波进行探伤的方法,这种方法一般以单探头(一个探头兼作发射及接收)探测,横波入射工件后,当所遇缺陷与声束垂直或倾斜度不大时,声波反射回来，在荧光屏上出现缺陷波。

脉冲反射法的特点是：探测灵敏度高；能准确地确定缺陷的位置；可用纵波、横波、表面波和兰姆波进行探测，应用范围广；可自动探测。

超声探伤已在燃料棒生产检验中得到应用。相对于X射线探伤，采用超声探伤具有效率高、成本低的特点，但不同的焊接方法，超声探伤有不同的用法。

第三十章　组装焊接骨架

学习目标:掌握骨架组装工艺的最新动态和发展趋势;了解骨架在线检验新技术。

第一节　骨架组装工艺最新动态和发展趋势

学习目标:掌握骨架分步组装的优点、缺点;掌握骨架整体组装的优点、缺点。

骨架的装配方法主要有两种,一种称为分步式组装,另一种称为整体式组装。

一、分步式组装

分步式组装是指首先将导向管进行预排,然后分别将下管座、定位格架进行固定,检查合格后,插入通量管,并进行定位检查,然后进行通量管与定位格架的焊接。在进行焊点检查后对称插入导向管,进行导向管与定位格架的焊接,并对焊点进行检查,然后对半成品骨架进行翻身,再插入其余导向管进行焊接,最后进行全面的检查。

该组装方法的优点是:组装焊接原理简单,对设备的自动化要求不高,易于实现,易于维修,对能源的消耗较少。

该组装方法的缺点是:由于一般采用手工操作,且其操作复杂,容易出现人为失误而导致骨架的组装质量事件,骨架的组装焊接成品率难于达到100%,为提高焊接成品率,要求每步的焊接完成后,需要进行焊点质量的检验以提高产品的成品率;由于采用手工组装焊接,所需组装及焊接人员较多,人员之间的相互协作对于产品质量的影响很大,对组装焊接人员的技能要求较高,需要进行长期的培训后方可参与组装焊接,需要的培训成本较高;由于采用分步组装,操作步骤复杂,人员的利用效率较差,组装焊接所需时间较多,故生产效率低,一般每个工作日每台设备需要4个人(3个操作者和1个检验者),只能生产3个骨架。

二、整体式组装

在法国采用机器人(一把焊枪)进行骨架的焊接,其方法是采用两台组装平台,一个平台进行组装时,另一个平台进行焊接,两个平台交互进行。进行组装时,将骨架所需要的下管座、定位格架固定后,插入通量管及全部的导向管进行组装,检查合格后进行焊接,然后在另一个平台上进行相同的组装,头一个组装焊接平台在焊接完成后,焊接设备通过导轨转移到第二个组装焊接平台进行焊接,骨架焊接完成后,取出骨架到检验平台进行最终的检查。这种组装方式称之为整体式组装。

该组装方法的优点是:整体式组装可实现全自动焊接,组装焊接只需要1个人即可,一般每个工作日每台设备需要2个人(1个操作者和1个检验者),可以生产6~7个骨架,生产效率较高。由于焊接采用全自动焊接,操作者只需要对设备监护运行即可,具有操作简单、组装完成后不管、工人劳动强度低和焊接成品率高等一系列优点。

该组装方法的缺点是：对焊接设备要求较高，要求设备具有转移旋转等功能，自动化程度要求高，设备结构复杂，对相应的维修人员要求高，设备一旦出现故障，维修的技术含量高。

国内在整体式组装方面，中核建中核燃料元件有限公司从2000年开始起步，组装焊接采用在一个组装平台上进行，采用四把焊枪进行焊接，每把焊枪要完成两个方向的平移和两个方向的翻转定位要求，设备设计原理相对法国的要简单，但体积结构要大，工作效率要低，每个工作日可以完成4～5个骨架，如果采用四把枪可同时进行焊接，则每个工作日可以完成6～7个骨架，但对设备的性能要求较高，不易实现。

第二节 骨架在线检验新技术、新方法

学习目标：掌握三坐标检验系统的原理、方法。

骨架的全自动整体检验是一种新方法，它是以三坐标检验体系为基础，加以一套定位控制系统组合而成的。

一、三坐标检验系统

1. 结构

三坐标测量机是一种三维坐标测量仪，三坐标测量机按测头类型可分接触式测量机（如IOTA 1102三坐标测量机、PERFORMANCE三坐标测量机）和非接触式测量机（如PMC500 CCD测量机）两种。三坐标测量机主要由支腿、工作平台（大理石平台）、龙门（或桥）、主轴、光栅、测头座、测针、测头库、控制柜、计算机、测量软件、操作盒等部分组成，三坐标测量机必须配备相当的电源和气源才能正常工作。其结构示意图如图30-1所示。

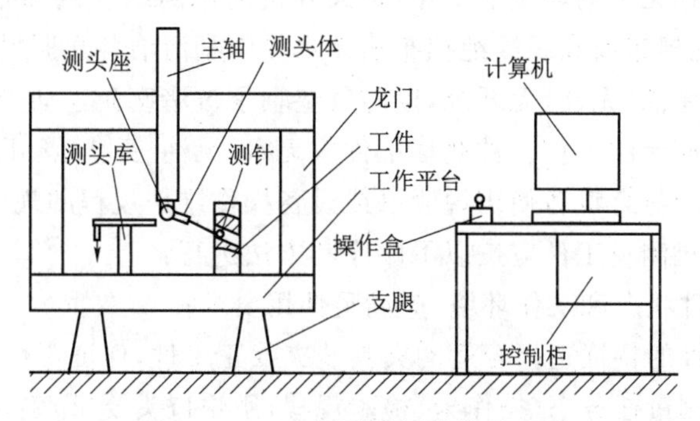

图30-1 三坐标测量机结构示意图

支腿用于支撑工作平台和龙门，调整工作台水平度，一般具有减震功能。

工作平台一般由大理石材料制作，大理石具有良好的热稳定性和强度，特别适用于制作精密设备的工作平台，用于支撑龙门，与龙门保持一定的垂直度关系，也是被测工件的定位平台。

龙门是一个门形框架，由一根水平横梁和两根竖直立柱组成，它的横梁与一根竖直主轴保持一定的垂直度关系。

工作平台、龙门和主轴相互间大部分安装有气垫轴承来实现相互间的定位和非接触位移,运动阻力很小。也有由丝杠传动,平面滚动副导轨定位和相互间接触运动的,这种方式的运动阻力较大,丝杠和平面滚动副导轨比气垫轴承容易出现故障。工作平台、龙门和主轴相互平移使三坐标测量机具有 X、Y、Z 三维坐标运动定位功能,再加上测头座在水平面上360°范围及铅垂面上180°范围的旋转能力,使得三坐标测量机具有很强空间定位能力和测量能力。

光栅是一种十分精密的长度衡量器具,经过激光干涉仪和配套软件标定和补偿后,其长度计量误差可达到0.1 μm级。三坐标测量机正是通过工作平台和主轴上的光栅来实现精确定位和精确测量的。光栅是三坐标测量机的关键部件,要特别保护,严禁水、油、汗、尘、纤维的污染和硬物划伤。

测头库能存放测头体和测针的配合体,加上自动更换程序,使得三坐标测量机能适应测量结构复杂的工件且需要多种测针时的全自动测量。

控制柜、计算机、测量软件是三坐标测量机控制、计算、贮存单元,可通过计算机编程实现对其他部分的控制。

操作盒方便操作员手动操作三坐标测量机。

2. 功能

三坐标测量机适合于各种线性尺寸误差和形位误差(直线度、平面度、线轮廓度、面轮廓度、圆度、圆柱度、平行度、位置度、垂直度、倾斜度和对称度)的测量。当然,不同型号的三坐标测量机具备的功能不尽相同。

三坐标测量机可用手动完成测量任务,当被测量工件批量大时,也可通过计算机编程实现自动测量。

3. 使用

三坐标测量机应在无尘的环境下工作,每天开机前用高织纱纯棉布蘸无水乙醇清洁各轴导轨面,用高织纱纯棉布或高织纱纯棉布沾无水异丙酮清洁各光栅尺,保证各轴导轨面和光栅尺上无水、无尘、无油、无汗、无纤维,以防气垫轴承被堵塞而运动受阻,甚至造成导轨面被划伤致使精度丧失而无法工作。被测量工件应无水、无油、无尘、无毛刺。被测工件重量、环境温度和环境湿度应符合设备使用说明书或设备操作维护规程的规定。

使用三坐标测量机测量工件应按以下顺序和方法进行:

(1) 检查被测工件状态和工作环境,应满足使用要求;

(2) 根据被测工件的特征选择合适的夹具装夹找正工件,保证工件定位可靠;

(3) 根据图纸和测量任务书(操作卡、检验规程,用户口头要求)确定测量基准和测量工艺(测针、测量路径等);

(4) 手动或编程建立测量基准,建立工件坐标系;

(5) 手动或编程测量被测要素;

(6) 输出测量结果,填写测量报告;

(7) 作好生产和设备运行记录。

4. 三坐标测量机校验

三坐标测量机校验功能以及校验方法见表30-1。

表 30-1　三坐标测量机校验功能以及校验方法

设备名称	校验的功能	校验方法
三坐标测量机	各部分外观无松动、无锈蚀、各光源正常(对于光学三坐标测量机:光源可程控性)	目测和编程验证光源可程控性
	导轨等运动部件运动灵活、无异响、无阻塞	移动各运动部件进行观察
	线性精度	用符合相当精度等级的块规组或线纹尺校验
	测量圆、圆度、直径、位置度、同轴度、平面度、距离、夹角、直线度等测量功能	通过具有已知孔径、直径、位置度、同轴度、平面度、距离、夹角、直线度的典型零件,用手工和自动(对具有自动测量功能的设备)校验

二、自动控制系统

通过一系列定位元器件及光栅尺进行精确定位,将信号反馈到控制系统,通过控制程序进行判断,然后发出指令用以控制三坐标检验臂的移动定位。

第三十一章　组装焊接燃料组件或部件

学习目标:了解上下管座焊接的新方法,掌握新方法的焊接特点;掌握燃料组件组装焊接工艺最新动态和发展趋势。

第一节　上下管座组装焊接工艺最新动态和发展趋势

学习目标:了解上下管座焊接的新方法,掌握新方法的焊接特点。

一、15×15 管座

随着我国核电事业的不断发展,正如机器人自动化 TIG 焊接替代手工 TIG 焊接一样,在管座生产中采用电子束这种先进的高能束流焊接技术是技术发展的必然趋势。电子束焊接已经开始用于管座的焊接。

1. 电子束焊接优越性

采用这种先进的高能束流焊接方法从事管座生产主要有以下几点优越性:

(1) 提高焊接质量,满足国产化的需要

电子束穿透能力强,可以满足国产 0Cr18Ni10Ti 材料的焊接需要,获得满足技术条件及适用图纸要求的焊缝熔深,适应我国核电国产化的要求。

(2) 提高焊接生产率,扩大生产能力

目前,即使采用机器人焊接,其焊接速度约为 0.10～0.15 m/min,如果采用电子束焊接其速度可达 1～2 m/min,而且焊件冷却时间将因热输入量(线能量)的降低而大大缩小,虽然需增加其他辅助时间,生产效率仍可提高 5 倍以上。焊接生产能力将大幅提高。

(3) 减小焊接变形,降低机械加工难度

电子束焊接时,因为焊接速度快,焊缝和热影响区的宽度小,焊接变形将大大降低,焊后机械加工余量将减小,许多难度大的机械加工可以在焊前加工零件时进行,从而有利于焊后机械加工的进行,减小管座的在线加工风险。

(4) 减小与先进生产技术的差距,提高整个行业的国际地位

采用电子束焊接技术,可以减小我们与国外先进的核燃料生产企业的技术差距,在整个核燃料生产行业的国际地位得以提高。

2. 电子束焊优缺点

电子束焊是利用会聚的高速电子束流轰击工件接缝处所产生的热能,使金属融合的一种焊接方法。与 TIG 焊接比较而言,主要有以下优缺点:

(1) 能量密度高。电子束焊接时常用加速电压可达 30～150 kV,电子束电流可达 20～1 000 mA,焦点直径约为 0.1～1 mm,其能量密度可达 10^7～10^9 W/cm^2 以上,而 TIG 焊接

的能量密度最大也就是 1.5×10^4 W/cm² 左右；故电子束穿透能力极强，焊缝深宽比大。据报道，电子束焊缝深宽比可高达 50：1，而且由于能量密度高，电子束焊接速度快，生产效率高。

(2) 电子束的最小加热面积可达 10^{-7} cm² 左右，而 TIG 焊接的最小加热面积为 10^{-3} cm² 左右，所以热影响区小，加之焊接速度快，其焊接变形极小。现在采用机器人自动化焊接系统成型的管座因为变形较大，焊后需要进行热处理以消除焊接应力，导向管等孔系需要在焊后进行精加工，预留的单边焊接收缩量为 0.75 mm；而国外电子束焊接的管座导向管孔焊后不用精加工就完全可以满足技术条件及使用图纸的要求，而且无须进行焊后消除应力热处理，因而采用电子束焊接可以进一步优化管座加工工艺。

(3) 通过控制电子束的偏移，可以实现复杂焊缝的自动焊接。TIG 焊接由于焊枪结构特点，在一些特定产品(如 TVS-2M 上管座部件)的焊缝成型时可达性差；而电子束焊接时，只要焊室能够容纳，对零部件形状则没有太多要求。

(4) 设备比较复杂，费用比较昂贵。电子束焊接管座应采用真空电子束焊接设备，目前的电子束焊接设备费用为 700 万元人民币以上；而机器人焊接系统的整体费用约为 100 万元人民币。

(5) 对焊接接头要求高。与 TIG 焊接比较，因为电子束斑点尺寸小，焊缝窄，如果接头实际位置与理论位置偏差大就有可能出现焊缝偏离甚至未焊到的情况。

(6) 电子束焊接时产生的 X 射线需要严加防护以保证操作人员的健康和安全。一般加速电压小于 60 kV 时，设备采用一定厚度的钢板防护即可。

二、17×17 上管座

通过对 AFA 3G 燃料组件上框板、带裙边匹配板和两板式上管座制造工艺的研究，得到了一种制造 AFA 3G 上管座的新方法。带裙边匹配板将以往的连接板和围板组合成一体，增加了管座的强度，使焊缝数量由原来的 12 条减少到了 4 条，焊接收缩量由原来的 0.7 mm 减小到 0.25 mm。两板式上管座利用焊接变形小的特点，将大量的加工放在零件上完成，使加工变得相对容易，比原加工方法效率提高约 35%。在进行两板式上管座新工艺研究中，获取的大量试验数据和检测结果证实了两板式上管座制造新工艺的可行性，以及新工艺在生产中应用是可行的。

第二节　燃料组件组装焊接工艺最新动态和发展趋势

学习目标：掌握燃料棒装入骨架的方式，掌握其优、缺点；掌握骨架与管座的联结方式，掌握其优、缺点。

一、燃料棒装入方式

1. 拉棒方式

目前世界上大多数燃料组件的生产都是采用该方法组装的。拉棒过程为：将合格的燃料棒装入预装盒中，骨架固定在可垂直翻转的组装平台上，卸去上、下管座，将拉棒机，平台和预装盒三者调整在同一直线上，拉棒机送拉杆通过格架栅元(拉杆上需要装上导向头或套上导向套)，取下导向头，张开拉杆端部的夹头，卡住预装盒中相应位置中的燃料棒下端塞，然后拉棒机驱动拉杆，将棒匀速拉入骨架中，棒到位后，停止牵引，张开夹头，然后松杆退回原位，拉棒机向上或向下移动相应的栅元位置，周而复始，直到将预装盒内的棒全部拉入骨架为止。

为保证燃料组件外形尺寸精度，减小拉棒时造成的变形，燃料棒装入的顺序是很重要的。各元件制造厂为此都设计了不同的顺序，一般采用对称原则，以平衡拉棒时对骨架造成的内应力。

拉棒的优点是：燃料棒受力均匀，不用担心棒弯曲，棒间距较容易保证，一次可以拉数支或一层燃料棒。

2. 推棒方法

单根推棒的方法在俄罗斯得到大量使用；据了解，德国西门子公司的部分燃料组件也采用推棒方法。

推棒与拉棒相反，就是将燃料棒推入骨架中。这种方法是将燃料棒排列在上料平台上；为避免损伤格架，在棒下端部装上一个导向头(也有不装导向头的设计独特的燃料棒端塞)，起减少阻力和避免撞伤格架的作用，然后用推杆机将燃料棒依次推入骨架。每次推一根，插入速度和推力由计算机控制。由于燃料棒很细，推棒时棒很易弯曲，所以推棒时要采取特殊措施，燃料棒要压住，同时骨架中定位格架的距离应相对拉棒方法生产的燃料组件为短，也就是应增加定位格架的数量，如 VVER-1000 型燃料组件的定位格架数量达到 15 个。

推棒的顺序为：先推中间一排，由下到上，然后从上到下，从右到左、由内向外进行推棒。

推棒的优点是不需要结构复杂的拉杆及拉头，整个机器结构可简化，但是推棒方法的最大缺点是：燃料棒的刚性强度较差，推棒时，燃料棒容易弯曲，可能出现窜位现象，损伤定位格架，或对燃料棒与燃料棒的间距产生影响，因此要求增加格架的数量，缩短相邻格架的距离，同时要求严格检查燃料棒与燃料棒之间的距离。

二、导向管与下管座的连接

导向管与下管座的连接一般采用可拆式结构，螺母有防松脱设计，TVS-2M 型燃料组件采用将导向管与端部格架焊接的方式进行联结。

1. 直接螺栓连接

在采用不锈钢导向管的燃料组件中(15×15 型燃料组件)，导向管与下管座的格板直接用锁紧螺母进行连接，不锈钢导向管的下端与不锈钢连接螺栓通过焊接相固定，连接螺栓穿过下管座下格板的防转槽与不锈钢锁紧螺母相配，用力矩扳手拧紧锁紧螺母并用专用工具进行夹扁、修形后，即可将导向管与下格板连接在一起。

2. 采用可拆式螺栓连接

德国西门子公司设计的燃料组件，导向管与下管座下格板连接部件作了两点改进。

在螺栓的根部铣扁，使它与下格板上的槽相啮合，以防止在拧紧螺母时导向管发生转动，另外设计一种特殊螺母，此螺母的一端留有 5～10 mm 的薄壁管，螺母拧紧后只要将圆管压扁与螺杆端部楔形方头贴紧，螺母就不会松开，当拆卸下管座时，只要对螺母反向转动将圆管拧开，螺母就可松开。

17×17 型燃料组件的导向管下端与带有内螺纹的端塞焊接，通过拧入轴肩螺钉固定下管座并对轴肩螺钉进行胀形的办法以防止轴肩螺钉松脱，并检查轴肩螺钉的拧松力矩值。这种连接形式适用于局部更换燃料燃料棒的地方。

3. 采用过渡套管加螺拴连接

在采用锆合金的导向管组件中，美国西屋公司设计用不锈钢过渡套管加螺栓连接的方法，不锈钢过渡套管的上段与定位格架焊接，下段端部内径缩小，锆合金的导向管下端焊上锆合金的螺母，并插入不锈钢过渡套管内，通过下格板的不锈钢螺栓将锆合金的导向管和不锈钢过渡套管与下管座的格板一起拧紧。

4. 焊接连接

这种连接方式应用于 TVS-2M 型燃料组件，它是在骨架组装时就进行了此项操作，因此，采用该种方式连接的骨架只能采用推棒的方式进行燃料组件组装。

其连接是采用 TIG 焊接，类似于 15×15 型燃料组件与上管座的连接。在堆内属于不可拆卸连接方式，比较牢固可靠。

三、导向管与上管座部件的连接

导向管与上管座部件的连接可分为焊接连接和螺纹连接。最初的连接方式主要是采用焊接连接，焊接连接具有牢固稳定的特点，但不可拆卸。随着科学技术的发展和提高堆运行的经济性，组件一般都采用可拆式结构，以便一旦组件内燃料棒发现泄漏后可对组件进行拆卸，更换有破损的燃料棒后，再行组装，然后入堆使用。此项工作要在反应堆燃料水池中采用特殊工具才能进行，即远距离操作。

1. 焊接连接

中核建中核燃料元件有限公司生产的 15×15 型燃料组件主要是采用该种方式，目前，它应用在泰山一期 300 MW 核电厂和巴基斯坦恰希玛一期及二期 300 MW 核电厂中。该种燃料组件由于其导向管材料为不锈钢，故可直接与不锈钢制作的上管座焊接，其焊接方式俗称“管板焊接”。焊接可采用手工进行，也可采用自动焊机进行。焊接方法是 TIG 焊接。其优点是，由于采用焊接连接，其强度高，单根的破断力达到 10 000 N 以上，其缺点是不可拆卸。

2. 螺纹连接

中核建中核燃料元件有限公司生产的 17×17 型燃料组件都是采用这种方式。它主要用于秦山二期两个 600 MW 核电厂、大亚湾两个 900 MW 核电厂以及岭澳两个 900 MW 核电厂，秦山二期扩容两个 650 MW 核电厂和岭澳二期两个 900 MW 核电厂也是采用该种连接方式。今后还会应用到国内其他核电厂产品。生产该种连接方式生产的燃料组件占中核建中核燃料元件有限公司生产的燃料组件的绝大部分。由于其导向管材料为 Zr 合金，不能直接与上管座连接板焊接，故采用螺纹连接。众所周知，虽然可采用前述加过渡段的办法，采用直接焊接，但导向管与上管座连接板焊接后不能进行稳定化处理，因此往往在燃料组件结构中留下应力腐蚀的薄弱环节。为此德国西门子公司，法国法码通公司设计的燃料组件采用螺纹连接的方法。

德国西门子公司设计的连接方式是在锆合金导向管与上格板连接处,设计有一段锆合金补强套管,套管套在锆合金导向管管口处,下段通过点焊与锆合金导向管连接,上段插入上格板内,为了防止套管转动,插入段的外形设计成方形结构,内为圆形并带有螺纹,插入深度约为上格板的一半,而在上格板的上面装有不锈钢螺栓,通过它与锆合金套管的内螺纹拧紧,将锆合金导向管固定在上管座的格板上,这种连接结构的另一特点是便于燃料组件的装卸,拧紧用力矩扳手,拧紧后用专用工具锁死螺栓。

法码通公司设计的联结方式是在锆合金导向管上焊有一段套管(AFA2G)或通过胀接一根套管(AFA3G),套管头部与上管座连接板相配,其套管内有连接螺纹,通过套筒螺钉使导向管固定在上管座连接板上,拧紧用力矩扳手,拧紧后用专用工具胀形锁死。

3. 快装拆式连接

快装拆式连接采用在大型核电厂燃料组件,如美国西屋公司设计的高燃耗(不低于45 000 MW·d/tU燃料组件),它是将导向管头部设计成开口,并有环形凸台,管座连接板导向管孔也有相应环形凹槽,通过锁紧管使导向管环形凸台与管座槽贴紧达到连接目的。TVS-2M型燃料组件的上管座与棒束的连接方式与之相一致:压缩上管座下格板时,弹簧压缩,引导管会伸出上管座下格板,引导管在束缚释放下张开。棒束部件的导向管上端焊有一定位环。组装时,通过压缩上管座弹簧,使上管座引导管管口张开,将上管座推入棒束,使棒束导向管上的定位环进入到上管座对应引导管的凹槽内,释放上管座弹簧,将上管座与棒束组装在一起。它除了可拆式的优点外,通过专用的工装进行组装,具有装配时间短、操作简单、易于装配等优点。

参考文献

[1] 丁建波,等. 压水堆燃料棒元件制造. 宜宾核燃料元件厂,2000.
[2] 杨宁,于学堂,等. 国外核电厂压水堆燃料元件设计. 二机部科技情报研究所,1980.
[3] 王西京,邬宁华. 压水堆燃料棒的焊接及其工艺学. 八一二厂,1992.
[4] 罗先典. 压水堆燃料组件焊接工艺学. 八一二厂,1992.
[5] 赵振起. 机械制图手册. 北京:国防工业出版社,1986.
[6] 张士相. 焊工. 北京:中国劳动社会保障出版社,1996.
[7] 崔忠圻. 金属学与热处理. 北京:机械工业出版社,1992.
[8] 姜焕中. 电弧焊与电渣焊. 北京:机械工业出版社,1992.
[9] 周振丰,张文钺. 焊接冶金与金属焊接性. 北京:机械工业出版社,1992.
[10] 赵熹华. 压力焊. 北京:机械工业出版社,1992.